高 等 学 校 专 业 教 材

中国轻工业“十三五”规划教材

食品工艺学实验指导

丁 武 主 编

中国轻工业出版社

图书在版编目(CIP)数据

食品工艺学实验指导/丁武主编 . —北京:中国轻工业出版社, 2025.1
中国轻工业“十三五”规划教材
高等学校专业教材
ISBN 978-7-5184-3174-8

Ⅰ. ①食… Ⅱ. ①丁… Ⅲ. ①食品工艺学—实验—高等学校—教学参考资料 Ⅳ. ①TS201. 1-33

中国版本图书馆 CIP 数据核字(2020)第 169651 号

责任编辑:马 妍
策划编辑:马 妍 责任终审:李建华 封面设计:锋尚设计
版式设计:砚祥志远 责任校对:晋 洁 责任监印:张 可

出版发行:中国轻工业出版社(北京鲁谷东街 5 号,邮编:100040)
印 刷:三河市国英印务有限公司
经 销:各地新华书店
版 次:2025 年 1 月第 1 版第 4 次印刷
开 本:787×1092 1/16 印张:23
字 数:510 千字
书 号:ISBN 978-7-5184-3174-8 定价:55. 00 元
邮购电话:010-85119873
发行电话:010-85119832 010-85119912
网 址:http: //www. chlip. com. cn
Email:club@ chlip. com. cn

250124J1C104ZBQ

本书编写人员

主　　编　丁武（西北农林科技大学）

副 主 编　柳艳霞（河南农业大学）
袁　超（齐鲁工业大学）
武俊瑞（沈阳农业大学）

参编人员（按汉语拼音字母排序）
曹云刚（陕西科技大学）
陈兴煌（福建农林大学）
郭善广（华南农业大学）
郭兆斌（甘肃农业大学）
胡晓苹（海南大学）
寇莉萍（西北农林科技大学）
李思宁（西南民族大学）
吕兆林（北京林业大学）
毛衍伟（山东农业大学）
彭帮柱（华中农业大学）
宋　立（渤海大学）
王　凯（华南农业大学）
王庆玲（石河子大学）
王树林（青海大学）
吴满刚（扬州大学）
徐文生（北京农学院）
易建华（陕西科技大学）
张海生（陕西师范大学）
张　静（西北农林科技大学）
张一敏（山东农业大学）
郑建梅（西北农林科技大学）
朱迎春（山西农业大学）

前言 | Preface

食品工艺学实验是食品科学与工程和食品质量与安全等专业的必修课程，是一门独立开设的重要实践教学课程，旨在培养学生的实践动手能力和专业技能。根据教育部高等学校食品科学与工程类专业教学指导委员会提出的专业规范要求，“食品工艺学实验”是在食品工艺学基本理论教学指导下单独开设的实践性、综合性课程，不仅要使学生掌握食品加工基本原理和技能，更要重视学生综合运用所学知识分析问题、解决问题以及科研意识和创新能力的培养。为顺应学科快速发展和社会需求，主编单位结合 20 多年来的教学实践，参考全国 100 多所高等院校食品科学与工程专业的食品工艺学实验指导书，组织了全国 21 所大学活跃在教学一线的 26 位主讲教师共同讨论编写完成本教材，是集体智慧的结晶。

本教材对内容的选择、组织和撰写，不拘泥于各学科之间的界限划分，主要突出机能融合，全书共 10 章，103 个实验，前 6 章为基础实验部分，包括食品脱水工艺实验、食品热处理和杀菌工艺实验、食品冷冻和冷藏工艺实验、食品腌渍发酵与烟熏工艺实验、食品化学保藏工艺实验和食品辐射保藏工艺实验。后 4 章是综合设计性实验及实例部分，包括畜产食品加工综合设计实验及实例，果蔬加工综合设计实验及实例，饮料加工综合设计实验及实例和粮油加工综合设计实验及实例等 39 个综合设计实验实例。基础实验部分注重工艺加工的基础性和系统性，同时增加了新产品、新工艺、新标准、新技术信息。增设的综合设计实验及实例部分，将食品原辅料质量检测，食品加工工艺参数优化，新产品开发和产品质量评价等实验有机融为一体。突出了实践教学的知识性、科学性、系统性和实用性。引导学生独立完成收集资料、设计实验方案、确定工艺技术路线、处理实验数据、评价产品质量、总结分析实验结果、撰写实验报告等全过程，系统培养学生从事科学研究的严谨态度和协作精神，提高其观察分析解决问题和创新能力。

本教材编写过程中借鉴了国内外同类教材之长，适合作为各高等院校食品类专业的教材，还可以供职业院校相关专业的学生、职业教育人员以及食品生产企业的技术人员学习参考。

在编写过程中，承蒙西北农林科技大学教务处的大力支持，在此表示感谢。

由于编者水平有限，加之本教材内容体系较新，可参考的文献较少，故书中错误和疏漏、不妥之处在所难免，敬请诸位同仁和广大读者批评指正。

编　者

2020 年 8 月

目录 | Contents

第一部分　食品加工工艺基础实验

第二部分　综合设计实验及实例

第一部分

食品加工工艺基础实验

第一章

CHAPTER 1

食品脱水工艺实验

实验一　果蔬干制与复水实验

一、 实验目的

通过实验，使学生在学习理论知识的基础上深刻理解果蔬干制的基本原理；了解果蔬干制工艺流程和操作要点；掌握热风干制技术。

二、 实验原理

果蔬干制是果蔬加工中的干燥和脱水统称，是指在自然条件或人工条件下促使果蔬原料或产品中水分蒸发的工艺过程。果蔬干制的目的是降低果蔬含水量，提高可溶性固形物的浓度，提高渗透压或降低水分活度，从而有效地抑制微生物生长和酶的活性，延长制品贮藏期。本实验以热风干燥为例进行介绍。热风干燥（又称加热干燥），是以空气为加热介质，利用太阳能、电能、燃煤等将空气加热，热空气和物料进行热交换，促使物料中的水分蒸发，从而达到干制目的。

三、 实验材料与仪器设备

1. 实验材料

苹果、胡萝卜、亚硫酸氢钠、异抗坏血酸钠、食盐、愈创木酚、双氧水、95%乙醇、柠檬酸等。

2. 实验设备

鼓风干燥箱、果盆、真空包装机、水浴锅、台秤、砧板、刀、竹筛、漏勺、烧杯等。

四、 实验内容

（一） 苹果干制作

1. 工艺流程

原料选择→清洗→去皮→切分→护色→烘干→回软→包装→成品

2. 操作要点

（1）原料选择　选用肉质致密、含糖量高、皮薄肉厚、充分成熟的果实，剔去烂果、伤残果，称重。

（2）清洗、去皮、切分　将称取的苹果用流水清洗干净，用手工或机械去皮和果心，切成厚5~7mm圆片。

（3）护色　将切好的苹果片投入护色液中，护色液的用量以能浸没全部物料为准，浸泡时间20min。护色液可选择3%~5%的食盐水、0.01%亚硫酸氢钠溶液或0.3%异抗坏血酸钠+0.2%柠檬酸。

（4）烘干　浸泡完毕后迅速将物料捞起用清水冲洗，沥干水分，均匀放置在竹筛上，放入烘箱中干燥。烘干初期温度为80~85℃，以后逐渐降到50~55℃，干燥时间5~6h。干燥过程中每隔1~2h翻动一次物料，干燥终点相对湿度22%左右，成品用手紧握再放松手时不黏结而富有弹性。

（5）回软　将干制品放在密封容器中1~2d，使含水分均匀一致，质地柔软。

（6）包装　苹果干经检验、分级后迅速密封包装，谨防受潮。

（二）脱水胡萝卜干制作

1. 工艺流程

原料选择→处理→热烫→冷却→烘干→回软→包装→成品

2. 操作要点

（1）原料选择　选择新鲜、色泽橙红、成熟度适宜、无腐烂和严重损伤的胡萝卜为原料，剔除有分叉、病斑、机械损伤等的胡萝卜。

（2）原料处理　胡萝卜放入流动清水池中浸泡清洗，先除掉斑点、根须及凹陷部分的污物，再去掉含有苦味的外表皮，最后切除青顶，挖去茎中黄芯，切成3~5mm厚的片或5~10mm的丁或条。

（3）热烫　将切分好的胡萝卜原料投入沸水中热烫1~2min，立即捞出用冷水冷却，并沥干水分。一般以过氧化物酶（peroxidase）失活的程度来检验热烫是否适当。方法是将经热烫后的原料切开，在切面上分别滴几滴0.3%愈创木酚酒精溶液和0.5%双氧水，若变色（褐色或蓝色），则热烫不足，需延长热烫时间；若不变色，则表明过氧化物酶失活。

（4）烘干　将热烫好的胡萝卜均匀地摊在竹筛上，放入烘箱架上烘干。烘干初期温度为65~75℃，以后逐渐降到50~55℃，干燥时间为6~7h。当胡萝卜水分含量降至5%左右时，密封回软。

（5）回软　将干制品放在密封容器中1~2d，使之回软。

（6）包装　胡萝卜干经检验、分级后迅速密封包装，谨防受潮。

五、产品评定

苹果干质量标准参照GB/T 23352—2009《苹果干　技术规格和试验方法》，脱水胡萝卜干质量标准参照NY/T 959—2006《脱水蔬菜　根菜类》。

1. 感官要求

感官要求应符合表1-1的规定。

表 1-1 感官要求

项目	指标	
	苹果干	脱水胡萝卜干
色泽	色泽鲜亮，具有本品种固有的特征，切口边缘轻微褐变或呈浅褐色	与原料固有的色泽相近或一致
滋味、气味	具有本品种固有的滋味和气味，无异味	具有原料固有的滋味和气味，无异味
形态	各种形态产品的规格应均匀一致，完整洁净，无黏结	
复水性	95℃热水浸泡 2min，基本恢复脱水前状态	
杂质	无外来可见杂质	
霉变	无	

2. 理化指标

理化指标应符合表 1-2 的规定。

表 1-2 理化指标

项目		指标	
		苹果干	脱水胡萝卜干
水分/%	≤	25.0	8.0
总灰分（以干基计）/%	≤	1.3	6.0
酸不溶性灰分（以干基计）/%	≤	0.1	1.5

3. 卫生指标

卫生指标应符合表 1-3 的规定。

表 1-3 卫生指标

项目	指标
砷（以 As 计）/(mg/kg)	≤0.5
铅（以 Pb 计）/(mg/kg)	≤0.2
镉（以 Cd 计）/(mg/kg)	≤0.05
汞（以 Hg 计）/(mg/kg)	≤0.01
食品添加剂含量	按 GB 2760—2014 规定
菌落总数/(CFU/g)	≤10000
大肠菌群/(MPN/100g)	≤300
致病菌（沙门氏菌、志贺氏菌、金黄色葡萄球菌）	不得检出

4. 干制品的复水

称取10g果蔬干制品置于烧杯中，加入定量（300~500mL）50~60℃的热水，烧杯置于55℃的水浴中，每隔0.5h捞出并在竹筛或漏勺中沥至无水下滴，再用干净毛巾吸干表面水分后称重，直至达到恒重为止，记录每次质量。根据复水用干制品质量及复水后质量，计算复水比。根据复水期间质量变化与时间的关系，做出复水曲线。

复水比即干制品复水后的沥干质量与干制品复水前的质量之比。

$$R_{复} = \frac{m_{复}}{m_{干}} \tag{1-1}$$

式中　$R_{复}$——复水比；

$m_{复}$——干制品复水后沥干重，g；

$m_{干}$——干制品试样重，g。

六、结果与分析

1. 实验结果

将实验结果记录于表1-4、表1-5中。

表1-4　果蔬干制实验记录表

产品名称	原料质量/g	干制温度/℃	干制时间/h	成品净重/g	成品率/%	干燥比/%	备注

表1-5　果蔬干复水记录表　单位：g

产品名称	复水后质量/g						
	0h	0.5h	1h	1.5h	2h	2.5h	3h

2. 结果分析

根据感官指标综合评价产品质量。要求实事求是地对本人实验结果进行清晰的叙述，实验失败必须详细分析可能的原因。

七、思考题

1. 不同预处理对果蔬干制品品质有哪些影响？
2. 影响热风干制速率的主要因素有哪些？

实验二　果蔬脆片的制作（真空膨化）

一、实验目的

了解果蔬脆片的工艺流程及工艺要点；掌握果蔬低温真空油炸干燥原理。

二、实验原理

果蔬脆片是以新鲜水果、蔬菜为主要原料，经或不经切片（条、块），采用真空油炸脱水或非油炸脱水工艺，添加或不添加其他辅料制成的口感酥脆的水果、蔬菜干制品。低温真空油炸技术是生产果蔬脆片的重要方法，也是目前应用最多、最成熟的方法。

低温真空油炸是先将果蔬速冻，使内部水分变成小冰晶体，再以热油（所用油可为棕榈油、棉籽油等植物油）为热传导介质进行真空油炸。随着真空度的提高，果蔬原料中的水分急剧蒸发，在短时间内迅速脱水，带走大量潜热，油温降低，当真空度上升到93.3kPa时，水的汽化温度大约为40℃，油温从110~150℃降至80~85℃。原料内部的水分在很短的时间内蒸发95%以上，而大量水分强烈的沸腾汽化，使果蔬原料体积迅速增加，细胞间隙膨胀，形成疏松多孔的组织结构。随后真空度和油温处于一段比较稳定的状态，水分继续蒸发，直到水分下降至一定程度时，内部水分迁移速度减慢，水分溢出速度减小，使得油温在真空度不变的情况下又逐渐升高至油炸结束，制品组织膨胀，呈酥松状。

三、实验材料与仪器设备

1. 实验材料

时令果蔬、大豆色拉油（或棕榈油）、亚硫酸氢钠、异抗坏血酸钠、食盐、愈创木酚、双氧水、95%乙醇、柠檬酸等。

2. 实验设备

真空油炸锅、冰箱、不锈钢锅、封口机、台秤、砧板、刀、漏勺、烧杯、果盆等。

四、实验内容

1. 工艺流程

原料→挑选→清洗→切分→护色→热汤→浸渍→速冻→真空油炸→脱油→调味→包装→成品

2. 操作要点

（1）原料选择　选用原料必须有完整细胞结构，组织致密，新鲜。剔去烂果、伤残果，并按成熟度分开，分别处理。适合加工果蔬脆片的水果类原料如：苹果、猕猴桃、柿子、草莓、葡萄、香蕉等，蔬菜类原料如：胡萝卜、南瓜、番茄、四季豆、甘薯、马铃薯、青椒、洋葱等。

（2）原料处理　将称重的原料用流水清洗干净，去果心（有些需要去掉果皮），切成厚2~4mm的片。

（3）护色 将切好的果片投入护色液中，护色液（与果蔬干制相同）的用量为能浸没全部物料为准，浸泡时间10min。浸泡结束后，将物料投入95~100℃热水中，热烫20~60s，冷却后沥干。根据原料不同选择适当护色方法。

（4）浸渍 浸渍又称前调味，通常用30%~40%的葡萄糖溶液或50%蔗糖溶液浸渍物料，温度30~40℃，时间20min，料液比1∶10。浸渍完毕后迅速将物料捞起用自来水冲洗，沥干水分。

（5）速冻 浸渍后的物料置入-18℃条件下进行冷冻12h，待物料冷冻成形，质地坚硬。

（6）真空油炸 在油炸前，先对真空油炸设备升温至设定温度90~115℃，将冷冻后的物料放入真空油炸框中，抽真空，真空度达到0.08~0.1MPa后开始油炸，油炸时间6~25min。

（7）脱油 采用真空离心脱油。真空度为0.098MPa，温度为95~105℃，120~130r/min，旋转时间2~4min，使含油量为20%以下。

（8）调味、冷却 将真空油炸取出的果蔬脆片趁热调味，冷却至室温。

（9）包装 冷却后的果蔬脆片立即放入塑料瓶密封或充氮包装。

五、产品评定

产品品质要求参照GB 17401—2014《食品安全国家标准 膨化食品》和GB 16565—2003《油炸小食品卫生标准》。

1. 感官要求

感官要求应符合表1-6的规定。

表1-6 感官要求

项目	指标
色泽	具有产品应有的色泽，无焦、生现象
滋味、气味	具有产品应有的正常滋味和气味，无霉味或其他异味
组织形态	酥脆，膨化度好，外形完整

2. 理化指标

理化指标应符合表1-7的规定。

表1-7 理化指标

项目	指标
水分/(g/100g)	≤7
总砷（以As计）/(mg/kg)	≤0.2
铅（以Pb计）/(mg/kg)	≤0.2
酸价（以脂肪计）（KOH）/(mg/g)	≤3
过氧化值（以脂肪计）/(g/100g)	≤0.25

3. 卫生标准

卫生指标应符合表1-8的规定。

表1-8 卫生指标

项目	指标
菌落总数/(CFU/g)	≤1000
大肠菌群/(MPN/100g)	≤30
致病菌（沙门氏菌、志贺氏菌、金黄色葡萄球菌）	不得检出

六、结果与分析

1. 实验结果

将实验结果记录于表1-9中。

表1-9 实验记录表

产品名称	原料质量/g	浸渍温度/℃	浸渍时间/h	真空度/MPa	油炸温度/℃	成品净重/g	离心转速 r/min	离心时间/s

2. 结果分析

根据感官指标综合评价产品质量。要求实事求是地对本人实验结果进行清晰的叙述，实验失败必须详细分析可能的原因。

七、思考题

1. 浸渍、速冻的作用是什么？
2. 低温真空油炸产品有哪些特点？

实验三 真空冷冻脱水果蔬的制作

一、实验目的

了解真空冷冻干燥的基本知识及设备的操作过程；掌握果蔬真空冷冻脱水工艺流程和操作要点。

二、实验原理

食品的真空冷冻干燥就是利用升华的原理，使物料经快速冷冻后，在真空（低于水的三相点压力 610.5Pa）环境下加热，使其中的水分从固体的冰直接升华成水蒸气，不断移走水蒸气，从而使物料脱水干燥。真空冷冻干燥又称升华干燥或冻干。真空冷冻干燥设备通常由干燥室、制冷系统、真空系统、加热系统和控制系统设备组成。冷冻干燥得到的产物称为冻干物。冻干食品不仅保持了食品的色、香、味、形，而且最大限度地保存了食品中的维生素、蛋白质等营养成分。

三、实验材料与仪器设备

1. 实验材料

香蕉（或其他时令果蔬）。

2. 实验设备

速冻设备（-38℃以下）、真空冷冻干燥机、真空包装机、台秤、天平、砧板、刀等。

四、实验内容

1. 工艺流程

原料选择 → 清洗 → 去皮 → 切分 → 护色 → 预冻 → 真空脱水干燥 → 检查 → 包装 → 成品

2. 操作要点

（1）前处理　将新鲜成熟的香蕉切成 6~8mm 厚的圆片，称重后放在托盘中（单层铺放）。

切片时，应垂直于食品的纤维方向切断，这有利于干燥时产生的水蒸气逸出和提高部分传热系数，减少能耗。如有必要可做护色处理。

（2）预冻　将放在托盘中的香蕉片速冻，温度在-35℃左右，时间约 2h。冻结终了温度约在-30℃，使物料的中心温度在共晶点（香蕉共晶点约-22℃，成熟度越高共晶点温度越低）以下。溶质和水都冻结的状态称为共晶体，冻结温度称为共晶点。

（3）真空脱水干燥　包括升华干燥和真空干燥两个阶段。每隔 1~2h 记录产品温度、搁板温度、冷凝器温度和真空度。

①先将真空冷冻干燥箱进行空箱降温，至-40℃，打开密封门开关，将预冻好的香蕉片置于冷凝器的搁板上，关闭密封门开关。

②打开真空泵开关，当真空度达到 50~60Pa 时，进行加热。搁板温度 43~47.5℃，料温控制在-25~-20℃，时间 3~5h。

加热不能太快或过量，否则香蕉片温度过高，超过共溶点（香蕉共溶点约-33.5℃），冰晶溶化，会影响质量。

③当料温与搁板温度趋于一致时，干燥过程即可结束。关闭总开关，解除真空状态。

④关闭真空开关，关闭冷冻开关，打开密封门开关，取出样品。

（4）后处理　将干燥的香蕉片立即进行检查、称重、包装。

五、产品评定

香蕉片质量标准参照 NY/T 948—2006《香蕉脆片》。

1. 感官要求

感官要求应符合表 1-10 的规定。

表 1-10 感官要求

项目	指标
色泽	淡黄色或黄色，无褐变现象
滋味和口感	具有浓郁的香蕉芳香气味和滋味，味甜，无异味，口感酥脆
形态	片状，大小基本一致，断面呈多孔海绵样疏松状，允许少量碎屑
复水性	95℃热水浸泡 2min，基本恢复脱水前状态
杂质	无肉眼可见外来杂质

2. 理化指标

理化指标应符合表 1-11 的规定。

表 1-11 理化要求

项目	指标
水分/%	≤5.0
酸价（以脂肪计）	≤5.0
过氧化值（以脂肪计）/(g/100g)	≤20.0

3. 卫生指标

卫生指标应符合表 1-12 的规定。

表 1-12 果蔬干卫生要求

项目	指标
总砷（以 As 计）/(mg/kg)	≤0.5
铅（以 Pb 计）/(mg/kg)	≤1.0
二氧化硫残留量（以 SO_2 计）/(g/kg)	≤0.03
食品添加剂含量	按 GB 2760—2014 规定
菌落总数/(CFU/g)	≤1000
大肠菌群/(MPN/100g)	≤30
其他致病菌（沙门氏菌、志贺氏菌、金黄色葡萄球菌）	不得检出

六、结果与分析

1. 实验结果

将实验结果记录于表 1-13、表 1-14 中。

表 1-13　实验记录表

产品名称	原料质量/g	护色时间/min	预冻温度/℃	预冻时间/min	成品净重/g

表 1-14　产品真空脱水干燥记录表

项目	0h	1h	2h	3h	4h
真空度/Pa					
搁板温度/℃					
料温/℃					
冷凝器温度/℃					

2. 产品的脱水率

$$脱水率 = \frac{m_1 - m_2}{m_1} \times 100\% \quad (1-2)$$

式中　m_1——冻干前的质量，g；

m_2——冻干后的质量，g。

3. 产品的评价

根据感官指标综合评价产品质量。将样品去除包装后，置于清洁的白瓷盘中，在明亮处用肉眼直接观测色泽、组织状态和杂质，嗅其气味，用温水漱口后品尝滋味。

4. 复原性检验

取 5~10g 试样置于 500mL 烧杯中，加入 200mL 温度 70~80℃ 的蒸馏水（水足以淹没样品），浸泡 3~5min 后，每隔 0.5h 捞出并在竹筛或漏勺中沥至无水下滴，再用干净毛巾吸干表面水分后称重，直至达到恒重为止，记录每次质量，检验产品复水后色泽、形状、气味等是否正常。根据复水用干制品质量及复水后质量，计算复水比。根据复水期间质量变化与时间的关系，做出复水曲线。

复水比即干制品复水后的沥干质量与干制品复水前的质量之比。

$$R_{复} = \frac{m_{复}}{m_{干}} \quad (1-3)$$

式中　$R_{复}$——复水比；

$m_{复}$——干制品复水后沥干质量，g；

$m_{干}$——干制品试样质量，g。

5. 绘制冻干曲线

以时间为横坐标，温度为纵坐标，绘制产品温度、搁板温度、冷凝器温度曲线，进行简单分析。

七、思考题

1. 物料预冻时的温度怎样确定？
2. 如何控制加热升华过程？

3. 冻干食品与其他干燥产品比有哪些优点？

实验四　微波膨化苹果片的制作

一、实验目的

了解微波膨化苹果片工艺流程和操作要点；深刻理解果蔬干制的基本原理。

二、实验原理

微波膨化技术是随着微波能在食品干燥加工中的应用而发展起来的。物料中的水分子是极性分子，其极性取向随着外加电场的变化而变化，在微波作用下，以每秒几亿次的频率周期性改变外加电场的方向，使极性的水分子急剧摆动、碰撞，获得动能，相互间摩擦损耗，瞬时转化为热能，被水分所吸收同时物料内外同时升温，实现水分的汽化。微波加热速度快，物料内部气体温度急剧上升，由于传质速率慢，受热气体处于高度受压状态，而有膨胀的趋势，当达到一定的压强时，水分子就会带动大分子物质空间结构变形，使物料内部组织结构膨胀体积胀大，定形为多孔状结构。微波加热过程再辅以降低体系压强的办法，可有效地加工膨化产品。

三、实验材料与仪器设备

1. 实验材料

苹果、食盐、柠檬酸等。

2. 实验设备

鼓风干燥箱、微波炉、真空干燥箱、不锈钢锅、台秤、砧板、刀、果盆等。

四、实验内容

1. 工艺流程

新鲜苹果→预处理→护色→预干燥→均湿→微波膨化→真空干燥→冷却→包装→成品

2. 操作要点

（1）原料选择　选用肉质致密，含糖量高，皮薄肉厚，充分成熟的果实，剔去烂果、伤残果，称重。

（2）原料预处理　将称取的苹果用流水清洗干净。用手工或机械去皮、去果心，切成厚 6~8mm 的圆片。

（3）护色　将切好的苹果片投入护色液中，护色液的用量约是被浸泡的物料量的 1.5 倍（m/m），以能浸没全部物料为准，浸泡时间 20min。护色液可选择 1%的食盐水+0.2%柠檬酸。

（4）预干燥　浸泡完毕后迅速将物料捞起用自来水冲洗，沥干水分，均匀放置在竹筛上，放入鼓风干燥箱中预干燥。干燥温度为65℃，干燥时间1~1.5h，物料含水量为20%~30%时结束。

（5）均湿　将物料放在密封容器中5~8h，使水分均匀一致，质地柔软。

（6）微波膨化　微波功率400~800W，膨化时间60~150s，装载量50~150g。此段干燥目的是使物料含水量下降10%左右，最终物料含水率为10%~15%。

为了避免物料出现局部高温焦化现象，可进行间歇加热，即加热1min停1min。

（7）真空干燥　经微波膨化后，剔除未干、焦化和不完整的苹果片，把物料均匀摆入平盘，迅速送入真空干燥箱中进行真空干燥。真空度不低于0.08MPa，温度50℃。干燥终点物料含水率3%~5%。

（8）冷却、包装　从真空干燥箱中取出的产品放入密闭容器中在室温下进行冷却后，迅速分级密封包装，谨防受潮。

3. 实验设计

初始含水率、微波功率、膨化时间和装载量等因素对微波干燥膨化结果都有影响，为了获得最佳工艺条件，各小组可进行单因素或正交试验，因素水平参考表1-15。

表1-15　微波真空干燥试验因素水平表

因素	水平		
预干燥时间/min	60	90*	120
微波膨化时间/s	90	120*	150
微波强度/(W/g)	15	20*	25

注：*的取值是对一个试验因素进行试验时其他因素的取值。

真空度、干燥温度、干燥时间等因素对真空干燥结果有影响，为了获得最佳工艺条件，各小组可进行单因素或正交试验，因素水平参考表1-16。

表1-16　真空干燥试验因素水平表

因素	水平		
真空度/MPa	0.08	0.085*	0.090
干燥温度/℃	45	50*	55
干燥时间/h	1.5	2*	2.5

注：*的取值是对一个试验因素进行试验时其他因素的取值。

五、产品评定

膨化苹果片品质要求参照GB 17401—2014《食品安全国家标准　膨化食品》，NY/T 2779—2015《苹果脆片》。

1. 感官要求

感官要求和打分标准见表1-17的规定。

表 1-17　膨化苹果片感官品质评分标准（100 分）

项目	满分标准	满分
色泽	具有苹果经加工后应有的正常色泽，无异色	20
风味	具有苹果经加工后应有的滋味和气味，酸甜适中，无异味	30
口感	口感酥脆、细腻	30
组织形态	厚度基本均匀，结构酥松，不粘连	20

2. 理化指标

理化指标应符合表 1-18 的规定。

表 1-18　理化指标

项目	指标
水分/%	≤7.0

3. 卫生指标

卫生指标应符合表 1-19 的规定。

表 1-19　膨化苹果片卫生指标

项目	指标
菌落总数/(CFU/g)	≤1000
大肠菌群/(MPN/100g)	≤30
其他致病菌（沙门氏菌、志贺氏菌、金黄色葡萄球菌）	不得检出

六、结果与分析

1. 工艺参数确定

为了确定微波膨化工艺参数和真空干燥工艺参数，推荐采用正交表 $L_9(3^4)$ 安排试验，试验方案如表 1-20 所示。

表 1-20　正交表 $L_9(3^4)$ 试验方案

试验号	A	B	C	空列	打分结果
1	1	1	1	1	
2	1	2	2	2	
3	1	3	3	3	
4	2	1	2	3	
5	2	2	3	1	
6	2	3	1	2	

续表

试验号	A	B	C	空列	打分结果
7	3	1	3	2	
8	3	2	1	3	
9	3	3	2	1	

2. 结果分析

根据感官打分综合评价产品质量，将实验结果记录于表 1-20 中，采用极差或方差分析法得出最佳工艺条件。

七、 思考题

1. 微波干燥时苹果片发生膨化的原理是什么？
2. 影响微波干燥速率的因素有哪些？

实验五　果蔬脆片的制作（变温压差膨化）

一、 实验目的

掌握果蔬变温压差膨化干燥原理；熟悉苹果脆片的工艺流程及操作要点。

二、 实验原理

果蔬变温压差膨化干燥又称爆炸膨化干燥、气流膨化干燥或微膨化干燥等，属于一种新型、环保、节能的非油炸膨化干燥技术，结合了热风干燥和真空干燥的优点、克服了真空低温油炸干燥等的缺点。膨化机组主要由膨化罐和真空罐（真空罐体积是膨化罐的 5~10 倍）组成。基本原理是：将经过预处理并除去部分水分的果蔬原料（含水率为 15%~50%），送入膨化罐中升温加压，当罐内压力上升至 0.1~0.2MPa 时，物料升温至 100~120℃，内部水分汽化，随后打开泄压阀，与已抽真空的真空罐连通，物料瞬间卸压，内部水分瞬间蒸发，依靠气体的膨胀力，物料组织迅速膨胀，形成蜂窝状结构，在真空状态下维持脱水干燥一段时间，直至物料含水率≤7%，定形成多孔状态，即膨化果蔬脆片。

三、 实验材料与仪器设备

1. 实验材料

苹果、亚硫酸氢钠、异抗坏血酸等。

2. 实验设备

恒温干燥箱、变温压差膨化干燥设备、真空充气包装机、台秤、砧板、刀等。

四、实验内容

1. 工艺流程

原料→挑选→清洗、切分→护色→预干燥→均湿→膨化→冷却、分级→包装→成品

2. 操作要点

（1）原料挑选　选用原料必须均匀分布可汽化液体，组织致密，新鲜，成熟度适中。红玉、国光、富士等苹果品种较好。待苹果进厂后先行挑选，把霉烂生虫的挑出。

（2）清洗、切分　除去果蔬原料表面的泥土和污物。可采用专用的清洗机械，也可使用流动的清水冲洗。需去皮、去心，切分成厚度4~8mm的不同形状，如切成片、块、条、丁等。

（3）护色　采用0.01%亚硫酸氢钠溶液或0.3%异抗坏血酸溶液浸泡15~20min，取出后冷水漂洗3~5次，沥干。

（4）预干燥　预干燥是膨化过程中的关键工艺，由于预干燥产品的含水量和产品品质对最终成品的质量影响很大，所以经过预干燥处理后产品的水分过多或过少均不适宜，可实验最终确定。一般采用75℃，干燥时间2~3h，最终水分含量控制在25%~35%。

（5）均湿　预干燥后的物料，剔除过湿、结块及细屑，待冷却后，立即放于塑料袋中或堆在一起密封好，使水分达到平衡，一般时间2~3d。

（6）膨化　将预干燥的物料均匀地摆放在钢丝盘上，放入膨化罐内密封。先通入压缩空气加压至200kPa，如果苹果组织疏松，压力可以在100kPa左右，再通入热蒸汽，使温度慢慢升至80~90℃，保持35min。开启连接压力罐和真空罐（真空罐已预先抽真空）的卸压阀，同时关闭蒸汽进气管道，并将蒸汽管道中通入冷却水将温度降至20~25℃，维持5~10min。打开通气阀门，恢复常压后开罐取出产品。

（7）冷却、分级　原料从罐中取出后，迅速冷却至室温。剔除破碎、焦糊产品，根据色泽、膨化度、完整度分级。

（8）包装　采用真空充氮包装，可在包装内加入干燥剂。

3. 实验设计

苹果切片厚度、预干燥温度、预干燥时间等因素对后续变温压差干燥膨化的结果有影响，为了获得最佳工艺条件，各小组可进行单因素或正交试验，因素水平参考表1-21所示。

表1-21　微波真空干燥试验因素水平表

因素	水平		
	1	2	3
预干燥时间/min	60	90*	120
预干燥温度/℃	70	75*	80
切片厚度/mm	4	6*	8

注：*的取值是对一个试验因素进行试验时其他因素的取值。

五、产品评定

苹果脆片质量标准参照GB 17401—2014《食品安全国家标准　膨化食品》，NY/T

2779—2015《苹果脆片》。

1. 感官指标

感官指标应符合表1-22的规定。

表1-22　苹果脆片感官指标

项目	指标
色泽	具有苹果经加工后应有的正常色泽
风味和口感	具有苹果经加工后应有的滋味和气味，酸甜适中，口感酥脆，无异味
形态	各种形态产品的规格应均匀一致、完整，厚度基本均匀，无碎屑
杂质	无外来可见杂质
霉变	无

2. 理化指标

理化指标应符合表1-23的规定。

表1-23　苹果脆片理化指标

项目	指标
水分/%	≤7.0

3. 卫生指标

卫生指标应符合表1-24的规定。

表1-24　苹果脆片卫生指标

项目	指标
菌落总数/(CFU/g)	≤1000
其他大肠菌群/(MPN/100g)	≤30
其他致病菌（沙门氏菌、志贺氏菌、金黄色葡萄球菌）	不得检出

六、结果与分析

1. 实验结果

将实验结果记录于表1-25。

表1-25　实验记录表

产品名称	原料质量/g	护色时间/min	预干燥温度/℃	预干燥时间/min	膨化温度/℃	膨化时间/min	膨化压力/MPa	成品净重/g

2. 结果分析

根据感官指标综合评价产品质量，对设计实验结果要进行分析，要求实事求是地对本人实验结果进行清晰的叙述，实验失败必须详细分析可能的原因。

七、 思考题

1. 膨化前为什么要进行预干燥？
2. 变温压差膨化干燥有哪些优点？

实验六 肉干的制作

一、 实验目的

通过实验，使学生深刻理解肉干的加工原理；掌握肉干制作的基本方法和工艺；掌握烘干箱等仪器设备的使用，获得制作肉干的独立实验能力。

二、 实验原理

肉类食品的脱水干制是一种有效的加工和贮藏手段。新鲜肉类食品不仅含有丰富的营养物质，而且水分含量都在60%以上。经过脱水干制，其水分含量可降低到20%以下，蛋白质类食品适于细菌生长繁殖最低限度的含水量为25%~30%，霉菌为15%，微生物失去获取营养物质的能力，抑制了微生物的生长，可达到保藏的目的。肉干燥时所含水分自表面逐渐蒸发。为了加速干燥，则需扩大表面积，故常将肉切成片、丁、丝等。为了加速干燥，既要加强空气循环，又需加热。但加热对肉制品品质有影响，故又有了减压干燥的方法。根据热源不同分为自然干燥和加热干燥，干燥热源有蒸汽、电热红外线及微波等；根据干燥时的压力分为常压干燥和减压干燥，减压干燥包括真空干燥和冷冻升华干燥。

干制有以下作用。

①降低食品的水分活度：水分对微生物生长活动的影响，起决定因素的是它的有效水分。食品所含的游离水即为有效水分，可用水分活度（water activity，A_w）估量。A_w 常用于衡量微生物忍受干燥程度的能力。肉品在干制过程中，随着水分的丧失，A_w 下降，因而可被微生物利用的水分减少，抑制了细菌的新陈代谢使其不能生长繁殖。

②降低酶的活力：酶为食品所固有，需要水分才具有活力。水分减少时，酶的活性也就降低，只有干制品水分降低到1%以下时，酶的活性才会完全消失。

肉干是指瘦肉经预煮、切丁（条片）、调味、浸煮、干燥等工艺制成的干熟肉类制品，按原料分为猪肉干、牛肉干等；按形状分为片状、条状、粒状等；按配料分为五香肉干、辣味肉干和咖喱肉干等。

三、 实验材料与仪器设备

1. 实验材料

猪肉或牛肉、植物油、盐、酱油、白糖、五香粉、黄酒、生姜、葱等。

2. 实验设备

电烤箱、菜刀、菜板、电磁炉、不锈钢锅等。

四、 实验内容

1. 配方

配方内容可参见表1-26所示。

表1-26　　肉干的配方（按100g瘦肉计算）　　单位：g

配料	食盐	酱油	五香粉	白糖	黄酒	生姜	葱	干红辣椒	花椒
用量	2	6	0.3	8	1	1	0.25	2	0.5

2. 工艺流程

原料肉预处理→初煮→切坯→复煮→收汁→脱水→冷却→包装

3. 操作要点

（1）原材料处理　一般多用牛肉，多选用后腿瘦肉为佳，现在也用猪、羊、鸡等肉，要求新鲜。将原料肉剔去皮、骨、筋腱、脂肪及肌膜后，顺肌纤维切成质量为1kg左右的肉块，用清水浸泡1h左右除去血水污物，沥干后备用。

（2）初煮　初煮的目的是通过煮制进一步挤出血水，并使肉块变硬以便切坯。将清洗沥干的肉块放在沸水中煮制，以水盖过肉面为原则。初煮时一般不加任何辅料，但有时为了除异味，可加1%~2%的鲜姜，初煮时水温保持在90℃以上，并及时撇去汤面污物。初煮时间随肉的嫩度及肉块的大小而异，以切面呈粉红色、无血水为宜。通常初煮1h左右，捞出肉块后，汤汁过滤待用。

（3）切坯　经初煮的肉块冷却后，按不同规格要求切成块、片、条、丁，力求大小均匀一致。常见规格有：1cm×1cm×0.8cm的肉丁或者2cm×2cm×0.3cm的肉片。

（4）复煮、收汁　复煮是将切好的内坯放在调味汤中煮制，目的是进一步熟化和入味。取肉坯重20%~40%的过滤初煮汤，将配方中不溶解的辅料装纱布袋入锅煮沸后，加入其他辅料及肉坯。用大火煮制30min左右后，随着剩余汤汁的减少，应用小火以防焦锅。用小火煨1~2h，待卤汁收干即可起锅。

（5）脱水　常规的脱水方法有以下三种。

①烘烤法：将收汁后的肉坯铺在竹筛或铁丝网上，放置于烘房或远红外烘箱烘烤。烘烤温度前期控制在60~70℃，后期可控制在50℃左右，一般需要5~6h，即可使含水量下降到20%以下。烘烤过程中要注意定时翻动。

②炒干法：收汁结束后，肉坯在原锅中文火加温，并不停搅翻，炒至肉块表面微微出现蓬松茸毛时，即可出锅，冷却后即为成品。

③油炸法：先将肉切条后，用2/3的辅料（其中黄酒、白糖、味精后放）与肉条拌

匀，腌渍 10~20min 后，投入 135~150℃的菜油锅中油炸。油炸时要控制好油温，宜选用恒温锅炸锅，成品质量易控制。炸到肉块呈微黄色后，捞出并滤油，再将酒、白糖、味精和剩余的 1/3 辅料混入拌匀。

实际生产中，也可先烘干再上油衣，例如重庆丰都生产的麻辣牛肉干，烘干后用菜油或香油炸酥起锅。

（6）冷却、包装　冷却以在清洁室内摊凉、自然冷却较为常用。必要时可用机械排风，但不宜在冷库中冷却，易吸水返潮。包装以复合膜为好，尽量选用阻气阻湿性能好的材料。

五、 产品评定

1. 感官指标

烘干的肉干色泽酱褐泛黄，略带绒毛；炒干的肉干色泽淡黄，略带绒毛；油炸的肉干色泽红亮油润，外酥里韧，肉香味浓。如表 1-27 所示。

表 1-27　感官要求

项目	要求	项目	要求
外形	蓬松	质感	柔软，有弹性
色泽	棕黄	口感	硬度适中质味悠长、无异味

2. 理化指标

理化指标如表 1-28 所示。

表 1-28　肉干理化指标

项目	指标	项目	指标
水分/%	≤20	食盐含量/%	4.0~5.0
A_w	＜0.7	蔗糖含量/%	＜20~30
pH	5.8~6.1		

3. 微生物指标

微生物指标如表 1-29 所示。

表 1-29　肉干微生物指标

项目	指标
细菌总数/(CFU/g)	≤10000
大肠菌群数/(MPN/100g)	≤40
其他致病菌或产毒菌数	不得检出

六、 结果与分析

从肉干的外形、色泽、质感、口感等方面综合评价肉干的质量。要求实事求是地对本人实验结果进行清晰的叙述，实验失败必须详细分析可能的原因。

七、 思考题

观察描述实验中肉干的感官变化，并分析可能的原因。

实验七　肉松的制作

一、 实验目的

通过实验使学生深刻理解肉松的加工原理；掌握肉松制作工艺实验的基本操作技能。

二、 实验原理

肉松是以畜禽瘦肉为主要原料，经修整、切块、煮制、撇油、调味、炒松、搓松制成的肌肉纤维蓬松成絮状的熟肉制品。由于所用的原料不同，可分为猪肉松、牛肉松、鸡肉松等。按其成品形态不同，可分为绒状肉松和粉状肉松两类，绒状肉松成品呈金黄或淡黄色，细软蓬松如棉絮；粉状肉松制品呈团粒状，色泽红润。

三、 实验材料及仪器设备

1. 实验材料

油、瘦肉、酱油、盐、白糖、黄酒、生姜、茴香、味精等。

2. 实验设备

电子天平、粉碎机、蒸煮锅、真空包装机等。

四、 实验内容

1. 工艺流程

原料肉的选择 → 切块 → 预煮 → 冷却 → 绞肉 → 炒干 → 炒松 → 打松 → 包装贮藏 → 成品

2. 操作要点

（1）原料肉的选择　除去骨、皮、脂肪、筋腱及结缔组织等，然后将瘦肉顺其纤维纹路切成肉条后再切成3cm长的短条，经浸水洗去瘀血和污物。

（2）煮制　将切好的瘦肉块、生姜、香料（用纱布包裹起来）放入锅中，加入与肉等量的水，用大火煮，直到煮烂为止，需要4h左右，煮肉期间要不断加水，以防止煮干，并撇去上浮的油沫。检查肉是否煮烂，其方法是用筷子夹住肉，稍加压力，如果肉纤维自行分离，可认为肉已煮烂。这时可将其他调味料加入，继续煮肉，直到汤煮干为止。在汤汁快要收干时加入黄酒。烧煮共计3h左右。

（3）绞肉　煮熟后的肉出锅、冷却，用绞肉机绞成颗粒状。

（4）炒松　将油倒入锅中，待油热后，倒入一半面粉（炒熟），快速翻炒，并压散结块。此时倒入肉粒，不断翻炒，至半成干时，加入剩余的面粉和糖，不断翻炒。成品半干时，加入味精，此时改为小火，勤炒勤翻，直至炒成金黄色为佳。

（5）打松　将炒好的肉松放进高速万能粉碎机，打开电源进行 5s 左右的打松，目的是将炒松过程中不均匀的部分通过粉碎机打出均匀的绒状。

（6）包装贮藏　肉松的吸水性很强，所以需要用干燥的容器保藏，可以用聚乙烯塑料袋，去除袋子里的空气以免受潮。

五、 产品评定

1. 感官指标

感官指标应符合表 1-30 规定。

表 1-30　　肉松的感官指标要求

项目	要求
色泽	呈浅黄或者金黄色，色泽基本均匀
滋味气味	鲜美，咸甜适中，无不良气味
组织状态	需呈絮状，纤维柔软蓬松，并允许有少量结头，无焦头
杂质	无外来可见杂质

2. 理化指标

理化指标应符合表 1-31 规定。

表 1-31　　肉松的理化指标

项目	要求
水分/(g/100g)	≤20
脂肪/(g/100g)	≤10
蛋白质/(g/100g)	≥32

3. 微生物指标

微生物指标应符合表 1-32 规定。

表 1-32　　肉松的微生物指标要求

项目	要求
菌落总数/(CFU/g)	≤30000
大肠菌群/(CFU/g)	≤40
其他致病菌（沙门氏菌、志贺氏菌、金黄色葡萄球菌）	不得检出

六、 结果与分析

1. 结果分析

要求实事求是地对本人实验结果进行清晰的叙述，实验失败必须详细分析可能的原因；实验结果涉及数据的内容必须准确，不得使用“大概”“约多少”等不确定词。按表 1-33 所示进行肉松的品质评定。

表 1-33　肉松的品质评定

项目	品质要求	最高评分	品质评定结果			
			给分			情况说明
			1	2	3	
形态	蓬松、均匀一致，绒毛状，无硬团	20 分				
香味	肉松持有翻炒的香味	20 分				
颜色	金黄色	30 分				
滋味	咸甜适中，咀嚼时有肉松浓郁的滋味	30 分				

2. 不同煮制时间与炒松时间对肉松质量的影响

本实验设计了三个煮制与炒制时间，如表 1-34 所示。得出结果：煮制时间以 140min 为好，炒制时间以 20min 为宜，可使肉松呈均匀一致的颗粒状，水分含量高，成品率也高。

表 1-34　实验设计与部分结果

组别	煮制/min	炒制/min	色泽及状态	水分/%	成品率/%
1	95	12	色泽发暗，呈不均匀的颗粒状	9. 08	40
2	140	20	金黄色，颗粒均匀	10. 33	49
3	140	25	金黄色，呈均匀一致的颗粒状	5. 80	47

七、思考题

1. 炒松时间对感官品质的影响有哪些？
2. 为什么煮制过程中需要撇去油沫？

实验八　肉脯的制作

一、实验目的

通过实验，了解各种肉品原料的特性及对肉脯加工工艺的影响；掌握肉品的加工特性；掌握肉脯工艺学制作实验的操作技能。

二、实验原理

肉脯是畜禽肉干制品中除肉干外的另一类干肉制品，也是深受人们喜爱的方便食品。

它们都具有质量轻、体积小、便于携带、运输和贮藏等特点，且含有充足的动物性蛋白，其含量远高于鸡蛋、牛乳等，对人体生长发育和增强人们的体质有着重要的意义。

三、 实验材料及仪器设备

1. 实验材料

食盐、蔗糖、植物油、味精、淀粉、香辛料等。

2. 实验设备

冷冻机、绞碎机、压平机、烘箱、烤箱等。

四、 实验内容

1. 工艺流程

原料选择→修整→绞碎→配料→腌制→成形→烘干→烘烧→压平→包装→成品

2. 操作要点

（1）原料肉的选择、修整、绞碎　原料肉要选择新鲜，经卫生检验合格的精瘦肉，剔除肌腱、筋膜、脂肪和瘀血、淋巴等。按肌肉的自然块状结构分割，用流动的温水浸洗、去除瘀血、污物，剔除碎肉、杂质。将肥瘦肉分别用绞肉机绞成肉糜。

（2）配料、腌制　称取适量的亚硝酸盐、香辛料、复合磷酸盐、淀粉、食盐、蔗糖及抗坏血酸添加在一定肥瘦比的肉糜中，搅拌均匀，置于2~6℃的条件下腌制20~24h。

（3）成形抹片　用植物油将成形盒底刷一遍，将腌制好的猪肉肉糜平铺在成形盒底部成一定的几何形状，可根据生产的需要选择不同形状的模具盒。

（4）烘干、烘烧　将铺好的猪肉肉糜放入恒温培养箱中于60℃左右烘烤4h，此时肉脯呈棕红色，而后120℃左右烘烧5min至肉脯表面油润，此时含水量在20%以下。

（5）压平　压平的目的是使肉脯表面平整，增加光泽，减少风味损失和延长保质期。具体操作是用50%的全蛋液涂抹肉脯表面，再用压平机压平。

（6）冷却、包装　将熟制的猪肉脯自然冷却，再用聚乙烯袋进行真空包装。

（7）检验　保温一周检验，同时进行感官、净含量、微生物学检验，均合格后，方可入成品库加外包装，打印日期即可出厂。

五、 产品评定

1. 感官指标

感官指标应符合表1-35规定。

表1-35　肉脯的感官指标要求

项目	要求
色泽	肉质色泽均匀，呈棕红色且有光泽，无焦糊现象
滋味、气味	有肉香味和烧烤味，味道醇厚，咸中微甜
组织状态	紧密，表面平整，干湿度一致
口感	口感良好、细腻、化渣、有回味

2. 理化指标

理化指标应符合表 1-36 规定。

表 1-36 肉脯的理化指标要求

项目	要求	项目	要求
水分/%	≤25	盐（以 NaCl 计)/%	≤4.5
脂肪/%	≤14	蛋白质/%	≥40

3. 卫生指标

卫生指标应符合表 1-37 规定。

表 1-37 肉脯的卫生指标要求

项目	要求
菌落总数/(CFU/g)	≤10000
大肠菌群/(MPN/100g)	≤30
其他致病菌（沙门氏菌、志贺氏菌、金黄色葡萄球菌）	不得检出

六、 结果与分析

1. 肉脯腌制条件的确定

肉脯色泽正交试验结果如表 1-38 所示。得出结果：向肉糜中添加亚硝酸盐，可以呈现明快的红色，独特的风味，而且可以抑制肉毒梭状芽孢杆菌及其他杂菌的生长，此外亚硝酸盐可延缓腌肉腐败，抑制蒸煮味。抗坏血酸作为抗氧化剂可以稳定腌肉的颜色和风味，此外还能在一定程度上减少致癌物质——二甲基亚硝胺的生成。食盐促进亚硝酸盐向深层渗透，使发色均匀。蔗糖有助色作用及吸收氧而防止肉脱色，使发色效果更佳。

表 1-38 肉脯色泽正交试验结果

试验号	亚硝酸盐/(g/kg)	食盐/%	蔗糖/%	抗坏血酸/%	腌制时间/h	综合指标/%
1	1	1	1	1	1	80.5
2	1	2	2	2	2	60.9
3	1	3	3	3	3	73.8
4	1	4	4	4	4	65.3
5	2	1	2	3	4	72.3
6	2	2	1	4	3	65.5
7	2	3	4	1	2	77.9
8	2	4	3	2	1	68.2

续表

试验号	亚硝酸盐/(g/kg)	食盐/%	蔗糖/%	抗坏血酸/%	腌制时间/h	综合指标/%
9	3	1	3	4	2	83.8
10	3	2	4	3	1	82.6
11	3	3	1	2	4	83.5
12	3	4	2	1	3	85.9
13	4	1	4	2	3	86.7
14	4	2	3	1	4	86.9
15	4	3	2	4	1	80.2
16	4	4	1	3	2	81.5
平均值 *K*	70.1	80.8	77.8	82.8	77.9	
平均值 *K*	71.0	74.0	74.8	74.8	76.0	
平均值 *K*	84.0	78.8	76.8	77.6	78.0	
平均值 *K*	83.8	75.2	78.1	73.7	77.0	
极差 *R*	13.9	6.8	3.3	9.1	2	
较好水平	3	1	4	1	3	
因素顺序	1	3	4	2	5	

2. 不同烘烤温度对产品感官质量影响

不同烘烤温度对产品感官质量影响结果如表 1-39 所示。得出结果：在 100~150℃ 温度段烘烤牛肉脯感官质量最好，而高温烘烤时间太短，外部迅速干燥结壳，阻碍了内部水分蒸发，从而产生外干内湿的现象，甚至外部焦枯而内部仍相当湿，而在 100~150℃温度段则能较好地避免上述情况发生。

表 1-39　烘烤温度和时间对产品影响的结果

烘烤温度段	50~80℃	100~150℃	180~220℃
所需时间	3~4h	20~80min	4~7min
颜色	暗红至褐色	棕红色	有烧焦烤枯现象
形状	收缩变形大，相对孔径大	大部分无变形，收缩小，孔隙小	变形小，收缩程度小
干湿度	过干	适度	外干内湿

七、思考题

1. 影响肉脯风味的因素有哪些？
2. 在摊筛后的烘干过程中，如何能使肉片联结在一起？

实验九 牛乳的浓缩和喷雾干燥

一、 实验目的

通过实验，了解牛乳浓缩设备流程及原理；掌握牛乳浓缩的过程及工艺要点；了解喷雾干燥设备流程及气动离心雾化器原理。

二、 实验原理

浓缩是在真空的状态下，水分沸点降低，使水在较低的温度下即达到沸腾的状态，产生的水蒸气从食品中逸出，从而达到浓缩食品的目的。牛乳喷雾干燥是指将浓缩乳借用机械力量，即压力或离心的方法，通过喷雾器将乳分散成雾状的乳滴，并与热风接触，水分瞬间蒸发，雾滴被干燥成球形颗粒落入底部，整个干燥过程需要10~30s。

三、实验材料与仪器设备

1. 实验材料

原料乳、水等。

2. 实验设备

离心机、均质机、浓缩锅、离心喷雾干燥机、温度计、形态观察仪器等。

四、 实验内容

1. 工艺流程

原料乳→预处理→标准化→预热、均质→杀菌→真空浓缩→喷雾干燥→出粉、冷却→包装→成品

2. 操作要点

（1）原料乳验收及预处理　原料乳的验收必须符合国家生鲜牛乳收购的质量标准（GB 19301—2010《食品安全国家标准　生乳》）规定的各项要求。生产乳粉的原料乳要求微生物数量较少，为了减少原料乳中的微生物尤其是芽孢杆菌，可采用离心除菌或者微滤除菌除去大部分菌体和芽孢，以提高乳粉的质量。

（2）标准化　原料乳进行标准化就是调整原料乳中的脂肪含量，使乳制品中的脂肪含量和非脂乳固体含量保持一定的比例关系。

（3）均质　原料乳采用二级均质，均质时的压力一般控制在14~21MPa，温度控制在60℃为宜。均质后使脂肪球变小，有效地防止脂肪的上浮，并易于消化吸收。

（4）杀菌　原料乳中存在的微生物会影响乳粉的质量，缩短原料乳的保质期。通过杀菌可消除或抑制细菌的繁殖及解脂酶和过氧化物酶的活力。目前最常见的是采用高温短时灭菌法，高温瞬时灭菌不仅能杀死牛乳中几乎全部的微生物，还可以减少牛乳中的营养成分损失。一般采用温度120~150℃，保持1~2s。

（5）真空浓缩　浓缩的目的在于可除去70%~80%的水分，提高牛乳中的干物质含量，使牛乳颗粒直径变大，改善冲调性。浓缩一般要求原料乳浓缩至原体积的1/4，乳干物质达到45%左右，浓缩后的乳温一般为47~50℃。

（6）喷雾干燥

①接通电源，利用进料泵先通入清水，查看喷头出水是否顺畅。

②启动风机，调节空气流量在 40m³/h 左右，打开加热开关，调节干燥器内温度为 250℃。

③启动空气压缩机进行空气压缩至一定压力后备用。当温度逐渐升高时保持持续进水，进水量为泵表显示在 5~10 为宜，这样做的目的是为了防止进料管温度过高时，进料料液瞬时汽化会反喷出来。

④当干燥室空气进口温度达到 250℃左右时即可开始进物料，进料量控制在进料泵表显示的 7~15。同时打开压缩机的放气阀门，释放压缩到位的气体进入喷头使料浆喷出雾化，并瞬时蒸发掉水分形成细小的粉粒，由旋风分离器分离出来，回收在接收容器中。延续此干燥过程，观察干燥塔内物料的干燥情况。

⑤ 实验结束，先将空气加热电压调至零再关闭加热开关，将进料浆换成进清水，再持续进水 5min 后关闭进料泵，其目的是为了洗净进料管中残留的物料，防止其凝结堵塞喷嘴。

（7）出粉、冷却　喷雾干燥室的乳粉要求迅速、连续地卸出并及时冷却至 30℃。

（8）包装　包装方式直接影响牛乳的贮藏期，如塑料袋包装的贮藏期规定为 3 个月，铝箔复合包装的贮藏期规定为 12 个月。

五、产品评定

1. 微生物限量

乳粉的微生物限量见表 1-40。

表 1-40　乳粉微生物限量

项目	采样方案[①]及限量（若非指定，均以 CFU/g 表示）				检验方法
	n	*c*	*m*	*M*	
菌落总数[②]	5	2	50000	200000	GB 4789.2
大肠杆菌	5	1	10	100	GB 4789.3 平板计数法
金黄色葡萄球菌	5	2	10	100	GB 4789.10 平板计数法
沙门氏菌	5	0	0/25g	—	GB 4789.4

注：①样品的分析及处理按 GB 4789.1 和 GB 4789.18 执行。

②不适用于添加活性菌种（好氧和兼性厌氧益生菌）的产品。

2. 理化指标

理化指标如表 1-41 所示。

表 1-41　乳粉的理化指标

项目		指标		检测方法
		乳粉	调制乳粉	
蛋白质/%	≥	非脂乳固体[①]的 34%	16.5	GB 5009.5

续表

项目		指标		检测方法
		乳粉	调制乳粉	
脂肪[②]/%	≥	26.0	—	GB 5413.3
复原乳酸度/°T				
牛乳	≤	18	—	GB 5413.34
羊乳		7~14	—	
杂质度/(mg/kg)	≤	16	—	GB 5413.30
水分/%	≤	5.0		GB 5009.3

注：①非脂乳固体（%）= 100%-脂肪（%）-水分（%）。
②仅适用于全脂乳粉。

3. 感官要求

感官要求如表 1-42 所示。

表 1-42 乳粉的感官要求

项目	要求		检验方法
	乳粉	调制乳粉	
色泽	呈均匀一致的乳黄色	具有应有的色泽	取适量试样置于 50mL 烧杯中，在自然光下观察色泽和组织状态，闻其气味；用温水漱口后，品尝滋味
滋味、气味	具有纯正的乳香味	具有应有的滋味、气味	
组织状态	干燥、均匀的粉末		

六、结果与分析

1. 实验结果

将实验结果记录于表 1-43。

表 1-43 牛乳存放实验结果记录表

项目	牛乳存放的时间					
	第 1 天	第 2 天	第 3 天	第 4 天	第 5 天	第 6 天
色泽						
滋味						
气味						
组织状态						

2. 结果分析

思考随着牛乳存放时间的增加，各个测定的项目分别有什么样的变化？每个指标之间是否存在什么联系？要求实事求是地对本人实验结果进行清晰的叙述，实验失败必须详细分析可能的原因。

七、 思考题

1. 喷雾干燥乳粉应该注意哪些事项?
2. 真空浓缩的条件是什么?
3. 对于不同产品的牛乳，浓缩的程度分别是什么?

实验十 蛋粉的制作

一、 实验目的

通过实验，使学生深刻理解蛋粉的加工原理；掌握蛋粉的加工过程和工艺要点。

二、 实验原理

蛋粉是指用喷雾干燥法除去蛋液中的水分而加工出的粉末状产品。鸡蛋粉是指鲜鸡蛋经过拣蛋、洗蛋、消毒、喷淋、吹干、打蛋、分离、过滤、均质、巴氏杀菌、发酵、喷雾干燥等十多道工序制成的含水量为4.5%左右的粉状制品。干蛋粉的加工主要是利用高温，在短时间内使蛋液中的大部分水分脱去，主要有全蛋粉、蛋黄粉和蛋白粉。蛋白粉不含脂肪，而前两种含有较高的乳化磷脂，这些磷脂与蛋黄中的蛋白质或其他成分组合，使得在干燥时应采取特殊的工艺。蛋粉的加工方法与乳粉的加工方法类似。鸡蛋粉作为鲜蛋的替代品，有着更为突出的优越性：①更卫生：鲜蛋经冲洗、消毒、喷淋、吹干、灭菌处理后的成品，可杀灭鲜蛋中99.5%以上的有害菌，几乎不含沙门氏菌；②更方便：蛋制品相对于鲜蛋保质期长，更便于运输、贮存和配料使用；③蛋清、蛋黄分离，各取所需：品质优良的蛋黄粉、蛋白粉、全蛋粉，用户完全可以随意选择使用。

三、 实验材料与仪器设备

1. 实验材料

鸡蛋、H_2O_2。

2. 实验设备

蛋品贮藏设备、消毒器、打蛋器、巴氏杀菌设备、空气过滤器、加热装置、干燥室、旋风脱粉器、发酵设备、超滤设备、喷雾干燥设备、筛粉机、包装设备等。

四、 实验内容

目前常用的脱水方法有离心式喷雾干燥法和喷射式喷雾干燥法两种，我国以喷射式喷雾干燥法为主生产蛋粉。

1. 工艺流程

蛋液→搅拌→过滤→巴氏杀菌→混合→喷雾干燥→二次干燥→出粉→冷却→筛分→包装→成品

2. 操作要点

（1）搅拌、过滤　通过搅拌、过滤除去蛋液中的碎蛋壳、蛋黄膜、蛋壳膜等杂物，使蛋液组织状态达到均匀一致的目的，否则这些杂质会堵塞喷雾装置，妨碍正常生产。为提高过滤效果，除机械过滤外，喷雾前再用细筛进行过滤，确保生产顺利进行和提高产品品质。

（2）巴氏杀菌　采用低温巴氏杀菌法（64~65℃、3min）杀菌，以使杂菌和大肠杆菌基本被杀死。消毒后立即贮存于贮蛋液槽内。有时因蛋黄液黏度大，可少量添加无菌水，充分搅拌均匀后，再进行巴氏消毒。

（3）脱糖

①酵母发酵法：常用的酵母有面包酵母、圆酵母。酵母发酵只需数小时，这种发酵仅产生醇和CO_2，不产酸。

蛋黄液或全蛋液进行酵母发酵时，可直接使用酵母发酵，也可加水稀释蛋白液，降低黏度后再加入酵母发酵；蛋白液发酵时，则先用10%的有机酸将pH调节到7.5左右，保持数小时即可完成发酵。

②酶法：酶法完全适用于蛋黄液、全蛋液和蛋清液的发酵，是一种利用葡萄糖氧化酶把蛋液中葡萄糖氧化成葡萄糖酸而脱糖的方法。葡萄糖氧化酶的最适pH为3~8，一般以pH 6.7~7.2最好。目前使用的酶制剂，除含有葡萄糖氧化酶外还含有过氧化氢酶，可分解蛋液中的H_2O_2而形成氧，但需不断向蛋液中加入H_2O_2，另外，也可不加入H_2O_2而直接吹入氧。酶法脱糖应先用10%的有机酸调蛋白液（蛋黄液或全蛋液不必加酸）pH至7.0左右，然后加0.01%~0.04%的葡萄糖氧化酶，缓慢搅拌，同时加入0.35%的H_2O_2（7%），每隔1h需加入同等量的H_2O_2。蛋白酶发酵除糖需5~6h；蛋黄pH约为6.5，不必调整pH即可在3.5h内除糖。全蛋液调节pH至7.0~7.3后，约4h即可除糖。

（4）喷雾干燥　调节干燥塔的温度在120~140℃，进口温度120~150℃，出口温度62~73℃，干燥过程中干燥塔的温度为60~70℃，蛋粉温度控制在60~80℃。进料温度25~45℃。

喷雾干燥需在喷雾干燥装置中完成，喷雾干燥装置包括雾化器、干燥室、空气过滤器、空气加热器、滤粉器和出粉器等构件。

雾化器分离心式雾化器和压力式雾化器两种。离心式雾化器有一个高速旋转的离心喷雾盘，其直径为160~180mm，转速5000~20000r/min。蛋液经物料泵输送至离心雾化盘，从中央空心的转轴进入高速旋转的离心雾化盘，随后被高速甩出，与空气摩擦而雾化成小液滴，进入干燥室与热空气接触而瞬间被干燥成粉末。压力式雾化器包括高压泵、喷嘴和喷射管等。蛋液经高压泵输送到喷射管，在强大的压力（15~25MPa）下从喷嘴（0.6~1.0mm）喷出，在干燥室内形成雾滴。喷雾压力越大或喷嘴越小，喷出的蛋粉颗粒就越细。

干燥室是一个大容量的腔体，是蛋液雾化后与热空气进行热交换、蒸发水分、形成干粉的场所。

空气过滤器和空气加热器能够将空气净化并加热。空气净化器要求每平方米过滤面积每分钟过滤100m^3空气，除去空气中肉眼看不见的灰尘、杂质。过滤层长期使用后，过滤阻力增大，清洁能力降低，因此需要定期进行清洗或更新。空气加热器的热源有电、蒸汽、燃油和煤气等多种形式，将空气加热至150~200℃。蛋粉喷雾干燥的温度过低，则产品水分偏高；反之，水分过低，还容易出现焦粉，产品颜色加深，溶解度降低。

滤粉器用于收集夹杂在干燥气流中的微细蛋粉，这部分蛋粉约占总蛋粉的10%，因此必须回收。常用袋滤器和旋风分离器。

（5）二次干燥　将喷雾干燥后的蛋粉堆放在热空气中，使水分蒸发，产品的水分含量降低至2%以内。

（6）筛分、包装　干燥塔中卸出的蛋粉充分冷却后过筛。筛分对产品有二次冷却作用，同时对块状产品有散块作用，去除蛋粉中过大的颗粒，使成品均匀一致。采用不锈钢旋振筛可实现连续作业。

包装在无菌室内进行，包装材料首先经过消毒。双层复合材料的外层为牛皮纸袋，内层为无毒、无味、耐水、耐油的聚乙烯塑料袋。在整个包装过程中，要从各方面注意防止细菌污染。

具体操作要求：

①检查合格的铁桶，内外擦净，经85℃以上干热消毒6h，或用75%酒精消毒。

②衬纸（Na_2SO_4）需经蒸汽消毒30min或浸入75%酒精内消毒5min，晾干备用。

③室内所有工具用蒸汽消毒30min。室内空气用紫外灯。

④在铁箱内铺上衬纸，装满压平后，盖上衬纸，加盖即可封焊。再外用木箱包装。印上商标、品名、日期和重量。

五、产品评定

1. 功能特性标准

虽然蛋液在干燥过程中受到了各种物理和化学因素的影响，蛋粉制品须满足以下几大功能特性。

（1）起泡性　起泡性是蛋清的重要功能特性，这种特性用打擦度来表示。当搅拌蛋白液时，会产生泡沫，并且具有稳定性。经研究认为，泡沫内表面由折叠并延展的蛋白质构成，形成气体和液体的分界面。在干燥过程中，各种蛋白质受到不同程度的破坏，因而打擦度往往会降低。为了改进干蛋白制品的打擦度，可在干燥前加入一定量的化学添加剂，如盐类、糖类（蔗糖、玉米糖浆）、助打擦剂等。常用的助打擦剂有十二烷基硫酸钠、三醋酸甘油酯、多聚磷酸钠等，使用量为0.1%。

蛋白液中如果混入蛋黄液所得干燥成品的打擦度受到很大影响，因此可以通过加入脂肪分解酶分解蛋黄中的脂肪，从而改进产品的打擦度。

（2）乳化力　蛋黄液、全蛋液和蛋清液都是良好的乳化剂，其中蛋液乳化效果是蛋白的4倍，这主要是由卵磷脂决定的。

（3）凝固性　正常干燥应不使成品失去凝固特性，但如果干燥温度过高或贮藏条件不良，全蛋、蛋黄等则会失去凝固性，有葡萄糖存在时，这种损失更严重。加糖、盐可对蛋的凝固性起保护作用。

（4）风味稳定性　葡萄糖的存在是风味变化的重要原因。另外，加工过程中也可能因其他原因引起异味，如用酵母发酵会带来酵母味。全蛋或蛋黄的风味稳定性可以通过加蔗糖、玉米糖浆来改善。贮藏期间可采用充气（如氮气、二氧化碳）或除氧包装保持其风味。

（5）营养　蛋品在正常干燥条件下，营养损失变化很小，风味正常，即保有应有的全部营养价值。

（6）色泽稳定　正常干燥或贮藏条件下，全蛋或蛋黄的色泽保持不变，但干燥时如过热，色素易氧化而使蛋品色泽变浅。另外，没脱葡萄糖的蛋品，过热加工还会发生褐变。

2. 产品标准

（1）感官标准　呈粉末状或极易松散的块状，均匀淡黄色，具有禽蛋黄粉的正常气味，无异味，无杂质。

（2）理化指标　水分含量≤4.5%；脂肪含量≥60%；游离脂肪酸含量≤4.5%。

（3）微生物指标　菌落总数不超过 10^6CFU/g；大肠菌群不超过 100CFU/g；其他致病菌不得检出。

3. 产品检测

（1）还原性检测　按蛋黄粉：水=1：1.25 进行还原，观察蛋黄液的状态。正常蛋黄液呈黏性糊状，乳化性和胶黏性好，形状与鲜蛋相似。

（2）冲调性检测　按蛋黄粉：水=1：7 进行冲调，观察蛋黄液的状态。正常蛋黄液无浑浊，稳定性好。

六、思考题

1. 蛋粉二次干燥的意义是什么？
2. 蛋粉生产中脱糖的意义是什么？有哪些脱糖的方法？

实验十一　膨化小食品的制作（玉米薄片方便粥的加工）

一、实验目的

通过实验，使学生深刻理解膨化食品的加工原理；掌握玉米薄片方便粥的制作和质量评价；掌握膨化食品的制作工艺。

二、实验原理

膨化食品是以谷物、薯类、豆类、果蔬类或坚果籽类等为主要原料，采用膨化工艺制成的组织疏松或松脆的食品。挤压膨化时，含有一定水分的物料被送入挤压膨化机中，在螺杆、螺旋的推动作用下，物料向前成轴向移动。同时，由于螺旋与物料、物料与机筒以及物料内部的机械摩擦作用，物料被强烈地挤压、搅拌、剪切，其结果使物料进一步细化、均化。随着机腔内部压力的逐渐加大，温度相应的不断升高，在高温、高压、高剪切力的条件下，物料物性发生了变化，淀粉发生糊化、裂解；蛋白质发生变性、重组，纤维发生部分降解、细化。当物料由模孔喷出的瞬间，压力骤然降为常压，在强大压力差的作用下，水分急骤汽化，物料被膨化，形成结构疏松、多孔的产品，并赋予产品独特的焦香味道。在玉米挤压膨化的基础上，通过切割造粒与压片成形生产冲调性复水性好的玉米薄片粥，产品食用方便，口感爽滑，易于消化，并具有传统玉米粥的清香风味。

三、 实验材料与仪器设备

1. 实验材料

清理干净的去皮脱胚玉米，水。

2. 实验设备

磨粉机或粉碎机、拌粉机、单螺杆或双螺杆挤压膨化机、旋切机、输送机、压片机、烤炉等。

四、 实验内容

1. 工艺流程

玉米→粉碎→挤压膨化→切割造粒→冷却→压片→烘干→包装

2. 操作要点

（1）原料粉碎　选取去皮脱胚的新鲜玉米原料，将原料经磨粉机磨至50~60目。

（2）配料　用拌粉机拌料，将加入的水与粉碎后的物料搅拌均匀，加水量一般为20%~24%。如挤压膨化机自带喂料系统与加水装置，则此步骤在挤压机预热后，根据工艺调整挤压机的喂料系统和加水系统，在挤压机内完成物料与水分的混匀。

（3）挤压膨化　挤压膨化机预热（140~160℃）后，调整螺杆转速，首先加入500g含水量30%的起始物料外爆，然后将配好的物料加入挤压膨化机，物料随螺杆旋转，沿轴向向前推进并逐步压缩，经过强烈的搅拌、摩擦、剪切混合及机筒外部的加热，物料在高温、高压、高剪切力的作用下，成为带有流动性的凝胶状态，通过出口模板连续、均匀、稳定的挤出条形物料，物料由高温高压瞬间降为常温常压，完成膨化过程。在此过程中，除物料要达到一定湿度，还需注意挤压温度、喂料速度及螺杆转速的调节。

（4）切割造粒　物料在挤出的同时，由模头前的旋转刀具切割成大小均匀的小颗粒，通过调整刀具转速可改变切割长度，切割后的小颗粒形成大小一致的球形膨化半成品，膨化成形的球形颗粒应该表面光滑，相互间不粘连。

（5）冷却　输送切割成形后的球形颗粒掉落在冷却输送机上，通过向半成品吹风冷却，使产品温度降低到40~60℃，水分降低至15%~18%，半成品表面冷却并失掉部分水分使半成品表面硬化，并避免半成品相互粘连结块。

（6）辊压压片　冷却后的半成品输送到压片机内轧成薄片，压片机转速调整为60r/min，轧片厚度为0.2~0.5mm，压片后的半成品应表面平整，大小一致，内部组织均匀，轴压时水分继续挥发，压片后水分降至10%~14%。

（7）烘烤　轧片后的半成品水分仍比较高，为延长保质期，需进一步干燥至水分含量为3%~6%，烘烤操作可选用远红外隧道式烤炉，具体烘烤时间与烤炉温度及网带长度有关，成品还能产生玉米特有的香味。

五、产品评定

1. 感官要求

感官要求见表 1-44 所示。

表 1-44 挤压膨化玉米薄片方便粥的感官质量要求

项目	指标
色泽	具有玉米应有的色泽
滋味、气味	具有玉米膨化加工后应有的香味，无异味
组织	内部结构均匀
状态	无霉变，无正常视力可见的外来异物

2. 理化指标

理化指标见表 1-45 所示。

表 1-45 膨化玉米薄片方便粥理化指标要求

项目	指标
水分/(g/100g)	≤7
酸价(以脂肪计) (KOH)/(mg/g)	≤5
过氧化值 (以脂肪计)/(g/100g)	≤0. 25

3. 卫生标准

卫生标准见表 1-46 和表 1-47 所示。

表 1-46 挤压膨化玉米薄片方便粥致病菌及微生物限量

项目	采样方案及限量（若非限定，均以 CFU/g 表示）				检验方法
	n	*c*	*m*	*M*	
沙门氏菌	5	0	0	—	GB 4789. 4—2016
金黄色葡萄球菌	5	1	100	100	GB 4789. 10—2016
菌落总数	5	2	10^4	10^5	GB 4789. 2—2016
大肠菌群	5	2	10	10^2	GB 4789. 3—2016

注：样品的采集及处理按 GB 4789. 1—2016 执行。

表 1-47 膨化玉米薄片方便粥其他卫生指标

项目	指标	项目	指标
黄曲霉毒素/(μg/kg)	≤20	食品添加剂含量	按 GB 2760—2014 规定
铅 (以 Pb 计)/(mg/kg)	≤0. 5	食品强化剂含量	按 GB 14880—2012 规定

六、结果与分析

将实验样品的感官评价结果计入表1-48中，并与膨化食品感官要求相对照，综合评价挤压膨化玉米薄片粥的质量。要求能对实验结果进行清晰的叙述，如果实验失败，则必须详细分析导致失败的原因。

表1-48 感官评价结果

实验日期	产品名称	色泽	滋味、气味	组织	状态

七、思考题

1. 挤压膨化食品生产的基本原理是什么？
2. 玉米中的化学成分挤压膨化前后有哪些变化？
3. 挤压膨化工艺操作中应注意哪些问题？

实验十二 油炸薯条的制作

一、实验目的

掌握油炸薯条的制作和质量评价；掌握油炸薯条的制作工艺。

二、实验原理

薯条是马铃薯块茎清洗去皮后直接切条，经油炸制成的休闲食品。国家农业行业标准要求先制作成天然薯条（薯条油炸后再快速冷冻），食用前须再次油炸至可食状态。但实验过程中经常不经冷冻，直接采用一次或两次油炸将其制作可食状态。

三、实验材料与仪器设备

1. 实验材料

马铃薯、水、NaCl、$NaHSO_3$、柠檬酸、棕榈油。

2. 实验设备

马铃薯去皮机、切条机、不锈钢预煮槽、干燥箱、油炸锅、离心机、刨皮刀等。

四、实验内容

1. 工艺流程

马铃薯→清理去皮→修整、清洗→切条→漂洗→护色→漂烫→冷却→脱水干燥→

油炸 → 沥油 → 成品

2. 操作要点

（1）原料选择　选择长形或长椭圆形，大小匀称，芽眼少且芽眼深度小于2mm，无虫害、无腐烂的马铃薯。

（2）清洗去皮　用清水将马铃薯表面的尘土、泥沙等清洗干净后，用马铃薯去皮机脱掉马铃薯外皮。如无去皮机则用刨皮刀手动去皮。

（3）修整、清洗　经去皮机处理后的薯块表面尚残存少许未去掉的薯皮，用刨皮刀除去这些薯皮，同时挖去芽眼，用清水清洗、浸泡待用。

（4）切条　根据实验要求，用切条机将马铃薯切成条（正方形截面，边长为7~10mm），要求薯条粗细均匀，外观整齐一致，切面光滑。

（5）漂洗　用清水漂洗去薯条表面的淀粉及杂质，防止漂烫时淀粉糊化黏条，影响薯条外观。

（6）护色　将漂洗后的薯条在护色液中浸泡20~30min。建议护色液组成为：1.5‰~2.0‰ NaCl、0.2‰~0.3‰ $NaHSO_3$、0.2‰~0.25‰柠檬酸。

（7）漂烫　将护色后薯条放入不锈钢预煮槽（或沸水锅）中热烫2~3min，并不时搅拌，煮至薯条熟而不烂，组织比较透明，失去鲜块茎的硬度。

（8）冷却　将热烫后的薯条立即用冷水冷却，防止薯条组织熟化后熟软化破碎。

（9）脱水干燥　采用热风干燥脱去薯条部分水分。

（10）油炸　油炸锅中放入适量棕榈油，待油温达到180~220℃时，将干燥后的薯条放入油中，将薯条炸至色泽为浅黄色或黄色。

（11）沥油　将油炸后的薯条用离心机或漏勺沥去油脂，冷却。

五、产品评定

1. 感官要求

感官要求见表1-49所示。

表1-49　油炸薯条的感官质量要求

项目	指标
色泽	色泽均匀，均为浅黄色或黄色，无焦、生现象
滋味、气味	具有薯条油炸后应有的香味，无哈喇及其他异味
状态	无正常视力可见的外来异物

2. 理化指标

理化指标见表1-50所示。

表1-50　油炸薯条理化指标要求

项目	指标
酸价（以脂肪计）（KOH）/（mg/g）	≤3

续表

项目	指标
过氧化值（以脂肪计）/(g/100g)	≤0.25
羰基值（以脂肪计）/(mmol/kg)	≤20
总砷（以 As 计）/(mg/kg)	≤0.2
铅（Pb）/(mg/kg)	≤0.2

3. 卫生标准

卫生标准见表 1-51。

表 1-51　油炸薯条卫生指标要求

项目	指标
菌落总数/(CFU/g)	≤1000
大肠菌群/(MPN/100g)	≤30
其他致病菌（沙门氏菌、志贺氏菌、金黄色葡萄球菌）	不得检出
食品添加剂	符合 GB 2760—2014 的规定

六、结果与分析

1. 实验结果

将实验结果记录填入表 1-52 中。

表 1-52　油炸薯条主要原料消耗表　单位：g

实验日期	产品名称	马铃薯用量	油用量	水用量	产品质量	备注

2. 结果分析

从薯条的色泽、滋味、气味和状态等方面综合评价薯条质量，并就实验过程中出现的问题，分析可能的原因。

七、思考题

1. 薯条热烫和干燥的目的是什么？
2. 薯条油炸温度对薯条的质量有什么影响？
3. 实验操作中应注意哪些问题？

实验十三　真空低温油炸香菇脆片的制作

一、实验目的

通过真空低温油炸香菇脆片的制作实验，了解油炸香菇脆片的制作方法；掌握真空低温油炸加工工艺实验的基本操作技能。

二、实验原理

香菇又称香覃、香信、厚菇、冬菇、花菇，具有丰富的营养成分和多种保健功能，素有“蘑菇皇后”的美称。真空油炸技术是将油炸和脱水作用有机地结合在一起，使原料处于负压状态下进行加工，可以减轻氧化作用（如脂肪酸败、酶促褐变等）所带来的危害。

三、实验材料及仪器设备

1. 实验材料

香菇（选用无霉斑、无霉变、无杂质、无不良气味、形状完整、大小均匀的鲜菇为原料，并去除菇柄。原料具备相关权威部门的农药检测和重金属检测合格证明，采收后-4℃保鲜库中备用）、食用棕榈油、盐、味精、麦芽糊精、柠檬酸等。

2. 仪器设备

沸腾清洗机、气动式漂烫机、真空浸糖机组、低温冷库、真空油炸机组、煎炸油过滤器、调香机、真空充氮包装机。

四、实验内容

1. 工艺流程

原料验收修整→清洗→沥水→杀青→冷却→切片→沥水→浸制→沥糖摊盘→速冻解冻→真空油炸→真空脱油→调味→包装→装箱入库

2. 操作要点

（1）选料　选用无霉斑、无霉变、无杂质、无不良气味、形块完整、大小均匀的鲜菇。

（2）清洗　用清水反复冲洗，洗去菇体上的泥沙、木屑等污物，并把水沥尽。

（3）杀青　杀青水中添加0.5%的盐和0.3%柠檬酸，沸水煮制2~3min。

（4）浸渍　用10%的麦芽糊精溶液浸渍鲜菇，用真空浸渍，以蘑菇被均匀浸透为准。

（5）真空油炸　将油加热至90℃，然后关闭炸锅门，将真空度提至0.09MPa以上，然后开始油炸操作，油温90~95℃的条件下，炸制20~25min，以油面无泡沸腾为止。

（6）真空脱油　将煎炸出好的香菇脆片提出油面趁热在真空状态下离心脱油。

（7）充氮气包装　在干燥条件下，将香菇脆片装袋，并充氮气封口。

五、 产品评定

成品应该具有香菇原有色泽、口感酥脆饱满、具有该产品独有的气味滋味、无异味、无炸焦炸煳现象等。

六、 思考题

1. 油炸结束后为何要立即进行脱油处理？
2. 采用0.5%盐和0.3%柠檬酸对原料浸泡处理的作用是什么？

实验十四 脱水方便米饭的制作

一、 实验目的

通过实验，使学生深刻理解方便米饭的制作原理；掌握方便米饭的制作和质量评价；了解不同因素对脱水方便米饭品质的影响。

二、 实验原理

脱水方便米饭又称速煮米饭。脱水方便米饭的加工是以淀粉的糊化和回生现象为基础的。大米中70%以上是淀粉，在水分含量适宜的情况下，当加热到一定温度时，淀粉会发生糊化而变性，淀粉糊化的程度主要由水分和温度控制。糊化后的米粒要快速脱水，以固定糊化淀粉的分子结构，防止淀粉的老化回生。回生后的淀粉将给制品以僵硬、呆滞的外观和类似夹生米饭的口感，而且人体内的淀粉酶很难作用于回生的淀粉，从而使米饭的消化利用率大大降低。脱水方便米饭食用方便，不需蒸煮，仅用热水或冷水浸泡就可成饭。

三、 实验材料与仪器设备

1. 实验材料

精白米（粳米）、大豆色拉油、单甘酯、甘油等。

2. 实验设备

电饭锅、天平、量筒、不锈钢盆、不锈钢网盘、热风干燥机、封口机等。

四、 实验内容

1. 工艺流程

精白米→淘洗→加水浸泡→加抗黏剂→搅拌→蒸煮→冷却→离散→装盘→干燥→冷却卸料→筛理→定量包装→成品

2. 操作要点

（1） 选料　大米品种对脱水米饭的质量影响较大。如选用直链淀粉含量较高的籼米为原料，制成的成品复水后质地较干、口感不佳；若用支链淀粉含量较高的糯米为原料，又因加工时黏度大，米粒易黏结成块、不易分散，从而影响制品质量。因此，生产脱水米饭常选用粳米。

（2）淘洗　将米用不锈钢盆先快速冲洗两遍，再轻轻搓洗三遍，沥干，置于电饭锅中。

（3）加水浸泡　浸泡的目的是使大米吸收适量的水分，大米吸水率与大米支链淀粉含量有关。支链淀粉含量越高其吸水率越高。米水比按照 1：1.3，于常温下浸泡大米 30min，上下搅动。

（4）加抗黏剂　大米经蒸煮后，因表面也发生糊化，米粒之间常相互黏结甚至结块，影响米粒的均匀干燥和颗粒分散，导致成品复水性降低。因此，在蒸煮前应添加单甘酯与甘油的混合物（1：1）或食用大豆色拉油，添加量为大米质量的 1%～3%，边加抗黏剂边不时搅拌。

（5）蒸煮　蒸煮是将浸泡后的大米加热糊化的过程。米粒中淀粉糊化度大小反映米饭熟透度的高低，它对米饭的品质和口感有较大的影响。糊化度＞85%的米饭即为熟透。蒸煮时间与糊化度密切相关，蒸煮时间越长，糊化度越高。蒸煮 30min 时，米饭的糊化度达 87.5%。接通电饭锅电源后开启煮饭开关，待电饭锅开关跳起后，继续焖蒸 20min 即可。

（6）离散　经蒸煮的米饭，水分可达 65%～75%，虽然蒸煮前加抗黏剂，但由于米粒表面糊化层的影响仍然会黏结。为使米饭能均匀地干燥，必须使成团的米饭离散。将蒸煮后的米饭用冷水冷却并洗涤 1～2min，以除去溶出的淀粉，就可以达到离散的目的。

（7）装盘　离散后的米粒均匀地置于不锈钢网盘中，装盘的厚度、厚薄是否均匀对于米粒的糊化度、干燥时间以及产品质量均有影响。应尽量使米粒分布均匀、厚薄一致，以保证干燥均匀，然后置于热风干燥箱中干燥。

（8）干燥　将充分糊化的大米用 90～100℃ 热风干燥，干燥至成品水分至 9%以下。

（9）冷却卸料　干燥结束后，自然冷却，待米温降至 40℃ 以下方可从盘中取出，卸料。

（10）筛理、包装　将已冷却的黏结在一起的脱水米饭搓散分开，然后用筛网将碎屑和小饭团分离，按每份 100g 进行装袋、封口、包装，即成脱水方便米饭。

五、 产品评定

1. 感官要求

感官要求见表 1-53 所示。

表 1-53　　脱水方便米饭的感官质量要求

项目	要求
外观结构	复水前半透明，乳白色，呈不规则状，无霉变。复水后颜色洁白，有光泽，饭粒完整性好
滋味、气味	复水前无异味，复水后具有米饭的清香滋味，无异味
适口性	复水后的米饭滑爽，不黏牙，软硬适中；没有很硬、很软或有渣的感觉，不夹生
杂质	无正常视力可见外来异物

2. 理化指标

理化指标见表 1-54 所示。

表 1-54 脱水方便米饭理化指标要求

项目		指标
水分/%		≤10.0
α 化度/%		≥90.0
复水性	90℃水复水时间/min	≤15.0
	20℃水复水时间/min	≤50.0
黑头米粒比例/%		≤2.0
小碎米比例/%		≤2.0

3. 卫生标准

卫生标准见表 1-55 所示。

表 1-55 脱水方便米饭卫生指标要求

项目	指标
菌落总数/(CFU/g)	≤10000
大肠菌群/(MPN/100g)	≤10
金黄色葡萄球菌/(CFU/g)	≤100
沙门氏菌	不得检出
铅（以 Pb 计）/(mg/kg)	≤0.2
食品添加剂	符合 GB 2760—2014 的规定

六、 结果与分析

1. 实验结果

将实验结果记录于表 1-56 中。

表 1-56 方便米饭制作原料消耗记录 单位：g

实验日期	方便米饭质量	粳米用量	单甘酯用量	甘油用量	水用量	大豆色拉油用量

2. 结果分析

从方便米饭的外观结构、滋味和气味、适口性及杂质等方面综合评价方便米饭质量，分析实验过程的成功与失败之处及其原因。

七、 思考题

1. 影响脱水方便米饭品质的因素是什么？

2. 食用油脂能否作为抗黏剂？对脱水方便米饭有何影响？

实验十五　韧性饼干及酥性饼干的制作

一、实验目的

通过实验，使学生了解并掌握韧性饼干和酥性饼干制作的基本原理；掌握韧性饼干和酥性饼干的制作工艺和质量评价标准；熟悉饼干加工设备的使用。

二、实验原理

饼干是以小麦粉（可添加糯米粉、淀粉等）为主要原料，加入（或不加入）糖、油脂及其他原料，经调粉（或调浆）、成形、烘烤（或煎烤）等工艺制成的口感酥松或松脆的食品。GB/T 20980—2007《饼干》中，将饼干按照加工工艺分为13类，其中韧性饼干和酥性饼干定义如下：

韧性饼干是以小麦粉、糖、油脂为主要原料，加入膨松剂、改良剂及其他辅料，经热粉工艺调粉、辊压、成形、烘烤制成的表面花纹多为凹花，外观光滑，表面平整，一般有针眼，断面有层次，口感松脆的饼干。酥性饼干是以小麦粉、糖、油脂为主要原料，加入膨松剂和其他辅料，经冷粉工艺调粉、辊压或不辊压、成形、烘烤制成的表面花纹多为凹花，断面结构呈多孔状组织，口感酥松或松脆的饼干。

三、实验材料与仪器设备

1. 实验材料

面粉、白糖、食用油、磷脂、乳粉、食盐、香兰素、碳酸氢钠、碳酸氢铵等。

2. 实验设备

饼干机、和面机、烤箱、烤盘、天平、刮刀、塑料刮板等。

四、实验内容

1. 工艺流程

原辅料预处理→调粉→辊轧→成形→烘烤→冷却→包装

2. 操作要点

（1）原辅料预处理　韧性饼干：将150g白糖、50g乳粉、5g盐、1g香兰素、碳酸氢铵和碳酸氢钠各5g，加200mL水溶化。酥性饼干：将1000g面粉、40g乳粉、3g碳酸氢钠、2g碳酸氢铵混合均匀，乳粉、碳酸氢钠和碳酸氢铵中如有团块，应事先研成粉末；另外将200g植物油、20g磷脂、400g白糖，5g食盐，1g香兰素搅拌均匀。

（2）调粉　韧性饼干：将1000g面粉、辅料溶液、100mL食用油、50mL水加入和面机中，和至面团手握柔软适中，表面光滑油润，有一定可塑性而不黏手即可。酥性饼干：将辅料倒入和面机中，用适量水冲洗盛装辅料的器具，一并倒入和面机中，然后快速搅拌约 2min，再将粉料倒入和面机，快速搅拌约 4min 使所有原辅料混合均匀后捏成团。

（3）辊轧　将和好的面团放入饼干机的辊轧机（如无饼干机则用压面机代替）将面团压成 2~4mm 薄片。韧性饼干辊轧时需多次折叠，反复并旋转 90°辊轧至面带表面光滑，形态完整。酥性饼干辊轧时先将面团压成薄片，然后将其折叠成四层，再碾压 2~3 次，最后压成 2~4mm 均匀薄片。韧性面团辊轧前需静置一段时间，以消除面团在搅拌期间因拉伸所形成的内部张力，降低面团的黏度与弹性，提高制品质量与面片工艺性能。酥性面团中油、糖含量多，轧成的面片质地较软，易于断裂，所以不应多次辊轧，更不要进行 90°转向。

（4）成形　用饼干机压模将面带成形（如无饼干机，则用饼干模具成形，剩余面头需再进行碾压和成形）。

（5）烘烤　将饼干坯放置到烤盘中，入烤箱烘烤。韧性饼干 180~220℃烘烤 8~10min；酥性饼干 240~260℃烘烤 4~6min，具体看饼干上色情况而定，出炉颜色不可太深。

（6）冷却、包装　饼干出炉后立即冷却，使温度降到 30~40℃，然后包装即为成品。

五、产品评定

1. 感官要求

感官要求见表 1-57 所示。

表 1-57　　韧性饼干和酥性饼干的感官质量要求

项目	要求
形态	共同点：外形完整，厚薄基本均匀，不收缩，不变形，无裂痕，不应有较大或较多的凹底，特殊加工品种表面或中间允许有可食颗粒存在（如椰蓉、芝麻、砂糖、巧克力、燕麦等）；韧性饼干：一般有针孔，花纹清晰或无花纹，可以有均匀泡点；酥性饼干：花纹清晰，不起泡
色泽	共同点：呈棕黄色、金黄色或品种应有的色泽，色泽基本均匀，无白粉，不应有过焦、过白的现象；韧性饼干：表面有光泽；酥性饼干：表面略带光泽
滋味与口感	具有品种应有的香味，无异味，口感松脆细腻，不黏牙
组织	韧性饼干：断面结构有层次或呈多孔状；酥性饼干：断面结构呈多孔状，细密，无大孔洞

2. 理化指标

理化指标见表 1-58 所示。

表 1-58　　韧性饼干和酥性饼干理化指标要求

项目	指标
水分/%	≤4.0
碱度（以碳酸钠计）/%	≤0.4
酸价(以脂肪计)（以脂肪计）(KOH)/(mg/g)	≤5
过氧化值（以脂肪计)/(g/100g)	≤0.25

3. 卫生标准

卫生标准见表 1-59 和表 1-60 所示。

表 1-59　　饼干致病菌及微生物要求

项目	采样方案及限量（若非限定，均以 CFU/g 表示）				检验方法
	n	c	m	M	
沙门氏菌	5	0	0	—	GB 4789.4—2016
金黄色葡萄球菌	5	1	100	100	GB 4789.10—2016
菌落总数	5	2	10000	100000	GB 4789.2—2016
大肠菌群	5	2	10	100	GB 4789.3—2016

注：样品的采集及处理按 GB 4789.1—2016 执行。

表 1-60　　饼干其他卫生指标要求

项目	指标
铅（以 Pb 计)/(mg/kg)	≤0.5
食品添加剂	符合 GB 2760—2014 的规定
食品营养强化剂	符合 GB 14880—2012 的规定

六、结果与分析

1. 实验结果

将实验结果记录于表 1-61 和表 1-62 中。

表 1-61　　饼干制作原料消耗用量记录　　单位：g

实验日期	面粉	白糖	食用油	磷脂	乳粉	食盐	疏松剂	水	成品	备注

2. 结果分析

从饼干的形态、色泽、滋味与口感、组织几个方面综合评价饼干的质量，分析实验中需改进之处。

表 1-62 感官评价结果

实验日期	产品种类	形态	色泽	滋味与口感	组织	杂质

七、 思考题

1. 韧性饼干和酥性饼干的特点分别是什么？
2. 韧性饼干和酥性饼干制作工艺有何异同？
3. 饼干的品质评定主要包括哪几个方面？
4. 根据制作的饼干质量，总结实验成功与失败的原因。

CHAPTER 2

第二章 食品热处理和杀菌工艺实验

实验一 巴氏杀菌乳的制作

一、实验目的

掌握巴氏杀菌乳的定义、分类和加工原理；熟悉加工工艺流程。

二、实验原理

巴氏杀菌乳（pasteurized milk），又称巴氏乳，是以生牛乳（羊乳）为原料，经过离心净乳、标准化、均质、巴氏杀菌、冷却、灌装后，供消费者直接食用的商品乳。按脂肪含量，可分为全脂乳、高脂乳、低脂乳和脱脂乳。按营养成分，可分为普通消毒乳、强化乳和调制乳。

三、实验材料与仪器设备

新鲜牛乳、净乳机、均质机、巴氏杀菌装置、冷却装置、灌装机、低温保藏装置等。

四、实验内容

1. 工艺流程

原料乳验收→预处理→标准化→均质→巴氏杀菌→冷却→灌装→产品→冷藏

2. 操作要点

（1）原料乳的验收　主要对原料乳的气味、滋味、外观等感官指标，酸度（酒精实验和滴定酸度）、相对密度、脂肪含量等理化指标以及菌落总数等微生物指标进行检测。

（2）预处理　预处理一般包括过滤、净化、冷却和贮存，以防止粪便、牧草、昆虫的污染，收购的原料乳须进行过滤以除去大部分杂质。而乳中的微小杂质和微生物难以通过一般的过滤方法除去，须经过净化处理，一般采用离心净化机净化。净化后的原料乳最好直接加工，若短期贮藏须立即冷却至4~6℃，贮藏期间不得超过10℃，以保持乳的新鲜度。

（3）标准化　标准化的目的是调整原料乳中脂肪与非脂乳固体的含量。市售一般低脂巴氏灭菌乳的脂肪含量为1%，常规巴氏灭菌乳脂肪含量为3%。因此，脂肪含量不符合标准的原料乳经过标准化处理才能用于生产。当原料乳中脂肪含量过高时，可添加脱脂乳或除去部分稀奶油；而当原料乳中脂肪含量低于产品规定的脂肪含量时，应除去部分脱脂乳或添加稀奶油。

（4）均质　是将原料乳中的脂肪球在强力的机械作用下破碎成小的脂肪球，并均匀分布在乳中，防止出现脂肪球的聚集和上浮等现象，从而影响乳制品的品质。一般均质温度采用50~65℃，因为此温度下乳脂肪处于熔融状态，脂肪球膜软化。

（5）巴氏杀菌　杀菌的温度和时间是影响巴氏杀菌乳品质的重要因素。常用的巴氏杀菌方法包括：

①初次杀菌：将牛乳加热至63~65℃，保持15s，主要目的是杀死嗜冷菌。长时间低温贮存牛乳会导致嗜冷菌大量繁殖，引起牛乳品质劣变。因此，许多牛乳厂对原料乳进行初次杀菌，又称预巴氏杀菌。原料乳初次杀菌后，须迅速冷却至4℃以下，以防止好氧芽孢菌繁殖。

②低温长时巴氏杀菌（LTLT）：常用62~65℃杀菌30min，是一种间歇式巴氏杀菌法，生产效率低，对病原菌的消灭率只有85%~90%，因此使用较少。

③高温短时巴氏杀菌（HTST）：是加工巴氏杀菌乳常用的方法，常用72~75℃杀菌15~20s或80~85℃杀菌10~20s，具体的杀菌温度和时间可根据产品类型而调整。能连续处理大量牛乳，生产效率高，牛乳加热时间短，热变性现象少，风味好，无蒸煮味。

④超巴氏杀菌：目的是延长保质期，常用杀菌条件为125~138℃、2~4s。

（6）冷却　杀菌后的牛乳尽快冷却至4℃，以抑制乳中残存微生物的繁殖，并防止高温引起的脂肪球膨胀、聚合上浮现象。

（7）灌装　将杀菌后的乳灌装以便于分销和贮藏。常用的包装容器有纸盒、玻璃瓶、塑料瓶、塑料袋等。

（8）冷藏　巴氏杀菌乳在贮存和分销过程中须保持冷链的连续性。冷库温度一般为2~5℃。

五、产品评定

根据GB 19645—2010《食品安全国家标准　巴氏杀菌乳》的规定，巴氏杀菌乳产品的感官、理化和微生物指标分别见表2-1、表2-2和表2-3所示。

表2-1　巴氏杀菌乳的感官要求

项目	要求	检验方法
色泽	呈乳白色或微黄色	取适量试样置于50mL烧杯中，在自然光下观察色泽和组织状态。闻其气味，用温开水漱口，品尝滋味
滋味、气味	具有乳固有的香味，无异味	
组织状态	均匀一致，无凝块、无沉淀、无正常视力可见异物	

表 2-2 巴氏杀菌乳的理化指标

项目	指标	检验方法
脂肪	≥3.1	GB 5009.6—2016
蛋白质*/(g/100g)		
牛乳	≥2.9	GB 5009.5—2016
羊乳	≥2.8	
非脂乳固体/(g/100g)	≥8.1	GB 5413.39—2010
酸度/°T		
牛乳	12~18	GB 5009.239—2016
羊乳	6~13	

注：*仅适用于全脂巴氏杀菌乳。

表 2-3 巴氏杀菌乳的微生物限量

项目	采样方案*及限量（若非指定，均以 CFU/g 或 CFU/mL 表示）				检验方法
	n	c	m	M	
菌落总数	5	2	50000	100000	GB 4789.2—2016
大肠菌群	5	2	1	5	GB 4789.3—2016 平板计数法
金黄色葡萄球菌	5	0	0 /25g（mL）	—	GB 4789.10—2016 定性检验
沙门氏菌	5	0	0 /25g（mL）	—	GB 4789.4—2016

注：*样品的采集及处理按 GB 4789.1—2016 执行。

六、思考题

分析影响巴氏杀菌乳品质的因素有哪些？

实验二 超高温灭菌（UHT）乳的制作

一、实验目的

掌握超高温灭菌乳的定义、分类和加工原理；熟悉工艺流程；了解与巴氏灭菌乳的区别。

二、实验原理

超高温灭菌乳（ultra high temperature milk），简称 UHT 乳，是指牛乳在密闭系统连续流动中，通过换热器加热至130~150℃并保持几秒钟，以杀死乳中的微生物使其达到商业无菌状态，并经无菌灌装制成的乳制品。该产品无须冷藏，可在常温下长期保存。

三、实验材料与仪器设备

新鲜牛乳、净乳机、均质机、超高温灭菌装置、无菌灌装装置等。

四、实验内容

1. 工艺流程

原料乳的验收 → 预处理 → 标准化 → 巴氏杀菌 → 均质 → 超高温灭菌 → 无菌灌装 → 灭菌乳

2. 操作要点

（1）原料乳的验收、预处理、标准化和均质处理　原料乳的验收、预处理、标准化、均质等的方法和要求与巴氏杀菌乳基本相同，但对原料乳中乳蛋白的热稳定性要求更高。由于乳蛋白的热稳定性直接影响超高温灭菌系统的连续运转时间和灭菌效果，为适应超高温处理，要求原料乳至少应在75%的酒精中保持稳定。要求原料乳中细菌总数少于1×10^{5}CFU/mL，嗜冷菌总数少于1×10^{3}CFU/mL。超高温灭菌的加工工艺通常包含巴氏杀菌，因为巴氏杀菌可有效提高生产的灵活性，及时杀死嗜冷菌，避免其代谢产生的酶类影响产品品质和保质期。

（2）超高温灭菌　加热方式可分为直接加热式和间接加热式。直接加热有喷射式蒸汽加热和注入式蒸汽加热，间接加热常用方法有板式加热和管式加热。

直接加热法即牛乳预热后，将蒸汽直接喷入牛乳中或将牛乳喷入蒸汽中，使牛乳被瞬时加热至140℃随后进入真空室，由于蒸发立即冷却，再在无菌条件下将牛乳均质、冷却。

间接加热法灭菌过程中，原料乳不与加热介质直接接触，避免二次污染，是生产中常用的灭菌方法。原料乳在换热器内被前阶段的高温灭菌乳预热至88℃以后，进入换热器的加热段被加热至138~150℃，并在保持管中流动2~4s。之后进入无菌冷却阶段，将牛乳从137℃冷却至76℃，灌装前再进一步冷却至灌装温度。

（3）无菌包装　经超高温灭菌及冷却后的牛乳在无菌条件下装入事先杀菌的容器内。目前常见的无菌包装形式有无菌砖（如利乐包、康美包）、无菌枕、屋顶包和无菌杯。

五、产品评定

超高温灭菌乳应符合GB 25190—2010《食品安全国家标准　灭菌乳》的要求，包括：

（1）感官特性　色泽呈均匀一致的乳白色或微黄色；具有牛乳特有的滋味和风味，无异味；呈均匀一致液体，无凝块、无沉淀、无正常视力可见异物。

（2）理化指标　脂肪含量≥3.1%，蛋白质含量≥2.9%，非脂固体含量≥8.1%，酸度12~18°T。

（3）微生物指标　符合商业无菌的要求。

六、思考题

影响超高温杀菌乳品质的主要工艺条件有哪些?

实验三　蔬菜加工中护色实验与果蔬酶促褐变的防止

一、实验目的

掌握果蔬发生褐变、褪绿的原因及常用的护色方法。

二、实验原理

果蔬加工和保藏过程中发生的颜色变深的现象称为褐变，主要包括酶促褐变和非酶褐变。果蔬的褐变，不仅影响产品的外观和质地，还影响其风味和营养价值，是果蔬加工和保藏中的重要问题。酶促褐变是多酚类物质和抗坏血酸在氧化酶催化下发生氧化。催化酶促褐变的酶主要是多酚氧化酶（PPO）和过氧化物酶（POD）。非酶褐变是指在没有酶参与的情况下出现的褐变，主要有美拉德反应、焦糖化反应、抗坏血酸氧化反应和酚类物质的氧化反应等。

酶促褐变可以通过减少氧的供给和降低氧化酶的活性来加以控制。常用烫漂或添加酶抑制剂来钝化酶的活性或改变pH、水分活度等改变酶作用的最适条件，达到降低酶活的效果。此外，隔绝氧或者添加抗坏血酸、二氧化硫等耗氧物质，也可抑制酶促褐变的发生。生产通常采用降低温度、降低pH、SO_2处理以及钙处理等抑制或减缓非酶褐变的发生。

叶绿素是绿色果蔬中的主要呈色物质，不稳定，不耐光、热、酸等条件。酸性环境中，叶绿素中的Mg^{2+}易被H^+取代形成脱镁叶绿素，使果蔬外观由绿色变为褐绿色。而在碱性环境中，叶绿素与碱作用生成更稳定的叶绿素盐，可保持绿色。此外，遇酸脱镁的叶绿素在适宜的酸性条件下，用铜、锌、铁等离子取代结构中的镁离子，可恢复绿色，达到护色目的。

三、实验材料与仪器设备

1. 实验材料

马铃薯、苹果、小白菜等易褐变果蔬。碳酸氢钠、氧化钙、盐酸、柠檬酸、食盐、愈创木酚、双氧水、亚硫酸钠。

2. 仪器设备

电磁炉、不锈钢锅、水果刀、砧板、漏勺、烧杯、表面皿、计时器、天平、烘箱等。

四、实验内容

1. 工艺流程

原料→清洗→去皮、切分→护色→沥水→干燥→产品

2. 实验方法

（1）酶活性的检测　苹果和马铃薯清洗、去皮，切成约 3mm 的薄片。各取两片分别在切面滴 2~3 滴 1.5%愈创木酚，再滴 2~3 滴 3%的双氧水，观察有无变色。如有变色，说明酶活存在。

（2）酶促褐变的防止

①原料预处理：将马铃薯和苹果清洗、去皮，切成约 3mm 的薄片。

②烫漂：将切好的马铃薯和苹果片置于沸水中烫漂。每隔 1min 取出一片，按上述方法检测酶活。若变色，说明酶活存在，继续烫漂。直至指示剂不变色，说明酶活完全钝化。将剩余的马铃薯和苹果捞出，立即用冷水冷却后沥干水分。取未烫漂的马铃薯和苹果片为对照。

③护色剂处理：取适量马铃薯和苹果片分别置于清水、1%氯化钠、0.2%柠檬酸、0.2%亚硫酸钠中浸泡 20min，捞出沥干，观察其颜色，取置于空气中的马铃薯和苹果片作为对照。

④将上述经过烫漂和护色剂浸泡处理的马铃薯和苹果片及未经处理的对照样置于 55~60℃烘箱中干燥，观察干燥前后样品的色泽变化。

（3）叶绿素的护绿

①小白菜清洗后去掉烂叶、黄叶并分株。取数片小白菜叶分别在 0.1%盐酸、0.5%碳酸氢钠和 0.5%氧化钙溶液中浸泡 30min，捞出后沥干水分。

②分别取处理的小白菜和未经处理的小白菜在沸水中煮 2~3min，捞出后立即冷水冷却，并沥干。

③将小白菜置于 55~60℃烘箱中干燥，观察小白菜的颜色变化，并与清洗、分株后未经处理的小白菜进行对比。

五、结果与分析

将实验结果记录于表 2-4、表 2-5 和表 2-6 中，并进行分析。

表 2-4　护色剂处理对酶促褐变色泽变化的影响

原料	对照		烫漂	
	烘前	烘后	烘前	烘后
马铃薯				
苹果				

表 2-5　护色剂处理对酶促褐变色泽变化的影响

原料	对照		清水		1%氯化钠		0.2%柠檬酸		0.2%亚硫酸钠	
	烘前	烘后	烘前	烘后	烘前	烘后	烘前	烘后	烘前	烘后
马铃薯										
苹果										

表 2-6　护色处理对叶绿素颜色的影响

原料	对照		0.1%盐酸		0.5%碳酸氢钠		0.5%氧化钙	
	未烫漂	烫漂	未烫漂	烫漂	未烫漂	烫漂	未烫漂	烫漂
小白菜								

六、思考题

果蔬褐变的原因及常用的护色方法有哪些?

实验四　微波加热杀菌技术实验

一、实验目的

掌握微波加热杀菌的原理基本操作;熟悉微波加热在杀菌中的应用。

二、实验原理

微波是指波长为0.1mm~1m、频率为300MHz~300GHz的电磁波。目前在食品加工中常用的微波频率为915MHz和2450MHz,相应的波长分别为32.8cm和12.25cm,微波炉一般为2450MHz,工业中常用915MHz。微波杀菌的原理是利用微波对食品中的微生物同时产生热效应和非热效应(生物效应),对微生物有破坏作用。热效应使蛋白质变性,致使微生物失去生存和繁殖的条件而死亡。而非热效应是由于微波电场可改变细胞膜断面的电位分布,影响细胞周围的电子、离子浓度,改变细胞膜的通透性,导致微生物不能正常代谢,生长繁殖受到抑制而死亡。

与传统加热杀菌相比,微波杀菌具有下列特点。

(1)杀菌速度快　传统加热杀菌通过对流、传导或辐射等方式将热量从食品表面向内部传递,需要较长时间才能达到杀菌温度。微波可以透入食品内部,利用热效应和非热效应快速杀死微生物,杀菌时间大大缩短。

(2)食品的营养和风味保持较好　微波杀菌通过热效应和非热效应共同作用,可在较低的温度短时间处理达到杀菌效果,食品中的营养成分损失较少。

(3)选择性作用于食品成分　由于物质吸收微波的能力取决于自身的介电性,食品中的某些成分易于吸收微波,而某些成分不易吸收微波。用微波对混合物料中的某些组分进行选择性处理,有利于更好地控制产品品质。例如,谷物中的害虫和微生物一般含水较多,对微波的吸收能力强于淀粉、蛋白质等物质,使内部温度迅速升高而被杀死,既可达到杀菌杀虫效果又可较好保持谷物的品质。

(4)节能高效　微波直接对食品进行加热,设备本身不吸收或只吸收极少能量,无热量损耗,一般可省电30%~50%。

(5)易于控制　微波杀菌操作简单,杀菌过程只需调整微波输出功率,物料的加热情况可以瞬间改变,易于控制且便于连续化生产。

三、实验材料与仪器设备

苹果、白砂糖、氯化钙、柠檬酸、温度计、水果刀、不锈钢锅、手持折光计、温度计、天平、玻璃罐及罐盖、微波杀菌装置、水果硬度计、色差计、pH 计等。

四、实验内容

1. 工艺流程

苹果→清洗→选择、分级→去皮、护色→去核、切分→微波加热排气、杀菌→装罐→密封→冷却→成品

2. 操作要点

(1) 原料选择和预处理　选用成熟度为八成以上，组织致密、风味好、无畸形、无腐烂、无病虫害、无机械损伤的苹果，清洗并分级。

(2) 去皮、护色　可采用机械去皮或手工去皮。小型试验可采用手工去皮，苹果去皮后马上放入含 1%氯化钙和 0.5%柠檬酸的溶液中浸泡护色保脆。

(3) 去核、切分　将苹果去核，切成大小均匀的果块，用清水洗涤 1~2 次。

(4) 装罐　按果块装入玻璃罐中，加入煮沸的糖液。要求开罐后糖水的质量分数为 14%~16%，并含有 0.1%的柠檬酸。

(5) 微波加热排气、杀菌　排气过程与杀菌同时进行，微波加热至冷点温度达到 90℃后停止加热，用杀菌过的瓶盖密封后倒置。

(6) 冷却　采用分段冷却方法使玻璃罐头迅速冷却至室温。

五、产品评定

1. 理化指标

硬度测定：水果硬度计测定硬度。

维生素 C 保存率测定：根据 GB 5009.86—2016《食品安全国家标准　食品中抗坏血酸的测定》进行测定维生素 C 的含量。

菌落总数测定：根据 GB 4789.2—2016《食品安全国家标准　食品微生物学检验　菌落总数测定》测定菌落总数。

色泽测定：采用色差计测定样品的色度值（L 值、a 值和 b 值）。

pH 测定：开罐后，使用 pH 计测定糖液的 pH。

开罐糖液浓度测定：使用糖度计测定。

2. 感官指标

根据表 2-7 进行评定。

表 2-7　苹果罐头的感官要求

项目	优级品	合格品
色泽	果实呈淡黄色或黄白色，色泽较一致，汤汁较透明，可有少量果肉碎屑	果实呈淡黄色或黄白色或淡青色，色泽尚一致，汤汁尚透明，可有少量果肉碎屑

续表

项目	优级品	合格品
滋味、气味	具有苹果罐头应有的滋味、气味，无异味	
组织状态	果实块形完整，修整良好，大小大致均匀，软硬适度	果实块形完整，修整良好，大小尚均匀，软硬尚适度。修整不良果不超过总果数的 20%
杂质	无外来杂质	

六、思考题

分析微波杀菌的优点和缺点有哪些？

实验五　膜分离实验

一、实验目的

掌握膜分离技术的定义、原理及分类；了解在食品行业的应用；熟悉基本操作方法。

二、实验原理

膜分离技术又称超滤技术，利用膜的选择透过性，在压力差、浓度差、电位差等驱动力的作用下，在维持原生物体系环境条件下选择性地对多组分的溶质和溶剂进行分离，能够有效去除杂质，高效浓缩、富集产物，除此以外，膜分离技术具有澄清、提取、除菌等功能。在整个膜分离过程中无变相、无加热，可充分保证热敏性物质的活性。膜分离技术按照截留相对分子质量的大小分为微滤（MF）、超滤（UF）、纳滤（NF）、反渗透（RO）、电渗析（ED）等方法。

微滤是压力驱动的膜分离过程，微滤膜的孔径在 0.1～10μm，截留相对分子质量大于 300000 的成分。通过微滤膜的筛分作用，除去物料中的悬浮颗粒、杂质和大分子物质。

纳滤膜为超低压反渗透膜，又称疏松型反渗透膜。纳滤膜孔径为 0.5～2nm，截留率大于 95%的最小分子直径为 1nm，其截留成分的相对分子质量为 500～2000。纳滤膜操作压力为 0.5～2MPa，纳滤膜属于非对称性膜，由高分子材料和无机材料制备，多用于分离溶液中的为微细离子，能够有效截留糖类等低相对分子质量有机物和高价无机盐，而对单价无机盐的截留率低，不同孔径的纳滤膜可以用来分离不同相对分子质量和形状的物质。

超滤膜的孔径介于微滤和纳滤之间，以膜两侧的压力差为驱动力，其膜孔径在

1~100nm，能够截留直径1~20nm的大分子物质，可有效去除料液中的胶体、蛋白质、大分子有机物和微生物等，且不同孔径的超滤膜可以分离不同的分子。

三、 实验材料与仪器设备

植物性原料（以蓝莓为例）、果胶酶、纤维素酶、纳滤设备、电磁炉、榨汁机、恒温水浴锅、中空纤维膜。

四、 实验内容

1. 工艺流程

蓝莓→清洗→热烫→打浆→酶解→胶体磨→调配→过滤（120目筛网）→离心→超滤→蓝莓汁

2. 工艺流程

（1）蓝莓原汁的制备　取一定量新鲜蓝莓清洗，热水漂烫3~5min。漂烫后的蓝莓打浆处理，然后添加0.04%果胶酶、0.06%纤维素酶，将蓝莓汁pH调至4.5后于50℃条件下酶解3h。用120目的尼龙布过滤，在转速为3000r/min下离心20min，即为用于超滤的蓝莓原汁。

（2）超滤膜的选择　果汁的生产过程中，由于水果富含丰富的纤维、糖类、蛋白质、果胶等物质，会导致果汁浑浊不透明，影响感官特性。蓝莓果汁中的酚类、果胶等物质也尤为丰富，是贮藏、销售过程中引起浑浊和形成二次沉淀的主要因素。超滤法在保证果汁的风味和营养的前提下对蓝莓果汁进行超滤处理，可以较好地保存果汁原有的风味等特点。选取截留相对分子质量为10万的超滤膜，将蓝莓汁中的大分子如蛋白质、果胶和淀粉等物质进行分离，以便获得澄清的蓝莓果汁。

（3）超滤技术参数设定　果汁的膜通量与操作时间、压力差、料液流速和温度都有密切的关系。随着过滤时间的延长，膜通量呈现出下降趋势，可能是因为膜表面出现了由大分子物质形成的密集“溶质层”。超滤膜的压力差一般为0.1~0.5MPa，压力差过小时不能将大分子物质彻底分离，较强会引起超滤膜破裂，对果汁质量产生很大影响。进料流速的提高有利于减少浓差极化以及提高膜的透过量，除此以外温度的适当提高会使膜的通过量升高。

3. 实验设计

分析选取影响超滤速度的因素，设计正交试验，确定超滤实验的最佳条件。

五、 产品评定

根据GB/T 31121—2014《果蔬汁类及其饮料》的规定，蓝莓汁产品的感官和理化指标如下。

1. 感官指标

根据表2-8进行评定。

表 2-8　蓝莓汁的感官要求

项目	要求	检验方法
色泽	宝石红色	取适量试样置于 50mL 烧杯中，在自然光下观察色泽和组织状态。闻其气味，用温开水漱口，品尝滋味
滋味、气味	具有蓝莓特有的果香，口感纯正、爽怡，甜酸适口，无异味	
组织状态	澄清透明液体、无沉淀、无肉眼可见外来杂质	

2. 理化指标

果汁含量=100%；可溶性固形物含量≥10%；食品添加剂符合 GB 2760—2014 的规定。

六、 思考题

1. 超滤是否会影响果汁中的总糖和总酸的含量？
2. 超滤处理是否会对果汁的香气和色泽产生影响？
3. 超滤膜清洗和保养的方法有哪些？

实验六　超高压杀菌实验

一、 实验目的

掌握超高压杀菌的定义、杀菌原理和影响因素；熟悉杀菌工艺流程。

二、 实验原理

超高压杀菌（UHP）是一种冷杀菌的过程，简称高压技术（HPP）或高静水压技术（HHP），一般是指将食品包装后，以水、油等液体作为传压介质进行 200MPa 以上的加压处理，在常温下维持一段时间达到对食品杀菌、改性效果。高压处理可以影响微生物原有的生理活动机能、钝化酶的活性甚至使酶失活以及改变细胞膜的通透性，从而达到保藏食品的目的。同时能较好地维持食品中的风味物质、维生素、色素及各种小分子物质的天然结构。

三、 实验材料与仪器设备

西瓜、超高压处理装置、榨汁机、均质机、胶体磨、超净工作台、酸度计、糖度计等。

四、实验内容

1. 工艺流程

西瓜→挑选、清洗→臭氧水消毒→去皮、籽→切分（5cm×5cm）→破碎→胶体磨→调配→瞬时升温→脱气→均质→冷却→UHP 处理→无菌灌装→检验

2. 操作要点

（1）西瓜原料质量　要求 8~9 分熟，肉色鲜红，可利用率达 70%以上，无腐败变质。

（2）原材料初菌数的控制　原料初始菌数的主要影响因素有原料种植、采后处理及加工环节的清洗消毒、去皮打浆、贮料温度等。新鲜西瓜经臭氧水消毒后，初菌数可控制在约 10^4CFU/mL。切分、破碎温度控制在 15~18℃，果汁待料时间小于 30min，可抑制榨汁后微生物的繁殖速度。

（3）脱气　在打浆、胶磨过程中混入空气，会产生大量的泡沫，采用瞬时升温 60~65℃、450~470kPa 脱气除去空气泡沫，避免压缩的高浓度氧气对西瓜汁的香气成分造成破坏。

（4）均质　能使液体体系中的分散物微粒化，使物料形态均一稳定，提高西瓜汁的口感与稳定性，从而影响西瓜汁的品质。为提高均质效果，一般在 40MPa 压力下进行。

（5）冷却　对西瓜汁进行冷却是为了降低其在超高压加工过程的温度，减轻加热对西瓜汁色泽、香气成分等的破坏。

（6）超高压（UHP）处理　将冷却后的西瓜汁分装到 100mL 的复合袋中热封口，将高压条件设计为 400MPa 和 500MPa，处理时间设计为 5min、10min、15min 和 20min。超高压设备有效体积 3L，升压速度 10MPa/min，解压时间 12s，腔内油温 20~22℃。

（7）包装　将杀菌后的西瓜汁灌装以便于贮藏和销售。常用的包装容器有纸盒、玻璃瓶、塑料瓶、塑料袋等。

（8）检验　按照 GB 4789. 2—2016《食品安全国家标准　食品微生物学检验　菌落总数测定》及 GB/T 31121—2014《果蔬汁类及其饮料》对西瓜汁检测，按照感官评价来评判果汁的风味。

五、产品评定

西瓜汁的感官、理化指标分别见表 2-9、表 2-10。

表 2-9　西瓜汁的感官要求

项目	要求	检验方法
色泽	呈浅紫红色，与瓜瓤颜色相似，色泽鲜明	取适量试样置于 50mL 烧杯中，在自然光下观察色泽和形态，品尝其滋味，闻其气味
形态	汁液透明，浑浊均匀，无沉淀及杂质	
滋味与气味	具有西瓜的天然香甜味，无其他异味	

表 2-10　　果蔬饮料的理化指标

项目	指标	检验方法
可溶性固形物	≥8%	GB/T 12143—2008
果汁含量	100%	GB/T 12143—2008
总糖度	以蔗糖计，≥12%	糖度计
总酸	以柠檬酸计，0.13%~0.15%	酸度计

六、思考题

1. 分析影响超高压杀菌的因素有哪些？
2. 分析超高压杀菌对食品品质的影响有哪些？

实验七　卤制品软罐头的制作

一、实验目的

通过实验，使学生熟识和掌握卤制品软罐头制作的工艺流程及其加工方法。

二、实验原理

卤制品软罐头是以新鲜猪肉（五花肉）为原料，通过原料肉修整、切块、预煮、加入配料卤制、装袋、抽真空、密封和杀菌及冷却等工艺，制作出营养丰富、口味鲜美、易于保存携带、能在室温下长期保存的罐头。

三、实验材料与仪器设备

猪肉（五花肉）、水、优质生抽、盐、味精、白砂糖、鲜葱、生姜、花椒、陈皮、桂皮、八角、胡椒粉、丁香、川椒、绍酒、砂仁、紫蔻、复合蒸煮袋、刀、砧板、不锈钢筛盘、锅、炉灶、多功能电热蒸煮机、真空包装机、高压杀菌锅、冷柜等。

四、实验内容

1. 工艺流程

原料选择→原料处理→预煮→漂洗→配料→卤制→装袋→抽真空、密封→杀菌→冷却→擦罐、贴标→入库→成品

2. 操作要点

（1）原料选择　选用符合食品卫生标准的猪肉，带皮的五花三层猪肉为佳。

（2）原料处理　将猪肉切成 8cm 见方的块，用水清洗干净。

（3）预煮　将肉块放入锅中，用清水煮开，煮沸后边煮边撇去肉汤表面的泡沫，保证肉汤清澈，蒸煮10min。

（4）漂洗　预煮完的原料投入自来水冷水池中以流水漂洗冷却，去除其他杂质。待原料变硬后，捞起沥干水分，待用。

（5）配料　卤料配方为200g水、10g优质生抽、1.5g盐、0.04g味精、0.5g白砂糖、0.5g鲜葱、0.05g生姜、0.05g花椒、0.08g陈皮、0.8g桂皮、0.05g八角、0.04g胡椒粉、0.05g丁香、0.05g川椒、4.8g绍酒、0.1g砂仁、0.1g紫蔻。

（6）卤制　将所用调料加入锅中，香料称好并包入纱布袋中，与调料一起用旺火烧开，然后改为中火加盖熬煮约1h，待香料的风味突出时将需卤制的猪肉原料加入锅中，料液比约为4：10，保持卤汁微沸（95~100℃），同时进行适当的翻动，防止锅底部的原料肉焦结，20~30min后，肉皮呈橙红色或红褐色时起锅，于不锈钢筛盘上沥干卤汁。卤肉皮色的深浅主要与卤制时间长短有关，时间短则皮色呈黄橙色或橙红色，时间长则呈红褐色或深褐色，可根据情况自行确定时间。猪的品种不同也会影响皮色的变化，皮色的深浅根据实际情况来掌握。

（7）卤汁的重复使用　在卤完一批原料后，卤汁可溶性固形物约降低4%，在卤下一批原料时要进行盐分等的适当补充。可在原来的卤汁中再添加如下物质：110g优质生抽、70g绍酒、7g盐、60g白砂糖。卤汁每卤完两批后按原来的香料配比重新加入一个香料袋。短时间内不用可不处理，下次卤时直接再用；若超过1d不用则先加入精盐煮沸后冷却保藏。

（8）装袋　当卤肉表面无液体卤汁且温度高于室温（20~30℃）时要及时装入复合蒸煮袋。

（9）抽真空、密封　用真空包装机将袋子抽真空、密封。

（10）杀菌及冷却　25℃下保藏的产品要进行高温杀菌。公式为：15min—60min—15min/121℃。杀菌后分段冷却，充分冷却后入库保藏。

五、结果与分析

按表2-11进行卤肉软罐头的品质评定。

表2-11　　卤肉软罐头的品质评定

项目	品质要求	最高评分（100分计）	品质评定结果			
			给分			情况说明
			1	2	3	
形态	肉块均匀一致，块形完整，个形美观，块间不粘连	20分				
香味	香味卤香适中	20分				
颜色	纯正，呈橙红色或红褐包	30分				
口味	咸甜适中，久嚼有味，具有该类产品的特有风味	30分				

卤肉软罐头产品情况按表2-12进行记录。

表 2-12　卤肉软罐头产品情况

产品编号	每袋质量/g	固形物含量/%	密封性（好/坏）
1			
2			
3			
4			
5			

六、思考题

1. 卤制品卤制过程中为什么要进行适当的翻动？
2. 软罐头与金属罐罐头和玻璃罐罐头相比有哪些优越性？
3. 高压杀菌锅使用有哪些注意事项？
4. 杀菌温度为什么要采用 121℃？

实验八　午餐肉罐头的制作

一、实验目的

通过本实验，使学生掌握午餐肉罐头的加工方法；了解杀菌要求并掌握其杀菌操作。

二、实验原理

午餐肉主要是以猪肉、牛肉、羊肉、鸡肉为原料，加入一定量的淀粉、香辛料等加工而成的一种肉糜制品。午餐肉富含蛋白质、脂肪和碳水化合物等，营养丰富，肉质细腻，口感鲜嫩，风味清香，常被用作火锅涮料。午餐肉作为高温肉制品一直以铁听装出现，因外包装成本较高，造成产品售价不菲。结合午餐肉的传统工艺和西式制品工艺，在保持口感的前提下，采用复合收缩膜作为包装材料，不仅包装成本降低了 2/3，且肉馅成本也有一定降低。

三、实验材料与仪器设备

1. 实验材料

新鲜猪腿肉、肋条肉、淀粉、碎冰、食盐、亚硝酸钠、抗坏血酸、白砂糖、肉豆蔻粉、白胡椒粉。

2. 仪器设备

冷藏柜、制冰机、案板、不锈钢刀、剔骨刀、不锈钢盘、商用电子秤、斩拌机、真空搅拌机、多孔注射腌制机、绞肉机、装罐机、真空封罐机、实验型高压杀菌锅、306

等型号脱膜涂料罐等。

四、实验内容

1. 工艺流程

原料选择与处理→腌制→斩拌及搅拌→装罐→排气及密封→杀菌及冷却→成品

2. 配方（按100kg猪肉计）

配方一：

（1）腌制配方　净瘦肉与肥瘦肉比为53∶33，2.25kg混合盐（混合盐配料为：98%食盐、1.5%白砂糖、0.5%亚硝酸钠）。

（2）斩拌配方　26.5kg细绞净瘦肉，16.5kg粗绞肥瘦肉，4kg碎冰，3kg淀粉，0.072kg白胡椒粉，0.024kg肉豆蔻粉。

配方二：

（1）腌制配方　30kg猪肥瘦肉，70kg净瘦肉，2.5kg混合盐（混合盐配料为：98%食盐、1.7%白砂糖、0.3%亚硝酸钠）。

（2）斩拌配方　11.5kg淀粉，58g肉豆蔻粉，190g白胡椒粉，19kg碎冰。

3. 操作要点

（1）原料选择与处理　猪肉选择优质猪肉，去皮剔骨，去净前后腿肥膘，只留瘦肉；肋条肉去除部分肥膘，膘厚不超过2cm，成为肥瘦肉；经处理后净瘦肉含肥膘为8%~10%，肥瘦肉含膘不超过60%。辅料选择符合GB 2760—2014《食品安全国家标准　食品添加剂使用标准》的优质辅料。夏季生产午餐肉，要求室内温度15℃以下，如肉温超过15℃需先行降温。

（2）腌制　净瘦肉和肥瘦肉分开腌制，各切成大约4cm见方的小块，在原料肉中加入混合盐，用拌和机或人工拌匀后定量装入不锈钢桶中，在0~4℃的冷库或冰箱中腌制48~72h。腌制好的肉色泽应是鲜艳的亮红色，气味正常，肉块捏在手中有滑黏而坚实的感觉。现在已普遍采用注射腌制法，它可加速腌制时的扩散过程，缩短腌制时间。方法是将混合盐配制成7℃盐水。利用多孔注射腌制机将盐水注入肉中，一般使肉增重8%~10%，可根据盐水浓度和增加重量来判断加盐量。这种方法与滚揉机配合使用可缩短腌制时间12~24h。

（3）斩拌及搅拌　净瘦肉使用双刀双绞板进行细绞（里面一块绞板孔径为9~12mm，外面一块绞板孔径为3mm），肥瘦肉使用孔径7~9mm绞板的绞肉机进行粗绞。将绞碎肉倒入斩拌机中，并倒入碎冰、淀粉、白胡椒粉及肉豆蔻粉斩拌3~5min，斩拌温度不宜超过10℃，结束后再真空搅拌。将斩拌好的肉糜倒入真空搅拌机中，先搅拌20s左右，加盖抽真空，在66.65~80.00kPa真空度下搅拌1~2min，搅拌均匀后立即送装罐机。若使用真空斩拌机则不需真空搅拌处理。

（4）装罐　空罐最好使用脱膜涂料罐。装罐时肉糜温度不超过13℃。要注意装罐紧密，称量准确，重量符合标准。称重后表面抹平，中心略凹。

（5）排气及密封　采用真空封罐，真空度为60~67kPa。密封后罐头逐个检查封口质量，合格者经温水清洗后送杀菌。

（6）杀菌及冷却　不同的罐型杀菌冷却条件如表2-13所示。

表 2-13　午餐肉罐头的杀菌条件

罐号	净重/g	杀菌条件	冷却方式
306	198	15min—50min/121℃	反压冷却至 38℃
304	340	15min—55min/121℃	反压冷却至 38℃
962	397	15 min—70min/121℃	反压冷却至 38℃
10189	1588	25min—130min/121℃	反压冷却至 38℃

五、注意事项

（1）猪肉在处理加工时不得积压。尤其是前处理时肉温不得超过 15℃，生产车间气温不超过 25℃，否则易影响成品品质。

（2）午餐肉罐头一般采用脱膜涂料罐，避免粘壁。若采用抗硫涂料罐，在空罐清洗、消毒后沥干水，然后用猪油在罐内壁涂抹，使罐内形成一层油膜，以防止粘罐现象的产生。

（3）真空封罐时一定要保证封罐室真空度，否则残留空气过多易造成开罐后表面肉色发黄、切面变色快。

六、产品评定

1. 感官指标

参考 GB/T 13213—2017《猪肉糜类罐头》中感官要求进行检验并评定级别，详见表 2-14。

表 2-14　午餐肉罐头的感官要求

项目	午餐肉罐头	
	优级品	合格品
色泽	表面色泽正常，切面呈淡粉红色	色泽正常，无明显变色，切面呈淡粉红色，稍有光泽
滋味、气味	具有午餐肉罐头浓郁的滋味与气味，无异味	具有午餐肉罐头较好的滋味和气味，无异味
组织形态	组织紧密、富有弹性，切片光滑、夹花均匀，无明显的大块肥肉夹花或大蹄筋，允许有极少量最大直径小于 8mm 的小气孔，无明显缺角	组织紧密细嫩，有弹性感，略有收腰、缺角和粘罐，切面光滑，稍有大块肥肉夹花或大蹄筋，允许少量最大直径小于 8mm 的气孔，缺角不超过周长的 30%
析出物	脂肪和胶冻析出量不超过净含量的 0.5%，净含量为 198g 的析出物不超过 1%	脂肪和胶冻析出量不超过净含量的 1.0%，净含量为 198g 的析出物不超过 1.5%
杂质	无外来杂质	

2. 理化指标

参考 GB/T 13213—2017《猪肉糜类罐头》中理化指标进行检验并评定级别，详见表 2-15。

表 2-15　理化指标　单位：%

项目	午餐肉罐头	
	优级品	合格品
蛋白质	≥12.0	≥10.0
脂肪	≤24.0	≤26.0
淀粉	≤6.0	≤7.0
水分	≤68	
氯化钠	≤2.5	

3. 微生物指标

应符合罐头商业无菌的要求。

七、结果与分析

根据 GB/T 13213—2017《猪肉糜类罐头》中质量指标进行检验并评定级别，将实验结果填入表 2-16 中。

表 2-16　午餐肉罐头实验结果

实验样品数	一级品数量	合格品数量	成品率/%

从实验样品中抽取 3 罐，在 36℃±1℃保温 10d，然后按 GB 4789.26—2013《食品安全国家标准　食品微生物学检验　商业无菌检验》检验要求对其感官检验、pH 测定和镜检，均无异常可判定为商业无菌。如出现 1 罐异常就可认为实验失败。将实验结果填入表 2-17 中。

表 2-17　罐头样品商业无菌初步检验结果

项目	样品号		
	1	2	3
感官检验			
pH			
镜检结果			

八、思考题

1. 斩拌工序在午餐肉罐头加工过程中起到了哪些作用？
2. 为什么午餐肉罐头会出现脂肪析出、胶冻析出且弹性不足等现象？
3. 如果午餐肉罐头出现物理胀罐/包现象，应如何解决？

实验九　果蔬罐头的制作

一、实验目的

理解果蔬罐头的加工原理；了解果蔬罐头的加工工艺；掌握果蔬罐头的加工技术。

二、实验原理

果蔬罐藏是将原料经过预处理和调味后，装入特制的密封容器中，经过加热、排气、密封、杀菌等工序，使罐内微生物死亡或失去活力以达到商业无菌的状态，使原料本身所含的各种酶类失去活性以防止各种氧化作用的进行，使灭菌灭酶后的果蔬与外界隔绝以防止微生物再污染和氧气等因子引起的物理化学变化，从而使制品得以长期保存。随着果蔬保鲜和加工技术的发展，传统意义的果蔬罐头产品消费量有所下降，但是果蔬罐藏的原理和方法是果品蔬菜加工的重要内容，在包装材料和包装形式等方面得到广泛的发展。

三、实验材料与仪器设备

1. 实验材料

各类果蔬、白砂糖、精盐、柠檬酸、盐酸、NaOH、抗坏血酸等。

2. 仪器设备

封口机、杀菌锅等。

四、实验内容

（一）糖水水果罐头

1. 工艺流程

原料选择→清洗→各种水果处理方法→装罐→排气→密封→杀菌→冷却→擦罐→成品

2. 操作要点

（1）原料选择　橘子罐头选择肉质致密，色泽鲜艳，风味适口，糖分含量高，糖酸比适度，充分成熟的果实，果实呈扁圆形无核或少核。适宜的品种有温州蜜柑、本地早、红橘等。按果实横径大小分级，一级为45~55mm，二级为55~65mm，三级为

65~75mm，或75mm以上。桃子罐头选用新鲜饱满，八九成熟，无畸形、病虫害、机械伤，果形匀称，香味浓的白肉或黄肉桃，果实横径要求在55mm以上。菠萝罐头选用果形大，圆柱形，芽眼浅，果肉呈淡黄色，肉质爽脆，甜酸适度，香味浓郁，果芯小，纤维少的品种为原料，剔出发霉、有病虫害及机械伤的果实。按果径大小分级：85~94mm为一级，94~108mm为二级，108~120mm为三级，120~134mm为四级。

（2）清洗　置于水槽中用清水洗去表面尘污。

（3）各种水果处理方法

①橘子的处理方法：用热水烫漂宜于剥皮，水温95~100℃浸烫1min左右；一般采用手工剥皮，去络、分瓣；酸、碱处理浓度根据柑橘品种、果瓣大小、囊膜厚薄等因素决定。将橘瓣浸入0.09%~0.12%的盐酸中浸泡，温度约20℃，时间20min。取出后用清水漂洗，接着再投入0.07%~0.09% NaOH碱液中浸泡，温度25~40℃，时间3~6min；将处理后的橘瓣放入流动清水中，漂洗1h，以除去碱液、瓤囊壁的分解物及皮膜等；除去瓤囊中心柱与核，剔出畸形瓣、软烂瓣和缺角瓣等，并将橘瓣按大中小分放。

②桃子的处理方法：用不锈钢小刀沿缝合线切下，防止切偏，然后用匙形挖核刀挖去果核，去核的桃片要立即放入1.5%食盐水中浸泡10min，以防变色；碱液去皮，将半桃浸入2%~6%NaOH溶液中，温度90~95℃，处理30~60s，然后迅速取出，用流动水冲去残留果皮和碱液；将桃片放在95~100℃热水中预煮4~6min，以煮透为度。预煮水中先加入0.1%柠檬酸，待水煮沸后再倒入桃片。煮后迅速冷却，以冷透为止；用小刀刮去正、反面及核洼处的腐肉、残片，修整表面及机械伤，使切口无毛边，核洼光滑，果块呈半圆形。

③菠萝的处理方法：切除菠萝头尾10~20mm，然后去皮、捅心，生产上采用专门的去皮、捅芯机；用小刀刻除果目（芽眼），以手工按果目排列顺序和深浅程度刻成螺旋形的沟纹，要求沟纹整齐，深浅适度，切面光滑；手工切成11~13mm厚的扇块，要求厚薄均匀，切面光滑；将切片后的扇块投入在1%~2%食盐溶液中浸泡20min，可以抑制菠萝蛋白酶的活性，处理后用清水冲洗。

（4）装罐　按水果不同色泽、大小、形状分别装罐，同一罐内果块大小、色泽应力求一致。按果肉装入量不得低于净重的55%~60%称取果块，装入经沸水消毒的玻璃罐（瓶）中，然后加入35%~40%的糖液，糖液温度要求在80℃以上，保留顶隙6mm左右。为了调节糖酸比，改善风味常在糖液中加入0.1%~0.3%柠檬酸（橘子罐头和菠萝罐头）或加入0.02%~0.03%抗坏血酸（桃子罐头），使成品pH在3.7以下。

（5）排气、密封、杀菌、冷却　加热排气，置于沸水中排气8~10min，至罐心温度不低于75~80℃，立即封罐。封罐后，在100℃沸水中煮10~20min，然后分段冷却至38℃以下。

3. 实验结果及测定（计算）

（1）感官指标　糖水水果罐头的感官指标如表2-18所示。

（2）理化指标　糖水水果罐头的理化指标如表2-19所示。

（3）卫生指标　符合相应种类食品的国家卫生标准要求。

表 2-18　糖水水果罐头的感官指标

项目	指标		
	橘子罐头	桃子罐头	菠萝罐头
色泽	具有与原果肉相近的光泽，同一罐内色泽较一致，糖水较透明； 橘子罐头：橘瓣表面色泽较一致，允许有极轻微的白色沉淀及少量橘肉与囊衣碎屑存在； 桃子罐头：白桃呈（青）白色；黄桃呈（金）黄色。果尖、核窝及合缝处带微红色，允许含有少量果肉碎屑； 菠萝罐头：果肉呈金黄色至淡黄色，允许含有不引起浑浊的少量果肉碎屑		
滋味、气味	具有本品种罐头应有的良好风味，酸甜适口，无异味		
组织形态	全去囊衣：囊衣去净，组织软硬适度，橘瓣形状完整，大小基本一致，破碎率不超过固形物的 10%；半去囊衣：去囊衣适度，食之无硬渣感觉，形状较饱满完整，大小基本一致，破碎率不超过固形物的 3%（每瓣破碎在 1/3 以上为破碎）	桃片软硬适度，形状完整，允许略有毛边，同一罐内果块大小基本一致，不带机械伤和虫害斑点	块（去果芯、果眼）：软硬适度，形状完整，切削良好，不带机械伤和虫害斑点；扇形片：大小为整圆片的 1/8~1/4，果边允许有少量毛边，果块大小基本一致，厚度 9~15mm
杂质	不允许存在		

表 2-19　糖水水果罐头的理化指标

项目	指标
净重	每罐（瓶）允许公差±3%，但每批平均不低于净重
糖水浓度	14%~18%（以折光计测量）
固形物	果肉不低于净重的 55%（橘子罐头）、60%（桃子罐头）、54%（菠萝罐头）

（二）平菇罐头

1. 工艺流程

原料选择→清洗→分级、修整→预煮→冷却→灌装→排气、密封→杀菌、冷却→成品

2. 操作要点

（1）原料选择　选用菇盖完整，菌盖尚未充分展开，直径为 1.5~6.0cm，菌柄粗，肉质细嫩肥厚的新鲜平菇，剔除霉烂、病虫害、畸形、变色等不合格的原料。

（2）清洗　将平蘑放在清水或 0.5%的食盐水中浸泡 15min，逐个洗去泥沙及污物。

（3）分级、修整　按菌盖大小、成熟度、色泽分级，菌盖直径 1.5~2.5cm 为一级；2.5~5cm 为二级；5~6cm 为三级。分级后去菇柄，菇柄只留 1~1.5cm，多余部分削去，菌盖在 6cm 以上可做片菇罐头，即将菇盖撕成对开或三开。

（4）预煮　预煮时，菇水比 1∶1，将平菇放入沸水中煮 3~5min。

（5）冷却　预煮后的平菇捞出，于清水中迅速冷却，沥干水分后装罐。

（6）装罐　整菇与平菇分开装罐，要求同一罐内大小、色泽大致相同，按照固形物含量不低于净重的 53%称重装罐，加注 2.5%的食盐水，盐水中可加入 0.05%柠檬酸，汁温在 85℃以上，加满盐水。

（7）排气、密封　装罐后加热排气，在沸水中排气 10min 左右，使得罐内中心温度达 75℃以上，趁热封罐。

（8）杀菌、冷却　杀菌公式 10min—20min—10min/121℃，杀菌后及时冷却至 38℃。

3. 实验结果及测定（计算）

（1）感官指标　色泽为淡黄色，汤汁较清，允许有少量平菇碎屑；具有平菇罐头应有的滋味，无异味；菌盖组织形态完整，大小均匀，略有弹性。

（2）理化指标　产品规格为净含量 425g，其他理化指标见表 2-20。

表 2-20　平菇罐头理化指标

项目	指标
净含量/g	每罐（瓶）允许公差±3%，但每批平均不低于净重
氯化钠含量/%	0.8%~1.5%（以折光计测量）
铜/(mg/kg)	≤10
锡/(mg/kg)	≤200
铅/(mg/kg)	≤1

（3）微生物指标　应符合罐头商业无菌要求。

（三）青豌豆罐头

1. 工艺流程

剥壳分级→盐水浮选→预煮漂洗→复选→配汤装罐→排气密封→杀菌冷却→擦水入库

2. 操作要点

（1）豌豆　选取产量高、成熟整齐的豆荚。采收时豆荚膨大饱满，荚长 5~7cm，内部种子幼嫩，色泽鲜绿，风味良好。糖及蛋白质含量高，如菜豌豆、白豌豆。

（2）剥壳分级　用剥壳机或人工去壳并进行分级。分级有如下两种方法。

分级机分级：按豆粒大小分成五级，如表 2-21 所示。

表 2-21　青豌豆罐头分级机分级表

号数	一	二	三	四	五
豆粒直径/mm	5~7	7~8	8~9	9~10	＞10

盐水浮选法：随着采收期及成熟度不一，所用盐水浓度不同，一般先低后高，如表 2-22 所示。

表 2-22　　青豌豆罐头盐水浮选法分级表

采收期	食盐溶液	豆粒等级			
		1	2	3	4
前期	相对密度（15℃/4℃）	1.014~1.020	1.028~1.034	1.035~1.049	1.056~1.066
	质量分数/%	2~3	4~5	5.3~7.0	8.1~9.5
	波美度/°Bé	2~3	4~5	6~7	8~9
后期	相对密度（15℃/4℃）	1.056~1.066	1.072~1.083	1.090~1.099	1.107~1.115
	质量分数/%	8.1~9.5	10.3~11.5	12.5~13.3	14.8~16
	波美度/°Bé	8~9	10~11	12~13	14~15

（3）预煮漂洗　各等级分开煮，在100℃沸水中按其老嫩烫煮3~5min，煮后立即投入冷水中浸漂（为了保绿可加入0.05%碳酸氢钠在预煮水中）。浸漂时间按豆粒的老嫩而定，嫩者30min，老者1~1.5h，否则杀菌后，易使豆破裂、汤汁浑浊。

（4）复选　挑选各类杂色豆、斑点、虫蛀、破裂豆、过老豆，选后再用清水淘洗一次。

（5）配汤　配制2.3%沸盐水（也可加2%白糖）。入罐时汤汁温度高于80℃。

（6）装罐　豆粒按大小号和色泽分开装罐。要求同一罐内大小、色泽基本一致。装罐量450g瓶装240~260g青豆和190~210g汤汁。

（7）排气　排气中心温度不低于70℃。

（8）抽气密封　密封真空度为39.9kPa。

（9）杀菌冷却　450g瓶装杀菌公式：10min—35min/118℃，分段冷却。

3. 产品评定

（1）感官指标　青豌豆罐头的感官指标如表2-23所示。

表 2-23　　青豌豆罐头的感官指标

项目	指标
色泽	色泽豆粒为青黄色或淡绿色，允许汤汁略有浑浊
滋味及气味	具有青豌豆罐头应有的滋味及气味，无异味
组织及形态	组织软硬适度，同一罐中豆粒大小均匀，允许污斑豆、红花豆、虫害豆的总量不超过固形物质量的1%，轻度污斑豆不超过4%，破片豆不超过8%，黄色豆不超过1.5%，外来植物性物质不超过0.5%，但以上五项的总量不超过10%
杂质	不允许存在

（2）理化指标　青豌豆罐头理化指标如表2-24所示。

表 2-24　青豌豆罐头的理化指标

项目	指标
净重	每罐（瓶）允许公差±3%，但每批平均不低于净重
盐水浓度	0.8%~1.5%（以氯化钠计）
固形物	≥55%

（3）微生物指标　应符合商业无菌要求。

五、 思考题

1. 果蔬罐头杀菌的温度和时间应根据哪些因素决定？
2. 将70%的浓糖液和10%的糖液配制成20%的糖液，需用70%和10%糖液各多少？
3. 罐头制品的杀菌有何特点？
4. 桃罐头对原料有哪些要求？防止桃罐头变色的措施有哪些？
5. 写出罐头杀菌公式，并解释其含义。
6. 果蔬去皮的方法有哪几种？
7. 制作罐头为何要排气？
8. 罐头密封和杀菌的目的是什么？
9. 罐头制品杀菌后为何要迅速冷却？

实验十　运动饮料的制作

一、 实验目的

通过本实验熟悉运动饮料的概念，掌握各组分对运动人群的意义和配制工艺流程，熟悉各操作的目的和最佳原料配比；熟练掌握基本操作及产品检验。

二、 实验原理

运动饮料是针对运动人群于运动过程中的机体机能，在补充人体水分的基础上，通过科学研究，添加一些营养元素而研制成的一种功能性饮料。运动饮料中的多种营养成分能够帮助人体维持、促进体液的平衡和快速恢复，有利于调节体温、改善体内代谢过程。运动饮料中营养成分主要有糖类（葡萄糖、蔗糖以及多种低聚糖）、电解质、蛋白质及多种维生素。国外生产的许多运动饮料可添加某些“生力物质”，如胶原、麦芽油、氨基酸等。我国最近也有些科研单位试用人参、田七、灵芝、香菇、五味子、麦冬等中药配制运动饮料。

三、 实验材料与仪器设备

1. 实验材料

水、蔗糖、葡萄糖、果葡糖浆、柠檬酸、氯化钾、氯化钠、维生素 C、维生素 B_2、柠檬酸钠、磷酸盐、铁盐、甜菊苷、色素、香精、三氯蔗糖、磷酸二氢钾等。

2. 实验仪器

电子天平、高温瞬时杀菌机、灌装机、筛网（200 目）、不锈钢锅、不锈钢勺、玻璃棒、温度计等。

四、 实验内容

1. 工艺流程

原料、辅料处理→混合溶解→过滤→均质→灭菌→灌装→封盖→包装→成品运动饮料

2. 原材料选用

（1）水 运动饮料最主要的成分是水，饮料用水的质量尤为重要。配料用水的要求同其他饮料用水一样。对于软饮料用水检验项目有：气味、色度、浊度、余氯、总碱度、总硬度等。

（2）辅料 针对不同的运动人群，有着不同类型的运动饮料。辅料的类型基本分为三类，一类是高含量主原料，例如：低聚糖、柠檬酸、果汁及各种植物提取液等；二类是微量成分：维生素、氨基酸，牛磺酸及各种功能因子等；三类是香精、色素及稳定剂等。这三类辅料要按照比例分类溶解，在各自溶解条件下充分溶解再混合。

（3）功能性成分 不同的运动类型消耗的能量不一致，所需的能量也不一样，应针对不同的运动类型设计不同的运动饮料。

①马拉松长跑饮料：0.5~1.2kg 葡萄糖、10g 柠檬酸、10g 氯化钾、20~40g 维生素、20~40g 氯化钠，加水至 10L。

②电解质等渗饮料：0.2kg 葡萄糖、0.2g 蔗糖、97g 柠檬酸、36g 磷酸二氢钾、29.6g 氯化钠、23.6g 柠檬酸钠、8.7g 氯化钾、6.5g 三氯蔗糖、4.2g 维生素 C、17.5g 香精、0.4g 食用色素，加水至 10L。

③低渗运动饮料：0.55g 蔗糖、18g 柠檬酸、10g 氯化钠、10g 柠檬香精、0.2g 多种低聚糖，加水至 10L。

④等渗运动饮料（日本）：0.38g 蔗糖、0.3kg 葡萄糖、17g 柠檬酸、5g 乳酸钙、3g 食盐、2.5g 柠檬酸钠、2.5g 磷酸钾、2.5g 维生素 C、12g 维生素 B、0.2g 味精、15g 羧甲基纤维素钠（CMC-Na）、1g 食用黄色素、15g 香精，加水至 10L。

⑤低温运动饮料（美国）：0.45g 蔗糖、1g 磷酸二氢钾、18g 柠檬香精、18g 柠檬酸、1g 磷酸二氢钠、1g 氯化钾、1.05g 低聚糖、1g 碳酸氢钠、6g 氯化钠，加水至 10L。

3. 原辅料的配比

实验运动饮料的原辅料可以参考表 2-25 配方调配。

4. 操作要点

（1）原、辅料处理 将各种原辅料按配方分别溶解并过滤，按照一定顺序混合，充分搅拌均匀，防止产生浑浊或沉淀。

表 2-25　10L 电解质等渗饮料的配方

原料	用量	原料	用量
葡萄糖	200.7g	蔗糖	200.7g
柠檬酸	97.3g	磷酸二氢钾	36g
氯化钠	29.6g	柠檬酸钠	23.6g
氯化钾	8.7g	三氯蔗糖	6.5g
维生素 C	4.2g	香精	17.5g
食用色素	0.4g	水	加至 10L

（2）过滤　按配方混匀的饮料通过板框式压滤机或双联过滤器过滤，制得澄清透明的半成品运动饮料。也可通过 200 目以上的筛网过滤，除掉粗颗粒杂质。

（3）均质　为了增加运动饮料的稳定性，需要采取均质的方法，使饮料中的糖、提取液等大分子充分分散，同时使稳定剂和饮料成分充分混合，增加饮料的黏度。均质温度 40~50℃，压力 20MPa。

（4）杀菌　杀菌采用板式热交换器：杀菌温度 95~100℃，时间 10min；高温瞬时杀菌：杀菌温度 125℃，时间 0.5min。杀菌后要稳定至室温。

（5）灌装、封盖　将杀菌并冷却至室温后的运动饮料立即无菌灌装，并及时封盖。灌装需达到灌装高度，顶部缝隙要小，防止过多空气存留使饮料中的营养成分氧化损失。

五、产品评定

根据 GB 15266—2009《运动饮料》对感官指标（表 2-26）和理化指标（表 2-27）的要求对制得的运动饮料进行评定，有条件可以进一步对其卫生指标和微生物指标进行检测。

表 2-26　感官指标

项目	要求
滋味和气味	添加辅料特有的香味；无异味
色泽	澄澈，具有添加辅料特有的色泽
组织形态	流动性好，不得有肉眼可见异物

表 2-27　理化指标

项目	指标
可溶性固形物（20℃时折光计法）/%	3.0~8.0
钠/(mg/L)	50~1200
钾/(mg/L)	50~250

六、 结果与分析

（1）对运动饮料的理化指标进行评价分析。

（2）从运动饮料的滋味和气味、色泽、组织状态等感官指标进行质量评价。

七、 思考题

1. 运动饮料的功能意义是什么？
2. 设计一款口感适宜、风味良好的枸杞、大豆多肽复配运动饮料配方。

第三章

CHAPTER 3

食品冷冻和冷藏工艺实验

实验一　果蔬的气调保鲜技术实验

一、 实验目的

进一步理解果蔬气调保鲜的理论基础；掌握其工艺及设备；掌握其关键工艺点及部分水果气调保鲜的技术及工艺参数；进一步理解果蔬不同保藏方法的优缺点。

二、 实验原理

果蔬的气调保鲜技术是人为控制保藏环境中氮气、氧气、二氧化碳、乙烯等气体成分比例；控制湿度、温度（冰冻临界点以上）及气压，通过抑制贮藏果蔬细胞的呼吸量来延缓其新陈代谢过程，使之处于休眠状态，而不是细胞死亡状态，从而能够较长时间地保持被贮藏果蔬的质地、色泽、口感、营养成分等基本不变，进而达到长期保鲜的效果，是一种维持果蔬生命活动的保藏方法。即使被保鲜果蔬脱离开气调保鲜环境，其细胞生命活动仍将保持自然环境中的正常新陈代谢率，不会很快成熟腐败。

三、 实验材料与仪器设备

1. 实验材料

苹果（梨或其他水果）、碱石灰、20%氢氧化钠、0.4mol/L 氢氧化钠溶液、0.1mol/L 草酸溶液、饱和氯化钡溶液、酚酞指示剂、正丁醇、凡士林。

2. 实验设备

果蔬气调保鲜实验箱，水果塑料保鲜袋（硅橡胶 PDMS 保鲜袋，聚乙烯或聚氯乙烯薄膜做成塑料袋，根据贮藏果品的种类和数量在袋上开一定面积的窗，将硅橡胶气调薄膜嵌在窗上，简称硅窗，硅胶 PDMS 薄膜具有防水透气的特性，可以使袋内 CO_2 和 O_2 的浓度达到很好的平衡状态）、真空干燥器、大气采样器、吸收管、滴定管架、铁夹、25mL 滴定管、15mL 三角瓶、500mL 烧杯、ϕ8cm 培养皿（直径为 8cm）、小漏斗、10mL 移液量管、洗耳球、100mL 容量瓶、万用试纸、台秤等。

四、实验内容

1. 工艺流程

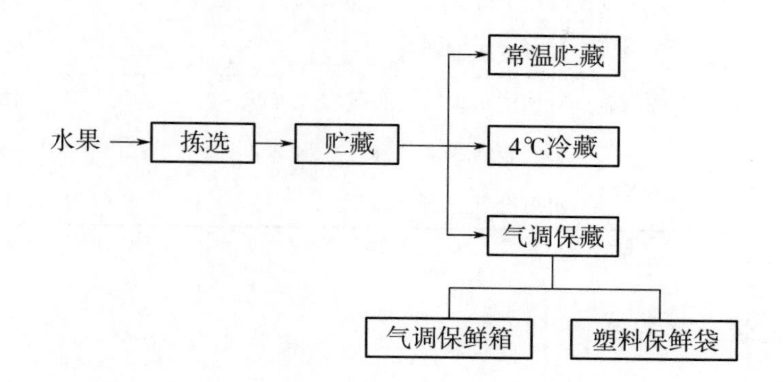

2. 操作要点

（1）水果拣选　选用苹果、梨等较为耐贮的水果品种，剔除霉烂、破损、有伤的水果。对保藏水果进行称重分组，分为三组，即常温组、冷藏组和气调组。

（2）分组　设常温贮藏组及冷藏组，常温处理组，不做任何包装处理，将水果贮存在水果纸箱中，在实验室保存；冷藏组水果也不做任何包装处理，可以在冰箱冷藏室进行贮藏，温度控制在4℃左右，不同水果选用不同的冷藏温度。

（3）气调保藏　气调保藏方式根据实验室条件，选用果蔬气调保鲜箱，或采用水果保鲜袋保藏，也就是采用充气保鲜或自发气调保鲜方式。

（4）贮藏时间　水果保藏时间应不少于7d，根据实验条件及课程时间，以及常温保藏水果品质变化情况合理设置保藏时间及理化指标测定时间。

（5）气体成分测定　保藏过程中可测定保藏环境中气体成分，特别是二氧化碳气体的含量变化，二氧化碳气体含量的测定采用吸附法。

（6）气体浓度　配合冷藏环境，一般5%~10%CO_2，2%~8%O_2可明显延长果蔬贮藏期，不同水果适宜的气调环境不同。

五、产品评定

1. 感官要求

感官要求如表3-1所示。

表3-1　水果感观指标要求

项目	评价	评分
色泽	色泽鲜亮，很好保持水果原有色泽	38~40
	基本保持水果原有色泽	34~37
	失去光泽	28~33
	颜色发生明显变化，变色	27以下

续表

项目	评价	评分
外观	表皮无皱缩，表皮光滑	38~40
	表皮光泽度下降，但无明显皱缩	34~37
	表皮皱缩明显	34 以下
香气	果香明显，有该类水果特有香气，无异味	18~20
	香气较淡，无异味	15~17
	没有香气，有异味	15 以下

2. 理化指标

理化指标记录于表 3-2。

表 3-2　　水果理化指标测定表

项目		测定结果			
		鲜果	常温储藏	冷藏	气调保藏
失重/%	≤				
含糖量/(g/100g)	≥				
含酸量/(g/100g)	≥				

六、结果与分析

1. 实验结果

将实验结果记录于表 3-3 中。

表 3-3　　果蔬保鲜实验结果记录表

实验日期	新鲜水果（保藏前）	常温保藏	冷藏	气调保藏
感官评分				
含酸量/(g/100g)				
含糖量/(g/100g)				
失重/%				

2. 结果分析

从水果保藏的感官质量评分、含糖量、含酸量，保藏过程中气体成分的变化分析气调保鲜延长水果保鲜期的原理、效果等。要求实事求是地对本人实验结果进行清晰的叙述，实验失败必须详细分析可能的原因。

七、思考题

1. 气调保藏延长新鲜水果保质期的原因是什么？

2. 不同水果不同保藏方法有何优缺点？

实验二 果蔬的速冻加工

一、 实验目的

通过实验，进一步理解食品速冻的概念及速冻制品的品质；了解掌握速冻果蔬的工艺及设备；理解食品速冻的原理及关键工艺点；掌握不同冷冻食品的优缺点及差异。

二、 实验原理

速冻指冻结时，食品中心温度必须在30min以内，从-1℃降至-5℃。速冻食品是指以米、面、杂粮等为主要原料，以肉类、蔬菜等为辅料，经加工制成各类烹制或未烹制的主食品后，立即采用速冻工艺冻制，并在冻结条件下运输贮存及销售的各类主食品，如速冻包子、速冻饺子、速冻汤圆、速冻馒头、花卷、春卷等。

速冻蔬菜指将经过处理的蔬菜原料快速进行冷冻，然后在恒定的低温下进行保藏的一种产品。速冻蔬菜时，由于蔬菜脱水时间短，水分能够快速通过0℃到-5℃的最大冰结晶区，细胞内与细胞间隙同时形成细小的冰晶体，不致破坏细胞壁。解冻后，蔬菜具有良好的还原性，基本保持了原来的色、香、味、形和营养成分。蔬菜速冻后，其汁液中除含有大量水分（一般为65%~97%）外，还含有无机盐、有机酸、糖等可溶性营养物质。

三、 实验材料与仪器设备

1. 实验材料

蒜薹、辣椒、豆角或其他蔬菜。

2. 实验设备

操作台、切刀、面板、超低温冰箱、普通冰箱（冰柜）。

四、 实验内容

1. 工艺流程

原料选择→预冷→清洗、分级→去皮、切分→烫漂→冷却→沥干→快速冻结（缓慢冻结）→包装

2. 操作要点

（1）原料选择　适宜冷冻加工的蔬菜品种，含淀粉、蛋白质多，抗冻性好，达到食用成熟度，色、香、味充分显现的蔬菜作为原料，保证质量，最好当日采收，及时加工，加工前应认真挑选，剔除病虫害及枯黄的蔬菜原料。

（2）预冷　蔬菜采收时，由于所带田间热及呼吸作用产生呼吸热，使蔬菜温度升高，因此在其暂存期间进行预冷降温。

（3）清洗、分级　蔬菜采收后，表面经常附有灰尘、泥沙及碎叶等杂物，为保证加工产品符合食品卫生标准，冷冻前清洗除杂，清洗后蔬菜按色泽、成熟度及大小进行分级。分级有利于后续加工工序的进行，也是产品标准规格的保证。

（4）去皮切分　有些蔬菜需要去皮，大多数蔬菜无须去皮处理。通过切分，制成大小规格一致的产品，以便包装冷冻，速冻蔬菜需去掉根须等非食用部分，水果需要除掉果柄、果皮等非食用部分，如：青椒去籽、豆角去筋、菠菜去根等。

（5）烫漂和冷却　将原料放在沸水或热蒸汽中进行短时间热处理，立即用冷水冷却。

①烫漂目的：抑制酶的活性、去除辛辣涩味及防止维生素 C 的氧化，软化和改进组织结构；烫漂后，蔬菜组织变软，体积缩小，有利于包装；排除组织内的空气，改进产品色泽（叶绿素）；除去或减少蔬菜中的不良风味，如芦笋的苦味、菠菜的涩味、辣椒的辣味，经烫漂后都可以减轻，使制品品质得到改善；冷冻不能杀死寄生虫及微生物，热烫有利于杀死附着于蔬菜表面的部分微生物及虫卵，有利于保藏和食用。

②烫漂时间的长短：依蔬菜种类、品质、成熟度、个体大小及烫漂方法的不同而异，一般在不低于 90℃温度下烫 2～5min。有些品种如：青椒、黄瓜、番茄含纤维素较少，不宜进行烫漂，否则菜体软化，失去脆性，口感不佳。

③冷却：烫漂后的蔬菜应及时冷却，中断热作用，防止色泽变暗，菜体软化。

（6）处理组　实验设缓冻对照组。在热烫、速冻、速冻制品解冻后评价产品质量，并测定氧化酶活性。

五、产品评定

1. 感官要求

感官要求见表 3-4 所示。

表 3-4　冷冻保藏水果蔬菜感官评价指标及评分

项目	评价	评分
色泽	很好保持蔬菜原有色泽	35～40
	基本保持蔬菜原有色泽	30～34
	颜色发生明显变化，变色	25～30
	严重变色，发黄等	25 以下
外观	解冻后表皮无皱缩，表皮光滑	35～40
	解冻后表皮有皱缩，不明显	30～34
	解冻后表皮皱缩明显，质地变软	29 以下
失水	解冻后，没有失水现象	15～20
	有失水现象	10～14
	失水明显，质地变软	10 以下

2. 理化指标

理化指标记录于表 3-5。

表 3-5　不同储藏方法保藏水果蔬菜理化指标测定结果表

项目		测定结果			
		新鲜蔬菜	热烫蔬菜	速冻蔬菜	缓冻蔬菜
解冻失重/%	≤				
氧化酶活性					

六、结果与分析

1. 实验结果

将实验结果记录于表 3-6 中。

表 3-6　速冻果蔬实验结果记录

实验日期	新鲜蔬菜	热烫蔬菜	速冻蔬菜	缓冻蔬菜
感官评分				
失重/%				
氧化酶活性				

2. 结果分析

从水果蔬菜的感官质量评分、解冻失水、氧化酶活性分析热烫、冷冻方式对果蔬品质及保藏期的影响，分析速冻加工食品的优势。实事求是地对实验结果进行清晰叙述，实验失败必须详细分析可能的原因。

七、思考题

1. 速冻加工食品有哪些优缺点？
2. 速冻蔬菜加工中，热烫的目的及意义是什么？

实验三　速冻鱼糜制品的制作

一、实验目的

通过实验进一步理解冷冻食品的概念及加工原理；了解冷冻肉制品加工的工艺及设备；理解食品速冻的原理及关键工艺点。

二、实验原理

速冻鱼糜制品属于速冻食品之一。以鱼糜为原料，添加糖类、磷酸盐等防止蛋白质冷冻变性的添加剂，再成形，并加热制成各种各样具有独特风味，富有弹性，能适应贮藏、运输，满足消费者需要的凝胶性食品，统称为鱼糜制品。但以冷冻后的鱼作原料，鱼肉蛋白质容易变性，使凝胶形成能力大大降低，从而丧失制造鱼糕等凝胶制品的能力，目前主要通过对抗冻剂配方的筛选，来解决蛋白质冷冻变性问题。

三、实验材料与仪器设备

1. 实验材料

活鱼或冷冻鱼、淀粉、盐、白砂糖、酱油、磷酸盐、焦磷酸盐等。

2. 实验设备

操作台、厨房刀具、面板、超低温冰箱、普通冰箱（冰柜）、绞肉机、斩拌机、肉丸机、加热锅等。

四、实验内容

1. 工艺流程

原料鱼→洗涤→原料处理→采肉→漂洗→精滤→配料→斩拌→成形→冻结→冻藏→质量评价

2. 操作要点

（1）原料选择　用于制作冷冻鱼糜的原料很多，目前在北方利用狭鳕鱼加工后剩下的鱼排加工冷冻鱼糜，在南方利用罗非鱼和鮰鱼鱼片加工剩余的鱼排及小带鱼、小杂鱼等加工冷冻鱼糜。白肉鱼类是制作优质鱼糜的上等原料，但由于白色肉鱼价格较贵，从经济角度考虑，生产上选用资源丰富、价格低廉的小杂鱼进行工艺改进，并添加弹性增强剂，改善小杂鱼鱼糜弹性和色泽，因此小杂鱼类是冷冻鱼糜加工的重要原料。

（2）原料处理　原料处理包括鱼体洗涤、三去（去头、内脏、鳞或皮）和第二次洗涤等工序。原料鱼用洗鱼机或人工方法冲洗，除去表面的黏液和细菌，可使细菌数量减少80%以上。洗涤后去鳞、去头、去内脏，然后再进行第二次洗涤以除清腹腔内的残余内脏、血液和黑膜等，洗涤一般要重复2~3次，水温必须控制在10℃以下。

（3）采肉　目前使用较多的是滚筒式采肉机，滚筒上的网孔直径一般为3~6mm，依靠转动的滚筒与环形橡胶皮带之间的挤压作用，把鱼肉从滚筒网眼中挤出来，而骨刺和鱼皮留在滚筒表面，从而达到分离的目的。如果网孔太小，易引起鱼肉纤维损伤，导致漂洗工序中蛋白质流失较大，如果网孔太大，虽然采肉率较高，但肉质粗糙，肉中皮、骨碎屑较多，实际生产中应根据鱼糜质量要求选择适宜的孔径。

如果没有采肉设备，可采用手工采肉，用刀将鱼肉、鱼皮与鱼骨分离，鱼肉用于制备鱼糜。

（4）漂洗　漂洗是指将鱼肉与一定比例的水混合，经搅拌后再除去水分。漂洗的目的是为了除去鱼肉的有色物质、腥臭成分以及脂肪、残余的碎屑、血液、水溶性蛋白质，从而获得色白、无腥味、富有弹性的鱼糜制品，且适当的漂洗可以增加蛋白质的抗冻性。漂洗方法有清水漂洗和稀盐碱水漂洗2种，根据鱼的肌肉性质选择，白肉鱼类一般直接用清水漂洗，红色肉类一般用稀盐碱水漂洗，如小杂鱼漂洗一般采用碱盐水漂洗法，漂洗时，加入 5~10 倍鱼肉质量稀盐碱水，慢速搅拌 8~10min，静置 10min 使鱼肉沉淀，油脂漂浮在上面，倾去表面漂洗液，再按以上比例加水、搅拌静置、倾析，如此重复漂洗 2~3 次。

（5）精滤　精滤的目的是除去残留在鱼肉中的骨刺、鱼皮、鱼鳞等杂质。通常采用精滤机除去这些杂质，精滤机的网孔直径一般为 1.8mm 左右。精滤机在分离杂质过程中，鱼肉和机械之间摩擦发热使鱼肉温度升高，引起鱼肉蛋白质变性，因此，精滤机必须带有冰槽，生产中向冰槽中加入冰以降低机身温度和鱼肉温度，使鱼肉温度保持在 10℃以下。

如果采用手工采肉，尽量避免鱼骨及鱼刺混入鱼肉中，可以省去精滤工艺。

（6）脱水　脱水方法有两种：一种是用螺旋压榨机除去水分，另一种是用离心机离心脱水，更多采用前者。鱼肉脱水后含有的水分越多，鱼糜冷冻变性越严重，但水分太低就会增加成本，而且过分脱水容易造成鱼肉升温，引起蛋白质变性，水分含量在一般在 79%左右。

（7）斩拌　斩拌时加入混合添加剂是冷冻鱼糜生产的关键技术。常添加的蛋白质冷冻变性防止剂有糖类、山梨醇、磷酸盐等。目前多采用添加混合冷冻变性防止剂，即在脱水鱼肉中加入 4%砂糖、4%山梨醇和 0.2%~0.3%多磷酸盐。

（8）凝胶化　凝胶化过程一般采用两段式进行。

第一阶段将成形后的鱼糜在 10℃左右的低温下保持一夜或 35~50℃的温度条件下保持 30min，这一过程可以增加鱼糜制品的弹性和保水性。第二阶段在较高的温度下加热，加热的目的是使蛋白质凝固，形成具有弹性的凝胶体，并且杀灭微生物。单从杀菌的角度出发，最好采用高温长时间加热，但加热时间太长，会降低鱼糜制品的凝胶强度，因此要综合考虑杀菌和凝胶两方面来确定加热条件，一般采用 95~100℃，杀菌时间 10~20min。加热的方式包括蒸、煮、焙、烤、炸或采用组合的方法进行加热。

（9）包装、冻结、冻藏　包装时要尽量排除袋内空气，防止氧化。将混合均匀的鱼糜分袋包装后，应迅速冻结，冻结速度越快鱼糜质量越好，通常采用平板速冻机进行冻结，冻结温度为-35℃，时间为 3~4h，使鱼糜中心温度迅速降到-20℃，若需长期贮藏，也应保存在-20℃以下。冻藏过程中要求冷库温度相对稳定，如果贮藏温度波动大，则冷冻变性会很严重，导致鱼糜质量下降。

实验室中可采用低温冰箱作为冷冻设备。

五、 产品评定

1. 感官要求

冷冻鱼糜产品的感官质量要求见表 3-7 所示。

表 3-7　　冷冻鱼糜产品感官要求

项目	要求
色泽	白色、类白色
形态	解冻后呈均匀柔滑的糜状
气味及滋味	具有新鲜鱼肉具有的特殊气味，无异味
杂质	无外来杂质

2. 理化指标

冷冻鱼糜产品理化指标记录于表 3-8。

表 3-8 冷冻鱼糜理化指标测定结果表

项目	指标
白度/%	
凝胶强度/（g/cm^2）	
水分含量/%	

六、结果与分析

1. 实验结果

将实验结果记录于表 3-9 中。

表 3-9 鱼糜制作原辅料消耗记录 单位：kg

日期	鲜鱼或冻鱼质量	鱼肉质量	食盐	黄酒	白酒	水	磷酸盐	成品	每吨成品原料用量	每吨成品食盐	备注

2. 结果分析

从鱼糜的感官质量评分、解冻状态、解冻失水等方面评价鱼糜质量，分析影响鱼糜质量的因素。要求实事求是地对实验结果进行清晰叙述，实验失败必须详细分析可能的原因。

七、思考题

1. 影响速冻鱼糜质量的因素有哪些?
2. 影响鱼糜弹性的原料及加工因素有哪些?

实验四 食品解冻曲线的绘制

一、实验目的

通过本实验，掌握食品解冻曲线的测定过程；加深对食品解冻过程的理解及其温度变化的规律；直观地观察“有效解冻温度带”；了解解冻方法对解冻过程的影响。

二、实验原理

食品在解冻过程中吸收热量，温度升高，冰晶体逐渐转化为水分，解冻是冻结的逆过程，解冻温度曲线和冻结温度曲线呈相反的形状，但解冻过程需要更长的时间。以解冻时间为横坐标，以食品温度为纵坐标，绘制的曲线称为食品解冻曲线。

三、 实验材料与仪器设备

1. 实验材料

牛肉。

2. 实验设备

实验包 4 个、冰箱或冰柜一个、热电偶若干、数据采集仪一套、计算机一台、水容器一个、保鲜盒 4 个。

四、 实验内容

1. 实验步骤

（1）将热电偶分别布置在实验包的中心和表面，并放置在冰柜或冰箱中冻结至 -18～-10℃。

（2）将热电偶连接到数据采集仪上，并将数据采集仪与计算机连接好，启动数据采集仪和计算机。

（3）实验包分别放置在不同的解冻环境中解冻，建议用空气、水两种方法解冻。

（4）记录解冻全过程的数据，直至中心温度≥0℃（1℃），解冻结束，并保存数据。

（5）将数据记录在 EXCEL 中处理数据并绘制出解冻曲线。

（6）关闭计算机、数据采集仪，拆下热电偶，将实验包擦干收起，整理实验现场。

2. 两种解冻方法的区别和注意事项

水解冻与空气解冻相比更适用于外部有包装的食品，可以减小物质的损失和微生物的污染，且解冻时给予适宜的水温度，这样解冻食品的质量保持较好。空气解冻法由于空气的导热性较差，解冻时间会很长，故解冻后产品的质量受到影响，很难得到保证，通过加快外部空气的流动，可以减少解冻时间，但是空气流动会引起水分蒸发和汁液流失，产品的质量受到影响，同时空气解冻需要的面积大，空气的温度和湿度对解冻的时间和解冻后的质量影响都较大，所以空气解冻的温度应该控制在合理的范围内。

五、 结果与分析

1. 实验结果

以解冻时间为横坐标，食品温度为纵坐标，绘制曲线。

2. 结果分析

从解冻曲线分析食品解冻时的温度变化趋势。要求实事求是地对本人实验结果进行清晰的叙述，实验失败必须详细分析可能的原因。

六、 思考题

1. 食品解冻是冻结的逆过程，为什么解冻需要更长的时间？

2. 简述快速解冻和缓慢解冻的优缺点，对食品品质分别有什么影响？

实验五　速冻水饺的制作

一、 实验目的

通过实验，使学生了解速冻水饺加工的工艺及设备；理解食品速冻的原理及关键工艺点，熟悉冷冻食品的概念及加工原理。

二、 实验原理

速冻水饺是将水饺经过速冻，长期保藏在低温环境，最大限度保持水饺产品的原有品质和风味。速冻水饺加工过程中要保持工作环境温度的稳定，通常在10℃左右较为适宜。

三、 实验材料与仪器设备

1. 实验材料

鲜肉、面粉、鸡蛋、盐、酱油，生姜、葱，鸡精。

2. 实验设备

操作台、切刀、面板、超低温冰箱、普通冰箱（冰柜）、绞肉机、斩拌机、包饺机。

四、 实验内容

1. 工艺流程

原料、辅料、水的准备 → 面团、饺馅配制 → 包制 → 整形 → 速冻 → 装袋、称重、包装 → 低温冻藏

2. 操作要点

（1）原料和辅料准备

①面粉：面粉必须选用优质、洁白、面筋度较高的特制精白粉，有条件的可用特制水饺专用粉。不能使用潮解、结块、霉烂、变质、包装破损的面粉。面粉的质量直接影响水饺制品的质量，应特别重视。

②原料肉：必须选用经兽医卫生检验合格的新鲜肉或冷冻肉。严禁冷冻肉经反复冻融后使用。冷冻肉的解冻程度要控制适度，一般在20℃左右室温下解冻10h，中心温度控制在2~4℃。原料肉在清洗前必须剔骨去皮，修净淋巴结及严重充血、瘀血处，剔除色泽气味不正常部分，对肥膘还应修净毛根等。将修好的瘦肉肥膘用流动水洗净沥水，绞成颗粒状备用。

③蔬菜：要鲜嫩，除尽枯叶、腐烂部分及根部，用流动水洗净后在沸水中浸烫。要求蔬菜受热均匀，浸烫适度，不能过熟。然后迅速用冷水使蔬菜温度在短时间内降至室温，沥水绞成颗粒状并挤干菜水备用。烫菜数量应视生产量而定，要做到随烫随用。

④辅料：如糖、盐、味精等辅料应使用高质量的产品，对葱、蒜、生姜等辅料应除尽不可食部分，用流水洗净，斩碎备用。

（2）面团调制　面粉在拌和时一定要做到计量准确，加水定量，适度拌和。要根据季节和面粉质量控制加水量和拌和时间，气温低时可多加一些水，将面团调制得稍软一

些；气温高时可少加一些水甚至加一些4℃左右的冷水，将面团调制得稍硬一些，这样有利于水饺成形。如果面团调制“劲”过大了可多加一些水将面和软一点，或掺些淀粉，或掺些热水，以改善这种状况。调制好的面团可用洁净湿布盖好防止面团表面风干结皮，静置5min左右，使面团中未吸足水分的粉粒充分吸水，更好地生成面团网络，提高面团的弹性和滋润性，使制成品更爽口。面团的调制技术是成品质量优劣和生产操作能否顺利进行的关键。

（3）饺馅配制　饺馅配料要考究，计量要准确，搅拌要均匀。要根据原料的质量、肥瘦比、环境温度控制好饺馅的加水量。通常肉的肥瘦比控制在2∶8或3∶7较为适宜。加水量随着肉新鲜度的降低而减少，即新鲜肉＞冷冻肉＞反复冻融的肉＞五花肉＞肥膘，也就是新鲜肉的加水量可以适当增加；温度高时加水量小于温度低时。在高温夏季还必须加入一些2℃左右的冷水拌馅，以降低饺馅温度，防止其腐败变质和提高其持水性。向绞馅中加水必须在加入调味品之后（即先加盐、味精、生姜等，后加水），否则调料不易渗透入味，而且在搅拌时搅不黏，水分吸收不进去，制成的绞馅不鲜嫩也不入味。加水后必须搅拌充分才能使绞馅均匀、黏稠，制成水饺制品才饱满充实。如果搅拌不充分，馅汁易分离，水饺成形时易出现包合不严、烂角、裂口、汁液流出等问题，使水饺煮熟后出现走油、漏馅、穿底等不良现象。如果是菜肉馅水饺，在肉馅基础上再加入经开水烫过、经绞碎挤干水分的蔬菜一起拌和均匀即可。

（4）水饺包制　目前可采用水饺成形机包制和手工包制两种包制方式。水饺包制是水饺生产中极其重要的一道技术环节，它直接关系到水饺形状、大小、质量、皮的厚薄、皮馅的比例等问题。

包饺机要清理调试好。工作前必须检查机器运转是否正常，要保持机器清洁、无油污；要将绞馅调至均匀无间断地稳定流动；要将饺皮厚薄、质量、大小调至符合产品质量要求的程度。水饺皮重小于55%，馅重大于45%的水饺形状较饱满，大小、厚薄较适中。在包制过程中要及时添加面（切成长条状）和馅，以确保饺子形状完整，大小均匀。

水饺在包制时要求严密，形状整齐，不得有露馅、缺角、瘪肚、烂头、变形，带皱褶、带小辫子、带花边饺子，连在一起不成单个、饺子两端大小不一等异常现象。在确保水饺不粘模的前提下，通过调节干粉调节板漏孔的大小，减少干粉下落量和机台上干粉存量及振筛的振动，尽可能减少附着在饺子上的干面粉，使速冻水饺成品色泽和外观清爽、光泽美观。

（5）整形　机器包制后的饺子，要轻拿轻放，手工整形以保持饺子良好的形状。在整形时要剔除一些如瘪肚、缺角、开裂、异形等不合格饺子。如果在整形时，用力过猛或手拿方式不合理，排列过紧以至相互挤压等都会使成形良好的饺子发扁，变形不饱满，甚至出现汁液流出、粘连、饺皮裂口等现象。整形好的饺子要及时送速冻间进行冻结。

（6）速冻　食品速冻就是食品在短时间（通常为30min内）迅速通过最大冰晶体生成带（0℃至−5℃）。经速冻的食品中所形成的冰晶体较小而且几乎全部散布在细胞内，细胞破裂率低，从而获得高品质的速冻食品。水饺速冻至中心温度达−18℃即可。

（7）装袋、称重、包装

①装袋：速冻水饺冻结好即可装袋。在装袋时要剔除烂头、破损、裂口的饺子以及

联结在一起的两连饺、三连饺及多连饺等，还应剔除异形、落地、已解冻及受污染的饺子。不得装入面团、面块和多量的面粉。严禁包装未速冻良好的饺子。

②称重：要求计量准确，严禁净含量低于国家计量标准和法规要求，要经常校正计量器具。

③包装：称好后即可排气封口包装。包装袋封口要严实、牢固、平整、美观，生产日期、保质期打印要准确、明晰。装箱动作要轻，打包要整齐，胶带要封严黏牢，内容物要与外包装箱标志、品名、生产日期、数量等相符。包装完毕要及时送入低温库。

（8）低温冻藏　包装好的成品须在-18℃的库中冻藏，库房温度稳定，波动不超过±1℃。

五、产品评定

（1）速冻水饺感官质量标准　速冻水饺感官质量标准见表 3-10 所示。

表 3-10　冷冻水饺感官评价指标

项目	要求
外观	符合饺子应有的外观，形状均匀一致，不露馅
色泽	具有产品应有的色泽
气味及滋味	具有该品种的滋味、气味，无异味
异物	外表及内部均无明显的杂质

（2）速冻水饺的主要理化指标　速冻水饺的理化指标见表 3-11 所示，指标仅供参考。

表 3-11　冷冻水饺理化评价指标

项目	要求	项目	要求
水分/%	≤70	蛋白质/%	≥2.5（荤馅）
脂肪/%	≤18（荤馅）	馅含量/%	≥35

六、结果与分析

1. 实验结果

将实验结果记录于表 3-12 中。

表 3-12　速冻水饺生产记录表　单位：kg

日期	瘦肉	肥肉	面粉	蔬菜	酱油	黄酒	水	食盐	成品	每千克成品原料消耗量	每千克成品食盐	备注

2. 结果分析

从速冻水饺的感官质量分析影响速冻饺子质量的因素。要求实事求是地对本人实验结果进行清晰的叙述，实验失败必须详细分析可能的原因。

七、 思考题

速冻水饺具有较长保质期的原因是什么？

实验六 速冻汤圆的制作

一、 实验目的

掌握速冻汤圆加工的工艺及设备，加深对冷冻食品的概念及加工原理的理解，掌握食品速冻的原理及关键工艺点。

二、 实验原理

汤圆是以糯米粉为原料制作外皮，内包各种馅心制成的方便食品，由于馅心在常温下难以保存、外皮易老化，贮存时间较短，故难以进行规模化生产。采用速冻技术，可使汤圆的保质期明显延长。速冻汤圆是利用传统制作工艺与现代技术相结合而制成的工业化产品，经过精细加工后，速冻，冻藏，既保留了产品的原有风味，又延长了保质期。

三、 实验材料与仪器设备

1. 实验材料

糯米、粳米、赤豆、桂花酱、单甘酯（食用级）、褐藻胶（食用级）等。

2. 实验设备

操作台、面板、超低温冰箱、普通冰箱（冰柜）、汤圆机等。

四、 实验内容

1. 工艺流程

（1）豆沙馅制作工艺

赤豆→泡洗→煮熟→去皮取沙→加糖、加油→炒制→豆沙馅调制、备用

（2）面团制作工艺

制米粉→水磨粉→调制面团

也可采用糯米粉直接调制面团。

（3）速冻汤圆制作工艺

面团、豆沙馅→成形（捏皮，捏窝）→检验→装盘→速冻→包装→检验→冻藏→成品

2. 操作要点

（1）泡洗　用洁净的水洗净赤豆，除去杂质。

（2）煮熟　加水煮豆，先旺火后文火。每千克赤豆加水1.5~3.0kg。

（3）去皮取沙　将煮熟的赤豆放入取沙机中，开动机器，湿豆沙沉入桶底，再经过铜筛，入笼挤干水分得干沙块；可采用手工去皮取沙，将煮熟的赤豆放在铜筛中，加水搓擦去皮，豆沙沉入桶底，滤去清水，将豆沙放入袋中挤干即成。

（4）加糖、加油　将锅内的猪油烧熟，倒入白糖炒化熬开，糖、沙的质量比一般为1∶(1~1.5)。

（5）炒制　当糖发稠表面起小泡时，即放入豆沙搅匀，炒至豆沙中的水分基本蒸发变干，稠浓不粘手时，趁热倒入桂花酱拌匀即成豆沙馅。在炒制中应注意，炒制豆沙宜用文火，使水分充分挥发，豆沙充分吸收糖、油，色泽由红变黑，硬度和面团接近；炒沙时要不停地擦锅底搅炒，以免炒焦而产生苦味。

（6）豆沙馅调制　在豆沙馅中添加适量的单甘酯和褐藻胶，使馅心呈融溶状，制得的豆沙馅色泽紫黑油亮，软硬适度，口感细腻、爽口，无焦苦味。

（7）制米粉　制作汤圆一般采用水磨粉。水磨粉以糯米为主（占80%~90%），掺入10%~20%粳米，经淘洗，冷水浸透，连水带米一起磨成粉浆，然后装入布袋，挤出水分即成水磨粉。

（8）调制面团　常用的面团调制方法有2种，煮芡法和热烫法。

①煮芡法：取水磨粉总用量的1/3，用适量的冷水拌成粉团，塌成饼状，投入适量的沸水中煮成“熟芡”，再将其余的粉料一起揉搓到细洁、光滑有劲、不黏手为止。

②热烫法：将米粉置于盆中，加适量沸水，搅拌、揉搓至面团表面光洁。

（9）成形　将米粉面团下剂子，搓圆。先捏成半圆球形的空心壳（中间稍厚，边口稍薄，形似小锅），称为“捏皮”；包豆沙馅，把口收拢、收小，封口包死，掐去剂头，然后两手托起，搓呈圆形，称“捏窝”。要求：馅心包在中间，皮厚薄均匀。

（10）检验　要求包口紧而无缝，大小均匀一致。

（11）装盘　将同级的汤圆装入冷冻盘中。

（12）速冻　温度控制在-35~-32℃，时间20min。

（13）包装、检验　分装入250g及500g食品塑料袋或盒装、要求封口紧密，无异物，包装表面洁净。

（14）冻藏　温度控制在-18℃。

3. 注意事项

（1）豆沙馅中添加一定量的单甘酯（1.0%）和褐藻胶（0.3%）。

（2）在制作豆沙馅、煮焖豆时，必须凉水下锅，先旺火烧开，后小火焖煮，否则易把豆烧僵，影响出沙。炒沙时，注意控制炉火，炉火过旺，易使豆沙焦糊而产生苦味。

（3）由于糯米粉质较松，粉粒坚实而少韧性，含有较多的支链淀粉，采用煮芡法制得的面团组织紧密、柔和、有咬劲、不易破裂、光滑有黏性，比热烫法制得的面团效果要好。

五、 产品评定

1. 产品主要质量指标

（1）色泽 洁白如玉，具有汤圆应有的色泽。

（2）气味和滋味 具有汤圆应有的糯米香味和滋味，柔和爽口，无异味。

（3）理化指标 砷（以 As 计）≤0.5mg/kg；铜（以 Cu 计）≤5.0mg/kg；铅（以 Pb 计）≤1.0mg/kg。

（4）微生物指标 菌落总数≤100CFU/kg；大肠杆菌≤6CFU/kg；其他致病菌不得检出。

2. 产品评价

根据感官指标评价速冻汤圆的质量。

六、 结果与分析

1. 实验结果

将实验结果记录于表 3-13。

表 3-13 速冻汤圆生产记录表 单位：kg

实验日期	糯米	粳米	赤豆	桂花酱	白砂糖	单甘酯	褐藻胶	水	成品	成品原料消耗量	备注

2. 结果分析

评价速冻汤圆的质量，分析影响速冻汤圆感官质量的因素。要求实事求是地对本人实验结果进行清晰的叙述，实验失败必须详细分析可能的原因。

七、 思考题

1. 豆沙馅添加单甘酯的作用是什么？
2. 鲜汤圆保质期短的原因是什么？为什么速冻汤圆有较长的货架期？

实验七 速冻馒头的制作

一、 实验目的

掌握速冻馒头加工的工艺及设备；理解食品速冻的原理及关键工艺点；加深对冷冻食品的概念及加工原理的理解。

二、 实验原理

馒头是以面粉为主要原料，经发酵、蒸等工艺制成的中国传统面食制品，馒头在常温下容易变硬，故难以进行规模化生产。采用速冻技术，可使馒头的保质期明显延长。速冻馒头是利用传统制作工艺与现代技术相结合而制成的工业化产品，经过馒头加工工艺制成馒头，再速冻，冷藏，既保留了产品的原有风味，又具有较长保质期。

三、实验材料与仪器设备

1. 实验材料

面粉、酵母、苏打粉等。

2. 实验设备

操作台、面板、和面机、面包发酵箱、蒸笼、蒸锅、超低温冰箱、普通冰箱（冰柜）。

四、实验内容

1. 工艺流程

面粉→调粉→揉面→发酵→整形→摆盘、醒发→蒸制→冷却→包装→速冻→冻藏

2. 操作要点

（1）馒头制作的基本原料　500g 小麦面粉，3g 左右酵母，250g 水、可适当添加牛乳。

（2）和面　将酵母粉放入少许温水中溶解成溶液后倒入面粉中，再加入适量的温水，将其充分地与面粉揉成光滑的面团，即面团不粘手，有弹性，表面光滑。注意：在和面时加水的水温根据气温来定，水温最高不能超过40℃，以35℃左右为宜；加水时切忌一次加入，每次加水量宜少不宜多，分次加。采用和面机和面 5~8min。

（3）揉面　可采用压面机压面 8~12 遍、表面光滑平整；也可采用手工揉面，使面团光滑。

（4）发酵　将和好的面团用一块略为湿润的纱布或保鲜膜盖起来放置于温暖处发酵 2h 左右（冬天发酵时间为 4h 左右），当面团发酵至未发酵前体积的 2 倍大时即可。注意：面团的发酵时间会因温度的不同而有所差异。判断面团是否发酵好的方法为：用手指沾上面粉插入面团中，手指抽出后指印周围的面团不反弹不下陷，说明面团发酵程度刚好。如指印周围面团迅速反弹，则发酵不够；如迅速下陷，则发酵过度。

（5）整形　①将发酵好的面团再重揉一次，案板上撒适量的面粉（撒干面粉的原因：干面粉的参与将原面团里的大部分水分吸掉，由于没有水分的蒸发，蒸好的馒头就呈现松软、耐嚼、香甜的口感），将面团放置案板上揉成长条形，可横切一刀，如果没有明显气泡，则证明面揉好了。②将面团分割成大小合适的剂子，做成相应的形状，如长方形或圆形。

（6）醒发　整形后醒发，醒发程度可用手指轻按馒头生坯，有弹性即可。醒发条件：35~37℃、湿度 75%~78%、时间 35~40min、面团进一步膨大 1 倍体积左右即可。

（7）蒸制　锅内放入凉水，再在笼屉上铺好打湿的屉布，大火烧开，将馒头生坯依次放入笼屉内，馒头间隔 1.5~2.0cm 空隙。大火蒸制 10~15min，小火蒸 3min 后取出冷

却。蒸制时间 18~22min。

（8）冷却 自然冷却至馒头表面降至 30℃以下。

（9）冷冻 温度-28℃以下，冷冻 30min 以上。

（10）包装 按不同规格标准包装，日期清晰，封口完整。

（11）冻藏 温度控制-18℃以下。

五、 产品评定

1. 产品主要理化指标

冷冻馒头的感官指标见表 3-14 所示。

表 3-14 冷冻馒头的主要感官指标

项目	要求
比容/（m^3/kg）	≥1.7
水分/%	≤45
pH	5.6~7.2

2. 产品感官质量及评分标准

冷冻馒头的感官质量指标及评分见表 3-15 所示。

表 3-15 馒头的感官质量指标及评分标准

项目	满分标准	满分
外形	饱满，光泽度好，外形均整	5 分
皮质	薄而匀	10 分
皮色	应呈均匀的白色	10 分
触感	手感柔软，有适度的弹性	5 分
内部组织	内部疏松，有蜂窝状	20 分
口感	柔软适口，不酸，不黏	20 分
气味	有正常馒头的香味和酵母味，无异味	10 分
滋味	无异味，有小麦粉特殊的香味	20 分

3. 产品评价

主要以感官质量对产品进行感官评价。

六、 结果与分析

1. 实验结果

将实验结果记录于表 3-16 中。

表 3-16　速冻馒头生产记录表　单位：kg

实验日期	面粉	酵母	水	成品	成品原料消耗量	备注

2. 结果分析

对速冻馒头进行感官质量评分、分析影响冷冻馒头质量的因素。要求实事求是地对本人实验结果进行清晰的叙述，实验失败必须详细分析可能的原因。

七、思考题

常温保存馒头变硬的原因是什么？

实验八　速冻肉丸的制作

一、实验目的

了解掌握肉丸加工的关键环节及影响因素，加深对冷冻食品的概念及加工原理的理解，掌握速冻肉丸加工的工艺及设备，理解食品速冻的原理及关键工艺点。

二、实验原理

速冻肉丸以畜禽肉、水产（主要是鱼虾）为主要原料，添加水、食用淀粉、食盐、磷酸盐、调味料及其他食品添加剂（主要是增稠剂及乳化剂），经过原料处理、绞肉、配料、斩拌、乳化、成形、冻制等工艺制成的速冻肉制品。

三、实验材料与仪器设备

1. 实验材料

牛肉、大肉（肥膘肉，视情况选用）、食用淀粉、磷酸盐、菜籽油、酱油、食盐、白砂糖、黄酒、葱、生姜、丁香粉。

2. 实验设备

操作台、面板、绞肉机、斩拌机、肉丸机、超低温冰箱、普通冰箱（冰柜）。

四、实验内容

1. 工艺流程

牛肉（可适当添加肥肉、非清真产品可适当添加猪肉的肥膘肉）→ 剔除筋腱及结缔组织 → 切肉（切成小块）、肥肉切成肉丁 → 绞肉（小颗粒）→ 配料 → 斩拌 → 腌制、乳化 → 成形 → 速冻 → 包装 → 冻藏

2. 操作要点

(1) 速冻肉丸的基本原料 参考配方：瘦肉（牛肉）60%、肥肉 20%、淀粉 10%~15%、磷酸盐 0.1%、食盐 1.5%~2%、葱、姜等香辛料适量。肉的含量决定品质及成本。

(2) 原料处理 牛肉应剔除筋腱及结缔组织，猪肉最好将瘦肉及肥肉分开处理，瘦肉切成肉块，肥肉切成肉丁，最好剔除猪皮，也可将猪皮单独处理，经绞肉机或斩拌机处理成细微的肉糜颗粒，再添加到肉丸配料中。葱姜清洗、切碎，准备好黄酒、酱油等需要添加的调味料及香辛料备用。

(3) 绞肉 瘦肉需经过绞肉机处理，绞肉机的筛板孔径控制在 3~5mm。

(4) 配料 将部分瘦肉颗粒（60%以上的瘦肉颗粒）、肥肉肉丁、淀粉、调味料、香型料充分混合，适当添加水，混合均匀。

(5) 斩拌 将配料放入斩拌机进行斩拌，将混合料斩拌成肉糜状，斩拌完成，添加剩余的瘦肉颗粒，再适当斩拌，起到混合作用即可，防止后加的瘦肉颗粒破碎。刀尖与斩锅的间隙为 1.5~2.0mm。

(6) 腌制、乳化 斩拌配料在 10℃左右的环境中适当静置或在乳化机中适当搅拌乳化。

(7) 制丸 可采用肉丸机或手工法（抓一把肉馅到手中，用力挤，肉馅就在大拇指和食指之间被挤出，用勺子沿手指将挤出的肉馅刮下来，通过抓肉的量来调节肉丸子的大小）制丸。

(8) 成形和煮制 成形槽的水温约 85℃，蒸煮槽水温约 95℃。

(9) 冷冻 温度-28℃以下，冷冻 30min 以上。

(10) 包装 按不同规格标准包装，日期清晰，封口完整。

(11) 冻藏 温度控制在-18℃以下。

五、 产品评定

1. 产品主要理化指标

肉丸的理化指标见表 3-17 所示。

表 3-17 速冻肉丸主要理化指标

项目	要求
蛋白质/(g/100g)	≤10
挥发性盐基氮/(mg/100g)	≤15
酸价（以脂肪计）(KOH)/(g/kg)	≤4.0

2. 产品感官质量及评价方法

肉丸的感官质量指标及检验方法见表 3-18 所示。

3. 产品评价

主要以感官质量对产品进行感官评价。

表 3-18 速冻肉丸的感官质量指标及检验方法

项目	满分标准	检验方法
色泽	具有该品种肉丸速冻后固有的色泽	取适量样品置于透明容器观察；取适量样品解冻观察；熟制后进行品尝
形态	基本呈球形	
滋味及气味	具有原料肉的滋味和气味，无异味	
杂质	无明显肉眼可见的杂质	

六、结果与分析

1. 实验结果

将实验结果记录于表 3-19 中。

表 3-19 速冻肉丸的生产记录表

实验日期	牛肉	肥膘肉	淀粉	水	食盐	黄酒	磷酸盐	调味料	香辛料	成品	每吨成品原料消耗量	备注

2. 结果分析

对速冻肉丸的感官质量进行评价，分析影响冷冻肉丸质量的因素。要求实事求是地对本人实验结果进行清晰叙述，实验失败须详细分析可能的原因。

七、思考题

影响肉丸成形及熟制后弹性的因素有哪些？

实验九 冰淇淋的制作

一、实验目的

通过实验，了解并掌握冰淇淋生产制作的基本原理；配方设计及计算方法；熟悉普通冰淇淋制作的基本工艺与质量评价方法。

二、实验原理

冰淇淋是以饮用水、乳或乳制品、蛋制品、食糖、食用油脂等为主要原辅料，添加或不添加食品添加剂（香料、稳定剂、着色剂、乳化剂等）、食品营养强化剂，经混合、灭菌、均质、老化、凝冻等工艺或再经成形、硬化等工艺制成的体积膨胀的冷冻饮料。

三、 实验材料与仪器设备

1. 实验材料

鲜牛乳或全脂乳粉、炼乳、鸡蛋、白糖、稀奶油、冰淇淋复合稳定乳化剂（或单甘酯、黄原胶、瓜尔豆胶、环糊精等）、香精、色素等（提示：实验小组可根据设计的配方提前申请特许辅料）。

2. 仪器设备

水浴杀菌釜、高剪切机、旋转黏度计、热水器、均质机、冰淇淋凝冻机、低温冰柜、电子天平、电子台秤、电磁炉、温度计、低温温度计、量筒、移液管、烧杯、玻璃搅拌棒、搅拌器、80 目和 100 目不锈钢筛、冰激凌杯。

四、 设计指标

制作出的冰淇淋产品应达到表 3-20 所示的要求。

表 3-20　冰淇淋理化指标

项目	要求	项目	要求
非脂乳固体/(g/100g)	≥6.0	蛋白质/(g/100g)	≥2.5
总固形物/(g/100g)	≥30.0	白糖/(g/100g)	≥15.0
脂肪/(g/100g)	≥8.0	膨胀率/%	≥80.0

五、 工艺流程

原料称量 → 混合 → 过滤 → 杀菌 → 冷却 → 均质 → 冷却 → 老化 → 凝冻 → 灌装 → 速冻硬化 → 低温贮藏

六、 操作要点

（1）计算　根据各种原材料的成分，按照各组设计的配方，计算各原料的使用量。

（2）原料配制　复核过的各种原材料，在配制混合原料前须经过恰当处理。

①鲜乳可先用 100 目不锈钢筛进行过滤，以除去杂质。

②脱脂乳粉在配制前应先加水溶解，然后采用高速剪切机充分搅拌一次，使乳粉充分混合以提高配制混合原料的质量。

③白糖应加入适量的水，加热溶解成糖浆后经 100 目筛过滤。

④鲜蛋/蛋黄在配制时，可与鲜乳一起混合、过滤。

（3）原料混合　原料混合的顺序宜先加入浓度低的水、牛乳等液体原料，后加入黏度高的炼乳等液体原料，再而加入白糖、乳粉、乳化剂、稳定剂等固体原料，最后以添加纯净水或饮用水做容量调整。混合原料溶解时的温度通常控制在 40~50℃。

（4）巴氏杀菌　混合料杀菌时须控制温度逐渐由低而高，且升温时间不宜过长，否则蛋白质会变性，稳定剂也可能失去作用。杀菌温度应控制在 75~78℃，时间约 15min。

（5）均质　杀菌的混合料通过 80 目筛过滤后进行均质。均质压力为 12~15MPa，均质温度控制在 65~70℃。

（6）冷却、老化　将均质后的混合料立即冷却至 20℃，此后置于 2~4℃冰箱进行老化，老化时间 4~6h（老化时间可根据实验时间安排进行调整）。

（7）凝冻　老化完成后，开动冰淇淋机搅拌器和冷凝器，将时间控制器调至冰淇淋处（需要 10~12min）进行凝冻。可以通过调整仪器参数控制冰淇淋的硬度。

（8）硬化　当凝冻完成时，将冰淇淋取出装入容器中送至硬化室（冰柜，温度 -34~-23℃）进行硬化处理，时间 10~12h。软质冰淇淋所需时间较短。

（9）冰淇淋膨胀率的测定　冰淇淋及其原料均用容积为 100mL 的小烧杯盛满，并且用小匙轻压，使烧杯中不留空隙后称重，以 3 次取样称重的平均值表示最终测定值。

根据下列公式计算：

$$\text{膨胀率}=\frac{\text{混合料液质量}-\text{同体积冰淇淋质量}}{\text{同体积冰淇淋质量}}\times 100\% \tag{3-1}$$

七、感官评定

色、香、味、形是食品的质量指标之一，这些指标即是食品的感官指标。可以根据冰淇淋感官评定表（表 3-21）对实验产品进行感官评定，评定结果填入表 3-22 中（由于各组实验设计的配方有所差异，可以将其他实验组的冰淇淋一起进行感官评定，评价效果会更好）。

表 3-21　冰淇淋感官要求

项目	要求
色泽	主体色泽均匀，具有品种应有的色泽
形态	形态完整，大小一致，不变形，不软塌，不收缩
组织	细腻滑润，无气孔，具有该品种应有的组织特征
滋味、气味	柔和乳脂/淡乳或植脂香味，无异味
杂质	无正常视力可见外来杂质

表 3-22　实验冰淇淋评分表

评价小组	评价项目					综合评分
	色泽	滋味	香味	形态	组织	
A						
B						
C						
D						

八、结果与分析

要求实事求是地对本人或本组实验步骤及结果进行记录与分析，从冰淇淋的表面色泽、形态、组织、滋味气味等方面综合评价冰淇淋的品质。指出实验过程中存在的问题，并提出相应的改进方法。

九、思考题

1. 影响冰淇淋膨胀率的因素有哪些？
2. 冰淇淋混合料中加入蛋黄的作用是什么？
3. 冰淇淋加工中老化、凝冻和硬化的作用分别是什么？

第四章

食品腌渍发酵与烟熏工艺实验

第一节　食品腌渍工艺实验

实验一　泡菜的制作

一、实验目的

理解蔬菜腌制的基本原理，了解泡菜的历史、现状等；掌握中式泡菜和韩国泡菜的加工工艺和操作要点。

二、实验原理

蔬菜腌制是利用有益微生物所产生的产物来防止有害微生物的活动进行产品保存、防止败坏的方式。利用泡菜坛造成的坛内无氧环境，配制适宜乳酸菌发酵的低浓度盐水，对新鲜蔬菜进行腌制，产生的乳酸，降低了产品及盐水的pH，抑制了有害微生物的生长，同时由于发酵过程中大量乳酸、少量乙醇及微量醋酸的生成，各种有机酸又可与乙醇生成具有芳香气味的酯，给泡菜增添了特有的滋味和香气。

韩国泡菜是以新鲜蔬菜（多为大白菜）为主要原材料，以其他蔬菜（萝卜、黄瓜、青菜等）为辅料，加入蒜、虾酱、辣椒粉、生姜、葱等调味料，经盐腌、调味等工序加工，并在低温中通过有乳酸生成的发酵而制成的具有传统风味的酱腌菜。

韩国泡菜是在低温状态下自然形成乳酸发酵的制品，为有盐的乳酸发酵，参加乳酸发酵的微生物主要是乳酸菌，它们将糖发酵产生乳酸，发酵的最终产物除乳酸外，还有少量乙醇、甲酸、乙酸、丙酸、丁酸、琥珀酸、高级醇以及二氧化碳、氨等。泡菜的发酵过程中产生的乳酸菌使泡菜发酵，并因为乳酸菌体内缺少分解蛋白质的蛋白酶，所以它不会消化植物组织细胞内的原生质，使韩国泡菜有脆嫩的口感。

三、 实验材料与仪器设备

1. 实验材料

（1） 中国泡菜

①新鲜蔬菜（大白菜、白萝卜、胡萝卜、辣椒、甘蓝、蒜、青笋等）：要求质地致密、含糖量高、耐泡制。

②辅料：食盐、白糖、红糖、花椒、八角、干/鲜辣椒、草果、白酒、黄酒、香醋等。

（2） 韩国泡菜

①新鲜蔬菜：大白菜、卷心菜、青椒、萝卜、黄瓜、红辣椒等。

②辅料：精盐、蒜、虾酱、白糖、白醋、韩国辣椒粉、味精等。

2. 实验设备

泡菜坛：检查气密性（利用水封性原理），使用前用清洗剂清洗干净后，用沸水烫漂2次，倒置沥干备用。

用具：台秤、菜刀、菜板、盆、笊篱等。

四、 实验内容

（一）中国泡菜

1. 工艺流程

原料选择→原料整理→切分→晾晒→入坛腌制→发酵→成品

2. 操作要点

（1） 原料的选择　原料根据产品的耐贮性分为三类：①随时食用的原料，如甘蓝、黄瓜等；②可以腌制半年左右的原料，如胡萝卜、辣椒、萝卜、四季豆等；③可以腌制一年以上的原料，如蒜、苦瓜等。质地柔嫩、容易软化、叶片薄的绿叶菜不适宜腌制。

（2） 原料的处理　新鲜原料充分洗涤后进行整理，蔬菜剥除老叶、黄叶，洗净后撕成片状，黄瓜、萝卜等切成块状，芹菜切成段，番茄切成片。也可以晾晒去掉原料表面的水之后入坛腌制。

（3） 泡菜水（盐水）的配制　为了保证产品的脆性，腌制泡菜的盐水一般用井水或自来水，食盐水精盐含量为6%~8%，充分溶解，加热煮沸后冷却待用。

盐水参考配方（以水的质量计算）：食盐6%~8%、白酒2%、白糖或红糖2%、干红辣椒3.5%、花椒0.1%、八角0.05%、草果0.05%、陈皮0.03%。如果只做白色泡菜，可不加入红糖及有色香辛料，防止影响色泽。

（4） 入坛腌制　泡菜坛用前清洗干净，沥干水后将处理后的蔬菜原料装入坛内，蔬菜将料包包裹，蔬菜装到离坛口6~8cm即可。随即注入配制好的泡菜水完全淹没蔬菜原料，至距坛口4cm左右为止。坛口用坛盖盖上，并在水槽中注入自来水，将泡菜坛置于阴凉处自然发酵。

（5） 后期管理

①腌制1~2d后，由于渗透压作用，蔬菜体积缩小，盐水液面下降，此时应适当添加盐水，使液面保持在离坛口4cm左右为止。

②泡菜的成熟期随蔬菜的种类和气温而异，一般夏天约一周成熟，冬天约两周成熟。

（6）食用方法

①泡菜冲洗后可直接吃。

②可切成小块后进行煸炒，泡菜特有的风味则更突出。

③可将黄瓜丝与泡菜丝混拌，腌制数分钟后挤掉水分，加入香油、味精、香菜等食用。

（二）韩国泡菜（以韩式辣白菜和韩式辣黄瓜为例）

1. 工艺流程

原料的选择→原料整理→调制辣酱→涂酱→入坛腌制→发酵→成品

2. 操作要点

（1）原料的选择　以质地鲜嫩、组织较为密实坚硬、含水量少的蔬菜较佳。

（2）原料的处理　将大白菜去黄叶、老梗、清洗干净，切成5cm长、3cm宽的块；青椒洗净，去籽去筋，切成5cm长的细丝；蒜去皮，剁成蒜末。将大白菜、青椒丝放入盆内，加适量的盐，拌匀，腌制15~20h，待出水后取出，用手挤干水分，白菜萎缩后初步材料制成，备用。将小黄瓜洗净，去头尾，切成5cm长的小段，并在小段上划“十”字刀，以适量盐腌制软化30min左右后，冲水沥干；红辣椒洗净、去蒂；蒜去头尾，洗净，留蒜白备用；姜洗净去皮；苹果去皮去籽。

（3）调制辣酱　将大蒜末、虾酱、白糖、红辣椒、韩国辣椒粉、味精、白醋、姜、苹果同放在盆内，以食物调理机搅拌均匀，备用。辣白菜参考配方（以大白菜的质量计算）：食盐1%、虾酱1%、韩国辣椒粉1%、大蒜3%、白糖3%、味精0.6%、白酒1%、水少许。辣黄瓜参考配方（以小黄瓜的质量计算）：食盐3%、虾酱1%、红辣椒1%、辣椒粉1%、蒜末1%、苹果5%、水少许。

（4）涂酱　辣白菜是把腌制好的大白菜、青椒丝一层一层地放到干净的坛子里；辣黄瓜是将制作好的辣酱塞入小黄瓜的“十”字划痕内，把腌制好的小黄瓜整齐地放到干净的坛子里。再将制作好的辣酱抹上去，抹的时候以从里到外的顺序，每一层都要均匀充分地抹上酱料。

（5）腌制　待大白菜、青椒丝或者小黄瓜装盛完毕后，盖上坛盖，置于阴凉、干燥、通风处腌制发酵，发酵的时间视温度而定，夏天辣白菜3~4d，辣黄瓜2~3d，冬天辣白菜需要1周左右，辣黄瓜4~5d。做好的泡菜最好存放于3~5℃的环境中，能够保鲜三个月。

五、产品评定

1. 感官要求

感官要求见表4-1所示。

表 4-1　　感官指标

项目	指标
色泽	具有泡菜应有的色泽，有光泽
香气	具有泡菜应有的香气，无不良气味
滋味	具有泡菜应有的滋味，无异味
组织形态	具有泡菜应有的形态、质地，无可见杂质

2. 理化指标

理化指标见表 4-2 所示。

表 4-2　　理化指标

项目	指标
固形物/%	≥50
食盐（以 NaCl 计）/%	中国泡菜≤15.0；韩国泡菜≤4.0
总酸（以乳酸计）/%	≤1.5
铅（以 Pb 计）/(mg/kg)	≤1.0
亚硝酸盐（以 $NaNO_2$ 计）/(mg/kg)	≤20

3. 卫生指标

卫生指标见表 4-3 所示。

表 4-3　　卫生指标

项目	指标
大肠菌群/(CFU/g)	$n=5$，$c=2$，$m=10$，$M=10^3$
沙门氏菌/(CFU/g)	$n=5$，$c=0$，$m=0$
金黄色葡萄球菌/(CFU/g)	$n=5$，$c=1$，$m=100$，$M=1000$

六、结果与分析

（1）观察泡菜色泽、质地、风味变化及微生物败坏现象。

（2）进行感官评价并计算感官得分。

（3）总结实验过程中的注意事项及实验失败可能的原因。

七、思考题

1. 腌制好的泡菜为什么会有一种特别的香味？
2. 腌制泡菜时是如何抑制杂菌生长的？
3. 辣白菜制作之前为什么要进行腌制？
4. 韩国泡菜具有哪些特点？

实验二　雪里蕻的腌制

一、 实验目的

了解雪里蕻腌制的基本原理；掌握雪里蕻腌制的加工工艺和操作要点。

二、 实验原理

雪里蕻，俗称雪菜，有的地方又称排菜、烧菜，九头芥也是雪菜的一种，因其腌制品色泽亮黄、清香可口，在宁波一带被誉称为“咸鸡”。雪菜腌制品主要是利用了食盐溶液的高渗透压作用、微生物的发酵作用和蛋白质分解的生物化学作用来抑制有害微生物的活动，达到防腐的目的并使腌制品形成特殊的风味和色泽。

（1）食盐溶液的高渗透压作用　在雪菜腌制过程中，一般都要加入一定量的食盐，高浓度的食盐水溶液具有很高的渗透压力。依靠高渗透压，可以使食盐溶液扩散和渗透到雪菜原料的组织中，细胞内的汁液渗出细胞膜（壁）外，导致雪菜组织脱水。细胞失水后会逐渐窒息而死亡，同时酶的活性也受到抑制。这时，雪菜组织内外溶液的渗透压高于多种微生物体液的渗透压，造成反渗透现象，从而抑制微生物的活动。

（2）微生物的发酵作用　食盐对微生物有极强的抑制作用，但不是所有的微生物都会受到相同的抑制，微生物的种类不同，对于食盐溶液的耐受能力也不同。一般来说，利用微生物的发酵作用，主要是利用乳酸菌的乳酸发酵作用、酵母菌的酒精发酵作用和少量醋酸菌较轻微的醋酸作用。依靠这些微生物的发酵作用，不仅能达到和食盐溶液的高渗透起相辅相成作用的防腐目的，而且可使雪菜腌制品获得特殊的色、香、味。

（3）蛋白质分解的生化作用　雪菜腌制过程中本身的生物化学作用是一个非常复杂的过程，其中主要是蛋白质的分解作用。在腌制和后熟过程中，雪菜中所含的部分蛋白质在水解酶和微生物的作用下，能逐渐被分解生成具有鲜味和甜味的氨基酸，氨基酸又能与乙醇及一些糖类等化合物产生作用，形成酯类等更复杂的物质，从而进一步改善制品的色、香、味，提高成品质量。

三、 实验材料与仪器设备

1. 实验材料

新鲜雪菜、食盐。

2. 实验设备

大口坛或大口玻璃瓶：使用前用清洗剂清洗干净后，倒置沥干备用。

用具：菜刀、菜板、台秤、盆等。

四、 实验内容

1. 工艺流程

原料选择→原料处理→装坛→按压出卤→倒坛→发酵→成品

2. 操作要点

（1）原料的选择　供腌制的雪菜要在晴天收割，如遇雨季要在转晴后 2~3d 再收割，否则腌制出来的成品容易发霉变质，同时要选择棵大、梗多，春菜抽苔不超过10cm的为好。

（2）原料的处理 割下的雪菜齐根削平，先抖去菜上的泥土（不用水洗），剔除黄老叶，然后根部朝上，茎叶朝下，晾晒3~4h，让其自然脱水。在晾晒过程中要防止雨淋、浸水。经过自然脱水处理的雪菜，最好当日装坛。

（3）装坛 首先要用清水将坛洗净擦干并自然晾干。在腌制时于坛底撒上一层盐，然后将修整好的雪菜从四周向中央分批叠放。叠菜的原则是：茎叶朝上稍外倾；根部朝下稍内倾；叠放厚薄要均匀、紧密。一层菜叠放完毕后，均匀撒上一层盐，用盐量根据雪菜收获季节、存放时间长短确定，一般冬菜加盐量（按雪菜质量计）为5%~6%，春菜加盐量为8%~12%，装至坛容积的80%时停装。

（4）按压出卤 按压的顺序由四周到中央，层层压实，按压要轻而有力，以出卤为度，要尽量减少坛内空气的留存，造成嫌气环境，促进发酵。撒盐与按压对成品咸菜的品质影响很大。一坛菜腌满后要加“封面盐”，然后封盖，这样处理后，一般过两天就会汁水过顶，如不过顶，需增加少量冷却的盐开水。

（5）倒坛 第二天倒坛，将雪菜转入另一个坛中，连续倒坛2~3次。腌半个月后，即可食用。倒坛的作用是：散发热量、促进食盐溶解、消除不良气味。

五、 产品评定

1. 感官要求

感官要求见表4-4所示。

表4-4 感官指标

项目	指标
滋味、气味	无异味、无异臭
状态	无霉变、无霉斑白膜，无正常视力可见外来物

2. 理化指标

理化指标见表4-5所示。

表4-5 理化指标

项目	指标
固形物/%	≥50
食盐（以NaCl计）/%	≤15.0
总酸（以乳酸计）/%	≤1.5
铅（以Pb计）/(mg/kg)	≤1.0
亚硝酸盐（以$NaNO_2$计）/(mg/kg)	≤20

3. 卫生指标

卫生指标见表4-6所示。

表 4-6 卫生指标

项目	指标
大肠菌群/(CFU/g)	$n=5$, $c=2$, $m=10$, $M=10^3$
沙门氏菌/(CFU/g)	$n=5$, $c=0$, $m=0$
金黄色葡萄球菌/(CFU/g)	$n=5$, $c=1$, $m=100$, $M=1000$

六、 结果与分析

(1) 进行感官评价并计算感官得分。

(2) 总结实验过程中的注意事项。

七、 思考题

1. 按压的具体方法是什么?
2. 倒坛的具体作用是什么?

实验三 糖蒜的制作

一、 实验目的

了解糖蒜加工的基本原理；掌握糖蒜的加工工艺和操作要点。

二、 实验原理

糖蒜是将蒜通过盐腌进行乳酸发酵，再经过糖液和醋的浸渍而发酵成的一种蔬菜加工制品，也是细胞的质壁分离现象（植物细胞在高渗透压环境下，因水分从液泡中流失而出现的细胞质与细胞壁分离的现象）。糖蒜的腌制过程中，食盐通过高渗透作用产生细胞内外的浓度差，细胞液向盐液大量渗透使细胞萎缩。醋破坏细胞膜，膜的屏障作用消失，最后就会使细胞失活，蒜内部呈辛辣味的物质随着大量的细胞液流出，加入的糖扩散进去，使得蒜的辛辣程度逐渐降低，从而形成了香气浓郁、酸甜可口的糖蒜。

三、 实验材料与仪器设备

1. 实验材料

鲜蒜、白砂糖、食盐、白醋等。

2. 实验设备

大口玻璃瓶、台秤、电子天平、菜刀、操作台、不锈钢盆等。

四、实验内容

1. 工艺流程

原料选择→去皮→腌制→晾晒→糖醋渍→封瓶后熟→成品

2. 操作要点

（1）原料的选择 选用优质紫皮蒜，俗称“大六瓣”，蒜头有蒜瓣6~8个，不干瘪、无发芽，选取夏至前4~5d的蒜最佳。

（2）去皮 将蒜的外皮剥去2~3层，然后用刀削去蒜根，要削平，再削掉蒜茎的过长部分，蒜基留1.5cm左右为适，然后用清水洗净。

（3）腌制 按每10kg蒜加盐500g，一层蒜一层盐装入玻璃瓶内，少洒一些水以促使盐溶化，以后每天翻瓶1~2次，7d左右食盐完全溶化成为咸蒜头。

（4）晾晒 把腌好的咸蒜头捞出、沥干水分，放在席子上晾晒，每天翻动1~2次，直至减重1/3左右为宜（主要是为晒去水分）。

（5）糖醋液配制 主要用白醋和白砂糖配制而成，也可以添加少量酱油及香辛料。糖的用量越大，制品越甜，一般糖用量为35%~40%，醋用量为45%~50%，配制时，先将白醋加热到80℃左右，然后加糖使其充分溶解，冷却使用。

（6）糖醋渍及封瓶后熟 将半成品的蒜头装入玻璃瓶内，约装至3/4处，再将冷却的糖醋液注入玻璃瓶中至满。用竹片卡在瓶口，防止蒜头漂浮上来，封口，放到阴凉处后熟，2~3个月后即可食用。浸渍的时间越长，制品风味越浓。

五、产品评定

1. 感官要求

感官要求见表4-7所示。

表4-7 感官指标

项目	指标
滋味、气味	无异味、无异臭
状态	无霉变，无霉斑白膜，无正常视力可见的外来异物

2. 理化指标

理化指标见表4-8所示。

表4-8 理化指标

项目	指标
铅（以Pb计）/(mg/kg)	≤1.0
亚硝酸盐（以$NaNO_2$计）/(mg/kg)	≤20

3. 卫生指标

卫生指标见表4-9。

表 4-9 卫生指标

项目	指标
大肠菌群/(CFU/g)	$n=5$, $c=2$, $m=10$, $M=10^3$

六、 结果与分析

(1) 进行感官评价并计算感官得分。

(2) 总结实验过程中的注意事项。

七、 思考题

1. 糖蒜腌制过程中色泽变黄的原因是什么？
2. 糖蒜后熟过程中为什么要封口？

实验四 果脯蜜饯的制作

一、 实验目的

了解果脯蜜饯制品加工的基本原理；掌握果脯蜜饯制品的加工工艺和操作要点。

二、 实验原理

糖制即利用糖藏的方法保藏果蔬。糖制品要达到较长时期的保藏，改善制品色泽和风味，必须使制品含糖量达到一定的高浓度。高浓度糖的保藏作用主要表现在以下方面：

(1) 高渗透压　果实的表面与内部吸收适当的糖分，形成较高的渗透压，使微生物不但不能获得水分，而且还会使其细胞原生质脱水收缩，发生生理干旱而停止活动，防止产品败坏，从而使糖制品得以长期保存。

(2) 降低水分活度　新鲜果蔬的水分活度一般在 0.98~0.99，加工成糖制品后，水分活度降低，微生物能利用的自由水大为降低，微生物活动受阻。

(3) 抗氧化　因氧在糖液中的溶解度小于纯水的溶解度，并随着糖液浓度的增高而降低，从而有利于制品的色泽、风味及维生素 C 的保存，并抑制好氧微生物的活动。

三、 实验材料与仪器设备

1. 实验材料

苹果、杏、山楂、白砂糖、柠檬酸、亚硫酸氢钠、氯化钙、焦亚硫酸钠等。

2. 实验设备

台秤、电子天平、手持糖度计、热风干燥箱、不锈钢锅、电磁炉、挖核器、打浆机、削皮刀、菜刀、菜板、不锈钢盆等。

四、 实验内容

以苹果脯、杏脯、山楂脯为例。

1. 工艺流程

原料选择→去皮→切分→去核→浸硫和硬化→糖煮→糖渍→烘烤→包装

2. 操作要点

（1）原料的选择　选择未充分成熟，无病无害、无腐烂、果心小、质地紧密的苹果、杏等；山楂选取果形硕大、整齐、色泽鲜艳、直径在 2cm 以上、组织坚密的鲜山楂，去除病虫果、有干疤及外形严重损伤的次果，成熟度为八九成熟，用水洗净。

（2）去皮、切分、去核　苹果用削皮刀去皮，杏和山楂无须去皮，挖去损伤部分，将果实对半切开，用挖核器挖掉果核。再将果实切成数瓣，称重。易变色原料需用 0.5%~1%的柠檬酸护色。用清水将果实洗干净，沥干水分。

（3）浸硫和硬化　将苹果和杏放入 0.2%~0.3%的亚硫酸氢钠和 0.1%的氯化钙混合溶液中浸泡 4~8h，进行浸硫和硬化处理，若果实肉质致密则只需要进行浸硫处理。浸泡液以能淹没原料为准，一般 10kg 溶液浸泡 12kg 左右苹果，上压重物，防止果实上浮。山楂果置于浓度为 0.05%的焦亚硫酸钠溶液中漂洗 10min。浸后捞出，用清水漂洗 2~3 次备用。

（4）糖煮　将果块倒入预先配好的与果块等重的 40%~50%的糖液，大火使果块随糖液沸腾，随后保持微沸状态至糖液渗透均匀。加糖使糖含量提高 10%，煮沸后保持微沸状态至糖液再次渗透均匀，重复此操作，使糖液含量逐渐增高至 65%~70%，果块呈发亮透明时即可停火，全部用糖量约为果块质量的 2/3，糖煮时间为 1~1.5h。煮制过程中注意糖液要保持微沸状态，防止果实煮糜烂。果脯糖煮工艺也可采用糖煮 1~3min，浸渍 24h，梯度提高糖液浓度，糖煮和浸渍反复多次的方法。山楂脯的糖煮方法：浓度为 45%~50%的糖液煮沸后倒入漂洗好的山楂，再煮至沸腾后改用文火慢慢煮制，并轻轻翻动，使山楂沸腾均匀。煮至果面出现裂痕时，再取果重 50%的白砂糖分 2 次加入，再猛火煮 15~20min，煮至果肉已全部被糖浸透，果体呈透明状即可。

应注意的是，含水量低的苹果品种，糖煮前应该在糖液中加入适量的有机酸。

（5）糖渍　将果块和糖液趁热倒入盆中，浸渍 24~36h。

（6）烘烤　将果块捞出，在沸水内漂洗去表面糖液，放入烤盘烘烤。温度为 60~65℃，干燥至果块表面不粘手、有弹性即可。

（7）包装　产品冷却后，进行分级，用塑料薄膜食品袋包装后即为成品。

五、 产品评定

1. 感官要求

感官要求见表 4-10 所示。

表 4-10 感官指标

项目	指标
色泽	具有产品应有的色泽
滋味、气味	具有产品应有的滋味、气味、无异味
状态	具有产品应有的状态、无霉变
杂质	无正常视力可见外来杂质

2. 理化指标

理化指标见表 4-11 所示。

表 4-11 理化指标

项目	指标
总糖含量/%	山楂脯≤70，其他≤85
水分含量/%	≤35
铅（以 Pb 计）/（mg/kg）	≤1
二氧化硫/（g/kg）	≤0.35

3. 卫生指标

卫生指标见表 4-12 所示。

表 4-12 卫生指标

项目	指标
菌落总数/（CFU/g）	$n=5$，$c=2$，$m=10^3$，$M=10^4$
大肠菌群/（CFU/g）	$n=5$，$c=2$，$m=10$，$M=10^2$
霉菌/（CFU/g）	≤50

六、结果与分析

（1）进行感官评价并计算感官得分。

（2）总结实验过程中的注意事项。

七、思考题

1. 为什么要在低酸的苹果糖煮前加入有机酸？
2. 果脯能够长期保藏的原理是什么？
3. 浸硫和糖煮对蜜饯类成品分别起什么作用？

实验五　果酱和果丹皮的制作

一、实验目的

理解果酱和果丹皮制作的基本原理；掌握果酱和果丹皮制作的基本工艺流程和操作要点；理解食糖在加工及保藏中的作用。

二、实验原理

果酱分为泥状及块状果酱两种，都是利用果胶的凝胶作用来制取的，是果蔬原料经过处理后，打碎或切块，加糖（含酸或果胶等）浓缩的凝胶制品。高甲氧基果胶的凝胶原理在于高度水合的果胶束在糖、酸作用下由溶胶变成凝胶。凝胶的强度与糖含量、酸含量以及果胶物质的形态和含量等有关。利用高糖溶液的高糖渗透压作用，降低水分活度、抗氧化作用来抑制微生物生长繁殖。果酱制品具有高糖高酸等特点，不仅改善了原料的食用品质，赋予产品良好的色泽和风味，而且提高了产品在保藏和贮运期的品质和期限。

果丹皮是在果泥中加糖经搅拌、刮片、烘干等工序而制成的一类果酱类糖制品，生产过程中利用果胶、糖和酸在一定比例条件下形成凝胶，最终产品呈皮状。高浓度的糖液具有提高产品渗透压、降低水分活度和抗氧化的作用，可以很好地抑制微生物的生长繁殖，也有利于产品色泽、风味和维生素 C 的保存。

三、实验材料与仪器设备

1. 实验材料

草莓、苹果、山楂、白砂糖、食盐、柠檬酸、水等。

2. 实验设备

台秤、电子天平、打浆机、手持式糖度计、温度计、不锈钢夹层锅、电磁炉、削皮刀、菜板、不锈钢盆、不锈钢刀、不锈钢盘、勺、电热恒温鼓风干燥箱、玻璃瓶等。

四、实验内容

（一）草莓果酱

1. 工艺流程

原料选择→清洗→摘蒂→沥水→破碎打浆→预煮→加糖熬制→起锅装瓶→杀菌→冷却→成品

2. 操作要点

（1）原料的选择　选择果皮表面呈浅红色或红色，风味正常，果胶及果酸含量高，九成左右成熟度的新鲜草莓，剔除腐烂、酒臭、变质、外形严重损伤的果实。

（2）清洗、去蒂　用清水洗净果实，摘去果蒂，并取出沥去水滴，称重。

（3）破碎打浆　将处理好的草莓果实切成两半，并放入打浆机中破碎成草莓浆。

（4）预煮　加草莓重量的 30% 的水入锅煮，注意不时搅拌，防止焦糊，煮至有透明感。

（5）加糖熬制　草莓和白砂糖为1∶0.4的质量比（比例为1∶0.1、1∶0.2、1∶0.3时果酱形态较差不利于保藏；1∶0.5、1∶0.6时大多数人感觉口感过于甜腻），并添加0.1%左右的柠檬酸（主要是调节果酱的糖酸比）。熬制过程中白砂糖分3次加入到熬煮的果泥中，并不断搅拌，防止焦糊，直至成为糊状。

（6）装瓶、封盖　当酱体可溶性固形物达到68%以上时，或当温度达到105℃左右，则固形物就可达到要求。趁热将果酱装入预先准备好的瓶中，迅速拧紧瓶盖。

（7）杀菌、冷却　采用水浴杀菌，沸腾状态下保温20min；然后产品分别在75℃、55℃、35℃的水中逐步冷却至37℃以下，即得成品。

（二）苹果果酱

1. 工艺流程

原料选择→去皮→去核→软化→打浆→浓缩→装瓶→封盖→灭菌→冷却→成品

2. 操作要点

（1）原料的选择、清洗　要求选择成熟度适宜，含果胶、酸较多，芳香味浓的苹果果实，剔除掉病虫果、外形严重损伤的次果，用清水洗涤干净。

（2）去皮、去核　用削皮刀去皮后，挖去损伤部分，将果实对半切开，去掉果核，称重，再将果实切成数瓣，直至1cm^{3}左右的小块。期间用0.5%~1%的柠檬酸护色。

（3）软化、打浆　果块放入不锈钢锅中，并加入果块质量50%的水，煮沸10~15min进行软化，果块煮软易于打浆为止，然后打浆。

（4）浓缩　果浆和白砂糖为1∶0.6的质量比，并添加0.1%左右的柠檬酸。白砂糖配为浓糖液，分3次加入到熬煮的果泥中，并不断搅拌；浓缩时间以30~60min为宜，温度为100~105℃时，可溶性固形物含量65%~70%，或酱团在冷水中不散开便可起锅装瓶，出锅前加入柠檬酸，搅匀。

（5）装瓶、封盖、灭菌、冷却　同草莓果酱。

（三）果丹皮

1. 工艺流程

原料选择→清洗→预煮→打浆→浓缩→刮片→烘干→起片→包装→成品

2. 操作要点

（1）原料选择、清洗　选用果胶含量高的新鲜山楂为原料，去除病虫果、有干疤及外形严重损伤的次果，拣去夹杂的异物及梗、叶等，用清水洗净。

（2）预煮　将山楂挖去蒂柄，清水洗净放入锅中，加适量清水，大火煮沸20~30min，使山楂果肉充分软化，再将煮好的山楂捞出、捣烂，倒入适量煮过山楂果的水中，搅拌均匀。

（3）打浆　将软化后的山楂连同煮制用的部分液汁加入打浆机内进行打浆。最好用双道打浆机。打浆机第一道筛孔径为3~4mm，第二道筛孔径为0.6mm。用细筛子过滤山楂浆，筛除残余的果皮、种子等杂物，并搅拌果浆，使之成为细腻的糊状物。

（4）浓缩　将果浆倒入夹层锅中熬煮，分次加入白砂糖，不断搅拌，避免粘锅；当白砂糖全部溶化，果浆浓缩成稠泥状后，停火降温，使其成为果丹皮的坯料。浓缩的固形物含量应在60%以上。

（5）刮片 将框形模子放在烘盘上，将浓缩好的果泥倾倒在平整的不锈钢盘中，再用塑料板刮平，厚度为3~5mm，刮片要均匀一致。

（6）烘干 将烘盘置于电热恒温鼓风干燥箱中，烘烤温度60~65℃，烘烤时间12~20h。至果泥变成具有韧性的皮状时取出。

（7）起片 将干燥而没有发硬的山楂大片，用小刀趁热从烘盘上取下。将薄片从平板上缓缓铲起、揭下，卷成卷，或一层一层放置。

（8）包装 切制成一定规格和形状的果丹皮，然后用玻璃纸进行包装后装入纸箱，即可投放市场销售。

五、 产品评定

1. 感官要求

感官要求见表4-13所示。

表4-13 感官指标

项目	指标
色泽	具有该产品应有的色泽
组织形态	均匀，无明显分层和析水，无结晶
滋味及口感	无异味，酸甜适中，口味纯正，具有该品种应用的风味
杂质	正常视力下无可见杂质，无霉变

2. 理化指标

理化指标见表4-14所示。

表4-14 理化指标

项目	指标
可溶性固形物（以20℃折光计）/%	≥25
总砷（以As计）/(mg/kg)	≤0.5
铅（以Pb计）/(mg/kg)	≤1.0

六、 结果与分析

（1）进行感官评价并计算感官得分。

（2）总结实验过程中的注意事项。

七、 思考题

1. 果酱加工过程中褐变的原因及预防措施有哪些？
2. 影响果酱产品质量的因素有哪些？
3. 为什么柠檬酸要在果酱接近煮制终点时才加入？

4. 试述食糖的保藏作用是什么？
5. 果丹皮能够长期保藏的原理是什么？

实验六　松花蛋的制作

一、 实验目的

掌握浸泡松花蛋、包泥松花蛋的加工方法。

二、 实验原理

松花蛋的成品特色是蛋黄呈青黑色凝固状（溏心松花蛋中心呈浆糊状），蛋白呈半透明的褐色凝固体。成熟后，蛋白表面产生美丽的花纹，状似松花；当用刀切开后，蛋内色泽多变，故又称彩蛋。

松花蛋加工的基本原理是蛋白质遇碱发生变性而凝固。当蛋白和蛋黄遇到一定浓度的 NaOH 时，由于蛋白质分子结构受到破坏而发生变化，蛋白部分形成具有弹性的凝胶体，蛋黄部分则由蛋白质变性和脂肪皂化反应形成凝固体。

松花蛋分为湖彩蛋（包泥松花蛋）和京彩蛋（浸泡松花蛋）两类。

松花蛋一般多采用鸭蛋为原料进行加工，但在我国华北地区也有利用鸡蛋为原料加工的。

三、 实验材料与仪器设备

1. 实验材料

鲜鸭蛋（鸡蛋）、生石灰、纯碱、食盐、红茶末、开水等。

2. 实验设备

小缸、台秤或杆秤、放蛋容器、照蛋器等。

四、 实验内容

（一）浸泡松花蛋加工

1. 工艺流程

原料蛋的选择 → 辅料的选择 → 配料 → 料液碱度的检验 → 装缸、灌料泡制 → 成熟 → 包装

2. 操作要点

（1） 原料蛋的选择　加工松花蛋的原料蛋须经照蛋和敲蛋逐个严格地挑选。

①照蛋：加工松花蛋的原料蛋用灯光透视时，气室高度不得高于 9mm，整个蛋内容物呈均匀一致的微红色，蛋黄不见或略见暗影，胚珠无发育现象。转动蛋时，可略见蛋黄也随之转动。次劣蛋，如破损黄、热伤蛋等均不宜作为松花蛋加工的原料。

②敲蛋：经过照蛋挑选出来的合格鲜蛋，还需检查蛋壳完整与否、厚薄程度以及结

构有无异常。裂纹蛋、沙壳蛋、油壳蛋都不能作为松花蛋加工的原料。

（2）辅料的选择

①生石灰：要求色白、重量轻、块大、质纯，氧化钙的含量不低于75%。

②纯碱（Na_2CO_3）：纯碱要求色白、粉细，碳酸钠含量在96%以上，不宜用普通黄色的“老碱”。若用存放过久的“老碱”，应先在锅中灼热处理，以除去水分和二氧化碳。

③茶叶：选用新鲜红茶或茶末为佳。

④其他：黄土取深层、无异味的。取后晒干、敲碎过筛备用。稻壳要求金黄干净，无霉变。

（3）配料　10kg鲜蛋，0.72kg纯碱，2.8kg生石灰，0.6kg食盐，0.016kg氯化锌；茶汁：0.4kg茶叶，11kg水。

将水、纯碱和茶叶以及食盐同时倒入锅内，加热煮沸，趁热过滤，再立即将热滤液缓缓倒入盛有生石灰的容器内，等石灰全部溶化后搅拌均匀，并捞出没有溶化的石灰渣，并按量补足。熬好的辅料液放置冷却后加入氯化锌，拌匀，待用。

（4）料液碱度的检验　用吸管吸取澄清料液4mL注入三角瓶中，加10%氯化钡溶液10mL，摇匀，静置片刻，加0.5%酚酞指示剂3滴，用1mol/L盐酸标准溶液滴定至溶液的粉红色恰好消褪为止，消耗1mol/L盐酸标准溶液的体积（mL）即相当于氢氧化钠含量（%）。料液中的氢氧化钠含量要求达到4%~5%。若浓度过高应加水稀释，若浓度过低应加料提高料液的NaOH浓度。

（5）装缸、灌料　泡制装蛋前先在缸的底部铺上一层干净的麦秸，放蛋时一定要轻拿轻放，且要横着一层一层地放置，装到距离缸口6~10cm处即可。为防止灌料后蛋会漂浮起来，在蛋最上面要加盖物品压住。冷却至室温的碱料液在灌料前要再次搅拌均匀，边搅边往缸里灌，一直到将蛋完全淹没为止。灌料时需注意缓慢，如猛冲猛倒会将蛋壳击破。灌料完毕后立即扎紧缸口，将缸密封严实。

（6）成熟　灌料后要保持室温在16~28℃，最适温度为20~25℃，浸泡时间为25~40d。在此期间要进行3~4次检查。

出缸前取数枚松花蛋，用手颠抛，松花蛋回到手心时有震动感。用灯光透视蛋内呈灰黑色。剥壳检查蛋白凝固光滑，不粘壳，蛋黄呈黑绿色，蛋黄中央呈溏心即可出缸。

（7）包装　松花蛋的包装有传统的涂泥包糠法和现在的涂膜包装法。

①涂泥包糠：用残料液加黄土调成浆糊状，包泥时用刮泥刀取40~50g的黄泥及稻壳，使松花蛋全部被泥糠包埋，放在缸里或塑料袋内密封贮存。

②涂膜包装：用液体石蜡或固体石蜡等作涂膜剂，喷涂在松花蛋上（固体石蜡需先加热熔化后喷涂或涂刷），待晾干后，再封装在塑料袋内贮存。

（二）包泥松花蛋加工

1. 工艺流程

料泥的配制→料泥的简易测定→包泥滚糠→封缸→成熟

2. 操作要点

（1）料泥的配制　10kg鲜蛋，0.6kg纯碱，1.5kg生石灰，1.5kg草木灰，0.2kg食盐，0.2kg茶叶，3kg干黄土，4kg水。

配制时先将茶叶泡开，再将生石灰投入茶汁内化开，捞除石灰渣，并补足生石灰，然后加入纯碱、食盐搅拌均匀，最后加入草木灰和黄土，充分搅拌。待料泥起黏无块后，冷却。将冷却成硬块的料泥全部放入石臼或木桶内用木棒反复捶打，边打边翻，直到捣成黏糊状为止。

（2）料泥的简易测定　取料泥一小块放于平皿上，表面抹平，再取蛋白少许滴在料泥上，10min 后若蛋白凝固并有粒状或片状带黏性的触感，说明料泥正常，可以使用。若不凝固，则料泥碱性不足。如手摸时有粉末状的感觉，说明料泥碱性过大。

（3）包泥滚糠　一般料泥用量为蛋质量的65%~67%。包泥要均匀，包好后滚上糠，放入缸中。

（4）封缸　用两层塑料薄膜盖住缸口，不能漏气，缸上贴上标签，注明时间、数量等。

（5）成熟　春秋季一般 30~40d 可成熟，夏季一般 20~30d 可成熟。

五、产品评定

1. 感官指标

外壳包泥或涂料均匀洁净，蛋壳完整，无霉变，振摇时无水响声；剖检时蛋体完整，蛋白呈青褐、棕褐或棕黄色，半透明状，有弹性，一般有松花花纹；蛋黄呈深浅不同的墨绿色或黄色，略带溏心或凝心，具有松花蛋应有的滋味和气味，无异味。

2. 理化指标

产品理化指标见表 4-15 所示。

表 4-15　松花蛋的理化指标

项目	指标
砷（以 As 计）/（mg/kg）	≤0.05
铅（以 Pb 计）/（mg/kg）	≤0.5
总汞（以 Hg 计）/（mg/kg）	≤0.05
六六六	按 GB 2763—2016 规定执行

3. 微生物指标

应符合 GB 2749—2015《食品安全国家标准　蛋与蛋制品》规定的要求。

六、思考题

1. 浸泡松花蛋和包泥松花蛋在加工方法上有何区别？
2. 思考松花蛋的加工对其营养的影响。

实验七 咸蛋的制作

一、 实验目的

掌握咸蛋的加工原理及工艺流程。

二、 实验原理

咸蛋主要是用食盐腌制而成的。食盐具有防腐、调味和改变胶体状态的作用。食盐渗入蛋中，由于食盐溶液产生的渗透压把微生物细胞体中的水分渗出，从而抑制了微生物的发育，延缓了蛋的腐败变质速度。同时食盐可以降低蛋内蛋白酶的活力，从而使蛋内容物分解变化速度延缓，因而咸蛋的保藏期较鲜蛋长。食盐电离生成的正负离子与蛋白质、卵磷脂等作用而改变蛋白蛋黄的胶体状态，使蛋白变稀，蛋黄变硬，蛋黄中的脂肪游离聚集而成咸蛋。

加工咸蛋的主要目的是增加其保藏性以及改善其风味。加工方法主要包括两种，一是盐泥涂布法，二是盐水浸泡法。

三、 实验材料与仪器设备

1. 实验材料

鸡蛋、食盐、黄泥、香辛料、水等。

2. 实验设备

电子秤、蒸煮锅、照蛋器、和泥容器、瓷缸等。

四、 实验内容

1. 工艺流程

原料选择→清洗→沥干→配料和泥→涂蛋→入缸摆放→封口→腌制→出缸→成品

2. 操作要点

（1）盐泥涂布法

①配方：1.25kg 禽蛋、225g 食盐、0.5kg 干黄土、香辛料水适量（香辛料水的配制：2.5kg 水、15g 大料、1g 花椒、2.5g 小茴香、1g 丁香、2.5g 草果、4g 白芷、1g 陈皮、7.5g 桂皮、2.5g 香菇）。

②洗蛋：挑选质量合格的新鲜禽蛋，洗净晾干待用。

③香辛料水的煮制：将香辛料用纱布包起来煮制 30min，得到香辛料水，充分冷却。

④和泥：将黄土捣碎过筛后，与食盐混匀，再缓缓加入适量的香辛料水搅拌和泥成稀薄糊状，标准是将一颗蛋放入泥浆，一半浮在泥浆上面，一半浸在泥浆内为合适。

⑤上料：将鸡蛋逐枚放入泥浆中（每次 3~5 个），使蛋壳上粘满盐泥，再取出放入缸内，最后把剩余的盐泥倒在蛋面上，盖上缸盖即可。

⑥成熟：盐泥咸蛋春秋季 35~40d 成熟，夏季 20~25d 即可成熟。

（2）盐水浸泡法　先用开水把食盐配成 20%~25%的盐水，待凉至 20℃左右时，将蛋放入盐水中。夏季 15~20d，春秋 25~30d 即可成熟。

3. 产品评价

优质咸蛋咸淡适中，蛋清洁白，蛋黄色泽鲜艳，橘黄稍偏红，有光泽，表面渗油。其他参考 GB/T 19050—2008《地理标志产品　高邮咸鸭蛋》。

五、思考题

1. 试述咸蛋的加工方法及注意事项。
2. 试述咸蛋的腌制机理。
3. 影响咸蛋质量的因素有哪些？

实验八　板鸭的制作

一、实验目的

掌握传统板鸭的加工原理和加工方法，并能对传统板鸭进行现代工艺的改进。

二、实验原理

板鸭又称“贡鸭”，是咸鸭的一种。在我国，南京所产板鸭最负盛名。板鸭是鲜鸭经过腌制、风干、成熟等工艺，使其发生多种生化反应而形成的一种具有特殊风味的腌腊制品，含盐量相对较高，保质期长。

现如今随着生活节奏的加快和消费者的需求，加工过程中降低了含盐量，成熟后进一步蒸煮熟化并包装、杀菌，形成一种开袋即食的方便食品。

三、实验材料与仪器设备

1. 实验材料

活鸭、水、食盐（包括炒熟食盐）、生姜、八角（茴香）、葱等。

2. 实验设备

腌缸、宰杀刀、接血盆、水桶、大盆、烫毛缸、盐卤缸、台秤、恒温恒湿培养箱、夹层锅等。

四、实验内容

（一）传统板鸭的加工

1. 工艺流程

原料鸭选择→宰杀→煺毛→去内脏修整→清洗→腌制→叠坯→排坯→晾挂→保藏

2. 配料

食盐、生姜、八角（茴香）、葱等。

3. 操作要点

（1）活鸭的选择和处理 制作板鸭要选用健康、无损伤的活鸭。肉用品种有北京鸭、娄门鸭等，而以两翅下有“核桃肉”，尾部四方肥的为佳，活重在 1.5kg 以上。宰杀以口腔宰杀为优，可保持商品完整美观，并减少污染。烫毛水温为 65~68℃，水量要多，便于拔毛。开膛取内脏，然后用清洁冷水洗净体腔内残留的破碎内脏和血液，从肛门处把肠断头拉出剔除。注意切勿将腹膜内脂肪和油皮抠破，以免影响板鸭品质。

（2）腌制

①腌制前的准备：a. 炒磨食盐：腌鸭用的食盐，一般用粗盐经过炒熟磨细，使盐渗进肌肉内，拔出血水，腌透鸭肉。炒盐必须放八角，每 100kg 粗盐加 200~300g 八角。b. 新卤的配制：用宰杀后的浸泡鸭尸的血水，加盐配成，每 100kg 血水，加 75kg 粗盐，放锅内煮沸成饱和溶液，用勺撇出血沫与泥污，再用纱布滤去杂质，放进腌制缸，每 200kg 卤水再放入大片生姜 100~150g、八角 50g、葱 150g，使卤具有香味，冷却后即成新卤。

②腌制过程：a. 擦盐：用炒干并带八角磨细的食盐抹擦。用盐量为净鸭重的1/16，一般每只鸭子 150g 左右炒盐。方法是先取 50~100g 盐放进右翅下月牙口子内，用右食指、中指将盐放进嗉囊口，然后把鸭子放在案板上左右前后翻动，再用左食指、中指伸入泄殖腔，同时提起鸭子，使盐倒入膛部（腹部和泄殖腔处），这样处理后胸部腹腔全部布满食盐，腌制均匀而透彻。其余食盐一部分抓在手掌中，在鸭的大腿下部向上涂抹，则大腿肌肉因抹盐的渗透力向上收缩，盐分由骨肉脱离的空隙处入内，再将余盐涂抹颈部刀口处，鸭嘴内也撒一点盐，其余少量盐放在脑部两旁肌肉上，用手轻轻搓揉。然后叠放缸中，进行干腌。b. 抠卤：将擦好盐的鸭尸逐一叠入缸内，经过 12h 以上的盐腌（一般傍晚盐腌至次日晨即可），肌肉内部分血水浸出存留在体腔内，此时鸭尸被盐腌紧缩，为了使体腔内血卤很快排出，用左手提鸭翅，右手二指撑开泄殖腔，放出盐水，此工序称为抠卤。必要时再叠放 8h 进行第二次抠卤。目的是要腌透鸭肉以及浸出肌肉中的血水，使肌肉洁白美观。抠出的血水经烧煮后，作新卤处理。c. 复卤：抠卤后，由左翅刀口处灌入配制好的老卤，再逐一倒叠入老卤缸内（腿向上），用盖子盖住，压上重物，以防鸭尸上浮，使鸭尸全部淹在老卤中。复卤的时间随鸭子的大小和气候而定，一般 24h 即可全部腌透出缸。出缸时用手指伸入泄殖腔排出卤水，可挂起来使卤水滴净。

③叠坯：把流尽卤水的鸭尸放在案板上，背朝下，腹部向上，用手掌压放在鸭的胸部，使劲向下压，使胸前“人”字骨随即压下，鸭成扁平形。再把四肢排开盘入缸中，头在缸中心，以免刀口渗出血水污染鸭体，一般叠坯时间 2~4d。

④排坯、晾挂：将叠坯鸭取出，用清水净体（注意不能使清水流入鸭体内），挂在木档钉，用手使劲拉开，胸部拍平，挑起腹肌，达到外形美观。然后挂在通风处风干，等鸭子皮干水净后，再收口复排，加盖印章（一般在板鸭左侧面），送入仓库晾挂。晾挂的鸭体相互不接触，经 14d 后即成板鸭。

（二）现代板鸭加工工艺

1. 工艺流程

原料鸭选择 → 宰杀 → 烟毛 → 去内脏修整 → 清洗 → 干腌 → 卤腌 →

风干（自动控温度、湿度、风速车间，3~4d）→ 去小毛修整 → 煮制 → 冷却 → 真空包装 →

微波杀菌→成品

2. 操作要点

原料宰杀、处理同传统加工。

（1）腌制

①干腌：将洗净沥干水分的光鸭放在腌制操作台上操作，抓炒盐撒入内腔翻动均匀，再擦腌腿、脯及全身体表，重点擦揉腿部。每只鸭加盐量占肉质量的8%，腌制温度0~4℃，腌制时间24h。

②卤腌：将配制好的浸腌卤液入缸，腌液量占腌制容器量的一半，再把干腌好的鸭坯放入液面以下。腌制温度恒温0~4℃，腌制时间4h。

（2）风干　将腌好的鸭坯取出缸，滴净卤水，上挂架（多层自动匀速转动），低温、除湿、吹风，随着风干时间的延长，不断脱水、产香，以达到风干工艺要求。风干室温度控制在18℃左右；风干时间一般为3d，风干不足3d的鸭腊香味不浓；除湿与吹风的目的在于脱水，第一天风量要大，之后随脱水逐渐减弱，除湿量因风干室大小、挂鸭数量多少而异。风干成熟时，鸭体失水率达到15%为宜。

（3）脱盐　将风干的鸭坯放入水槽，放自来水浸泡换水2次，水温在10℃以下，浸泡时间1h左右。

（4）除腥　将脱盐过的鸭坯，放入吊篮，入100℃沸水中浸烫1~3min，吊篮在浸烫过程中提降2~3次，再入冷水中急冷。

（5）净残毛　因脱盐浸烫过的鸭坯未拔净残毛更显得明显，此时可借机进一步人工拔残毛，对产品的外观、清洁度都可明显提高，有利于提高产品质量。拔过残毛的鸭坯入冷水洗净，转入熟化间熟化。

（6）煮制　采用吊篮式煮制锅煮制。鸭坯放入吊篮每锅50只左右入锅煮制，入锅时连续提降3次，煮制中再提降2~3次，以便均匀受热。沸水下鸭，沸后95℃焖煮60~70min。

（7）板鸭的冷却、包装、杀菌　熟化后板鸭冷却5~10min，然后用透明包装袋真空包装。杀菌一般采用微波杀菌。

（三）成品评价

（1）感官指标　板鸭体肥、皮白、肉色深红、肉质细嫩、风味鲜美。

（2）理化指标和微生物指标　按照GB 2730—2015《食品安全国家标准　腌腊肉制品》执行。

五、思考题

1. 传统板鸭加工有何工艺缺陷？如何改进？
2. 简述板鸭加工的关键技术和保藏原理。
3. 影响板鸭质量的因素有哪些？

第二节 食品发酵工艺实验

实验九 凝固型酸奶的制作

一、实验目的

了解工业酸奶的工艺类型，掌握凝固型酸奶的加工方法及工艺要点；加深对酸奶发酵剂制备原理的理解；能够针对酸奶常见的品质问题给予相应的技术改进。

二、实验原理

以鲜乳为原料，经过预处理后接入培养的保加利亚乳杆菌和嗜热链球菌作为发酵剂（生产酸乳制品及乳酸菌制剂时所用特定微生物培养基），乳酸菌在适宜条件下生长繁殖，将乳中乳糖分解成乳酸等有机酸，致使乳的 pH 下降，达到了乳中乳酪蛋白等电点，进而乳酪蛋白凝结成乳凝状。经乳酸菌发酵的乳具有天然的发酵香气，口感细腻爽滑，质地稠厚，酸甜可口，促进有益菌的生长繁殖，更适于乳糖不耐症人群食用。

按照生产方式酸奶分为凝固型和搅拌型两种。凝固型酸乳的制作主要是利用细菌中的保加利亚乳杆菌和乳球菌，在牛乳中生长，分解乳糖形成乳酸，使乳的 pH 随之下降，在酪蛋白等电点附近形成沉淀聚集物，在灌装的容器中呈凝胶状态，并通过乳酸菌代谢产生大量的风味物质，从而制得凝固型酸乳。当乳中含有抗生素、防腐剂时，会抑制乳酸菌的生产，从而导致发酵不力、凝固性差。

三、实验材料与仪器设备

1. 实验材料

鲜乳、全脂乳粉、脱脂乳粉、蔗糖、酸奶发酵剂（嗜热链球菌、保加利亚乳杆菌、淀粉）、$CaCl_2$、蒸馏水等。

2. 实验仪器设备

高压灭菌锅、超净工作台、培养箱、均质机（胶体磨）、烧杯、量筒等。

四、实验内容

1. 工艺流程

原料乳（全脂或脱脂乳）→ 砂糖调配 → 预热 → 均质 → 杀菌 → 冷却 → 添加发酵剂 → 灌装、封口 → 发酵 → 后熟 → 成品

2. 操作要点

（1）原料乳过滤　原料乳加热至 60℃，乳粉先用水溶解成复原乳（1∶7）再与预热乳混合，同时加入质量分数 6%～9%的蔗糖，溶解后用 4 层纱布过滤。

原料乳要求：原料乳酸度＜18°T，乳固体含量＞11.5%，TTC 实验呈阴性。

（2）杀菌　原料预热后用高压蒸汽灭菌锅 95℃杀菌 8min，或者加热至 85～90℃维

持 10min 杀菌。

（3）冷却　灭菌结束，将物料迅速冷却至 40℃。

（4）添加工作发酵剂　按 2%～3%接种量将工作发酵剂接种至原料，迅速搅拌均匀。接种量：制作酸乳所采用的接种量有最低、最高和最适三种。最低接种量是按照 0.5%～1.0%的比例添加，缺点是产物易受到抑制，易形成对菌种不良的生长环境，产酸不稳定。可以直接添加直投式酸奶发酵剂或者通过扩大培养制备工作发酵剂。

工作发酵剂的制备方法：从 0～5℃冰箱中取出直投菌（嗜热链球菌、保加利亚乳杆菌），放置室温 0.5h；配制乳固体浓度为 12%的复原乳，分别装入试管及三角瓶中，于 115℃高压灭菌 20min。待温度降至 45℃时，以 1%（菌种：复原乳为 1：50，体积比）在超净工作台接种并充分混合，待凝固后转入盛有复原乳的三角瓶中；复原乳 43℃培养 6h 凝固后取出，迅速冷却放入 0～5℃保存，此三角瓶中的发酵剂作为母发酵剂；取出母发酵剂常温下放置 0.5h。将鲜乳于 115℃高压灭菌 20min 后迅速冷却至 43℃，按照 3：100的比例将母发酵剂与鲜乳均匀混合并放入 43℃培养 4～6h 至乳凝固后取出冷却成酸奶工作发酵剂，0～5℃保存。

工作发酵剂制备的注意事项：开始实验前，将实验所需的玻璃仪器和器具消毒，防止在制备过程中物品造成微生物污染；超净工作台实验前需要用 75%的酒精擦洗并用紫外线照射 30min，在照射前工作台不能堆放物品，以防消毒不全面和不彻底；在超净工作台操作时，首先点燃酒精灯且在火焰燃烧的周围操作。金属器械不得在酒精火焰中灼烧时间过长、防止退火，且金属勺需要冷却后方可使用；接种时动作要准确熟练，防止空气流通引起的微生物污染，戴口罩以防唾液中微生物的污染，手应该消毒并预防接触其他物品；菌种必须单独保藏，且两种菌种（嗜热链球菌、保加利亚乳杆菌）以 1：1 混合。制作母发酵剂时，如出现菌种结块、吸潮等现象应更换菌种以防影响母发酵剂的发酵能力。

（5）灌装　酸奶瓶经无菌处理，灌装后用上蜡无菌酸奶封口纸封口。

（6）发酵　将密封接种的牛乳置于 43℃的培养箱中培养 3.5～4h。抽查制品酸度和品质，酸度达 70～80°T（或 pH 4～5），组织均匀、致密、无乳清析出，表明凝块质地良好，可结束发酵。

（7）后熟　将发酵结束的酸奶置于 5℃条件下冷藏 24h 得到凝固型酸奶成品。

五、产品评定及卫生标准

1. 发酵剂的质量要求

乳酸菌发酵剂的质量，应符合以下要求：

（1）感官检验　凝块应有适当的硬度，均匀而细滑，富有弹性，组织状态均匀一致，表面光滑，无龟裂，无皱纹，未产生气泡及乳清分离等现象；具有优良风味，无腐败味、苦味，无变色现象。

（2）化学检验　一般主要检查酸度和挥发酸。酸度以 90～110°T 为宜。用蒸馏法测定挥发酸含量。

（3）微生物检验　用常规方法测定活菌数和总菌数。

（4）凝固情况　按规定方法接种后，在规定时间内产生凝固，无延长凝固的现象。

测定活力时符合规定指标要求。

（5）发酵剂活力测定　发酵剂的活力是指该菌种的产酸能力，活力测定通常采用下列两种方法：①酸度检查法：在灭菌冷却后的脱脂乳中加入3%的发酵剂，并在37.8℃的恒温箱下培养3.5h，然后测定其酸度，若滴定乳酸度达0.7%~0.8%，认为活力良好。②刃天青还原试剂法：在9mL脱脂乳中加入1mL发酵剂和1mL 0.005%刃天青溶液，在36.7℃恒温箱中培养35min以上，如完全褪色表示活力良好。

2. 产品感官评定标准

酸奶感官评定标准见表4-16所示。

表4-16　酸奶感官评定标准

项目	感官特性	特性描述及评分标准		
		7~10分	3~6分	0~2分
外观	表观黏度 拉丝 光滑度	用匙搅拌感觉黏稠 拉丝明显 表面光滑无裂痕 切面光滑	用匙搅拌黏稠度一般 拉丝不明显 表面光滑有轻微裂痕 切面状态均一	用匙搅拌不黏稠 无拉丝 表面不光滑有裂纹 切面粗糙
口感	光滑度 黏稠度 在口中融化速度	爽滑无颗粒感 黏度感强 快速融化	有轻微颗粒感 黏稠度一般 融化速度一般	有明显颗粒感 黏稠度较稀 很难融化
滋味和气味	奶油感 酸度 清爽感 苦味	奶油感较强 酸度强 清爽感较强 无苦味	奶油感一般 酸度中等 清爽感一般 稍有苦味	无奶油感 酸度过弱或过强 无清爽感 苦味严重

3. 产品卫生标准

纯酸牛乳中脂肪含量≥3.1%，蛋白质含量≥2.9%，酸度≥70.0°T，苯甲酸含量≤0.03g/kg，亚硝酸盐含量≤0.2 mg/kg，大肠菌群为$n=5$，$c=2$，$m=1$，$M=5$，CFU/mL，其他致病菌不得检出，乳酸菌数不得低于1×10^{6} CFU/mL。

六、结果与分析

1. 实验结果

将实验结果记录于表4-17、表4-18和表4-19中。

表4-17　凝固型酸奶原料消耗记录表　单位：g

实验日期	纯牛乳用量	白砂糖用量	酸奶发酵剂用量	凝固型酸奶产量	综合评分

表 4-18　　酸奶发酵剂原料消耗记录　　单位：g

实验日期	菌种用量	复原乳用量	蒸馏水用量	母发酵剂用量	鲜乳用量

表 4-19　　酸奶物理学特性评价

组别	持水力/%	硬度/g	黏度/（g·s）	弹性模量/Pa	黏性模量/Pa

2. 结果分析

依据感官特性评分标准评价实验酸奶的综合得分，即从酸奶的外观、口感、滋味和气味以及物理学方面评价，并综合评价酸奶发酵剂的发酵能力，总结实验的不足及改进措施。

七、思考题

1. 不同乳酸菌对凝固型酸奶的发酵有什么差异？
2. 制作凝固型酸奶过程中，温度对成品质量控制的意义是什么？
3. 若酸奶产品中有气泡产生，其原因是什么？怎样解决？
4. 简述所用乳酸菌在何种温度下具有最大发酵能力。
5. 思考如何改进实验工艺增加酸奶发酵剂的发酵能力。
6. 总结在酸奶发酵剂制备过程中需要注意的操作以及预防措施。

实验十　切达干酪的制作

一、实验目的

理解切达干酪的加工原理；掌握干酪生产的基本工艺；学会干酪的切割、成熟管理等工艺技术。

二、实验原理

干酪是以乳、稀奶油、脱脂乳、酪乳或这些原料的混合物为原料，经凝乳并排除部分乳清而制成的新鲜或经成熟的产品。乳在发酵剂作用下产生乳酸，促进凝乳酶的凝乳作用，使凝块收缩，制品产生良好的弹性，同时乳酸菌可产生相应的蛋白酶以及脂肪酶分解蛋白质和脂肪等物质，使制品成熟过程中产生相应的风味物质。

凝乳酶主要作用是促使原料乳凝结，为排出乳清提供条件。凝乳酶的活性强弱，直接影响着干酪的加工及制品品质。凝乳酶的活力是指 1mL 凝乳酶溶液或 1g 干粉在 35℃

条件下，40min 内能凝结原乳的体积（mL）。这也是凝乳酶活性检测的实验原理。

三、 实验材料与仪器设备

1. 实验材料

原料乳、凝乳酶、发酵剂、氯化钙、氯化钠、脱脂乳粉、食盐、0.1mol/L HCl。

2. 实验设备

搅拌器、干酪模具（1kg 干酪使用）、干酪刀、恒温水浴锅、加热锅（普通或夹层锅）、电子天平、计时器、温度计、不锈钢直尺、勺子、不锈钢滤网等。干酪制作过程中所用工具必须先用热碱水清洗，再用质量浓度为 200mg/L 的次氯酸钠溶液浸泡，使用前清水冲洗。

四、 实验内容

1. 工艺流程

鲜乳 → 标准化 → 巴氏杀菌 → 冷却 → 发酵剂的添加 → 发酵 → 氯化钙的添加 → 凝乳酶的添加 → 切块搅拌 → 升温 → 排乳清 → 氯化钠的添加 → 入模压榨成形 → 成品

2. 操作要点

（1）原料标准化　调整原料乳中乳脂率和酪蛋白的比例，使其比值符合产品要求。一般要求酪蛋白与脂肪的比例为 0.7∶1。

（2）热处理　热处理一方面起到杀菌作用，另一方面使部分白蛋白凝固，留存于干酪中，可以增加干酪产量。原料乳在 65℃条件下消毒 30min（或 72℃、15s），迅速冷至最佳发酵温度 30℃。

（3）干酪容器的装填　在 30℃水浴条件下将乳倾注于干酪容器中，并使干酪容器始终处于 30℃水浴条件下。

（4）发酵剂的添加　向冷却鲜乳中添加 2%的发酵剂用于鲜乳发酵，迅速搅拌均匀。市售粉末状干酪发酵剂须经过活化后使用，干酪发酵剂是嗜中温发酵剂，活化条件为温度 22℃、时间 18h 、活化后发酵剂酸度应为 0.8%左右。

（5）添加氯化钙　添加氯化钙是为了调节盐类平衡，促进凝块形成。加入发酵剂后再加入质量浓度为 330g/L 的氯化钙溶液并搅拌，添加量为 30mL/100L 原料乳。

（6）添加凝乳酶　首先配制 1%的凝乳酶食盐水溶液，4℃保藏。取 9g 脱脂乳粉，加入 100mL 蒸馏水，搅拌后使其充分溶解。将 100mL 脱脂乳调整酸度为 0.18%，用水浴加温至 35℃后，添加 10mL 1%的凝乳酶食盐水溶液，迅速搅拌均匀，准确记录开始加入酶液直到凝乳时所需的时间（单位为 s），此时间又称凝乳酶的绝对强度。按式 4-1 计算凝乳酶活力。

$$凝乳酶活力=\frac{供试乳量}{凝乳酶量}\times\frac{2400}{凝乳时间} \tag{4-1}$$

式中　2400——测定凝乳酶活力时所规定的时间，s。

根据活力计算凝乳酶用量，用 1%食盐水将酶配成 2%溶液，并在 28～30℃保温 30min。加入发酵剂 30min 后，加入 65 滴凝乳酶，滴加过程中不断搅动，直至滴加结束。

（7）凝乳块搅拌和切割　使乳在水浴中再静置 30min 后，检验凝块是否形成，如果凝乳成功便可开始切割，否则等待至凝块形成。开始顺着容器壁切下去，然后再从凝乳块中间切下去，沿着不同方向切，切割时动作要轻，切割过程大约在 10min 内完成，直至 0. 5~1cm 小凝块形成。

（8）乳清分离　切割后开始小心搅动，同时从干酪槽中去除乳清，直到物料体积变为原来的 1/2。

（9）凝乳块洗涤　洗涤是为了降低乳酸浓度，获得合适的搅拌温度。洗涤持续 20min，如果时间过长，造成过多乳糖和凝乳酶留在凝块中。乳清分离后，在不断搅动的情况下，加入 60~65℃经过煮沸的热水，直至凝乳块的温度为 33℃，使物料体积还原为原来的容量，然后持续搅动 10min，10min 后盖上干酪槽，将其放入 36℃ 水浴中持续 30min。

（10）干酪压滤器装填　用手将凝乳块装入干酪模具，使凝乳块达到模具高度的 2 倍后合上模具。

（11）压榨成形　通常一次装好一个 1kg 的模具，将模具放在干酪压榨机上，持续压榨 0. 5h，然后将干酪从模具中取出，翻转，再放回模具中，继续压榨 3~5h。压榨时保证干酪上压强为 0. 1MPa。

（12）加盐　加盐量按照成品含盐量确定，一般为 1. 5%~2. 5%。加盐的方法有三种。干盐法：在定形压榨前，将所需的食盐撒布于干酪中，或将食盐涂布于干酪表面；湿盐法：将压榨后的生干酪浸于盐水池中浸盐；混合法：指在定形压榨后先涂布食盐，过一段时间后浸入食盐水。

（13）成熟　将生鲜干酪置于一定温度（10~12℃）和湿度（相对湿度 85%~90%）条件下，经一定时期（3~6 个月），在乳酸菌等有益微生物和凝乳酶的作用下，使干酪发生一系列的物理和生物化学变化的过程，称为干酪成熟。

将干酪置于温度 12℃、湿度 85%发酵间的木制隔板上，持续成熟 4 周以上。发酵开始约 1 周内每日翻转干酪 1 次，并进行整理。1~2 周后用专用树脂涂抹，防止表面开裂。

五、 产品评定

1. 感官评定

感官评定标准见表 4-20 所示。

表 4-20　感官评定表评分标准

项目	特征	分数
滋味与气味	纯香味、微酸	55
	良好、香味不明显	50~52
	一般、无异味	45~47
	有饲料味、苦味等异味	40~43
组织状态	剖面质地均匀、紧致、无裂缝、软硬适中	45
	质地粗糙、过硬或过软	37~40
	易碎、松散不成形	30~35

续表

项目	特征	分数
色泽	白色或淡黄色	10
	不明显的白色或淡黄色	0

2. 干酪卫生标准

大肠菌群≤100CFU/g，金黄色葡萄球菌≤100CFU/g，酵母菌≤50CFU/g，霉菌≤50CFU/g。

3. 切达干酪出品率的计算

根据干酪入模压榨后称量测定出品率：

$$出品率（\%）=\frac{干酪质量}{原料乳质量+发酵剂质量}\times 100 \quad (4-2)$$

六、 结果与分析

1. 实验结果

将实验结果记录于表4-21中。

表4-21 切达干酪制作原料消耗表 单位：g

实验日期	原料乳用量	凝乳酶用量	发酵剂用量	氯化钙用量	氯化钠用量	出品率/%	综合评分

2. 结果分析

从切达干酪的表面及剖面颜色、组织状态、滋味、气味等方面综合评判干酪质量。要求实事求是地对实验结果进行评价以及对实验失败进行详细的分析。

七、 思考题

1. 在实验的基础上简述切达干酪的形成机理？
2. 结合所学知识谈谈如何提高切达干酪产品品质？

实验十一 乳酸菌饮料的制作

一、 实验目的

掌握发酵型乳饮料的基本加工过程；理解活性乳酸菌发酵饮料和杀菌型乳饮料的工艺异同；熟悉接种、均质、杀菌等单元操作及设备的使用方法。

二、 实验原理

乳酸菌饮料是一种发酵型的酸性含乳饮料，通常以乳或乳制品、果蔬菜汁或糖类为原料，进行杀菌、冷却、接种、乳酸发酵后，利用甜味剂、酸味剂等调配而制成的饮料。根据是否经过杀菌处理分为活性乳酸菌饮料（未经后杀菌）和非活性乳酸菌饮料(经过后杀菌)。

活性乳酸菌饮料的加工方式有多种，目前生产厂家普遍采用的方法是先将牛乳进行乳酸菌发酵制成酸乳，再根据配方加入糖、稳定剂、水等其他原辅料，经混合、标准化后直接灌装或经热处理后灌装。活性乳酸菌饮料较发酵酸奶相比，其口感清爽且风味多变，成本较低，与调配型酸奶饮料相比，酸甜适口，具有发酵酸奶特有的风味和乳酸菌的保健效能，有着巨大的市场潜力和发展优势。

三、 实验材料与仪器设备

1. 实验材料

鲜乳/全脂乳粉、发酵剂、黄原胶、果胶、羧甲基纤维素钠（CMC)、柠檬酸、白砂糖等。

2. 实验设备

均质机（胶体磨)、高压灭菌锅、离心机、生化培养箱、超净工作台、冰箱、电热恒温水浴锅、不锈钢锅等。

四、 实验内容

1. 工艺流程

鲜牛乳→ 成分调整 → 杀菌 → 冷却 → 接种 → 发酵 → 后熟 → 冷却 → 破碎凝乳 → 混合配料 → 均质 → 无菌灌装 → 冷藏 →成品（活菌型发酵乳饮料）

2. 参考配方

酸乳30%、蔗糖10%、果胶0.4%、柠檬酸0.1%、香精0.15%、水53%。

3. 操作要点

(1) 原料乳成分调整　选用优质脱脂乳或复原乳，通过添加脱脂乳粉、蒸发原料乳、超滤、添加酪蛋白粉、乳清粉等方式，调整固形物含量至15%~18%。

(2) 均质　调配好的原料加热至50~60℃，均质机于20MPa下均质5min。

(3) 杀菌　均质后的原料在灭菌锅中90~95℃灭菌15min，灭菌后牛乳冷却至40~42℃。

(4) 接种　无菌条件下在超净工作台中接种生产发酵剂，接种量为3%，接种后迅速搅拌均匀。

(5) 发酵　置于40~45℃恒温培养箱中发酵3.5~4h，待组织均匀、致密，无乳清析出，酸度达到70°T时停止发酵。

(6) 后熟　发酵后置于4℃冰箱中后熟12~16h。

(7) 配料　称取10%白砂糖、0.1%CMC、0.15%黄原胶、0.1%果胶，将部分白砂糖与稳定剂混合干磨，加少量水搅拌后加热溶解，直至完全溶解，制得混合料。剩下部分白砂糖配制成65%的糖液，柠檬酸配制成10%的柠檬酸液，90~95℃杀菌10min后冷却至3~5℃，制得混合液。

破碎凝乳：低温条件下破碎凝乳并与混合料搅拌均匀。

混合调配：将混合液加入凝乳中，在3~5℃条件下用柠檬酸将凝乳pH调至3.8~4.0后补充水分搅拌均匀。果胶对酪蛋白的颗粒具有最佳稳定性，果胶是一种聚半乳糖醛酸，它的分子链在中性和酸性条件下带负电荷，避免酪蛋白颗粒间互相聚合成大颗粒而产生沉淀，果胶分子在pH 4时稳定性最佳，因此，杀菌前一般将乳饮料pH调整至3.8~4.2。

（8）均质　均质使混合料液滴微细化，提高料液黏度，抑制离子沉淀，并增强稳定剂的稳定效果。在60~65℃条件下进行二级均质，第一级均质压力20MPa，第二级5MPa。

（9）灌装　上述均质物料迅速冷却至5℃，灌装入已杀菌的瓶子中，即得活菌型发酵乳饮料。

五、产品评定

产品感官评价指标、理化指标和卫生指标分别见表4-22、表4-23和表4-24所示。

表4-22　成品感官评价

项目	指标	评定结果
组织状态	呈乳浊态，均匀不分层，允许存在少量沉淀，无气泡，无异物	
滋味气味	有乳香味及酸乳的特殊香气和滋味，无异味	
口感	口感细腻、甜度适中，微酸不涩	
色泽	颜色均一，乳白色或浅黄色	

表4-23　成品理化指标测定

项目	指标	测定结果
蛋白质含量/%	0.7	
总固体含量/%	11	
酸度/°T	43~83	

表4-24　成品微生物指标测定

项目	指标	测定结果
乳酸菌数/（CFU/g）	$\geq 1\times10^{6}$	
大肠菌群/（CFU/g）	≤10	
霉菌/（CFU/g）	≤20	
酵母菌/（CFU/g）	≤20	
其他致病菌	不得检出	

六、 结果与分析

评定成品的组织状态、色泽、滋味及气味，测定成品的感官品质和理化指标，总结实验不足及失败原因。

七、 思考题

1. 活性型发酵乳饮料和非活性型乳饮料哪种品质更佳？试述两种乳饮料的工艺异同点。

2. 乳酸菌饮料在贮藏过程中容易出现的质量问题有哪些？如何进行工艺改进避免品质问题的出现？

实验十二 中式火腿的加工

一、 实验目的

掌握传统中式火腿的工艺流程并了解金华火腿新生产工艺；熟悉火腿加工操作发酵原理，了解火腿风味形成、红色色泽等的由来；掌握亚硝酸盐腌渍中式火腿中的添加作用及添加量。

二、 实验材料与仪器设备

1. 实验材料及配方

带皮猪后腿、食盐、亚硝酸盐、抗坏血酸。

2. 实验设备

菜刀、刷子、竹签、恒温恒湿箱、通风室。

三、 实验内容

1. 工艺流程

原料腿选择→修整→腌制→洗腿→晒腿→发酵→落架→堆叠→成熟→包装→成品

2. 操作要点

（1）原料选择 金华火腿一般选择“两头乌”猪的新鲜后腿，要求皮薄爪细，腿心饱满，瘦肉多，肥膘少，肉质细嫩，腿坯重5~7.5kg。原料腿过大脂肪过多，腌制困难，风味不佳；过小则肉质太嫩，腌制后失重过大，肉质干硬。

（2）修割腿坯 又称修整，是指将选好的鲜腿修整成光洁腿坯的过程。包括刮净腿皮上的细毛、黑皮，削平猪腿耻骨，把表面和边缘修割整齐，挤出血管中瘀血，腿边修成弧形，使腿型初步呈“竹叶形”。挂腿预冷，控制温度0~5℃，预冷12h，要求鲜腿深层肌肉温度下降到7~8℃，腿表不结冰。

（3）腌制　腌制温度控制在6~10℃，相对湿度控制在75%~85%，先高后低，要求平均相对湿度达80%，加盐少量多次，腌制35d左右。腌制是中式火腿加工的重要环节，而加盐量及加盐操作则是关系火腿品质的关键因素。

加盐方法少量多次，冬季加盐量6.5%~7.0%，春秋季7.0%~8.0%，炎热季节8.0%~8.5%，加入少许亚硝酸盐、抗坏血酸帮助发色。以100kg鲜腿为例，用盐量8~10kg，一般分六七次上盐。第一次上盐，称为“上小盐”，在肉面上撒一层薄盐，用盐量2kg左右。上盐后将火腿呈直角堆叠12~14层。第二次上盐，称为“上大盐”，在第一次上盐的第2天。先翻腿，用手挤出瘀血，再上盐，用盐量5kg左右。在肌肉最厚的部位加重敷盐，上盐后整齐堆放。第三次上盐在第7天，按照腿的大小和肉质软硬程度决定用盐量，一般为2kg左右，重点在肌肉较厚和骨质部位。第四次在第13天，通过翻倒调温，检查盐的融化温度，如大部分已经融化可以补盐，用量为1~1.5kg。在第25天和27天分别上盐，主要是对大型火腿及肌肉尚未腌透仍较松软的部位适当补盐，用量为0.5~1kg。腌制过程中注意撒盐均匀，堆放时皮面朝下，肉面朝上，最上一层皮面朝下。经过一个多月的时间，当肉的表面经常保持白色结晶的盐霜，肌肉坚硬，腌制结束。

整个腌制过程中要保证在肉面上始终有食盐的存在，特别是在三签一线位置要有较多的食盐。腌透的腿，肌肉坚实、肉面暗红色，腌制完成后，腿重量为鲜腿的90%左右。

（4）浸腿与洗腿　将腌制后的鲜腿用清水浸泡，要求腿和皮必须浸没水中，肉面向下，皮面朝上，层层堆放，腿身不得露出水面，水温10℃左右，浸泡10h。浸泡好的原料腿用竹帚逐只洗刷，洗腿时必须顺次先洗脚爪、皮面、肉面，洗时要防止腰肉翘起。初洗后，刮去腿上的残毛和污物，刮时不可伤皮。经刮毛后，将腿再次浸泡在水中2~3h，仔细洗刷后，用草绳将腿拴住吊起，挂在晒架上。

（5）晒腿　漂洗干净的火腿用麻绳系牢，吊挂在晒腿架上，要求间距均匀，光照充分，夜间在晒腿架上覆盖油布，保持干燥。晾晒过程中随时修整，使腿型美观，晒腿时间冬季5~6d，春季4~5d，风干温度控制在15~20℃，湿度控制在70%以下，晒至皮紧而红亮，并开始出油为度。

（6）发酵　日晒结束后，将火腿移入室内进行晾挂发酵。晾挂时，火腿要摆放整齐，腿间留有空隙，利于通风。发酵适宜温度为30℃，适宜相对湿度为60%~70%，发酵时间为6~8个月。通过晾挂，腿身干缩，腿骨外露，所以还要进行一次整形，使其成为完美的“竹叶形”。经过2~3个月的晾挂发酵后，皮面呈枯黄色，肉面油润。常见肌肉表面逐渐产生绿色霉菌，称为“油花”，属正常现象，表明干燥湿度及咸淡适中。

（7）堆叠　经过发酵修整后的火腿，根据发酵程度分批落架。除去霉污，并按照大小分别堆叠。堆叠时肉面朝上，皮面朝下，每隔5~7d翻堆一次，使之渗油均匀，并用食用油涂擦表面，保持火腿油亮和光泽。

（8）成品　经过半个月左右的堆叠后熟过程，即为成品。

四、产品评定

火腿质量标准见表4-25和表4-26。

表 4-25 火腿质量分级

项目	要求		
	特级	一级	二级
香气	三签香	三签香	二签香，一签无异味
外观	腿心饱满，皮薄脚小，白蹄无毛，无红斑，无损伤，无虫蛀、鼠伤，无裂缝，小蹄至髋关节长度 40 cm 以上，刀工光洁，皮面平整，印鉴标记清晰	腿心较饱满，皮薄脚小，无毛，无虫蛀、鼠伤，轻微红斑，轻微损伤，轻微裂缝，刀工光洁，皮面平整，印鉴标记清晰	腿心稍薄，但不露股骨头，腿脚稍粗，无毛，无虫蛀、鼠伤，刀工光洁，稍有红斑，稍有损伤，稍有裂缝，印鉴标记清晰
色泽	皮色黄亮，肉面光滑油润，肌肉切面呈深玫瑰色，脂肪切面为白色或红色，有光泽，蹄壳灰白色		
组织状态	皮与肉不脱离，肌肉干燥致密，肉质细嫩，切面平整，有光泽		
滋味	咸淡适中，口感鲜美，回味悠长		
爪弯	蹄壳表面与脚骨直线的延长线呈直角或锐角		

表 4-26 火腿质量指标

项目		要求		
		特级	一级	二级
瘦肉比/%	≥	65	65	60
水分（以瘦肉计）/%	≤	42	42	42
盐分（以瘦肉中的氯化钠计）/%	≤	11	11	11
质量/(kg/只)	≤	3.0~5.0	3.0~5.5	2.5~6.0
过氧化值（以脂肪计）/(g/100g)	≤	0.25	0.25	0.25
酸价（KOH）/(mg/g)	≤	4.0	4.0	4.0
三甲胺氮含量/(mg/100g)	≤	2.5	2.5	2.5
铅（Pb）含量/(mg/kg)	≤	0.2	0.2	0.2
无机砷含量/(mg/kg)	≤	0.05	0.05	0.05
镉（Cd）含量/(mg/kg)	≤	0.1	0.1	0.1
总汞（以 Hg 计）含量/(mg/kg)	≤	0.05	0.05	0.05
亚硝酸盐残留量		按 GB 2760—2014 的规定执行		

五、思考题

1. 传统肉制品加工中腌制方法有哪些？中式火腿采用何种腌制方法？
2. 火腿成品的色泽、风味受到哪些加工条件的影响，如何影响？

3. 作为我国传统发酵肉制品，谈谈你对其工业化生产的看法。

实验十三　发酵香肠的制作

一、实验目的

掌握发酵香肠制作工艺；了解亚硝酸盐在传统中式肉制品加工中的作用及原理。

二、实验原理

发酵香肠是传统的中式香肠，以肉类为主要原料，经切、绞成丁，配以辅料，灌入动物肠衣，经自然发酵、成熟干制而成。中式香肠瘦肉色泽鲜红、肥肉呈白色或透明状，一方面由于亚硝酸盐的发色作用，另一方面香肠加工过程中水分含量低，呈色物质浓度较高。香肠风味是在组织酶和微生物酶的作用下，由蛋白质、浸出物和脂肪变化的混合物形成，包括羰基化合物的积累和脂肪的氧化与分解。发酵香肠在常温下较长时间保存的主要原因是在腌制和风干过程中，原料水分丧失，低水分活度抑制了微生物的生长，此外，亚硝酸盐在发酵的过程中也起到一定的抑菌作用。

三、实验材料与仪器设备

1. 实验材料及配方

鲜猪肉、肠衣、嗜热乳杆菌与啤酒片球菌 1∶1 制备的母发酵剂、食盐、香辛料、维生素 C、硝酸钠、亚硝酸钠、蔗糖、葡萄糖、酱油等。

广式香肠：10kg 原料肉（肥瘦比 3∶7），0.32kg 精盐，0.7kg 蔗糖，0.1L 酱油，0.2L 白酒，20g 味精，1g 亚硝酸钠（用少量水溶解后使用）。

麻辣香肠：10kg 原料肉（肥瘦比 3∶7），0.25kg 精盐，0.3kg 蔗糖，0.1L 酱油，0.2L 白酒，20g 味精，15g 花椒粉，30g 胡椒粉，30g 五香粉，8g 辣椒粉，20g 姜粉，1g 亚硝酸钠（少量水溶解后使用）。

2. 实验设备

电热恒温培育箱、电热恒温干燥箱、电子天平、真空包装机、绞肉机、冰箱等。

四、实验内容

1. 工艺流程

原料选择及预处理→绞碎→腌制→搅拌→接种→灌肠→发酵→烘烤→冷却→真空包装→成品

2. 操作要点

影响发酵香肠品质和保质期的因素主要有原料肉、温度、碳水化合物的类型和数量、盐浓度、pH、香肠直径、氧、香辛料类型和数量、亚硝酸盐浓度、发酵剂活性和添加量以及其他添加剂。

（1）肠衣的制备　选取清除内容物的新鲜猪小肠或羊小肠，剪成1m左右的小段，翻出内层洗净，置于平板上，用有棱角的竹刀均匀用力刮去浆膜层、肌肉层和黏膜层后，剩下色白而坚韧的薄膜即为肠衣，洗净后浸于水中备用。若选用盐渍肠衣或干肠衣，用温水浸泡，清洗后即可。

（2）原料肉预处理　各种肉均可作为发酵香肠的原料，常用猪肉、牛肉和羊肉。若使用猪肉，其pH应在5.6~5.8，这将有利于发酵的进行，并保证在发酵过程中有适宜的pH降低速率。发酵香肠肉糜中瘦肉含量为50%~70%，产品干燥后，脂肪含量有时会达到50%。发酵香肠具有较长的保质期，要求使用不饱和脂肪酸含量低、熔点高的脂肪，牛脂和羊脂不适合作为发酵香肠的原料。

选取检验合格的优质鲜猪肉作为原料并修整去除肋骨、肌腱、血块、腺体，将瘦肉与肥肉分开，可单独使用绞肉机绞肉，也可经过粗绞后再用斩拌机，肉糜颗粒大小取决于产品类型，一般肉馅中脂肪粒度控制在2mm。绞肉之后温度冷却至-4~-2℃，保存备用。

（3）腌制　将瘦肉与辅料充分混合放置0~4℃冰箱中腌制4h。腌制过程中，食盐、糖等辅料在浓度差的作用下均匀渗入肉中，同时在亚硝酸盐的作用下形成稳定的腌制肉色。

（4）搅拌　将腌制好的瘦肉与肥肉丁充分混合。

（5）接种　将活化好的菌种以10CFU/g的接种量在超净台上接种并用等体积的无菌盐水稀释。

（6）充填　将斩拌混合均匀的肉糜灌入肠衣，灌肠时要求充填均匀，肠坯松紧适度。灌装过程中肉糜温度控制在4℃以下。生产发酵香肠的肠衣可以为天然肠衣，也可以是人造肠衣。所用肠衣要有较好的透水、透气性。

（7）漂洗　漂洗池可设置两个，一个盛有干净的热水，水温60~70℃，另一个盛有清洁冷水。先将香肠在热水中漂洗去除表面油渍，然后在冷水中摆洗几次，保持清洁。

（8）发酵　充填好的半成品进入发酵间发酵，也可以直接进入烟熏间，在烟熏室中完成发酵和烟熏过程。

工业化一般采用接种恒温发酵，对于干发酵香肠，控制温度为21~24℃，相对湿度75%~90%，发酵1~3d。对于半干发酵香肠，发酵温度控制在30~37℃，相对湿度控制在75%~90%，发酵8~20h。发酵过程中，及时降低肉糜pH非常重要，为了使发酵初期pH快速降低，需要提高发酵剂菌种活力或提高接种量。

（9）成熟　成熟过程中会发生许多生化变化，水分含量降低，形成香肠特有风味。一般成熟过程控制温度7~13℃，相对湿度70%~72%，20d左右即可产生腊肠独有的风味，出品率65%左右。

（10）包装　为了便于运输和贮藏，保持产品的颜色和避免脂肪氧化，成熟之后的香肠通常需要进行包装。目前最常用的包装方式是真空包装。

五、产品评定

发酵香肠的感官、理化和微生物指标见表4-27、表4-28和表4-29。

表 4-27　　发酵香肠感官评定

项目	评分标准				得分
	100~81 分	80~71 分	70~61 分	60 分以下	
色泽	切面有光泽肌肉呈玫瑰色，脂肪呈白色	切面有光泽，肌肉呈红灰色，发暗，脂肪呈黄色	部分肉有光泽，深处呈咖啡色，脂肪呈黄色	切面无光泽，肌肉呈暗灰色，脂肪呈黄色	
质地	弹性好，切面坚实整齐	弹性好，切面整齐，有细微裂缝	无弹性，切面整齐，有明显裂缝	无弹性，切面不整齐，裂缝较大	
外观	肠衣干燥完整，内馅充实有弹性	肠衣干燥完整，部分肠衣剥落，部分内馅分离	肠衣稍软，内馅分离明显，稍有霉斑	肠衣易分离、撕裂，霉斑多	
风味与滋味	气味芳香，酸甜适中	气味正常，无芳香气味，稍有酸味	稍有异味，酸味较浓	异味较浓，酸味强	

表 4-28　　理化指标

项目	指标	测定结果
pH	＜5.3	
水分含量/%	≤45	
水分活度	≤0.92	
亚硝酸含量/(g/kg)	≤0.03	

表 4-29　　微生物指标

项目	指标	测定结果
大肠杆菌/（MPN/100g）	30	
其他致病菌	不得检出	

六、结果与分析

根据本实验制作的发酵香肠严格按照指标评分，分析实验失败的原因及改进方案。

七、思考题

1. 发酵香肠在发酵过程中对香肠产生了哪些影响？
2. 亚硝酸盐在香肠腌制过程中起什么作用？

实验十四　酱油酿造制作

一、实验目的

理解酱油的加工原理；掌握酱油酿造过程及工艺要点。

二、实验原理

酱油在我国有上千年的生产历史，是我国传统的调味品。酱油生产以大豆、小麦等为主要原料，经过微生物的发酵作用形成各种有机酸、氨基酸、醇等物质后，经过复杂的生物化学变化过程，形成色、香、味俱全的日常调味品。

三、实验材料与仪器设备

1. 实验材料

黄豆饼粉、麸皮、食用水、食盐、种曲。

2. 实验设备

恒温箱、高压蒸汽灭菌锅、制曲箱、超净工作台、发酵缸等。

四、实验内容

1. 工艺流程

种曲↓（接种）

原料处理→混合→润水→混合→蒸煮→冷却→接种→通风培养→成曲→酱醅制作→控温发酵→酱醅浸出→生酱油→加热→配制→澄清→质量检验→各级成品

2. 操作要点

（1）原料配比　称取600g豆饼，400g麸皮，加1200mL水。

（2）润水　600g豆饼加入500mL 70~80℃热水焖制30min后加入400g麸皮，充分搅拌均匀，再焖制15min。

（3）高压蒸煮、冷却　将完成润水的原料装入相应的容器后放入高压灭菌锅中，升温加压，充分排气后，于100kPa压力下保持30min，自然降压。取出后倒入用75%酒精消毒的瓷盘中摊冷。

（4）接种　当熟料冷到30℃（冬季温度35℃）时，按0.3%~0.5%的比例接入三角瓶种曲，充分搅拌均匀后将物料堆积，在料的中部插入一支温度计后，盖上蒸煮后湿纱布覆盖，放入恒温恒湿箱中30℃下培养。

（5）大曲培养及其翻曲控制　培养4~6h后，料温开始逐渐上升，当品温上升到36℃左右（12~16h），曲料面层稍有发白结块时，进行一次翻曲，即将盘中曲料搓散，使曲料散热。将曲料摊平后继续培养约4~6h，即当品温又上升到36℃时，再进行第二次翻曲。

大曲培养过程中要注意防止曲表面失水干燥，用湿纱布盖好，并要勤换；控制曲料培养的温度、湿度，控制物料温度在36℃以下，湿度保持在85%以上，如物料温度过高可以采用打开培养箱降温门等措施降温。

当曲块外观呈现出块状裂痕、曲料疏松、菌状丝茂盛等特征；曲料呈嫩黄绿色，无褐色或灰黑色夹心并且具有正常的浓厚曲香；无豆豉臭、酸味、氨臭及其他异味，蛋白酶活力约 1000U/g 曲时培养结束。

（6）酱醅制作　食盐水的配制：取一定量的食盐（一般 100kg 水中加入 1.5kg 左右盐可得 1°Bé 盐水）溶解后，根据当时温度用波美表测定并调整食盐水的浓度。波美表一般以 20℃ 为标准温度，但实际配制盐水时的温度往往高于或低于此温度，因此必须采用计算公式换算成标准温度时盐水的波美度。

当盐水温度＞20℃时：

$$B \approx A + 0.05\,(t - 20℃) \tag{4-3}$$

当盐水温度＜20℃时：

$$B \approx A - 0.05\,(20℃ - t) \tag{4-4}$$

式中　B——标准温度时盐水的波美度；

A——测得盐水的波美度；

t——测得盐水的当时温度，℃。

将成熟的大曲捏碎，拌入占原料总量 65%左右、12~13°Bé、55℃左右的热盐水，最终使酱醅含水量达到 50%~60%（包括成曲含水量 30%在内），食盐含量 7%左右为宜。

将充分拌匀后的醅料装入不锈钢罐中稍压紧，并在醅料表面盖两、三层保鲜膜，在保鲜膜的边缘缝隙压盖一些食盐，防止氧化和细菌污染，盖上盖子，放入恒温恒湿箱中密闭发酵。

（7）发酵管理　将制好的酱醅于 40℃恒温箱中密闭发酵 9~10d，将曲料充分搅拌均匀，重新盖好保鲜膜和封口盐，然后升温到 42~45℃继续发酵 8~10d 酱醅成熟。

发酵成熟的酱醅感官指标为：红褐色有光泽，醅层颜色均匀；柔软、松散、不黏不干、无硬心、不发乌；咸味适中、滋味鲜美、酸度适中、有酱香、无苦涩及不良气味。

（8）浸出与淋油　一般采用循环三淋法，浸淋三遍；将成熟酱醅装入淋池，厚度 30~40cm，使醅层保持松、散、平。将水（或用二油替代）加热到 80~90℃，注入成熟的酱醅中，温度保持在 60~70℃浸泡 20h 左右，滤出头油为生酱油。一般酱油波美度达到 18°Bé 为准，低于此值者加盐调节。向头渣加入温度为 80~85℃的热水（可用三油替代），浸泡 8~12h 滤出二油；再用热水浸泡 2~4h 滤出三油。注意放头油、二淋速度较慢，酱醅不宜露出液面；放三淋速度较快，充分淋干。

（9）杀菌、勾兑　将滤出的油加热 65~70℃并维持 30min 杀菌后，根据不同需求进行配置并计算氨基酸生成率。

$$\text{氨基酸生成率}(\%) = \frac{AN}{TN} \times 100\% \tag{4-5}$$

式中　AN——酱油中氨基酸含量，g/100mL；

TN——酱油中全氮含量，g/100mL。

（10）澄清　将经过加热灭菌及配兑合格的酱油成品进行静置澄清，时间一般应不少于 7d。

五、产品评定

成品酱油的感观指标：

（1）色泽　棕褐色或红褐色，鲜艳，有光泽，不发乌。

（2）香气　有酱香及其他酯香气，无其他不良气味。
（3）滋味　鲜美，适口，味醇厚，不得有酸、苦、涩等异味。
（4）体态　澄清，不浑浊，无沉淀，无霉菌浮膜。

六、 结果与分析

1. 实验结果
将实验结果记录于表 4-30 中。

表 4-30　酱油制作原料消耗表　单位：g

实验日期	豆饼	麸皮	水	种曲	食盐	备注

2. 结果分析
从成品酱油的色泽、香味和滋味、是否澄清、有无浑浊、杂质等方面综合评价酱油的质量。要求实事求是地对实验结果进行清晰的叙述。

七、 思考题

1. 米曲霉在酱油发酵过程中的作用是什么？
2. 根据实验结合所学的知识谈谈如何提高酱油的质量？

实验十五　食醋酿造及果醋加工

一、 实验目的

了解食醋及其苹果醋的酿造原理；掌握制作食醋和苹果醋的工艺要点。

二、 实验原理

食醋是以各种作物如大米、高粱等，以及水果如苹果等中的各种糖分为主要原料，经过糖化水解为可发酵性糖，在无氧的条件下，酵母经过糖酵解途径将可发酵性糖转变成酒精（酒精发酵），然后在有氧的条件下，醋酸菌将酒精转化为醋酸（醋酸发酵），经过勾兑调制后成为各种调味品。

三、 实验材料与仪器设备

1. 实验材料
苹果、大米、食用水、果胶酶、异维生素 C 钠、蔗糖、活性干酵母、醋酸菌等。

2. 实验设备

恒温箱、高压蒸汽灭菌锅、粉碎机、液化罐、糖化罐、发酵罐、榨汁机、pH 计、超净工作台、摇床、醋酸发酵缸等。

四、 实验内容

（一）食醋的酿造

1. 工艺流程

大米→粉碎→调浆→液化→煮沸→糖化→酒精发酵→后熟→过滤→米酒→醋酸发酵→超滤→配兑→灭菌→贮存→灌装→成品

2. 工艺要点

（1）原料预处理　将米淘洗至水清后，烘干、除杂、粉碎，细度要求在 60~80 目，按料水比 1∶4 加蒸馏水，倒入液化罐升温至 50℃，加入氯化钙调节 pH 至 6.2~6.4，升温至 60℃，按原料 0.20%~0.50%的比例加入耐酸耐高温 α-淀粉酶，开始升温至 90℃，保温 30min，液化完毕后，升温煮沸灭酶。

（2）糖化　将灭酶后的液化液降温至 65℃，按原料的 0.2%~0.4%的比例加入糖化酶，保温 30min。糖化结束后，继续降温至 28~30℃。

（3）酒精发酵　将降温后的糖化醪转入三角瓶中，按原料的 0.1%比例称取活性黄酒干酵母，用 5%的蔗糖溶液配制成 15g/100mL 的酵母液，在 30℃条件下活化 30min 后，加入制备好的糖化醪中。在 30℃条件下发酵 9~11d 后，发酵液气泡变少，上层液体由浑浊变澄清时说明酒精发酵结束。

（4）醋酸发酵　用无菌蒸馏水调节上述酒精发酵醪的酒精度为 6%~8%（体积分数），将活化好的醋酸菌种子液在静置条件下按 12%比例接入发酵醪中，在转速 180r/min、30℃摇床下振荡培养，每隔 24h 测定其酸度，直至酸度不再上升或下降，结束醋酸发酵。

（二）苹果醋的加工

1. 工艺流程

苹果原料处理→榨汁、澄清、调整糖分→装瓶灭菌→酒精发酵→醋酸发酵→澄清过滤→调制果醋→成品

2. 工艺要点

（1）原料处理　挑选无虫害、无腐烂、成熟度好的苹果作为原料，40℃流动水漂洗，将附着在苹果上的泥土、微生物和农药清洗干净后。将苹果去核，切成 1cm^{3}的小块，在含有 0.02%维生素 C 的水中浸泡 10min。

（2）榨汁、澄清、调整糖分　将苹果块放入榨汁机榨汁后，将果渣和果汁分离，期间尽量减少果汁与空气接触，避免果汁褐变。向苹果汁中添加 0.2%的异维生素 C 钠护色，同时按照 0.03%的量添加果胶酶，调节果汁 pH，控制温度 40℃处理 100min，在 95℃下灭酶 5min，如有需要添加蔗糖调整苹果汁糖锤度至 13~15°Bx。

（3）装瓶灭菌　将苹果汁分装入三角瓶中（250mL 装液量 150mL），于 65℃水浴中保温灭菌 15~20min，取出后冷却备用。

(4) 酒精发酵　在苹果汁中接入 0.35%活化好的酿酒高活性干酵母，28℃恒温发酵。每隔 12h 检测发酵液的糖度和酒度，基本 4~5d 发酵完成。把得到的苹果酒醪静置沉降数天，取上层较清的苹果酒液进入醋酸发酵。

(5) 醋酸发酵　把活化好的醋酸菌种子液接入发酵好的苹果酒中，在转速 180r/min，30℃摇床下振荡培养，每隔 24h 测定其酸度，直至酸度不再上升或下降，结束醋酸发酵。

(6) 膜过滤除菌　将发酵好的苹果醋用过滤网粗过滤，除去较大的固体杂质。把经粗过滤的苹果醋倒入管式膜料液桶中，在进料温度 26℃、操作压力 0.1MPa 条件下进行超滤操作，除去苹果醋发酵液中的菌体，使醋质澄清。

五、产品评定

(一) 食醋感官理化指标

1. 感官指标

具有发酵醋特有的香味，酸味柔和绵长，无异味，体态澄清。

2. 理化指标

总酸≥3.5g/100mL；可溶性固形物≥1.0g/100mL。

(二) 苹果醋感官理化指标

1. 感官指标

饮品的色泽呈金黄色，清亮透明，具有苹果的清香和果醋特有的香味，清爽诱人，柔和甜美，酸甜可口。

2. 理化指标

总酸≥5.0g/100mL；还原糖≥1.0g/100mL；氨基态氮≥0.15g/100mL；砷≤0.3mg/kg；铅≤0.8mg/kg；铜≤8.0mg/kg。

六、结果与分析

1. 实验结果

将实验结果记录于表 4-31 中。

表 4-31　食醋、苹果醋主要理化指标变化表

时间	pH	还原糖	酒精度	酸度	备注

2. 结果分析

撰写实验报告，绘制残糖、pH、酒精度、酸度随时间变化的曲线，并分析其变化规律。

七、思考题

1. 在食醋生产过程中有哪些关键步骤？在这些步骤中哪些微生物在起主要作用？
2. 如何防止苹果醋的微生物腐败和产品不稳定？

实验十六　啤酒酿造制作

一、实验目的

理解啤酒的酿造原理；熟悉麦汁制造的全过程；掌握麦汁制造过程中的工艺控制条件；熟悉啤酒酿造全过程；掌握啤酒发酵过程及其工艺要点。

二、实验原理

啤酒是一种以大麦芽和啤酒花作为主要原料生产的一种具有特殊的麦芽香味、酒花香味和适口的酒花苦味，并含有一定量二氧化碳的酒精饮料。在麦汁制备过程中，麦芽中的高分子物质在各种酶的作用下，分解为可发酵性糖及可溶性浸出物并且溶解于水。啤酒花主要提供啤酒的苦味，当麦芽汁煮沸1~1.5h时，可以使啤酒花中的苦味物质最大程度地释放出来，而且啤酒花中的多酚能够与麦芽汁中的蛋白质结合形成沉淀，促使麦芽汁澄清。酵母利用溶解于水中的可发酵糖等物质，经过一系列的生理生化反应，产生酒精及其各种风味物质，形成啤酒特有的发酵风味。

三、实验材料与仪器设备

1. 实验材料

大麦芽、浅焦香麦芽、啤酒花、酵母、水。

2. 实验设备

温度计、糖度计、小型啤酒生产线、粉碎机、白瓷板、pH计。

四、实验内容

1. 工艺流程

麦芽粉碎→糖化→麦汁过滤→麦汁煮沸→回旋沉淀→麦汁冷却→发酵→降温冷贮→成品

2. 操作要点

（1）麦芽粉碎　准确称取3.5kg大麦芽，1.5kg浅焦香麦芽，粉碎前让麦芽自然吸潮5min。麦芽粉碎过程注意检查粉碎度，不要让整粒麦芽进入粉碎后的原料。粉碎度：表皮破而不碎，既不影响原料浸出率也不影响过滤速度。

（2）糖化　在糖化升温过程中注意保持搅拌，使麦芽受热均匀，不能在加热过程中停止搅拌。第一阶段：边搅拌边投粉碎后的麦芽，醪液温度控制在52℃，保持温度30min；第二阶段：将醪液温度升至65℃并维持40min；第三阶段：将醪液温度升至72℃并维持20min（此阶段结束时取麦汁进行碘检，若碘检不合格，需要延长72℃保温时间直至碘检合格）；第四阶段：升温至78℃，糖化结束。

（3）麦汁过滤　过滤前先用没过筛板的80℃左右的热水倒入过滤槽中，以预热过滤槽并排出过筛板里面的空气。将糖化好的醪液转移到过滤槽中并静止20min以形成过滤层。之后进行回流操作，先从取样阀放出麦汁，用桶接好，如果麦汁浑浊，则将桶内浑浊麦汁轻轻倒回过滤槽，不要冲动槽层。直到麦汁澄清时即可进行过滤。过滤结束后用

5L左右的78℃水洗槽2次，注意洗槽过滤中速度保持稳定，热水均匀地淋在过滤槽的麦芽上，保证流出的麦汁清亮。

（4）麦汁煮沸　将过滤好的麦汁转移到煮沸锅进行煮沸，时间为60min。麦汁煮沸20min时添加15g啤酒花，煮沸后40min时再添加15g啤酒花。添加沸水将总体积补充到20L。

（5）回旋沉淀、麦汁冷却　将煮沸结束后的麦汁沿着切线方向泵入回旋沉淀槽，使麦汁沿槽壁回旋而下，增大热量散发表面积，使麦汁快速冷却；由于离心力的作用，麦汁中的絮凝物也可以快速沉淀。麦汁转移回旋沉淀槽后静置20min，以分离热凝固物获得澄清麦汁，期间利用已灭菌的盘管式换热器将麦汁温度降至10℃左右；然后将麦汁转移到发酵罐中。

（6）发酵　取200mL煮沸并冷却至10℃的无菌水，添加20g干酵母粉搅拌均匀并静置活化15min后将酵母液重新混悬，添加到发酵罐中，充氧将酵母液与麦汁混合均匀，先用纯氧通氧15min。保持罐压0.01MPa，2~3h后再通氧15min。接种后的酵母浓度应≥1.8×10^{7}CFU/mL。麦汁满罐后进行10d左右的主发酵，主发酵一般分为酵母繁殖期、起泡期、高泡期、落泡期和泡盖形成期五个阶段，仔细观察各时期的区别。当麦汁糖度降至5°P时，加入白砂糖，然后封罐进行二次发酵，自然升压至0.14~0.16MPa，进行双乙酰还原。

（7）降温冷贮　发酵结束后将啤酒温度降至0~1℃，压力控制在0.12~0.14MPa，降温冷贮7d以上，使酒体进一步成熟。贮存期间注意观察发酵罐内压力，如果压力不足0.12MPa时，应及时补充CO_2，保证啤酒强烈的杀口感。

五、产品评定

1. 感官指标

淡黄色、清亮透明，无明显的悬浮物和沉淀物；泡沫挂杯持久，洁白细腻；香味协调、酒花香气明显；口味纯正、爽口、酒体协调、柔和、无异味。

2. 理化指标

酒精度3.1%~5.6%，总酸2.6~4.5mL/100mL，双乙酰含量≤0.1mg/L，二氧化碳≥0.4%（体积分数）。

六、结果与分析

1. 实验结果

对发酵的啤酒进行品评，品评结果记录在表4-32中。

表4-32　啤酒感官鉴定打分表

项目	外观（10分）	泡沫（20分）	香气（20分）	口味（50分）	合计
分值					

2. 结果分析

通过感官鉴定对啤酒的品质进行评价，对实验失败的地方详细分析可能的原因。

七、 思考题

1. 麦汁制备过程中，影响麦汁糖化的关键因素有哪些？
2. 啤酒发酵过程中，主发酵和后发酵的作用主要体现在哪里？

实验十七　葡萄酒的制作

一、 实验目的

理解葡萄酒加工的原理；掌握酿造工艺要点及提高质量措施。

二、 实验原理

葡萄酒是采用新鲜葡萄或葡萄汁经过酵母等微生物发酵而形成的酒精饮料。即利用葡萄皮自带或人工接种的葡萄酒酵母菌，将葡萄汁中的葡萄糖、果糖发酵转化为酒精、二氧化碳，同时产生各种高级醇、脂类、挥发性酸等副产物。葡萄原料中的色素、有机酸、单宁、果香物质等与酵母通过代谢葡萄汁中的含氮化合物及其含硫化合物产生葡萄酒特有的风味和香味。发酵结束后，葡萄酒经过陈酿、澄清便产生了清澈透明、滋味醇厚、芳香怡人的葡萄酒。

三、 实验材料与仪器设备

1. 实验材料

酿酒葡萄、果胶酶、皂土、明胶、亚硫酸、维生素 C、白砂糖、碳酸氢钾、活性干酵母或斜面培养酵母等。

2. 仪器设备

压帽柄、20L 玻璃瓶、10L 玻璃瓶、5L 玻璃瓶、塑料桶、小型压榨机、小型过滤机、抽气泵、纱布、澄清板、除菌板、膜过滤机。

四、 实验内容

（一）白葡萄酒酿造

1. 工艺流程

葡萄→破碎压榨→过滤澄清→葡萄汁→酒精发酵→澄清→过滤

2. 操作要点

（1）选果　选择新鲜成熟的白肉或绿肉葡萄为原料，要求果穗整齐、味酸甜，去除其中的霉烂果、病虫果、畸形果、生青果实等。

（2）压榨　将分选好的葡萄除去果梗，去梗的葡萄果粒用小型压榨机或者手工进行压榨，压榨的过程中注意勿压破种子。压榨结束后去除皮渣，取汁测定含糖量、含酸量、相对密度、温度。

（3）自然澄清　葡萄破碎榨汁后，根据葡萄质量立即添加 SO_2，一般添加量为 60～80mg/L（相当于偏重亚硫酸钾 120～160mg/L），加入 SO_2混匀后，迅速将葡萄汁温度降低至 10～15℃，静置 24h，待葡萄汁澄清后，采用虹吸的方法获得澄清的葡萄汁。

（4）酶解果胶　自然澄清的葡萄汁转入新的容器，按照 0.02～0.05g/L 的比例添加溶化好的果胶酶，果汁 15℃澄清 12h，澄清后，再将澄清的葡萄汁转入洁净的发酵桶中。

（5）糖度调整　如果葡萄汁中的含糖量小于 204g/L，则通过人工补加蔗糖的方式将糖度补到 204g/L，或根据需要按照 17g/L 糖生成 1%（体积分数）酒精加糖至生成需要的酒度。

（6）酸度调整　酿造葡萄汁的总酸一般在 5.5～8.5g/L（以酒石酸计，下同）为宜，这样酸度的葡萄汁一方面能够抑制腐败微生物的生长，另外也有利于酵母的生长和发育，形成良好的风味。如果葡萄汁的酸度高于 10.0g/L，则可以按照 1g 碳酸氢钾降低 0.5g/L 酸度的比例添加碳酸氢钾，降低到口感合适的酸度。

（7）装罐　将果胶酶澄清并调整糖度和酸度后的葡萄汁转入洁净的发酵罐，为防止发酵过程中产生泡沫溢出，造成不必要的损失和污染，发酵罐的充满系数不大于 80%。

（8）发酵　在葡萄汁中接入活化好的活性葡萄酒干酵母（按 0.1～0.3g/L 的比例称取活性干酵母，用干酵母质量 10 倍体积的 3%糖水重悬，室温下放置 30min，然后在葡萄汁中再活化 20min）；同时取样测定葡萄汁的相对密度和温度。发酵温度控制在 18～20℃。每天取样测定葡萄汁的相对密度和温度，绘制发酵曲线。

（9）封栓　当发酵液的相对密度降至 0.993～0.996，还原糖≤4.0g/L 时发酵基本结束。发酵基本结束后，加入 60～80mg/L SO_2，取样测定葡萄酒中的残糖、酒精度、总酸、pH、挥发酸、总 SO_2、游离 SO_2等后，封闭发酵栓。

（10）后发酵　发酵罐封栓后，葡萄酒继续静置后发酵两周。后发酵结束后采用虹吸法分离酒脚，调整酒液的游离 SO_2至 30～40mg/L，满瓶贮藏。

（11）澄清过滤　当葡萄酒贮藏 6 个月左右时，可以采用皂土下胶处理，先通过小型下胶实验确定皂土的用量，再按葡萄酒体积计算皂土的用量。称取皂土溶于 19 倍左右的水中，待皂土完全溶解后静置过夜，第二天使用前再搅拌 20min。将溶解好的皂土浆缓慢加入酒体中，边加边缓慢搅动酒体，使皂土和葡萄酒液充分混合后，再静置 10～14d 待酒体澄清后过滤。

（12）检测　过滤后的葡萄酒为干白原酒，取 500mL 干白原酒装入无色透明的玻璃瓶中，瓶颈仅留 20～25mm 空隙，放入 55℃水浴锅中水浴 72h 后观察有无浑浊或絮状沉淀，如酒体澄清则判定为合格并检测全项理化指标。

（13）包装　将已达到澄清稳定的葡萄酒酒温降至 5℃左右进行装瓶。同时加入 5mg/L SO_2、10mg/L 维生素 C，打塞、卧放贮放。

（二）红葡萄酒酿造

1. 工艺流程

果胶酶、活性干酵母 ↓

葡萄→除梗破碎→糖度调整→浸渍、酒精发酵→酸度调整→苹果酸-乳酸发酵→澄清→过滤→成品

2. 操作要点

（1）选果　选择新鲜成熟的红葡萄为原料，要求果穗整齐、味酸甜，去除其中霉烂果、病虫果、畸形果、生青果实等。

（2）压榨　将分选好的葡萄除去果梗，去梗的葡萄果粒用小型压榨机或者手工进行压榨，压榨的过程中注意勿压破种子。压榨结束后去除皮渣，取汁测定含糖量、含酸量、相对密度、温度。

（3）自然澄清　葡萄破碎榨汁后按照转入洁净的发酵罐，装载量为75%。根据葡萄质量立即添加60~80mg/L SO_2，并分别按20mg/L和1.2g/L的比例添加果胶酶和活性干酵母后静置，同时取汁测还原糖、总酸、相对密度、温度等。

（4）糖度调整、发酵　当静置的葡萄汁有帽形成时，按照17g/L糖生成1%（体积分数）酒精加糖至生成需要的酒度。温度控制到25~28℃，静置20h后用泵循环酒液60min，以后每隔3h循环酒液30min或用压帽柄压帽。每天测三次相对密度、温度，并记录观察单宁和色度的变化。

（5）果汁分离　当相对密度降至1.010~1.020，残糖≤4g/L时，酒精发酵结束。采用虹吸法将果汁分离，这部分为自流酒，剩余的皮渣通过压榨机压榨出压榨酒，如压榨酒口感好，则与自流酒混合转入洁净的贮酒容器中。

（6）酸度调整　取酒精发酵刚结束的红葡萄酒5~10L，用$KHCO_3$调整到口感合适的酸度，然后按2%~3%的比例将活化好的乳酸菌接入，控制发酵温度18~20℃。

（7）发酵　每天观察酒液状况，每隔2~4d取样测定总酸、苹果酸、乳酸、挥发酸、pH、温度等，直到发酵结束。

（8）封栓　发酵结束后，加入60~80mg/L SO_2，取样测定葡萄酒中的残糖、酒精度、总酸、pH、挥发酸、总SO_2、游离SO_2等后，封闭发酵栓。

（9）后发酵　发酵罐封栓后，葡萄酒继续静置后发酵两周至酒体澄清后倒灌。实现酒脚与酒体的分离后，调整酒液的游离SO_2至20~30mg/L，满瓶贮藏。

（10）下胶、过滤　当葡萄酒贮藏6个月左右时，可以采用明胶下胶处理，先通过小型下胶实验确定明胶的用量，再按葡萄酒体积计算明胶的用量。先提前一天用温水浸泡所需要的明胶，充分搅拌均匀，按20~100mg/L的比例添加到酒体中，边加边缓慢搅动酒体，使明胶和葡萄酒液充分混合至酒体澄清后过滤。

（11）检测　过滤后的葡萄酒为干红原酒，取500mL干红原酒装入无色透明的玻璃瓶中，瓶颈仅留20~25mm空隙，放入55℃水浴锅中水浴72h后观察有无浑浊或絮状沉淀，如酒体澄清则判定为合格并检测全项理化指标。

（12）包装贮藏　将已达到澄清稳定的葡萄酒酒温降低至其冰点以上0.5℃左右，在同温和条件下进行澄清、除菌过滤，并加入5~10mg/L SO_2，打塞、卧放贮存。

五、 产品评定

1. 感官指标

白葡萄酒近似无色或微黄带绿、红葡萄酒紫红或深红色、清亮透明，有光泽，无明显悬浮物，具有纯正、和谐的果香与酒香，以及优雅、爽怡的口感，酒体完整。具有标示的葡萄品种及产品类型应有的特征和风格。

2. 理化指标

酒精度根据原料与调糖目标一致，总糖（以葡萄糖计）≤4.0g/L；干浸出物：干红≥18.0g/L、干白≥17.0g/L；挥发酸（以乙酸计）≤1.2g/L；柠檬酸≤1.0g/L。

六、 结果与分析

1. 实验结果

葡萄酒发酵测量记录表4-33中。

表4-33　　葡萄酒发酵记录表

时间	1	2	3	4	5	6	7	8	9
温度/℃									
相对密度									

2. 结果分析

将实验结果绘制成发酵曲线图，分析发酵是否正常，如有异常发酵，分析异常的原因。

七、 思考题

1. 苹果酸-乳酸发酵对葡萄酒的主要作用是什么，影响苹果酸-乳酸发酵的主要因素有哪些？

2. 谈谈红葡萄酒和白葡萄酒工艺上的主要区别是什么？为什么白葡萄汁发酵前要进行澄清处理？

实验十八　快速法及二次发酵法面包制作

一、 实验目的

理解面包制作原理；掌握面包制作过程及工艺要点。

二、 实验原理

面包是以小麦粉、食盐、酵母和水四种成分为基本原料，以面团调制剂、乳制品、白砂糖、植物油等为辅料，经过调制面团、发酵、成形、醒发、烘烤等不同工序制成的发酵面制品。在发酵过程中，酵母利用面团中的可发酵糖类、蛋白质等物质，产生二氧化碳等物质，在面团中形成大量的空腔结构，促使面团体积膨大，使面包获得柔软、膨松的质地以及发酵香味。快速面包发酵法是通过加大酵母的投放，添加面团改良剂的方法提高面团的调制和面团的发酵速度。通过面团改良剂改善面团中面筋的网络结构和弹性，进一步增加面包的体积，提高面包的柔韧性。

三、 实验材料与仪器设备

1. 实验材料

高筋粉、食用水、食盐、面团改良剂、乳粉、干酵母、白砂糖、植物油、鲜鸡蛋、起酥油。

2. 实验设备

搅拌机、恒温恒湿醒发箱、烤盘、烤箱等。

四、 实验内容

（一）快速法

1. 工艺流程

原辅料的预处理 → 面团搅拌 → 面团成形 → 醒发 → 烘焙 → 冷却 → 成品

2. 操作要点

参考配方：1000g 高筋粉，600mL 水，15g 面团改良剂，30g 即发活性干酵母，30g 乳粉，150g 白砂糖，25g 食盐，30mL 植物油，2 个鲜鸡蛋。

（1）面团调制　按实际用量称取各原辅料，并进行一定处理。然后将面粉、改良剂和白砂糖等加入搅拌机，边加水边缓慢搅拌，直到各种物质混合均匀且搅拌机四壁无干粉时，加入植物油，10g 即发活性干酵母，30g 乳粉，鲜蛋液和盐，并高速搅拌至用双手轻拉可伸展成半透明且光滑有弹性的薄膜，此时面团柔软、光滑，具有良好的弹性和延伸性。调制好的面团在室温下静置约 15min。

（2）面团成形　将调制好的面团取出后均匀分割成小面团，轻轻揉搓圆，静置 15min 后，重新压扁设计成自己喜欢的造型，将成形后的面包坯装入烤盘内并保持一定的距离。

（3）醒发　将装盘的面包放入恒温恒湿醒发箱，设定为温度 38～40℃，相对湿度为 80%～90%，醒发时间 30～40min。醒发使面团内的面筋进一步结合增强延伸性；面团经过酵母发酵，面坯膨胀到要求的体积；面包内部结构疏松多孔。

（4）焙烤　将面团从恒温恒湿醒发箱中取出放入烤箱内，烤箱温度设置为上火 180～190℃，底火 200℃，焙烤 5～6min 后，将上、下火均调至 220℃ 左右，焙烤 7～8min。在烘烤过程中要观察面包颜色和体积的变化，注意上下火的调节，控制好烘烤条件。面包出炉后，可以迅速在面包表面刷一层色拉油，即可以防止面包贮存时失水干缩，也可以美化产品。

（5）冷却　烘烤好的面包从烤炉取出后，可以摆放在洁净的冷却架上，在室温条件下自然冷却。刚出炉的面包皮脆硬易碎、瓤心软，温度很高，散发大量蒸汽。冷却可防止面包受挤压而变形，防止霉菌生长。

（二）二次发酵法

1. 工艺流程

原辅料的预处理→面团搅拌→中间醒发→加主面团搅拌→静置→分块→搓圆→整形→装盘→最后醒发→烘焙→冷却→整理→包装→成品

2. 操作要点

一次调粉：700g 高筋粉，400mL 水，15g 面团改良剂，10g 即发活性干酵母。

参考配方：300g 高筋粉，200mL 水，30g 乳粉，150g 白砂糖，25g 食盐，30g 起酥油，2 个鲜鸡蛋。

（1）面团调制　按第一次调粉实际用量称取各原辅料，并进行一定处理。然后将面粉、改良剂和即发活性干酵母等加入搅拌机，边加水边缓慢搅拌，先低速搅拌 5min，再转换到高速搅拌约 2min 至面团成熟。

（2）中间醒发　将调好的面团揉成团状放入面盆中，置于恒温恒湿醒发箱内进行第一次醒发，在温度 28℃、相对湿度 75%～85%的条件下醒发 4～5h 至成熟。

（3）第二次调粉　待面团发酵至 4～5 倍的体积时，再将配方中除起酥油外剩余的面粉、盐等一起放入搅拌机中进行第二次面团调制，先低速搅拌 2～3min，再高速搅拌 5～6min，加入起酥油再低速搅拌 2～3min，再高速搅拌 5～6min 至面团成熟。取出调制好的面团室温下静置 20min。

（4）面团成形　将调制好的面团取出后均匀分割成小面团，轻轻揉搓圆，静置 15min 后，重新压扁设计成自己喜欢的造型，将成形后的面包坯装入烤盘内并保持一定的距离。

（5）最后醒发　将装盘的面包放入恒温恒湿醒发箱，设定为温度 38～40℃，相对湿度为 80%～90%，醒发时间 30～40min。

（6）焙烤　将面团从恒温恒湿醒发箱中取出放入烤箱内，烤箱温度设置为上火 180～190℃，底火 200℃，焙烤 5～6min 后，将上、下火均调至 220℃左右，焙烤 7～8min。在烘烤过程中要观察面包颜色和体积的变化，注意上下火的调节，控制好烘烤条件。面包出炉后，可以迅速在面包表面刷一层色拉油，既可以防止面包贮存时失水干缩，也可以美化产品。

（7）冷却　烘烤好的面包从烤炉取出后，可以摆放在洁净的冷却架上，在室温条件下自然冷却。刚出炉的面包皮脆硬易碎、瓤心软，温度很高，散发大量蒸汽。冷却可防止面包受挤压而变形，防止霉菌生长。

五、产品评定

1. 感官指标

（1）形态　完整、丰满、无黑斑或焦斑。形状应与品种造型相符。表面色泽均匀，正常。

（2）组织　细腻、有弹性、气孔均匀、纹理清晰，呈海绵状，切片后不断裂。

（3）滋味与口感　具有发酵和烘烤后的面包香味、松软适口、无异味。

（4）杂质 无正常视力可见杂质。

2. 理化指标

水分（以中心部分为准）≤34%~44%，酸度≤6°T，比容≤7mL/g。

六、 结果与分析

1. 实验结果

对制作的面包进行品评，品评结果记录在表 4-34 中。

表 4-34 面包样品感官评定结果

项目	快速制作法	二次发酵法
形态（20 分）		
色泽（20 分）		
气味（20 分）		
口感（20 分）		
组织（20 分）		
总分		

2. 结果分析

对发酵面包进行品评，对比不同面包制作方法对面包感官的影响，并提出进一步改进实验的措施。

七、 思考题

1. 面团调制、发酵的目的是什么？
2. 观察面团在醒发过程中发生哪些变化并分析原因。

第三节 食品烟熏工艺实验

烟熏在肉制品加工中的应用十分广泛。该工艺不仅可以使肉制品呈现独特的风味，还可对肉制品起到杀菌的作用，从而防止食品腐败、延长产品的保质期。目前市面上存在很多烟熏制品，西式的如各类烟熏肠、培根等，中式的如腊肉、熏肉、熏鸡等，深受消费者喜爱。本节选取了腊肉、熏肉、沟帮子熏鸡和熏煮香肠四种常见的烟熏制品进行烟熏制品制作工艺的学习和研究。

实验十九　腊肉的制作

一、　实验目的

了解腊肉的加工原理；掌握传统腊肉的制作过程及工艺要点。

二、　实验原理

腊肉是一类具有浓郁中国特色的传统生肉制品，历史悠久，深受消费者喜爱。腊肉多数以猪肉为原料，经食盐和香辛料腌制后，再经晾晒、烘烤或烟熏等工艺加工而成，加热后方可食用。腊肉具有肉质紧密、色泽美观、滋味鲜美、便于贮藏等特点。腊肉在切片后瘦肉呈棕红色且带有光泽，肥肉油而不腻。腊肉的最佳生产时间在农历十一月份至次年二月份间，且气温在 0~4℃最适合腊肉的生产。

三、　实验材料及仪器设备

1. 实验材料

原料肉、食盐、酱油、白糖、曲酒、硝酸盐或亚硝酸盐、花椒等。

2. 实验仪器

刀具、台秤、腌制缸、盐水注射机、真空滚揉机、烟熏炉、麻绳。

四、实验内容

1. 工艺流程

原料→预处理→腌制→晾晒→烘烤或熏制→包装

2. 操作要点

（1）原料选择　选经卫生检验合格的、无明显刀疤和奶脯油的新鲜猪肋条肉。

（2）预处理　将符合要求的原料肉剔除肋条骨、脊椎骨和软骨，除去原料肉表面的污垢，将边沿修整整齐后切成肉条。以长 35~40cm、宽 3~4cm 的肉条为标准肉条，在距肉条一端 3~4cm 处用尖刀穿一小孔，该小孔用于麻绳穿过吊挂肉条。于 30℃的温水中漂洗肉条 1~2min，使肉条表面无浮油，取出后悬挂沥水。

（3）腌制　腊肉腌制的方法较多，主要介绍干腌法、湿腌法、盐水注射及混合腌制法。

①干腌法：干腌是将食盐或混合盐涂抹在肉条的表面，利用渗透压使肉的组织液渗出水分并溶解食盐，然后层堆在腌制架上或腌制器中。为使腌制均匀，肉条每隔 3h 翻动一次，腌制温度控制在 0~4℃，如此腌制 8~12h 即可，使盐分和肉条充分接触。此方法简便易行，但是腌制耗时较长，腌制的均匀性也有待提高。

②湿腌法：湿腌法是将处理过的原料肉浸泡在配制的腌制溶液中，通过渗透和水分转移使两者的浓度保持一致，盐分充分进入肉中从而达到腌制的目的。湿法腌制的时间与干腌相似，在腌制过程中同样需要不断翻动肉品，湿腌法能够使腌制剂在肉中得到比较均匀的分布，但是营养物质的流失比较严重，肉中的水分含量较高从而降低产品贮

藏性。

③盐水注射法：将提前配制好的腌制液通过注射机进行注射，使盐分快速进入肉品内部，为了缩短腌制时间，通常使用滚揉机促进盐液的吸收，是目前广泛采用的一种腌制方法。该方法不仅能够显著加快腌制速度和盐分吸收程度，提高生产效率，并且可以提高肉品的保水性，改善肉品品质，但腌制风味较干腌法稍差一些。

④混合腌制法：混合腌制法将干腌法和湿腌法结合在一起，通常先将肉进行干腌再放入盐水溶液中腌制。这种方法综合了两种腌制方法的优点，既提高了腌制的均匀性、改善了产品风味，又减少了营养成分的流失，增加了产品贮藏的稳定性。

（4）晾晒　肉品经过腌制后表面水分含量大，在烘烤或熏制前应先进行晾晒，即将挂有麻绳的肉悬挂在晾晒房或通风干燥处，晾晒的时间取决于环境温度和空气流通情况。应注意晾晒场所的温度和湿度不宜过高，风力也应小于五级，否则肉品表面容易风干，影响成品的质量和口感。

（5）烘烤或熏制　烘烤是将肉条悬挂于晾架上，肉条之间间隔一定的空隙，便于通风。这一步的目的是为了节约能源。烘烤应选用适宜的温度，温度过高滴油多，产品出品率低；温度过低则水分含量高，产品色泽暗淡。烘烤温度最好控制在 40~50℃，烘烤 8~72h 即可，具体烘烤温度及时间取决于肉条的规格及产品的最终含水量。熏烤在燃料不完全燃烧的情况下进行，常用的烟熏燃料包括木炭、锯木屑等。熏房内的温度控制在 50℃左右，熏烟均匀散布，熏制时间应控制在 24h 左右，使肉制品产生独特的烟熏风味。

（6）包装　晾至成熟后的腊肉应用防潮蜡纸进行包装，盛装在竹筐或麻板纸箱内，箱底铺一层竹叶垫底。为保证产品的保质期，应尽量避免在阴雨天进行包装。采用真空包装的产品在常温下可贮藏 3~6 个月。

五、 产品评定

1. 感官要求

腊肉感官质量要求见表 4-35 所示。

表 4-35　腊肉感官质量要求

项目	要求
外观	外形整齐，瘦肉呈鲜红色或暗红色，脂肪呈乳白色或透明
气味	具有独特的腊香和烟熏风味，无异味和酸败味
组织状态	肉身干爽、结实，富有弹性，指压后无明显凹痕
杂质	无肉眼可见杂质

2. 理化指标

理化指标见表 4-36 所示。

表 4-36 腊肉理化指标要求

项目	要求
水分/%	≤25
食盐（以氯化钠计）/(g/100g)	≤10
酸价（以脂肪计）/(mg/g)	≤4.0
硝酸盐（以 $NaNO_2$ 计）/(mg/kg)	≤30
过氧化值（以脂肪计）/(g/100g)	≤0.5

3. 卫生指标

卫生指标见表 4-37 所示。

表 4-37 腊肉卫生指标要求

项目	要求
砷（以 As 计）/(mg/kg)	≤0.5
铅（以 Pb 计）/(mg/kg)	≤0.5
N-二甲基亚硝胺（μg/kg）	≤3.0
食品添加剂含量	按 GB 2760—2014 规定
其他致病菌	不得检出

六、结果与分析

1. 实验结果

将实验结果记录于表 4-38 中，并写出成品率的计算过程。

表 4-38 腊肉制作原料用量消耗记录 单位：kg

实验日期	原料肉	食盐	白糖	曲酒	酱油	硝酸钠	水	成品	备注

2. 结果分析

从腊肉的色泽、组织形态、滋味及气味、有无杂质等方面综合评价腊肉的质量。

七、思考题

1. 简述硝酸盐或亚硝酸盐对呈色的作用机理。
2. 简述四种腌制方法的优缺点。
3. 如何提高腊肉的品质、解决脂质氧化等问题？

实验二十 熏肉的制作

一、实验目的

熟练掌握熏肉的制作流程，了解、掌握烟熏的目的及作用；掌握熏肉的工艺流程及操作要点。

二、实验原理

熏肉制品是指以猪肉为原料，经选肉、修整、调味、腌制、熏制等工序制作的一种烟熏食品。熏肉制品以其独特的烟熏风味深受消费者喜爱，在我国肉制品中占有重要地位。熏肉制品色泽漂亮、风味独特，在国内具有广阔的市场。

1. 烟熏的主要目的

熏肉制品制作的关键步骤是烟熏，烟熏的主要目的有三个：赋予熏肉制品独特的烟熏风味、改善熏肉制品的色泽和提高熏肉制品的贮藏期。

烟熏能够使熏肉制品具有独特的风味，烟熏过程中产生的有机酸、醛、酮、酚、酯类是风味物质的主要成分，其中酚类物质对风味的影响最大。

烟熏可以使熏肉制品呈现漂亮美观的茶褐色色泽。该色泽产生的原因有两个：一是当木料在 310~500℃温度条件下燃烧时，木料中的木质素会分解为羰基化合物，这是烟熏风味的前体物质，产生的羰基化合物与肉中蛋白质或其他游离氨基酸发生美拉德反应，使肉制品表面形成了茶褐色物质；二是伴随着烟熏过程的进行，温度升高促进了亚硝酸还原性细菌的生长，加速了亚硝基肌红蛋白的产生，使得烟熏肉制品的色泽得以稳定存在。

烟熏对熏肉制品贮藏期的影响主要在于其带来的防腐作用和抗氧化作用。木料中的半纤维素在 200~260℃的条件下分解为酚类和有机酸类。酚类物质具有抗氧化作用，除此之外它还能够破坏细菌的细胞膜，导致菌体蛋白质凝结，抑制微生物的繁殖。传统的烟熏方法中，烟熏时间长达 2~3 周，这种长时间的烟熏不仅可以使防腐物质渗入熏肉制品中而且还可以使肉充分干燥。因此，烟熏对肉制品的防腐作用是脱水干燥和酚类物质共同作用的结果。

2. 烟熏时间的选择

传统烟熏材料一般选用树脂含量少的硬木，这些硬木不仅可以较好地释放防腐物质还能防止烟熏时产生黑烟。使用的木料烟熏的方法有冷熏、温熏、热熏等。

（1）冷熏 烟熏温度在 15~25℃，熏制 4~7d。这种烟熏方法的温度低，适合在冬季进行熏肉制品的制作，但烟熏周期较长。

（2）温熏 烟熏温度在 30~50℃，熏制 1~2d。该方法常用于西式肉制品的制作，熏肉制品中应用较少。

（3）热熏 烟熏温度控制在 50~80℃，熏制 6~8h。这种方法大大缩短了烟熏时间，并且抑制了熏肉制品中微生物的生长繁殖，该温度范围内肉中的蛋白质发生变性，熏肉制品表面的水分含量降低，表皮干硬，口感富有韧性。

三、 实验材料与仪器设备

1. 实验材料

猪肉、苹果木、精盐、复合磷酸盐（三聚磷酸钠、六偏磷酸钠、焦磷酸钠）、亚硝酸钠、抗坏血酸钠。

2. 实验设备

烟熏炉、天平、冰箱、电热鼓风干燥箱、真空滚揉机。

四、 实验内容

1. 工艺流程

猪肉（鲜肉/冻肉）→解冻→注入腌制液→滚揉→清洗→干燥→烟熏→冷却→成品

2. 操作要点

（1）原料的选择　选择新鲜的猪后腿肉（四号肉），分切成大块肉，冻肉要在实验进行前于4℃下解冻。

（2）修整，切割称重　将符合要求的原料肉除去表面的污垢，修整整齐边沿后将肉切割成10cm×4cm×4cm的长条形状，质量在200g左右。

（3）滚揉腌制　腌制剂调料配比如下：精盐2%，复合磷酸盐（焦磷酸钠：三聚磷酸钠：六偏磷酸钠=42：37：21）0.3%~0.4%，抗坏血酸钠0.05%，亚硝酸钠0.01%。将腌制液注入肉中，注射率30%，然后将肉置于滚揉机内。

真空滚揉腌制条件：真空度0.08MPa，采用间歇滚揉法滚揉6~12h（每滚揉20min停10min），使腌制剂充分渗透入味。

（4）清洗干燥　去除滚揉后猪肉制品表面的油污、血水和腌制剂等，将烘箱温度调整到50℃，干燥20min，使猪肉表面的水分迅速蒸发。

（5）烟熏　苹果木制成木屑，在烟熏温度为60℃，烟熏炉湿度为70%的条件下进行烟熏，烟熏时长为6h。

（6）冷却　烟熏完成后，冷却至室温。

3. 注意事项

（1）肉块应充分腌制，使其味道更佳。

（2）传统熏肉制品通常含有致癌物3，4-苯并（a）芘，3，4-苯并（a）芘的含量极大程度上受到发烟温度的影响，当发烟温度低于400℃时能减少绝大部分3，4-苯并（a）芘的形成。

（3）亚硝酸钠是致癌物，应严格控制用量（≤150μg/g）。

五、 产品评定

1. 感官评定要求

保证感官品评室温度在25℃，每10人组成一个感官评定小组，在进行感官评定之前需要对参与感官评定的人员进行阈值检测等专业的感官培训，并设置合理的感官指标，培训合格之后方能对熏肉品质进行感官评定。熏肉样品在评定前需用清水漱口，进行感官评定期间评定人员不得互相交流，各自独立进行感官评定。感官评分采用9分制打分法，感官评定表见表 4-39 所示。

表 4-39　　熏肉的感官品评表

指标	得分								
	1	2	3	4	5	6	7	8	9
烟熏气味									
色泽									
风味									
嫩度									
咀嚼性									
总体可接受性									

感官评定细则（1~9 分）：

（1）烟熏气味强度　几乎没有（1~3 分），轻微（4~6 分），中等（7~9 分），比较强烈（4~6 分），强烈（1~3 分）。

（2）色泽　请根据自己喜好对色泽进行打分，分数越高代表喜欢程度越高。

（3）风味　完全不喜欢（1 分），不喜欢（2 分），一般不喜欢（3 分），有点不喜欢（4 分），一般（5 分），有点喜欢（6 分），中等喜欢（7 分），喜欢（8 分），非常喜欢（9 分）。

（4）嫩度　咬断样品所需要的力。十分硬（1 分），很硬（2~3 分），一般硬（4~5 分），有点硬（6~7 分），既不硬也不软（8~9 分），有点软（6~7 分），一般软（4~5 分），很软（2~3 分），非常软（1 分）。

（5）咀嚼性　牙齿咀嚼样品时所感受到的摩擦阻力。十分硬（1 分），很硬（2~3 分），一般硬（4~5 分），有点硬（6~7 分），既不硬也不软（8~9 分），有点软（6~7 分），一般软（4~5 分），很软（2~3 分），非常软（1 分）。

（6）总体可接受性　结合之前指标，对熏肉样品进行总体可接受性打分。完全不喜欢（1 分），不喜欢（2 分），一般不喜欢（3 分），有点不喜欢（4 分），一般（5 分），有点喜欢（6 分），一般喜欢（7 分），喜欢（8 分），非常喜欢（9 分）。

2. 理化指标

理化指标见表 4-40 所示。

表 4-40　　熏肉理化指标要求

项目	标准
过氧化值/（g/100g）	≤0.5
亚硝酸盐/%	≤0.015

3. 卫生指标

卫生指标见表 4-41 所示。

表 4-41 熏肉卫生指标要求

项目	标准
菌落总数/(CFU/g)	≤10^5
大肠菌群/(CFU/g)	≤100
其他致病菌	不得检出

六、 结果与分析

1. 实验结果

将实验结果记录于表 4-42 中。

表 4-42 熏肉出品率计算表 单位：kg

原料肉质量	成品熏肉质量	出品率

2. 结果分析

从熏肉的色泽、组织形态、滋味及气味、有无杂质等方面综合评价熏肉的质量。要求实事求是地对本人实验结果进行清晰的叙述，如若实验失败要对整个实验进行回顾，找出可能原因。

七、 思考题

1. 简析熏肉表面色泽的形成机制以及熏肉的防腐机制。
2. 为什么要在熏肉制品中添加亚硝酸钠，并对亚硝酸钠的用量进行严格控制？
3. 结合理论知识，简述如何降低熏肉制品中 3，4-苯并（a）芘的含量。

实验二十一 熏鸡的制作

一、 实验目的

深入了解熏鸡的制作过程及相关原理；掌握工艺流程及操作要点。

二、 实验原理

沟帮子熏鸡位列我国“四大名鸡”之首，是家喻户晓的一道美食。其颜色呈明亮的枣红色，肉质细嫩，烂而连丝，咸淡适宜，烟熏味浓，回味无穷，是具有代表性的烟熏制品之一。

三、 实验材料与仪器设备

1. 实验材料

鸡、白糖、香油、味精、精盐、清水、各种调料（如花椒、肉桂、丁香等）。

2. 实验设备

刀具、酒精灯、剪刀、煮制用锅、熏制用锅等。

四、 实验内容

1. 工艺流程

原料选择 → 原料预处理 → 浸泡 → 煮制 → 熏制 → 上香油 → 成品

2. 操作要点

（1）原料选择　选用一年生的健康活鸡，被毛光亮，胸腹部及腿部肌肉丰满，无畸形，皮肤表面无创伤或病灶，单只鸡以重 1.5kg 左右为宜。其中以公鸡为最佳，因为此时的公鸡既肉质柔嫩又味道鲜美。

（2）原料预处理

①宰杀放血：从鸡头和鸡脖下颚处下刀，切断气管及颈动脉血管，将血放尽。在保证顺利放血的基础上，刀口应尽量微小，一般以 10~15mm 为宜。注意不要把鸡头切掉，要保证鸡的完整性，利于后续造型。

②热水煺毛：用热水烫毛之前，先干拔脖毛、背骨毛及尾毛。将水烧至 65℃左右，把鸡没入水中浸烫 2min，一定要注意边烫边翻，然后从水中捞出，开始煺毛。煺毛时，先煺鸡冠、肉垂附近的绒毛，同时煺掉鸡喙、鸡腿及爪子上的老皮；然后将鸡外皮上的其余毛煺尽；最后用酒精灯燎净白条鸡表面的碎毛，但不要烧焦鸡体表面。

③净膛：

a. 摘除嗉囊：在颈下嗉囊后切一个 3cm 左右的小口，用于剥离嗉囊，后将两端相连的食管切断。注意保证嗉囊不被破坏，如有破坏，应立即用清水洗净。

b. 开膛取脏：在鸡的肛门与鸡尾尖结合处下刀，刀口大小以能伸入五指为宜。掏出全部内脏后用清水反复冲洗内膛，直至无血污和杂质为止。

④造型：首先，用刀背打断鸡的两条大腿骨并敲打鸡各部位的肌肉，使其松软，从而利于调味料的渗透。然后，将鸡平放在案板上，腹部向上，用剪刀将鸡胸处的软骨剪断，把鸡腿交叉放入腹腔内。最后，将其中一支鸡翅向后上方反向别在颈部后方，另一支鸡翅塞进放血刀口处，再从喙中扯出，别于颈后；用细线或马盖草把鸡尾尖与腹皮绑起来，保证鸡身挺直、不歪斜。

（3）浸泡　用 3~4℃的常流水浸泡 3~4h 或用冷水浸泡 24h 左右，直至水中毫无血色。

（4）煮制

①烧开老汤，并将各色调料用纱布袋包裹后放入锅中。其一，须确保老汤品质正常，无变质发酵现象。老汤调配配方：味精 50g，精盐 3kg，清水 100kg（鸡 100~150kg），其波美度为 10°Bé 左右。其二，调料要分成两个调料袋同时放入老汤中。一个

调料袋中装有胡椒粉、香辣粉、五香粉、老姜各 50g，且每煮制 3 次更换一袋；另一个调料袋装有八角茴香、花椒各 100g，肉蔻、肉桂、砂仁、山奈、草果、白芷各 50g，丁香、良姜、陈皮、香叶、红蔻、白蔻各 20g，木香、孜然、草蔻、小茴香、荜拨各 10g，甘草、甘松各 5g；且每煮制 10 次更换一袋。

②把做好造型的鸡小心地放入锅中，并按次序摆好，使鸡身全部没入水中，上面盖一层铁质网盖。

③大火烧开后撇去老汤表面浮沫，煮制 1h 左右后翻锅，使鸡受热均匀。

④小火煮烂，约 2h 停火，把鸡从锅中捞出。此时，鸡翅微颤，仅腿关节破开，整体造型完好。

（5）熏制　将煮制完毕的鸡摊放在铁帘（中间设有投糖孔）上，将其放入熏锅内，当锅底微红时撒入白糖，立即盖严锅盖。2~3min 后翻动熏鸡，再撒糖入锅，熏制另一面鸡身。100 只鸡约耗糖 1~1. 5kg。

（6）上香油　在熏制完毕的鸡身表面均匀地刷一层香油，使熏鸡富有光泽并能防干耗。

3. 注意事项

（1）煮鸡时要掌握好火候，要保证煮制之后的鸡能完整保持鸡形，利于后续操作。

（2）熏制时间对熏鸡外观影响很大，熏制时间过长会使熏鸡表面颜色加重，因此在操作过程中应对熏制时间进行严格把控。

（3）在熏鸡的加工过程中不能使用酱油。

（4）为增强熏鸡的香味，在加工过程中可以适量添加鸡精、鸡肉香精等。

五、 产品评定

1. 感官要求

感官要求见表 4-43 所示。

表 4-43　　熏鸡感官质量要求

项目	标准
颜色	外表面色泽枣红、晶莹光亮，内部肉质雪白
造型	造型美观、稳定，符合“两足插腹，口衔单翅”的外形
滋味	肉质细嫩、烂而连丝、咸淡适宜
气味	肉味芳香、烟熏风味浓郁
组织状态	肉质紧实
杂质	无血水等外来可见杂质

2. 理化指标

理化指标见表 4-44 所示。

表 4-44　　熏鸡理化指标要求

项目	指标
含水量/%	≤60
含盐量/%	≤3
亚硝酸盐	不得检出

3. 卫生指标

卫生指标见表 4-45 所示。

表 4-45　　熏鸡卫生指标要求

项目	标准
菌落总数/(CFU/g)	≤1000
大肠菌群/(MPN/100g)	≤40
其他致病菌	不得检出

六、 结果与分析

1. 实验结果

将实验结果记录于表 4-46 中。

表 4-46　　熏鸡出品率计算表　　单位：kg

白条鸡质量	成品熏鸡质量	出品率/%

2. 感官品评

感官品评表见表 4-47 所示。

表 4-47　　熏鸡的感官品评表

指标	得分								
	1	2	3	4	5	6	7	8	9
肉色									
外观									
气味									
嫩度									
多汁性									
质地									
风味									
总体可接受性									

具体标准如下：

（1）肉色　参照沟帮子熏鸡的感官质量要求表中有关颜色的具体要求，依据自己的喜好对颜色进行评分，分数越高代表喜欢程度越高，最高为9分。

（2）外观　参照沟帮子熏鸡的感官质量要求表中有关其造型的具体要求，外观十分不好（1~2分），外观有点不好（3~4分），外观一般（5~6分），外观较好（7~8分），外观完好（9分）。

（3）气味　完全不喜欢（1分），不喜欢（2分），一般不喜欢（3分），有点不喜欢（4分），一般（5分），有点喜欢（6分），中等喜欢（7分），喜欢（8分），非常喜欢（9分）。

（4）嫩度　非常韧（1分），韧（2分），中等韧（3分），略微韧（4分），一般（5分），略微嫩（6分），中等嫩（7分），嫩（8分），非常嫩（9分）。

（5）多汁性　完全不多汁（1分），不多汁（2分），中等不多汁（3分），略微无汁（4分），一般（5分），略微多汁（6分），中等多汁（7分），多汁（8分），非常多汁（9分）。

（6）质地　完全不喜欢（1分），不喜欢（2分），一般不喜欢（3分），有点不喜欢（4分），一般（5分），有点喜欢（6分），中等喜欢（7分），喜欢（8分），非常喜欢（9分）。

（7）风味　完全不喜欢（1分），不喜欢（2分），一般不喜欢（3分），有点不喜欢（4分），一般（5分），有点喜欢（6分），中等喜欢（7分），喜欢（8分），非常喜欢（9分）。

（8）总体可接受性　完全不喜欢（1分），不喜欢（2分），一般不喜欢（3分），有点不喜欢（4分），一般（5分），有点喜欢（6分），一般喜欢（7分），喜欢（8分），非常喜欢（9分）。

3. 综合评价

根据产品评定的相关要求，评定熏鸡的质量。要求实事求是地对本人实验结果进行清晰的叙述，实验失败必须详细分析可能的原因。

七、思考题

1. 请浅述熏鸡枣红色外观形成的原因。
2. 为什么在熏鸡的加工过程中不能添加酱油？
3. 结合所学知识，谈谈如何提高熏鸡的质量？

实验二十二　熏煮香肠的制作

一、实验目的

深入了解熏煮香肠的制作过程及相关原理；掌握操作要点。

二、 实验原理

熏煮香肠是一种重要的香肠类熟肉制品，其标志性的产品包括法兰克福肠、维也纳肠和哈尔滨红肠等。早些年间，熏煮香肠的风味主要分为德意式、俄式和英美式三种。熏煮香肠进入我国市场后，为使熏煮香肠的风味更符合国人饮食口味，人们开始对其配料比不断进行改良，对其工艺不断优化，自此熏煮香肠的风味开始具有中国特色。熏煮香肠的制作需经腌制、绞切、斩拌、充填、烘烤、蒸煮、烟熏、冷却等过程，斩拌对成品质量影响很大，很大程度上影响产品质构，过度斩拌或斩拌程度过低均会影响产品的组织状态和口感。斩拌是指通过破坏肉的组织结构，并在一定含盐量下溶出可与脂肪发生乳化的肌球蛋白，使香肠形成均一稳定结构的过程。

三、 实验材料与仪器设备

1. 实验材料

猪肉、精盐、味精、酒、食糖、红米曲、肠衣、复合磷酸盐（三聚磷酸钠，六偏磷酸钠，焦磷酸钠)、亚硝酸钠、抗坏血酸钠等。

2. 实验设备

刀具、台秤、斩拌机、煮制用锅、灌肠机、烟熏炉等。

四、 实验内容

1. 工艺流程

猪肉（鲜肉/冻肉）→ 解冻 → 腌制 → 绞肉、斩拌 → 灌肠 → 烤制 → 煮制 → 烟熏、冷却 → 成品

2. 操作要点

（1）原料选择　鲜肉、冻肉均可作为熏煮香肠的原料，但原料肉必须检验合格、肉质新鲜，肉中不含有其他杂质。

（2）原料整理　原料肉的整理需要经过解冻、去骨、剔除筋腱等过程，且为了保证后续腌制的均匀，应将肥肉和瘦肉分开处理，肥肉切成小块，瘦肉则切成厚度在 2cm 左右的薄片。

（3）腌制　腌制的目的是使肉呈现均匀的鲜红色，使制品咸淡适中，并且腌制可以提高制品的保水性和黏性。腌制结束后，瘦猪肉呈现鲜红色。

腌制剂配方：水 10%，食用盐 1.5%，蔗糖 4.8%，味精 0.2%，抗坏血酸钠 0.05%，红米曲 0.005%，复合磷酸盐（焦磷酸钠：三聚磷酸钠：六偏磷酸钠 = 42 ∶ 37 ∶ 21）0.3%~0.4%，亚硝酸钠 0.01%。

（4）绞肉及斩拌　将腌好的原料瘦肉和肥肉分别通过筛孔直径为 3mm 的绞肉机绞碎，然后将瘦肉置于斩拌机中，在斩拌开始时向其中加入少量的冰水。之后一点一点地加入脂肪，使其均匀分布，同时再次加入冰水，防止斩拌温度过高。斩拌的温度对产品质量影响很大，斩拌时的温度不应超过 10℃，斩拌时间应控制在 6~8min。

（5）灌制　灌制时应保证香肠充填均匀，肠内馅体之间没有空隙，避免充填过满或

过少的现象。充填后应立即对香肠进行打卡。

（6）烤制　烘烤可以使肠衣蛋白质变性凝结，增加肠衣的机械强度，同时烘烤时肠体温度的增加可以促进发色，使香肠表面呈红褐色且肠衣富有光泽。烘烤过程的温度以66℃为宜，烘烤时间为30min。如果使用塑料肠衣，则可省去烤制步骤，直接进行煮制。

（7）煮制　煮制这一过程又称杀菌，该步骤可使肉中的蛋白质发生变性，从而凝固成形，也可降低肉中酶的活性，杀死部分微生物，使肉肠产生风味。熟制温度在80~85℃，煮制结束时香肠制品的中心温度应大于72℃。

（8）烟熏、冷却　将香肠送入烟熏炉中，烟熏炉的温度设置在50~80℃，烟熏时间在10min~24h。烟熏结束后用冷水对肠体进行喷淋，使香肠的中心温度降低到15~25℃，然后送入0~7℃的冷库内，冷却至库温。同样，由于塑料肠衣密封性较好，采用塑料肠衣生产的香肠不进行烟熏步骤。

3. 注意事项

（1）严格控制斩拌时的温度，避免斩拌温度过高对香肠品质造成影响。

（2）严格控制斩拌时间，避免斩拌过度或斩拌程度较低的现象发生。

（3）煮制时间应根据香肠的中心温度而定。

五、 产品评定

1. 感官要求

感官要求见表4-48所示。

表4-48　　熏煮香肠感官要求

项目	要求
外观	肠衣干爽完整，无破损现象，肠体粗细均匀
色泽	肠体呈红褐色，且产品色泽均匀
组织状态	组织结构致密，有良好的切片性能，肠体弹性好，无汁液流出，切面气孔少且气孔直径小于2mm
风味	具有独特的烟熏风味，无异味，肉质细嫩

2. 理化指标

理化指标见表4-49所示。

表4-49　　熏煮香肠理化指标

项目	指标
水分/(g/100g)	≤70
氯化物（以NaCl计）/(g/100g)	≤4
蛋白质/(g/100g)	≥10
脂肪/(g/100g)	≤25
淀粉/(g/100g)	≤10
亚硝酸盐（以$NaNO_2$计）/(mg/kg)	≤30

续表

项目	指标
复合磷酸盐（以 PO_4 计）/(mg/kg)	≤8

3. 卫生指标

卫生指标见表 4-50 所示。

表 4-50 熏煮香肠卫生指标要求

项目	指标
铅（以 Pb 计）/(mg/kg)	≤0.5
砷（以 As 计）/(mg/kg)	≤0.5
总汞（以 Hg 计）/(mg/kg)	≤0.05
苯并（a）芘/(μg/kg)	≤5.0
致病菌	不得检出

六、结果与分析

1. 实验结果

将熏煮香肠的原料消耗情况及出品率分别记录于表 4-51、表 4-52 中。

表 4-51 熏煮香肠制作原料用量消耗记录 单位：kg

日期	原料肉	食盐	食糖	味精	抗坏血酸钠	磷酸盐	亚硝酸钠	红米曲	水

表 4-52 熏煮香肠出品率计算表 单位：kg

原料肉质量	成品熏煮香肠质量	出品率/%

2. 结果分析

从熏煮香肠的外观、色泽、组织形态、风味以及有无杂质等方面综合评价熏煮香肠的质量。结合实验结果，分析实验成败原因。

七、思考题

1. 斩拌这一步骤的目的是什么？
2. 斩拌过程中对加料的顺序有什么要求？
3. 配料过程中加入亚硝酸盐、磷酸盐有什么作用？

第五章

食品化学保藏工艺实验

实验一　食品防腐剂抑菌效果的测定实验

一、实验目的

了解苯甲酸钠、山梨酸钾和乳酸链球菌素三种常见食品防腐剂的抑菌机理；掌握利用滤纸片法、打孔法和活菌计数法测定食品防腐剂抑菌效果的实验方法，进一步提升实验操作技能；通过实验评价三种防腐剂抑菌效果的异同及适用范围，能够在实际操作中选择合适的食品防腐剂。

二、实验原理

1. 食品常用的三种防腐剂

（1）苯甲酸钠　苯甲酸钠是一种易溶于水的广谱性抑菌剂，其抑菌作用的机制是使微生物细胞的呼吸系统发生障碍，使三羧酸循环（TCA 循环）中的乙酰辅酶 A →乙酰乙酸及乙酰草酸→柠檬酸之间的循环过程难以进行，并阻碍细胞膜正常生理作用。苯甲酸钠在酸性条件下，以未解离的分子起抑菌作用，其防腐效果视介质的 pH 而异，一般 pH＜5 时抑菌效果较好，pH 2.5~4.0 时抑菌效果最好，当 pH 由 7 降至 3.5 时，其防腐效力可提高 5~10 倍。

（2）山梨酸钾　山梨酸钾极易溶于水，也易溶于高浓度蔗糖和食盐溶液，因而在食品生产中被广泛使用。其抑菌作用主要是损害微生物细胞中的脱氢酶系统，并使分子中的共轭双键氧化，产生分解和重排。山梨酸钾能有效抑制霉菌、酵母菌和好气性腐败菌，但对厌气性细菌和乳酸菌几乎无效，山梨酸钾防腐效果随 pH 的升高而降低，在 pH＜6 时使用为宜，属于酸性防腐剂。但霉菌污染严重时，他们会被霉菌作为营养物质摄取，不仅没有抑菌作用，相反会促进食品的腐败变质。

（3）乳酸链球菌素　乳酸链球菌素是乳酸链球菌产生的一种多肽物质，可作为营养物质被人体吸收利用，因此是一种无毒的天然防腐剂，它能抑制大多数革兰氏阳性细菌，并对芽孢杆菌的孢子有强烈的抑制作用。乳酸链球菌素的抑菌作用机制是通过干扰细胞膜的正常生理功能，造成胞内物质渗出及膜电位下降，从而导致致病菌和腐败菌细胞的死亡。乳酸链球菌的溶解度与稳定性也与溶液的 pH 有关，且在酸性环境下有较好的溶解度与稳定性，研究表明，当溶于 pH 3.0 的盐酸溶液中，经 121℃、15min 高压杀菌仍保持 100%的活性，其耐酸耐热性能优良。

2. 防腐剂抑菌效果测定方法

防腐剂通常采用微生物法进行抑菌，抑菌剂通过自身的作用机制对加入其中的微生物产生抑制作用。滤纸片法、打孔法和活菌计数法是常用的检验防腐剂抑菌效果的方法。

（1）滤纸片法 通过将附着滤纸片上的防腐剂向琼脂培养基扩散渗透，抑制微生物的生长繁殖，并在滤纸片周围形成抑菌圈，依据抑菌圈的大小可以判断抑菌能力的强弱。

（2）打孔法 在培养基中打开一定直径的孔洞，在其中注入防腐剂，使防腐剂在培养基中扩散渗透，并形成抑菌圈，进而判断抑菌能力的强弱。

（3）活菌计数法 以一定浓度的抑菌剂加入定量的实验菌，作用一定时间后，取样进行活菌计数。通过对平板上的菌落进行计数来判断防腐剂抑菌效果的方法。

三、 实验材料与仪器设备

1. 实验设备

高压灭菌锅、摇床、恒温培养箱、超净工作台、酸度计、电子分析天平、移液枪、枪头、酒精灯、培养皿、涂布棒、0.22μm 滤膜等。

2. 实验材料

（1）培养基

①牛肉膏蛋白胨培养基（LB）——供被试细菌生长：配方为 5g 牛肉膏，10g 蛋白胨，10g NaCl，15~20g 琼脂。

配制方法：用蒸馏水将上述配方中的材料进行溶解，稀释至 1000mL，置于电炉上搅拌加热至沸，并使用 1mol/L NaOH 和 1mol/L HCl 调节 pH 至 7.6。将配好的培养基分别装入三角瓶及试管中，加塞包扎好后放入高压蒸汽灭菌锅内，在 0.103MPa、121℃条件下保持 20min 后取出，并通过倾斜试管将放于试管中的培养基制成斜面培养基，所有培养基冷却后贮存备用。

②马铃薯葡萄糖琼脂培养基（PDA）——供被试真菌生长：配方为 6g 马铃薯粉，20g 葡萄糖，20g 琼脂。

配制方法：将上述配方中的材料置于 1000mL 蒸馏水中，对其进行搅拌、加热，使得配方材料溶解，将混合均匀的溶液分装于试管或三角瓶中，置于高压蒸汽灭菌锅内进行灭菌，在 0.103MPa、121℃条件下保持 20min 后取出，并通过倾斜试管将放于试管中的培养基制成斜面培养基，所有培养基冷却后贮存备用。

③平板计数琼脂培养基（PCA）——用于细菌总数的测定：配制方法：称取 23.5g 平板计数琼脂，加入蒸馏水 1000mL，搅拌加热煮沸至琼脂完全溶解，分装三角瓶，121℃高压灭菌 15min 后，将获得的平板计数琼脂培养基置于 45℃水浴中备用。

④玫瑰红钠琼脂培养基——用于真菌总数的测定：配制方法：称取 31.5g 玫瑰红钠琼脂培养基，加热溶解于 1000mL 蒸馏水中，121℃高压灭菌 15min 后备用。

（2）菌种 大肠杆菌、金黄色葡萄球菌、青霉、酿酒酵母。

（3）试剂溶液

①1g/L 苯甲酸钠溶液：0.1g 苯甲酸钠溶于 100mL 蒸馏水，并用 1mol/L HCl 调节至最适 pH 3.5，0.22μm 细菌滤器过滤除菌，备用。

②1g/L 山梨酸钾溶液：0.1g 山梨酸钾溶于 100mL 蒸馏水，并用 1mol/L HCl 调节至最适 pH 4.5，0.22μm 细菌滤器过滤除菌，备用。

③0.5g/L 乳酸链球菌素溶液：0.5g 乳酸链球菌素溶于 1000mL 蒸馏水，并用 1mol/L HCl 调节至 pH 3.0，0.22μm 细菌滤器过滤除菌，备用。

四、实验内容

1. 滤纸片法测定苯甲酸钠的抑菌效果

（1）菌种培养　取保存的菌种（原始菌种一般从中国科学院微生物研究所菌种保藏室或各地方微生物研究单位取得），细菌接种于 LB 固体培养基斜面上，在 37℃条件下培养 24h；真菌接种于 PDA 固体培养基斜面上，在 28℃条件下培养 48h。用接种针轻轻刮取斜面上的单菌落于相应液体培养基内，将培养基置于摇床培养至对数期，每个菌种取一定体积量的菌液，通过平板计数法对平板上的菌落进行计数，平板计数法操作步骤：吸取 500μL 菌液到无菌的离心管中，置于各菌种适宜的温度下培养（细菌于 37℃条件下；真菌于 28℃条件下），振荡孵育 1 h，将菌液进行 10、10^2、10^3倍稀释，每个稀释度下的细菌分别取 100μL 均匀涂布于平板计数琼脂上，于 37℃条件下培养 24h；每个稀释度下的真菌取 100μL 均匀涂布于玫瑰红钠琼脂培养基上，于 28℃条件下培养 48h，并将剩余的菌液放于 4℃冰箱保存。培养结束后观察并记录每板上的菌落数量，并得出不同稀释度下的菌液浓度，选择浓度为 10^6 ~ 10^7 CFU/mL 菌液，进行下一步实验。

（2）滤纸片的准备　滤纸用打孔器制成直径为 6mm 的圆形滤纸片，放在平皿中并用锡箔纸包裹，于 121℃高压蒸汽灭菌后，放于 100℃烘箱干燥后备用。

（3）倒板接种　于超净工作台内，将灭菌后的培养基倒入平皿内制成不含菌的平板，倒入量约为培养皿厚度的 1/3，待平板凝固后吸取 200μL 菌液，用灭菌后的涂布棒均匀涂布于相应的培养基表面（涂布时动作要轻，注意不要刮破培养基）。

（4）抑菌效果测定　用消毒的镊子将灭菌后的滤纸片放置于接种菌后的平板中央，用镊子尖轻压，使其贴平，吸取 1g/L 苯甲酸钠溶液 200μL，缓慢滴加于滤纸片上，待溶液被滤纸片完全吸收后，将平板放入各菌种适宜的温度下培养（细菌于 37℃条件下培养 24h；真菌于 28℃条件下培养 48h），培养结束后测量抑菌圈的直径，每个菌株抑菌实验重复 3 次并取其平均值，用无菌水作空白对照。

2. 打孔法测定山梨酸钾的抑菌效果

（1）菌种培养　取保存的菌种，细菌接种于 LB 固体培养基斜面上在 37℃条件下培养 24h，真菌接种于 PDA 固体培养基斜面上在 28℃条件下培养 48h。取斜面上的单菌落于相应液体培养基上摇床培养至对数期，每个菌种取一定体积量的菌液，通过平板计数法对平板上的菌落进行计数，并得出所取菌液浓度，进一步将菌液浓度调整为 10^6 ~ 10^7 CFU/mL，4℃冰箱暂存备用。

（2）倒板接种、打孔　于超净工作台内将灭菌后的培养基倒入平皿内制成不含菌的平板，待平板凝固后吸取 200 μL 菌液均匀涂布于相应的培养基表面。使用灭菌后的直径为6mm培养基打孔器在平板中央位置进行打孔，打完孔后用无菌针头将琼脂孔中的培养基轻轻挑出，最终在中心处形成直径为6 mm孔洞。

（3）抑菌效果测定　在打好的孔内轻轻注入1g/L山梨酸钾溶液200μL，将平板放入各菌种适宜的温度下培养（细菌于37℃条件下培养24h；真菌于28℃条件下培养48h），空白组加入等量无菌水。培养结束后测量抑菌圈的直径，每个菌株抑菌实验重复3次并取其平均值。

3. 活菌计数法测算链球菌素的抑菌效果

（1）菌种培养　取保存的菌种，细菌接种于LB固体培养基斜面上，在37℃条件下培养24h；真菌接种于PDA固体培养基斜面上，在28℃条件下培养48h。取斜面上的单菌落于相应液体培养基上摇床培养至对数期，每个菌种取一定体积量的菌液，通过平板计数法对平板上的菌落进行计数，并得出所取菌液浓度，进一步将菌液浓度调整为10^6~10^7CFU/mL，4℃冰箱暂存备用。

（2）抑菌效果测定　吸取500μL菌液到无菌的离心管中，然后向离心管中加入500μL 0.5g/L乳酸链球菌素溶液，对照组则加入等量无菌水，各管混匀后，置于各菌种适宜的温度下培养（细菌于37℃条件下；真菌于28℃条件下），振荡孵育1h，将菌液进行10、10^2、10^3倍稀释，每个稀释度下的细菌分别取100μL均匀涂布于平板计数琼脂上，于37℃条件下培养24h；每个稀释度下的真菌取100μL均匀涂布于玫瑰红钠琼脂培养基上，于28℃条件下培养48h。培养结束后观察并记录每板上的菌落数量，根据稀释度和涂布接种量计算出每管原液中的微生物数量，按照下式计算抑菌率，每个稀释度的菌株抑菌实验重复3次并取其平均值。

$$\text{抑菌率（\%）}=\frac{\text{对照管细菌数量}-\text{实验管细菌数量}}{\text{对照管细菌数量}}\times 100\% \quad (5-1)$$

五、结果与分析

1. 实验结果

将实验结果记录于表5-1、表5-2中。

表5-1　滤纸片法（或打孔法）测定苯甲酸钠抑菌效果实验结果　单位：mm

试供菌株	抑菌圈直径			平均抑菌圈直径
	重复1	重复2	重复3	
大肠杆菌				
金黄色葡萄球菌				
青霉				
酿酒酵母				

2. 结果分析

通过测得的抑菌圈直径及菌落数分析苯甲酸钠、山梨酸钾和乳酸链球菌素的抑菌效果，要求实事求是地对本人实验结果进行清晰的叙述，实验失败必须详细分析可能的原因。

表 5-2　　活菌计数法测定乳酸链球菌素抑菌效果实验结果　　单位：CFU

试供菌株	稀释度											
	10				10^2				10^3			
	重复1	重复2	重复3	平均值	重复1	重复2	重复3	平均值	重复1	重复2	重复3	平均值
大肠杆菌												
金黄色葡萄球菌												
青霉菌												
酿酒酵母												

六、注意事项

（1）所有的操作器具及材料都要事先做灭菌处理，操作必须在超净工作台的酒精灯旁进行。

（2）倒入培养皿的培养基温度应适宜。

（3）各种微生物的最适生长温度不同，恒温培养时应分开放置。

（4）纸片法及打孔法在倒平板时，平板中的培养基的厚度应均匀一致，以免影响抑菌圈的大小，琼脂板的厚度可影响抑菌圈的厚度，一般为 2~3mm。

（5）滴加防腐剂在滤纸片上时，滴加量不宜太多，以免在平板中流淌，影响抑菌圈形状和大小。

（6）倒入皿内的琼脂凝固后，不要长时间放置，培养应倒置培养，避免菌落蔓延生长。

（7）活菌计数法在做菌液浓度稀释时，注意稀释的准确性，每稀释一个浓度时要更换一次枪头。

（8）每个样品从开始稀释到倾注到最后一个平皿所用的时间不得超过 15min，以防止菌落增殖和产生片状菌落。

（9）每个培养皿应注明培养基种类、样品编号、稀释度等参数。

（10）一种菌只能在其特定的培养基上进行计数，即细菌须在平板计数琼脂，真菌须在玫瑰红钠琼脂培养基上进行计数。

（11）活菌计数法中由于菌落可能来源于细胞块，也可能来源于单个细胞，因而平板上所得的菌落的数字不是活菌的个数，而因以单位重量、容积或表面积内的菌落或菌落形成单位（CFU）做记录。

七、思考题

1. 对比滤纸片法、打孔法、活菌计数法测定防腐剂抑菌效果的优缺点。

2. 分析苯甲酸钠、山梨酸钾和乳酸链球菌素这三种防腐剂抑菌效果的异同及各自的适用范围。

3. 结合所学知识谈谈如何正确使用食品防腐剂。

实验二　食品中防腐剂的测定——紫外分光光度法

一、 实验目的

掌握不同食品基质防腐剂测定的前处理手段，提高检测结果的准确性；能运用紫外分光光度法测定食品中常见的防腐剂，掌握测定原理及方法；深度掌握紫外分光光度计的使用要点和注意事项。

二、 实验原理

1. 紫外分光光度法

紫外分光光度法又称紫外吸收光谱法，是研究化合物分子在波长为 190.0～1100.0nm 时的吸收光谱的方法，通过测定分子对紫外光的吸收，可以对化合物进行定性和定量的测定。利用紫外分光光度法定性分析物质，是在相同的条件下分别对标准样品和未知样品进行波长扫描，通过比较未知样品和标准样品的光谱图对未知样进行鉴定。利用紫外分光光度法定量分析物质含量，是根据朗伯-比尔定律，当入射光强度一定时，吸光度与被测物浓度成正比。紫外分光光度法具有操作方便、测定速度快、准确度较高、应用范围较广的优点，被广泛应用于食品分析测试领域。

2. 苯甲酸钠测定原理

苯甲酸钠是最普遍使用的防腐剂之一。具有成本低廉、供应充足、毒性较低的优点。在酸性（pH<4）的食品中作用效果较好。我国 GB 2760—2014《食品安全国家标准　食品添加剂使用标准》规定了苯甲酸及其钠盐在食醋中的最大允许使用量为 1.0g/kg（以苯甲酸计）。由于食品中苯甲酸钠用量很少，同时食品中其他成分也可能产生干扰，因此测定其食品中的苯甲酸钠含量需要先将苯甲酸钠与其他成分分离。苯甲酸钠在酸性条件下形成苯甲酸，通过有机溶剂萃取苯甲酸，最后在碱性条件下形成苯甲酸盐，分离有机相得到苯甲酸盐。苯甲酸及其盐类具有芳香结构，对紫外光有选择性吸收，其吸收光谱的最大吸收波长为 225nm。

3. 山梨酸钾测定原理

山梨酸是一种直链不饱和脂肪酸，可参与人体内的正常代谢，产生 CO_2 和 H_2O，几乎对人体没有毒性。山梨酸与山梨酸钾是目前国际上公认的安全防腐剂，我国 GB 2760—2014《食品安全国家标准　食品添加剂使用标准》规定山梨酸及其钾盐在果汁饮料中的最高使用量为 0.5g/kg。山梨酸钾在硫酸及重铬酸钾混合溶液的氧化作用下生产丙二醛，丙二醛与硫代巴比妥酸反应生成红色化合物，其红色的深浅与丙二醛的浓度成正比，并在波长 530nm 处有最大吸收，符合朗伯-比尔定律，故可用比色法测定。利用这一性质能够利用紫外分光光度计测定出食品中的山梨酸钾含量。

三、 实验材料与仪器设备

1. 实验材料

市售食醋、市售果汁。

2. 实验试剂

苯丙酸钠（分析纯）、山梨酸钾（分析纯）、乙醚（分析纯）、98%浓硫酸、1mol/L HCl溶液、重铬酸钾（分析纯）、硫代巴比妥酸（分析纯）、醋酸钠（分析纯）、6mol/L HCl溶液、1mol/L NaOH溶液等。

3. 溶液配制

①1mg/mL苯甲酸钠标准贮备液：准确称取1.000g苯甲酸钠（150℃干燥处理2h），用蒸馏水溶解，转移至100mL容量瓶中，定容至刻度，摇匀。

②0.1mg/mL山梨酸钾标准贮备液：准确称取0.100g山梨酸钾（150℃干燥处理2h），用蒸馏水溶解，转移至100mL容量瓶中，定容至刻度，摇匀。

③硫代巴比妥酸溶液：准确称取0.5g硫代巴比妥酸于100mL容量瓶中，加入20 mL蒸馏水，然后再加入10mL 1mol/L NaOH溶液，充分摇匀，使之完全溶解后再加入11mL 1mol/L HCl溶液，用水稀释至刻度。此溶液要在临用前再配制，配制后在6h内使用。

④重铬酸钾-硫酸混合溶液：将0.1mol/L的$KrCr_2O_7$和0.15mol/L H_2SO_4按1：1的体积比混合均匀，备用。

4. 实验仪器

紫外-可见分光光度计，比色皿，比色管，容量瓶，烧杯，玻璃棒等。

四、实验内容

1. 食醋中苯甲酸钠的测定

（1）苯甲酸钠标准曲线的绘制　吸取苯甲酸钠标准贮备液0，0.10，0.20，0.50，1.00，1.50，2.00，3.00mL于100mL容量瓶中，分别加入1mL NaOH溶液，用蒸馏水定容至刻度，摇匀，即得浓度为0，1，2，5，10，15，20，30μg/mL的苯甲酸钠标准溶液。在225nm处测其吸光度，以吸光度（A）为纵坐标，浓度C（mg/L）为横坐标，绘制标准曲线，计算回归方程。

（2）食醋样品处理　准确称取10.00g食醋样品于100mL容量瓶中，用蒸馏水定容至刻度，摇匀。准确吸取该样品稀释液10mL于250mL分液漏斗中，加入5mL 6mol/L HCl酸化，用无水乙醚萃取3次，每次20mL，每次振荡1min，合并乙醚层于250mL分液漏斗中，加入1mol/L的NaOH溶液充分振荡3次，每次10mL，水相转移到100mL容量瓶中，用蒸馏水定容至刻度，得到待测液。

（3）样品测定　将待测液用紫外分光光度计在225nm波长下进行测定，重复3次平行实验，以蒸馏水作为参比，获取吸光度值，利用苯甲酸钠标准曲线得到对应的待测液苯甲酸的浓度。

2. 果汁中山梨酸钾的测定

（1）山梨酸钾标准曲线的绘制　分别吸取0，1.00，2.00，3.00，4.00，5.00，6.00，7.00mL山梨酸钾标准贮备液于100mL容量瓶中，用蒸馏水定容（分别相当于0，1.0，2.0，3.0，4.0，5.0，6.0，7.0μg/mL的山梨酸钾）。分别吸取2.00mL于相应的10mL比色管中，加入2.00mL重铬酸钾-硫酸混合溶液，并摇匀，于100℃水浴中加热7min，立即加入2.00mL硫代巴比妥酸溶液，并摇匀，继续加热10min，立即取出迅速用冷水冷却，在分光光度计上以530nm测定其吸光度，并绘制标准曲线，计算回归方程。

（2）果汁样品处理　量取100mL饮料样品，加蒸馏水400mL，称取稀释后的果汁样品 10g 于 250mL 容量瓶中定容，摇匀，过滤待测。

（3）样品测定　准确吸取样品处理液 2.00mL 三份、蒸馏水（空白参比）2.00mL，分别放入四支 10mL 比色管中，加 2.00mL 重铬酸钾-硫酸混合溶液，并摇匀，于 100℃ 水浴中加热 7min，立即加入 2.00mL 硫代巴比妥酸溶液，并摇匀，继续加热 10min，立即取出迅速用冷水冷却，在分光光度计上以 530nm 测定其吸光度，从标准曲线中查出待测液中山梨酸的相应浓度。

附：分光光度计的使用方法（以日本/岛津 UV1800 紫外-可见分光光度计为例）

①接通电源，打开仪器开关，预热 20min。

②预热结束后，在【注册】屏幕，直接按下【ENTER】键。

③进入【模式菜单】，选择【1. 光度】。

④输入测定波长后，按下【GOTO WL】键（当需要空白校正时，在样品之前放置空白样品，按下【AUTO ZERO】键）。

⑤然后按下【START/STOP】键，进入测定界面。

⑥将参比液及测定液分别倒入比色皿，用擦镜纸擦清外壁，捏比色皿毛面，放入样品室内，盖上样品室盖。

⑦再次按下【START/STOP】键，即可完成一次样品测定，显示屏上所显示的就是被测样品的吸光度参数。

⑧比色完毕，关上电源，取出比色皿洗净，样品室用软布或软纸擦净。

（4）计算食品样品中防腐剂含量

①食醋中苯甲酸钠含量计算：按以下公式计算食醋中苯甲酸含量 W。

$$W = \frac{C_x \times \frac{V}{m}}{1000} \tag{5-2}$$

式中　C_x——从标准曲线上获得的待测液对应的苯甲酸浓度，μg/mL；

W——样品中苯甲酸含量，mg/g；

V——样品定容后体积，mL；

m——所取样品质量，g。

②果汁中山梨酸钾含量的计算：从标准曲线上获得待测液的山梨酸钾浓度 C_x（μg/mL），按以下公式计算果汁中山梨酸钾含量 W（mg/g）。

$$W = \frac{C_x \times \frac{V}{m} \times 5}{1000} \tag{5-3}$$

式中　C_x——从标准曲线上获得的待测液的山梨酸钾浓度，μg/mL；

W——山梨酸钾含量，mg/g；

V——样品定容后体积，mL；

m——稀释后所取样品质量，g。

五、结果与分析

1. 实验结果

将实验结果记录于表 5-3、表 5-4、表 5-5 和表 5-6 中。

表 5-3　苯甲酸钠标准曲线数据

浓度/（μg/mL）	0	1	2	3	4	5	6	7
吸光度								
平均吸光度								
回归方程					相关系数 R^2			

表 5-4　食醋中苯甲酸钠测定结果

样品编号	吸光度	平均吸光度	样品中苯甲酸钠含量/（mg/g）
1			
2			
3			

表 5-5　山梨酸钾标准曲线数据

浓度/（μg/mL）	0	1	2	5	10	15	20	30
吸光度								
平均吸光度								
回归方程					相关系数 R^2			

表 5-6　果汁中山梨酸钾测定结果

样品编号	吸光度	平均吸光度	样品中山梨酸钾含量/（mg/g）
1			
2			
3			

2. 结果分析

通过测得的苯甲酸钠和山梨酸钾数据，分析市售食醋中苯甲酸钠含量以及果汁中山梨酸钾含量是否符合 GB 2760—2014《食品安全国家标准　食品添加剂使用标准》，要求实事求是地对本人实验结果进行清晰的叙述，实验失败必须详细分析可能的原因。

六、注意事项

（1）试样和标准工作曲线的实验条件应完全一致。

（2）不同品牌的食醋中苯甲酸钠含量以及果汁中山梨酸钾的含量不同，移取时样品量可酌情增减。

（3）空白溶液与供试品溶液必须澄清，不得有浑浊。如有浑浊，应预先过滤，并弃去初滤液。

（4）测定时，除另有规定外，应以配制供试品溶液的同瓶溶剂为空白对照。

（5）紫外区的定义为波长 190~400nm，石英比色皿可用于波长 190~900nm，玻璃比色皿用于波长360~900nm，紫外区的一定要用石英比色皿，必须配置紫外-可见分光光度计，否则低波长段不能分析。

(6) 一般供试品溶液的吸收度读数，以在0.3~0.7的误差较小。

(7) 吸收池应选择配对，否则要引入测定误差。在规定波长下两个吸收池的透光率相差小于0.5%的吸收池作为配对，在必要的情况时，须在最终测量时扣除吸收池间的误差修正值。

(8) 由于吸收池和溶剂本身可能有空白吸收，因此测定供试品的吸收度后应减去空白读数，再计算含量。

(9) 在测定时或改测其他检品时，应用待测溶液冲洗吸收池3~4次，用干净绸布或擦镜纸擦净吸收池的透光面至不留斑痕（切忌把透光面磨损）。

(10) 取吸收池时，应拿毛玻璃两面，切忌用手拿捏透光面，以免粘上油污。使用完后及时用测定溶剂冲净，再用纯化水冲净，用干净绸布或擦镜纸擦干，晾干后，放入吸收池盒中，防尘保存。

七、思考题

1. 在实验的基础上分析紫外分光光度法测定食品中防腐剂的优缺点及影响因素。
2. 针对不同基质类型的食品，如何高效分离、富集其中的苯甲酸钠及山梨酸钾？
3. 结合所学知识谈谈如何正确使用食品防腐剂。

实验三　脂溶性抗氧化剂的抗氧化实验

一、实验目的

了解多种抗氧化实验理论知识的基础上，重点掌握2，2-联氮-二（3-乙基-苯并噻唑-6-磺酸）二铵盐（ABTS）自由基清除、1，1-二苯基-2-三硝基苯肼（DPPH）自由基清除和总抗氧化能力测定的实验原理；熟知常用的脂溶性抗氧化剂的种类并了解其抗氧化作用原理；熟悉紫外-分光光度计的使用方法，加强实验操作能力。

二、实验原理

1. α-生育酚清除ABTS自由基实验原理

生育酚又称维生素E，为脂溶性维生素，是由八种异构体组成的复杂混合物，按甲基位置不同分别为α、β、γ、δ生育酚及α、β、γ、δ生育三烯酚。α-生育酚是一种黄色透明黏稠液体，具有抗氧化的作用，对酸、热都很稳定，对碱不稳定，若在铁盐、铅盐或油脂酸败的条件下，会加速其氧化而被破坏。α-生育酚不但对油脂有抗氧化作用，在动物体内同样具有重要的生理抗氧化作用，它能阻止生物膜及细胞中的多不饱和脂肪酸的氧化，防止过氧化物的产生。

2，2-联氮-二（3-乙基-苯并噻唑-6-磺酸）二铵盐（ABTS）自由基清除法是基于脱色反应原理而建立的一种分光光度计测量法。还原型的 ABTS 分子可以被 $K_2S_2O_8$试剂氧化，生成稳定的蓝绿色的自由基阳离子 $ABTS^+$。当具有供氢能力的抗氧化物质存在时，可将蓝绿色的自由基阳离子还原为无色的 ABTS 分子形式，通过测定 734nm 处吸光度的变化来判断活性物质的抗氧化效率。并以水溶性维生素 E（Trolox）为基准测算受试物的抗氧化能力。

2. 丁基羟基茴香醚清除 DPPH 自由基能力实验原理

丁基羟基茴香醚（BHA）为白色结晶或结晶性粉末，不溶于水、甘油和丙二醇，而易溶于乙醇和油脂。对热较稳定，在弱碱性条件下不容易被破坏，因此是一种良好的抗氧化剂，尤其适用于使用动物脂肪的焙烤制品。其抗氧化作用是由它放出氢原子阻断油脂自动氧化而实现的。

1，1-二苯基-2-三硝基苯肼（DPPH）是一种人工合成的，具有单电子的以氮为中心的顺磁化合物。反应过程中，它接受抗氧化剂供给的电子或氢原子后，变成稳定的 DPPH-H 化合物，使反应体系的颜色由深紫色变成黄色，变色程度与其接受的电子数量（抗氧化活性）成定量关系，因而可通过分光光度计进行定量分析。

3. 二丁基羟基甲苯总抗氧化能力测定实验原理

二丁基羟基甲苯（BHT）为白色结晶，稳定性高，抗氧化能力强。其抗氧化作用是由于其自身发生自动氧化而实现的。随着 BHT 浓度增高，油脂的稳定性也提高。它能有效地延缓植物油的氧化酸败，改善油煎快餐食品的贮藏期。

采用钼酸铵还原法对 BHT 的总抗氧化能力进行测定。BHT 可以将 Mo^{6+}还原为 Mo^{5+}，并且在酸性条件下形成绿色的 Mo^{5+}的磷酸盐。

三、 实验材料与仪器设备

1. 实验材料

生育酚、ABTS、过硫酸钾、乙酸钠缓冲溶液、无水甲醇、Trolox 标准品、DPPH 溶液、无水乙醇、硫酸、磷酸钠、钼酸铵等。

2. 实验设备

紫外-分光光度计、恒温加热水浴锅等。

四、 实验内容

1. 测定生育酚 ABTS 自由基清除能力

（1）试剂配制

①7mmol/LABTS 溶液：准确称取 2. 0g ABTS 溶于 500mL 蒸馏水中。

②2. 45mmol/L $K_2S_2O_8$溶液：准确称取 0. 12g $K_2S_2O_8$溶于 2000mL 蒸馏水中。

③ABTS 自由基贮备液：将 7mmol/L ABTS 溶液与 2. 45mmol/L $K_2S_2O_8$按体积比 50∶1 混合均匀，在黑暗条件下反应 12~16h 制备 $ABTS^+$贮备液。然后用磷酸缓冲盐溶液（PBS 缓冲溶液，pH 7. 4）将 ABTS 自由基贮备液稀释，使其吸光度在 734nm 波长处达到 0. 70 左右。

④生育酚溶液：精确称取 10. 0mg 生育酚，溶于 100mL 甲醇中，配制成 0. 1mg/mL 的生育酚溶液。在配好的溶液中取 1mL，将其用甲醇定容至 10mL，配制成 10μg/mL。由此类推，配置出 20，30，40，50，60，70，80，90μg/mL 的生育酚溶液。

（2）标准曲线的绘制　用无水甲醇配制 Trolox 溶液，浓度分别为：100，200，400，600，800，1000μmol/L，取 $ABTS^+$贮备液 2mL，分别与 100μL 不同浓度的 Trolox 溶液混匀，黑暗处室温条件下反应 20min，测定其在 734nm 处的吸光度，以不加 Trolox 溶液的试样为空白。以 Trolox 浓度为横坐标，$ABTS^+$自由基清除率为纵坐标绘制标准曲线。

（3）样品测定　取 100μL 不同浓度的样品分别与 2mL $ABTS^+$稀释液混合，黑暗处室温条件下反应 20min，在 734nm 波长处测定其吸光度，以甲醇代替样品作为空白对照。按以下公式计算样品对 $ABTS^+$自由基的清除率。

$$清除率(\%) = \left(1 - \frac{A_{样品}}{A_{空白}}\right) \times 100 \tag{5-4}$$

式中　$A_{样品}$——样品溶液的吸光度；

$A_{空白}$——空白溶液的吸光度。

按公式计算样品对 $ABTS^+$自由基的清除率。通过清除率，在标准曲线上找出其相对应的 Trolox 浓度并换算成 Trolox 当量浓度（μmol TE/100g 油），即为一定浓度测试物质相当的抗氧化能力所需要的 Trolox 浓度，又称 TEAC 值。

2. 测定丁基羟基茴香醚（BHA）DPPH 自由基清除能力

（1）试剂配制

①65μmol/L DPPH 溶液：准确称取 10mg DPPH 溶于 100mL 甲醇中。在配好的溶液中取 10mL，加入 30mL 甲醇，即得 65μmol/L DPPH 溶液。

②BHA 溶液：精确称取 10mg BHA，溶于 100mL 甲醇中，配制成 0.1mg/mL 的 BHA 溶液。在配好的溶液中取 1mL，将其用甲醇定容至 10mL，配制成 10μg/mL BHA 溶液。由此类推，配制出 20，30，40，50，60，70，80，90μg/mL 的 BHA 溶液。

（2）标准曲线的绘制　用无水甲醇配制 Trolox 溶液，浓度分别为 10，20，30，40，50，60，70μmol/L，取 2.5mL DPPH 溶液分别与 0.5mL 不同浓度的 Trolox 溶液混匀，黑暗处室温条件下反应 2h，测定其在 517nm 处的吸光度，以不加 Trolox 溶液的试样为空白。以 Trolox 浓度为横坐标，DPPH 自由基清除率为纵坐标绘制标准曲线。

（3）样品测定　向 10mL 比色管中分别加入 0.5mL 不同浓度的样品溶液和 2.5mL DPPH 溶液，混匀，在黑暗条件下反应 2h。测量 517nm 处的吸光度值，用无水甲醇代替样品来获得对照的吸光度，然后用甲醇代替 DPPH 获得背景干扰的吸光度。样品清除 DPPH 自由基能力的计算公式如下：

$$清除率(\%) = \left(1 - \frac{A - A_0}{A_1}\right) \times 100 \tag{5-5}$$

式中　A——样品的吸光度；

A_1——用无水甲醇代替样品来获得对照的吸光度；

A_0——甲醇代替 DPPH 获得背景干扰的吸光度。

按公式计算样品对 DPPH 自由基的清除率。通过清除率，在标准曲线上找出其相对应的 Trolox 浓度并换算成 Trolox 当量浓度（μmol TE/100g 油）。

3. 测定二丁基羟基甲苯（BHT）总抗氧化能力

（1）试剂配制

①28mmol/L 磷酸钠溶液：称取 2.13g 磷酸钠溶于 200mL 水中。

②4mmol/L 钼酸铵溶液：称取 0.99g 钼酸铵溶于 200mL 水中。

③0.6mol/L 硫酸溶液：量取 6.67mL 硫酸溶于 200mL 水中。

④BHT 溶液：精确称取 10mg BHT，溶于 100mL 甲醇中，配制成 0.1mg/mL 的 BHT 溶液。在配好的溶液中取 1mL，将其用甲醇定容至 10mL，配制成 10μg/mL BHT 溶液。由此类推，配置出 20，30，40，50，60，70，80，90μg/mL 的 BHT 溶液。

（2）标准曲线的绘制　用无水甲醇配制 Trolox 溶液，浓度分别为 20，40，60，80，100μmol/L，将 0.3mL 不同浓度的 Trolox 溶液分别加入到 3mL 的钼酸铵反应体中，混匀，置于 95℃ 恒温水浴 90min，反应液冷却后，于 695nm 处测定吸光度值，以不加 Trolox 溶液的试样为空白。以 Trolox 浓度为横坐标，吸光度为纵坐标绘制标准曲线。

（3）样品测定　将 0.3mL 不同浓度的样品溶液分别加入到 3mL 的钼酸铵反应体中，混匀，置于 95℃ 恒温水浴 90min，反应液冷却后，于 695nm 处测定吸光度值，不加样品的空白试剂调零。本实验样品的抗氧化能力表示为 Trolox 抗氧化能力当量（TEAC）。

五、实验结果与分析

1. 测定生育酚 ABTS 自由基清除能力实验结果与分析

将 Trolox 标准品的吸光度记录在表 5-7 中，并绘制标准曲线。

表 5-7　Trolox 标准品的吸光度记录表

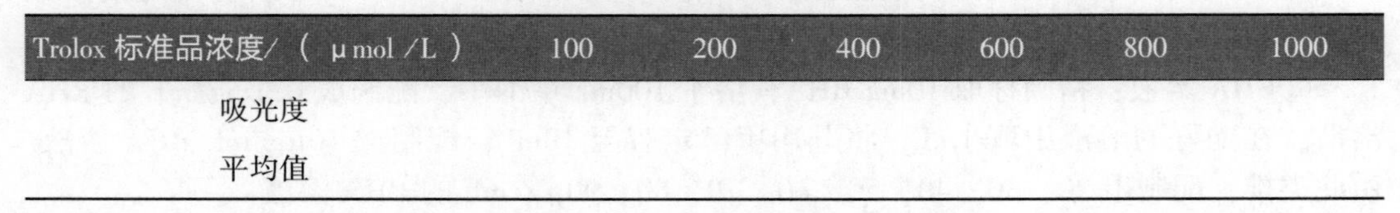

Trolox 标准品浓度/（μmol/L）	100	200	400	600	800	1000
吸光度						
平均值						

将样品的吸光度记录在表 5-8 中。

表 5-8　样品测定记录表

样品浓度/（μg/mL）	空白吸光度	样品吸光度			样品平均吸光度	清除率/%	Trolox 标准品浓度/（μmol/L）	TEAC 值
		A_1	A_2	A_3				

2. 测定丁基羟基茴香醚（BHA）DPPH 自由基清除能力实验结果与分析

将 Trolox 标准品的吸光度记录在表 5-9 中，并绘制标准曲线。

表 5-9　Trolox 标准品的吸光度记录表

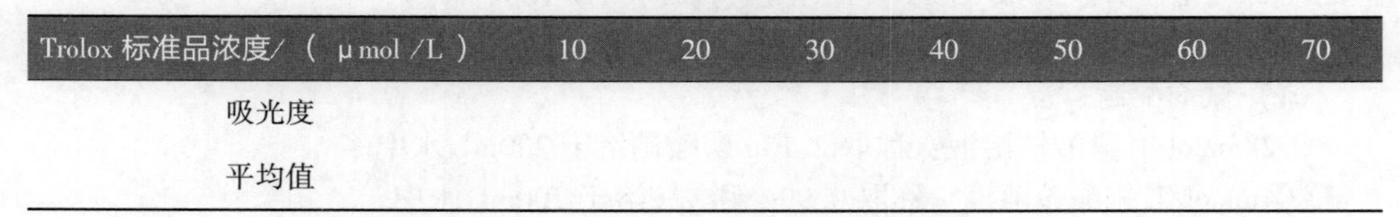

Trolox 标准品浓度/（μmol/L）	10	20	30	40	50	60	70
吸光度							
平均值							

将样品的吸光度记录在表 5-8 中。

3. 测定二丁基羟基甲苯（BHT）总抗氧化能力实验结果与分析

将 Trolox 标准品的吸光度记录在表 5-10 中，并绘制标准曲线。

表 5-10　Trolox 标准品的吸光度记录表

Trolox 标准品浓度/（μmol/L）	20	40	60	80	100
吸光度					
平均值					

将样品的吸光度值记录如表 5-8 中。

六、注意事项

（1）比色皿使用时注意不要沾污或将比色皿的透光面磨损，应手持比色皿的毛面。

（2）待测液制备好后应尽快测量，避免有色物质分解，影响测量结果。

（3）测得的吸光度控制在 0.2~0.8 为宜，超过 1.0 时要适当稀释。

（4）不要在仪器上方倾倒测试样品，以免样品污染仪器表面，损坏仪器。

七、思考题

1. 除了以上抗氧化实验，还有哪些常用的抗氧化实验？实验原理是什么？
2. 结合所学知识谈谈如何正确使用脂溶性抗氧化剂。

实验四　食品中抗氧化剂的检测实验

一、高效液相色谱法测定果酱中的抗坏血酸含量

（一）实验目的

掌握高效液相色谱的原理、使用方法并能熟练使用仪器；掌握高效液相色谱法测定抗坏血酸的基本原理及实验操作。

（二）实验原理

高效液相色谱以液体为流动相，采用高压输液系统，将具有不同极性的单一溶剂或不同比例的混合溶剂、缓冲液等流动相泵入装有固定相的色谱柱，在柱内各成分被分离后，进入检测器进行检测，从而实现对试样的分离和分析。

根据流动相和固定相相对极性不同，液相色谱分为正相色谱和反相色谱。反相色谱是指利用非极性的反相介质为固定相，极性有机溶剂的水溶液为流动相，流动相极性大于固定相极性，根据溶质极性（疏水性）的差别进行溶质分离与纯化的洗脱色谱法。

可采用峰面积归一化法、内标法、外标法等进行定量测定。

本实验中的抗坏血酸用 1g/L 草酸溶液超声提取后，在反相色谱柱上分离定量。以

C_{18}反相键和色谱柱为固定相，甲醇-0.05mol/L 乙酸钠（NaAc）溶液为流动相，在254nm 的波长下根据保留时间和峰面积进行抗坏血酸定性、定量分析。

（三）实验材料与仪器设备

1. 实验材料

市售果酱。

2. 实验试剂

色谱纯甲醇、草酸溶液等。

3. 实验设备

液相色谱仪；匀浆机；超声波清洗器等。

（四）实验内容

（1）试剂配制

①1g/L 草酸：取 100mg 草酸溶入 100mL 的蒸馏水中。

②流动相配制：将 0.05mol/L NaAc 用水系膜进行过滤处理，然后和色谱级甲醇进行超声脱气 20min 左右。

③标准溶液的配制：准确称取 100mg 抗坏血酸，溶解在 100mL 容量瓶中并定容，得到 1mg/mL 的抗坏血酸溶液，稀释 50 倍配成浓度为 20μg/mL 的标准液为贮备液。然后分别量取 2，4，6，8，10mL 贮备液至 10mL 容量瓶中定容，配制成浓度为 2，4，6，8，10μg/mL 的标准溶液。

（2）试样溶液的制备　取 25g 左右果酱加入适量 0.1%的草酸溶液，经匀浆机打成匀浆。超声提取 15min 后，转移至 50mL 容量瓶中，用 0.1%的草酸溶液稀释至刻度，摇匀。将溶液过滤除去滤渣后，再经过 0.45μm 滤膜，得待测液。

（3）液相色谱条件

①色谱柱：C_{18}柱（250mm×4.6mm）；

②检测器：紫外检测器。

③流动相：0.05mol/L NaAc/甲醇=90/10

④流速：1.0mL/min；

⑤检测波长：254nm；

⑥柱温：25℃；

⑦进样量：10μL。

（4）标准曲线制作　开机平衡，放上配制好的流动相，打开电源，打开泵、检测器、电脑电源，打开色谱工作站，设置实验方法、流动相流速、检测器波长，启动泵，平衡色谱柱。到基线基本走平为止。

取 10μL 不同浓度的标准溶液进行色谱分析，重复进样 3 次，取标样峰面积平均值。以抗坏血酸标准溶液的质量浓度（μg/mL）为横坐标，抗坏血酸的峰高或峰面积为纵坐标，绘制标准曲线，并计算回归方程。

（5）待测液抗坏血酸含量　在相同条件下，取 10μL 样品液进行分析，以相应峰面积计算含量。由曲线对应计算出样品组分含量。

（6）样品中抗坏血酸含量计算公式

$$X = \frac{\rho \times V}{m \times 1000} \tag{5-6}$$

式中　X——样品中抗坏血酸含量，mg/g；

ρ——待测液的质量浓度，μg/mL；

V——待测液最后的定容体积，mL；

m——所取样品质量，g。

（五）实验结果与分析

将数据记录在表 5-11 中。

表 5-11　数据记录表

浓度/（μg/mL）	峰面积
标准样品 1	
标准样品 2	
样品 1	
样品 2	

（六）注意事项

（1）流动相应选择色谱纯试剂；高纯水或双蒸水、酸碱液及缓冲液需经过滤后使用。

（2）过滤后的流动相要进行超声脱气。

（3）实验前，需要注意色谱体系是否平衡。

（4）液相色谱进样前，不能将气泡带入，否则会导致压力不稳，重现性差。

（5）样品需要过滤并脱气。

（6）抗坏血酸极易分解，样品提取后应立即分析。

（七）思考题

1. 实验中以什么措施防止抗坏血酸被氧化？
2. 除了本实验介绍的方法，还有哪些高效快速测定抗坏血酸的方法？
3. 高效液相色谱法分析样品组分时，如何对溶剂进行前处理？

二、气相色谱-质谱技术检测食用油中的抗氧化剂

（一）实验目的

掌握气相色谱-质谱联用技术的工作原理和操作关键点，掌握选择离子监测模式（SIM）和外标法对样品中化合物的定性及定量分析的方法；了解凝胶渗透色谱技术净化样品的基本原理及操作方法；采用气质联用技术检测食用油中的抗氧化剂，判定含量是否符合标准。

（二）实验原理

抗氧化剂是一类能延缓食品氧化的添加剂，它能提高食品的稳定性和延长贮存期。按其来源可分为天然的和合成的抗氧化剂，其中常用的合成抗氧化剂有丁基羟基茴香醚（BHA）、二丁基羟基甲苯（BHT）、叔丁基对苯二酚（TBHQ）等，它们都属于酚类抗氧化剂。这些抗氧化剂可以单独或混合使用，它们通过与油脂在自动氧化过程中所产生的过氧化物结合，形成氢过氧化物和抗氧化剂自由基，从而阻止氧化过程的进行，达到

抗氧化、防酸败、防变色等效果。

目前检测抗氧化剂的方法有气相色谱法、气相色谱-质谱联用法（GC-MS）、高效液相色谱法及液相色谱质谱法。其中 GC-MS 技术因其能根据保留时间和特征碎片离子双重定性，有效地避免了干扰物的影响，极大地提高了检测的灵敏度和准确性，所以在食品分析中的应用也越来越广泛。其色谱系统作为质谱的进样系统对分析样品进行初步分离，经色谱出来的样品通过接口进入质谱系统，质谱系统将分离出的化合物与质谱谱库中的信息进行比对，从而得到样品中化合物的结构信息。在 GC-MS 中可采用离子监测模式（SIM）对样品进行监测。通过采集化合物特征离子的方法，将目标化合物与其他化合物区分，排除基质的干扰，并利用离子丰度比进一步提高定性可靠性。

本实验通过凝胶渗透色谱（GPC）系统先对提取液进行净化，除去样品中的其他杂质，然后利用 GC-MS 中的 SIM 模式将样品中的抗氧化剂更准确地分离出来，并通过质谱对其进行定性分析，最后采用外标法对食用油中抗氧化剂的含量进行定量。

（三）实验材料与仪器设备

（1）实验材料　市售 3 种食用油：大豆油、花生油、葵花籽油。

（2）实验试剂

①乙酸乙酯和环己烷混合溶液（1∶1）：取 50mL 乙酸乙酯和 50mL 环己烷混匀。

②标准品：BHA、TBHQ、BHT、2，6-二叔丁基-4-羟甲基苯酚（Ionox-100）。以上试剂纯度均≥98%。

③乙腈：色谱纯。

（3）仪器设备　气相色谱-质谱联用仪，凝胶渗透色谱仪，旋转蒸发仪，分析天平，孔径 0.22μm 的有机系滤膜，烧杯，玻璃棒，容量瓶等。

（四）实验方法

（1）标准溶液配制

①标准物质贮备液：分别称取 0.1g（精确至 0.1mg）BHA、BHT、TBHQ、Ionox-100，固体样品于烧杯中，用乙腈溶解，并转移至 100mL 棕色容量瓶中，定容至刻度。配制成质量浓度为 1000mg/L 的标准贮备液，0~4℃避光保存。

②混合标准使用液：分别移取 50mL 的质量浓度为 1000mg/L 的 BHA、BHT、TBHQ、Ionox-100 的标准贮备液，将其混匀，制成质量浓度为 250mg/L 抗氧化剂标准混合液。分别移取 0.4，0.8，2，4，8，20，40，80mL 的 250mg/L 抗氧化剂标准混合液于 100mL 棕色容量瓶中，用乙腈稀释至刻度，制成质量浓度分别为 1，2，5，10，20，50，100，200mg/L 的混合标准使用液。

将标准系列工作液进行气相色谱-质谱联用仪测定，以定量离子峰面积对应标准溶液浓度绘制标准曲线。

（2）食用油样品处理　称取混合均匀后的大豆油样品 10g（精确至 0.01g）置于 100mL 容量瓶中，以乙酸乙酯和环己烷混合溶液定容，作为样品的母液；取 5mL 母液于 10mL 容量瓶中以乙酸乙酯和环己烷混合溶液定容。然后取 10mL 上述待测液加入 GPC 进样管中净化，收集流出液。将流出液在 40℃下旋转蒸发至干，然后加入 2mL 乙腈将其溶解，经 0.22μm 有机系滤膜过滤。净化后的试样供 GC-MS 测定，同时做空白试验（其余两种食用油样品同样按照上述步骤进行净化处理）。

GPC 净化条件：柱子规格为 300mm×20mm；填料为 BioBeads（S-X3），40～75μm；流动相为环己烷-乙酸乙酯（1∶1）；流速为 5mL/min；进样量为 2mL；流出液收集时间为 7～17.5min；紫外检测器波长为 280nm。

（3）气相色谱-质谱仪条件

①色谱柱：DB-17MS（30m×0.25mm×0.25μm）或等效色谱柱；

②载气：氦气；

③流速：1mL/min；

④进样量：1μL；无分流进样；

⑤进样口温度：230℃；

⑥电子能量：70eV；离子源温度：230℃；接口温度：280℃；溶剂延迟：8min；

⑦色谱柱升温程序：70℃保持 1min，然后以 10℃/min 升温至 200℃保持 4min，再以 10℃/min 升温至 280℃保持 4min。每种化合物分别选择 1 个定量离子，2～3 个定性离子。每组所有需要检测离子按照出峰顺序，分时段分别检测。每种抗氧化剂的定量离子、定性离子核质比见表 5-12 所示。

表 5-12　食品中抗氧化剂的定量离子、定性离子

抗氧化剂名称	定量离子	定性离子 1	定性离子 2
BHA	165（100）	137（76）	180（50）
BHT	205（100）	145（13）	220（25）
TBHQ	151（100）	123（100）	166（47）
Ionox-100	221（100）	131（8）	236（23）

4 种抗氧化剂选择离子监测模式后，得到的 GC-MS 图见图 5-1 所示。

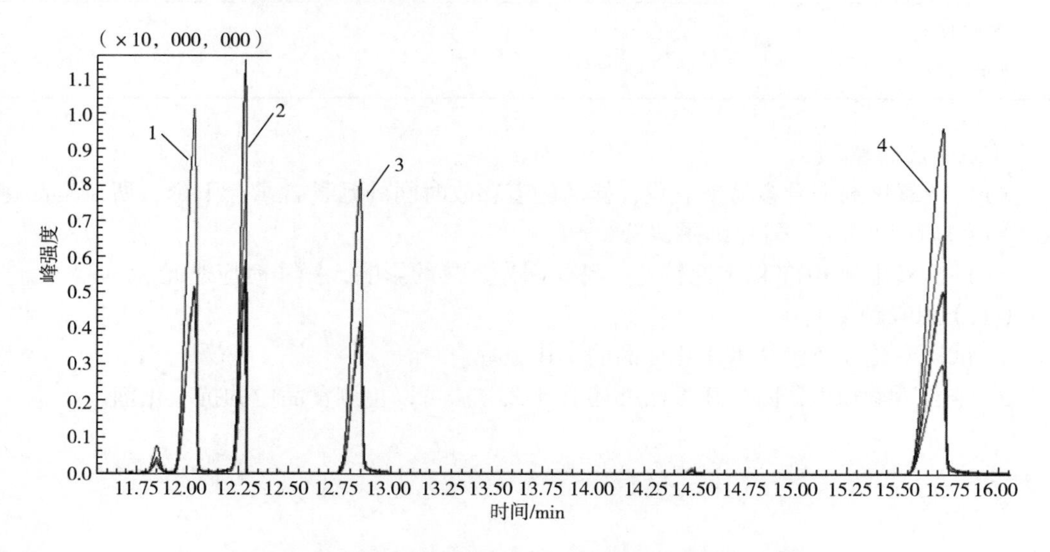

图 5-1　食品中 4 种抗氧化剂选择离子监测 GC-MS 图

1—BHA　2—BHT　3—TBHQ　4—Ionox-100

（4）样品中各类抗氧化剂的定性　在相同试验条件下进行样品测定时，如果检出的色谱峰的保留时间与标准样品相一致，并且在扣除背景后的样品质谱图中，所选择的离子均出现，而且所选择的离子丰度比与标准样品相一致（相对丰度＞50%，允许±20%偏差，相对丰度 20%～50%，允许±25%偏差；相对丰度 10%～20%，允许±30%偏差；相对丰度≤10%，允许±50%偏差），则可判断样品中存在这种抗氧化剂。

（五）结果分析

将试样溶液注入气相色谱-质谱联用仪中，得到相应色谱峰响应值，根据标准曲线得到待测样品中抗氧化剂的浓度。

试样中抗氧化剂含量按下式计算：

$$X_i = \rho_i \times \frac{V}{m} \tag{5-7}$$

式中　X_i——试样中抗氧化剂含量，mg/kg；

ρ_i——从标准曲线上得到的抗氧化剂溶液浓度，μg/mL；

V——样液最终定容体积，mL；

m——称取的试样质量，g。

结果保留三位有效数字（或保留到小数点后两位）。

根据实验结果分析，将结果填入表 5-13 中。

表 5-13　**食用油中抗氧化剂的检测结果**　单位：mg/kg

食用油种类	BHA	BHT	TBHQ	Ionox-100
大豆油				
平均值				
花生油				
平均值				
葵花籽油				
平均值				

（六）注意事项

（1）抗氧化剂本身容易被氧化，样品随着存放时间的延长含量会下降，所以样品进入实验室应尽快分析，避免结果偏低。

（2）抗氧化剂 BHT 稳定性较差，易受阳光、热的影响，操作时应避光。

（七）思考题

1. 试说明凝胶色谱技术净化样品的工作原理。

2. 结合所学知识，除上述方法外还有什么方法可以检测食品中的抗氧化剂。

实验五　食品中添加剂的检测实验

一、 食品中漂白剂的检测——紫外分光光度法检测蜜饯中的亚硫酸盐含量

（一）实验目的

掌握使用甲醛溶液吸收-盐酸副玫瑰苯胺法来测定食品中亚硫酸盐含量的实验原理；熟悉紫外分光光度计的工作原理、操作要点，检测食品中的亚硫酸盐含量是否符合标准等。

（二）实验原理

亚硫酸及其盐类是广泛使用的食品漂白剂，其能够防止食物氧化，控制酶促褐变反应。研究发现，亚硫酸盐是有毒性的，人体若摄入过量的亚硫酸盐，红细胞、血红蛋白会减少，胃肠、肝脏会受到损害，同时对肺、脑、心、脾、肾组织及生殖系统造成损伤。目前许多国家都制定了相关标准，严格限制食品中亚硫酸盐的用量。以往，食品中亚硫酸盐的测定通常采用四氯汞钠-盐酸副玫瑰苯胺法，在该方法中使用了有毒试剂四氯汞钠，且用量大，易对环境造成汞的污染。

在本实验中，参考 HJ 482—2009《环境空气　二氧化硫的测定　甲醛吸收-副玫瑰苯胺分光光度法》中的方法测定食品中的亚硫酸盐。其基本原理为，亚硫酸根被甲醛溶液吸收，生成稳定的羟甲基磺酸加成化合物，然后加入氢氧化钠使加成化合物分解，释放出二氧化硫，与盐酸副玫瑰苯胺作用，生成紫红色化合物。在波长 570nm 处用紫外分光光度法测定化合物的吸光度，并根据公式计算出食品中亚硫酸盐含量。

（三）实验材料与仪器设备

1. 实验材料

市售蜜饯。

2. 实验试剂

①3g/L 氨基磺酸钠溶液：称取 0. 30g 氨磺酸置于 100mL 烧杯中，加入 2. 0mL 氢氧化钠（2mol/L），用水搅拌至完全溶解后稀释至 100mL，摇匀。此溶液现用现配。

②甲醛缓冲吸收液：称取 2. 04g 邻苯二甲酸氢钾，0. 364g 乙二胺四乙酸二钠溶于水，移入 1000mL 容量瓶中，再加入 37%甲醛溶液 5. 3mL 后，用水稀释到刻度，于冰箱保存，临用时稀释 10 倍。

③2mol/L NaOH 溶液：称取 80g NaOH，溶解后移至 1000mL 容量瓶中，并用水定容至刻度。

④0. 5g/L 盐酸副玫瑰苯胺溶液：称取 25mL 2g/L 盐酸副玫瑰苯胺溶液，移至 100mL 容量瓶中，用 4. 5mol/L H_3PO_4 溶液稀释至刻度，放置 24h 后使用，避光密封保存。

⑤二氧化硫标准贮备溶液：称取 0. 2000g 亚硫酸钠及 0. 01g 乙二胺四乙酸二钠，溶于 200mL 新煮沸并冷却的去离子水中，放置 2~3h 后用碘量法标定浓度。标定后随即用吸收液稀释成 5. 0mg/L 的标准使用液，用完后避光保存于 5℃冰箱中。

3. 仪器设备

紫外-可见分光光度计、恒温水浴箱、电子分析天平、玻璃棒、烧杯、容量瓶等。

（四）实验方法

（1）样品中亚硫酸盐的提取　称取 5. 0~10. 0g（试样量可视含量高低而定）蜜饯样

品放入研钵中研磨均匀，用少量水湿润并移入100mL容量瓶中，加入20mL甲醛吸收液贮备液，浸泡4h以上。若上层溶液不澄清可加入亚铁氰化钾溶液和乙酸锌溶液各2.5mL。用新煮沸并冷却的去离子水稀释至刻度，静置30min后取上清液待测。

（2）二氧化硫标准曲线的绘制　吸取0，0.5，1.0，2.0，4.0，6.0，8.0，10.0mL浓度为5.0 mg/L二氧化硫标准使用液，分别置于25mL具塞比色管中，用甲醛吸收液定容至10mL。各管中分别加入0.5mL氨基磺酸钠溶液、0.5mL NaOH溶液，充分混匀后，倒入事先装有1.0mL盐酸副玫瑰苯胺溶液的另一组比色管中，立即盖塞颠倒混匀，在25℃水浴放置10min。用1cm比色皿，以零管调节零点，于波长570nm处测定吸光度，绘制标准曲线。

（3）样液测定　取25mL比色管2支，移取样品溶液2mL于其中一支比色管A中，再分别加入0.5mL 3g/L氨基磺酸钠溶液和0.5mL 2mol/L NaOH溶液，混匀。另一管B中加入1mL 0.5g/L盐酸副玫瑰苯胺溶液，迅速将A管中溶液倒入盛有盐酸副玫瑰苯胺溶液的B管中，立即盖塞混匀后放入25℃水浴中显色15min。再用1cm比色杯，以零管调节零点，于波长570nm处测量吸光度。根据吸光值，从标准曲线上计算出相应的亚硫酸盐含量。

（五）结果分析

将测得的实验结果填入表5-14中，计算并判断蜜饯中的亚硫酸盐含量是否超标。

$$X = \frac{A \times 1000}{m \times \frac{V}{100} \times 1000 \times 1000} \tag{5-8}$$

式中　X——试样中二氧化硫的含量，g/kg；

A——测定用样液中二氧化硫的含量，μg；

m——样品质量，g；

V——测定用样液的体积，mL。

表5-14　实验结果统计表

管号	0	1	2	3	4	5	6	8	样品
二氧化硫标准溶液/mL	0	0.5	1.0	2.0	4.0	6.0	8.0	10.0	—
吸光度									
平均值									

（六）注意事项

（1）紫外分光光度计使用前应先预热；试样测定前应保证液体澄清透明，无沉淀。

（2）此实验要求操作迅速，操作过慢会导致食品中亚硫酸盐含量测定结果不准确。

（3）更换待测样品时，应使用待测样液将比色皿冲洗2~3次，并用擦镜纸将比色皿的透光面擦净至不留斑痕。

（4）若待测样品吸光度超过标准曲线的上限值，可用试剂空白液稀释，静置几分钟后再测定吸光度。

（七）思考题

1. 食品中的硫酸根离子和含硫元素还可以用哪些其他分析方法测定？

2. 结合所学知识分析，分光光度法检测食品中的漂白剂有何优缺点？

二、　食品中着色剂的检测
——高效液相色谱法测定果蔬汁饮料中的人工合成着色剂的含量

（一）实验目的

掌握高效液相色谱技术的工作原理，熟悉测定食品中色素的操作方法及操作要点；掌握聚酰胺吸附法对食品样品中着色剂进行浓缩、富集的基本原理和操作关键点。

（二）实验原理

食品着色剂是以给食品着色为主要目的添加剂，使食品具有悦目的色泽，对增加食品的嗜好性及刺激食欲有重要意义。着色剂按来源可分为人工合成着色剂和天然着色剂。天然着色剂由于提取成本较高，并且在加工中很不稳定且难以调色，实际应用很有局限，而合成着色剂具有着色力强、价格便宜等优点，在食品行业中应用广泛。合成着色剂，又称为人工合成色素，多为含有 R—N═N—R 键、苯环或氧杂蒽结构的化合物，且多以苯、甲苯、萘等化工产品为原料，经过磺化、硝化、卤化、偶氮化等一系列有机反应化合而成。在食品中经常使用的合成着色剂有柠檬黄、日落黄、苋菜红、诱惑红等，有研究证明，合成着色剂对人体存在一定的不安全性或者有害作用，主要包括毒性、致泻性、致突变性与致癌作用等。因此，快速准确检测食品中人工合成色素的含量具有重要实际意义。目前报道的对食品中合成着色剂的检测方法主要有紫外分光光度法、高效液相色谱法（HPLC）、薄层色谱法、示波极谱法、毛细管电泳法和试剂盒法等，其中，HPLC 的应用更广泛。对于基质复杂的食品，HPLC 可以有效地分离食品中的各种成分。本实验采用 HPLC 对果蔬汁中常见的人工合成着色剂进行测定，采用外标峰面积法定量，判断果蔬汁中着色剂的添加量是否符合标准。

（三）实验材料与仪器设备

1. 实验材料

市售果蔬汁饮料。

2. 实验试剂

①5%三正辛胺-正丁醇溶液：量取 5mL 三正辛胺，加正丁醇至 100mL，混匀。

②着色剂标准品：5 种色素标准溶液：柠檬黄（1mg/mL）、日落黄（1mg/mL）、胭脂红（1mg/mL）、苋菜红（1mg/mL）、诱惑红（1mg/mL）。

③50μg/mL 着色剂标准使用液：临用时将标准贮备液加水稀释 20 倍，经 0.45μm 微孔滤膜过滤，配成每毫升相当 50μg 的合成着色剂。

④0.02 mol/L 乙酸铵溶液：称取 1.54g 乙酸铵，加水至 1000mL，溶解，经 0.45μm 微孔滤膜过滤。

⑤柠檬酸溶液：取 20g 柠檬酸，加水至 100mL，溶解混匀。

⑥pH 6 的水溶液：水加柠檬酸溶液调 pH 至 6。

⑦pH 4 的水溶液：水加柠檬酸溶液调 pH 至 4。

⑧氨水溶液：量取氨水 2mL，加水至 100mL，混匀。

⑨甲醇-甲酸溶液（6∶4，体积比）：量取甲醇60mL，甲酸40mL，混匀。

⑩无水乙醇-氨水-水溶液（7∶2∶1，体积比）：量取70mL无水乙醇、20mL氨水溶液、10mL水，混匀。

⑪饱和硫酸钠溶液。

⑫色谱级甲醇。

3. 仪器设备

高效液相色谱仪，漩涡混匀器，超声波清洗器，恒温水浴锅，G3垂熔漏斗等。

（四）实验方法

（1）色谱条件

①色谱柱：C_{18}柱，4.6mm×250mm；

②流动相：甲醇-0.02mol/L乙酸铵；

③梯度洗脱：甲醇：20%~35%，3%/min；35%~98%，9%/min；98%，6min；

④流速：1.0mL/min；

⑤波长：紫外254nm；

⑥柱温：35℃；

⑦进样体积：10μL。

（2）样品前处理　称取20~40mL混合均匀后的果汁样品，放入100mL烧杯中。若样品含二氧化碳应先用超声脱除其中的气体；若是果粒饮料则先要匀浆，使样品均质化。然后采用聚酰胺吸附法或液-液分配法，提取样品中的着色剂。

①聚酰胺吸附法：样品溶液加柠檬酸溶液调至pH 6，加热至60℃，将1g聚酰胺粉加少许水调成粥状，倒入样品溶液中，搅拌片刻，以G3垂熔漏斗抽滤，用60℃、pH 4的水洗涤3~5次，每次20mL。若含天然色素，再用甲醇-甲酸混合溶液洗涤3~5次，每次20mL，直至洗涤液无色。然后用60℃水洗至中性，洗涤过程中必须充分搅拌。最后用20mL乙醇-氨水-水混合溶液分次解吸3~5次，直至色素完全解吸。收集解吸液，加乙酸中和，蒸发至近干，加水溶解，定容至5mL。经0.45μm微孔滤膜过滤，注入高效液相色谱仪分析。

②液-液分配法（适用于含赤藓红的样品）：将制备好的样品溶液放入分液漏斗中，加2mL盐酸、10~20mL三正辛胺-正丁醇溶液（5%），振摇提取，分取有机相，重复提取，直至有机相无色，合并有机相，用饱和硫酸钠溶液洗2次，每次10mL，分取有机相，将其放蒸发皿中，水浴加热浓缩至10mL，转移至分液漏斗中，加10mL正己烷，混匀，然后加氨水溶液提取2~3次，每次5mL，合并氨水溶液层（含水溶性酸性色素），再用正己烷洗2次，每次10mL，氨水层加乙酸调成中性，水浴加热蒸发至近干，注入水定容至5 mL。经0.45μm微孔滤膜过滤，注入高效液相色谱仪分析。

（3）标准曲线绘制　分别吸取0.1，0.2，0.4，1.0，2.0mL的浓度为50μg/mL着色剂标准液分置于10mL容量瓶中，加水定容，配制成浓度依次为0.5，1.0，2.0，5.0，10.0 μg/mL浓度梯度标准溶液（5种合成着色剂都分别配制成上述浓度梯度标准溶液）。分取10μL（n=3）进样，以其色谱峰面积为纵坐标，浓度为横坐标，分别做出5种人工合成着色剂的标准曲线。

（4）样品测定　将样品提取液和合成着色剂标准使用液分别注入高效液相色谱仪，

根据保留时间定性，外标峰面积法定量。5 种人工合成着色剂对照品色谱图如图 5-2 所示。

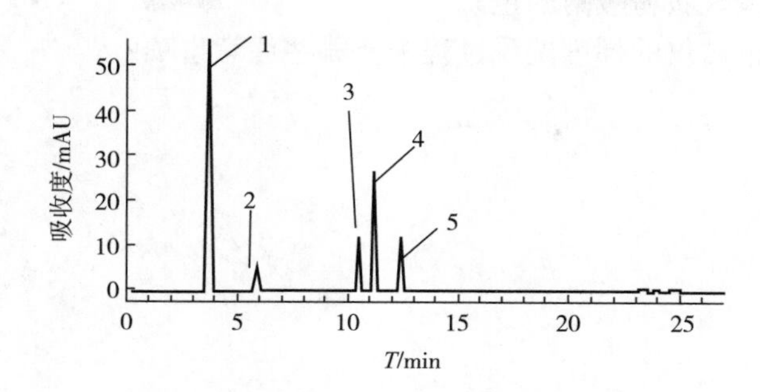

图 5-2　人工合成着色剂和染料对照品色谱图

1—柠檬黄　2—苋菜红　3—胭脂红　4—日落黄　5—诱惑红

（五）结果分析

试样中着色剂含量按下式计算：

$$X = \frac{A \times 1000}{m \times \frac{V_2}{V_1} \times 1000} \tag{5-9}$$

式中　X——试样中着色剂的含量，g/kg；

A——样品中着色剂的质量，μg；

V_1——试样稀释总体积，mL；

V_2——进样体积，mL；

m——试样质量，g。

计算结果以重复性条件下获得的两次独立测定结果的算术平均值表示，结果保留两位有效数字。将实验结果填入表 5-15 中，并根据实验结果分析果蔬汁饮料中添加的人工合成着色剂含量是否符合国家标准。

表 5-15　果蔬汁中合成着色剂的检测结果

着色剂种类	柠檬黄	日落黄	胭脂红	诱惑红	苋菜红
含量/(g/kg)					
平均值					

（六）注意事项

（1）赤藓红在酸性条件下不稳定，使用聚酰胺吸附法回收率极低。故在提取含赤藓红的样品时，应使用液-液分配法。

（2）进高效液相色谱前的试样应保证澄清透明。

（3）高效液相色谱仪开始使用时应放空排气，工作结束后应用流动相冲洗柱子。

（4）操作时应保证液相仪的清洁卫生和试剂的质量，对流动相进行过滤和脱气。

（七）思考题

1. 用聚酰胺粉吸附提取色素时，用柠檬酸调整样液至 pH 6 的目的是什么？
2. 如何解析被聚酰胺粉吸附的色素？
3. 在高效液相色谱仪的梯度洗脱过程中有哪些注意事项？

第六章

食品辐射保藏工艺实验

实验一　辐射杀菌技术实验

一、 实验目的

掌握辐射杀菌的机理，了解辐射杀菌设备的结构及操作方法；掌握并优化即食鸡肉的辐射杀菌剂量。

二、 实验原理

1980 年世界卫生组织（WHO）宣布：以辐射剂量 10kGy 以下剂量辐照的任何食品不存在毒理学问题，可安全食用。1997 年 9 月，WHO 又依据大量动物毒性试验和辐解产物研究结果得到的权威性结论，宣布以病人食品为对象的 75kGy 辐射剂量是安全的。

辐射技术是一种冷杀菌方法，能有效杀灭各种害虫和致病菌，且环保、无残留，能较好地保持食品的生理活性物质，最大限度地保留食品原有的色、香、味及营养成分。

三、 实验材料与仪器设备

1. 实验材料

冷冻肉鸡、生姜、聚乙烯复合薄膜真空包装袋。

2. 实验设备

电磁炉、真空包装机、^{60}Co 辐射源、恒温培养箱、冰箱、超净工作台。

四、 实验内容

1. 工艺流程

解冻冷冻肉鸡→煮制白斩鸡→真空包装→辐射杀菌→冷藏→成品

2. 操作要点

（1） 制作白斩鸡

①姜片 10g，将解冻的整鸡放入锅中，加水 500mL；

②在锅中焖煮 20min，即制得白斩鸡。

（2）真空包装　白斩鸡制作完成冷却后，真空包装。包装材料为聚乙烯复合薄膜真空包装袋，每袋样品为半只白斩鸡。辐照前在冰箱冷藏区（0~5℃）预冷。

（3）辐射杀菌　预冷的白斩鸡用^{60}Co 源辐照，用泡沫盒保持辐照温度为 0~5℃，辐照剂量分别为 0，2，4，6，8kGy。

（4）冷藏　辐照样品置于冰箱冷藏区（0~5℃）贮藏。

（5）感官品质评估与微生物检测

①感官品质评估：经辐照并冷藏后第 15，30，45，60，75，90d 的白斩鸡与新鲜制得的白斩鸡对照样进行比较，对颜色、气味、味道、组织状态作评估。

②重金属、毒素及微生物检测：砷、铅、黄曲霉毒素及菌落总数、大肠菌群和致病菌的检测。

五、 产品评定

1. 感官要求

取不同辐照剂量处理后的鸡肉样品 100g，由 7 名测评员进行目测、鼻嗅和品尝并记录感官可接受性结果。感官要求见表 6-1 所示。

表 6-1　　辐照处理鸡肉的感官要求

项目	要求
色泽	呈均匀的淡白色或褐色，有光泽
组织状态	组织致密，鸡肉有弹性
气味	香味纯正，具有鸡肉制品固有的香味，无其他异味
滋味	咸淡适中，主味突出，鲜香，回味悠长
杂质	无肉眼可见外来杂质

2. 理化指标

理化指标见表 6-2 所示。

表 6-2　　理化指标

项目	指标
	熟肉制品
水分/(g/100g)	≤65
蛋白质/%	≥10
食盐（NaCl）/(g/kg)	≤9.0
亚硝酸盐/(mg/kg)	按 GB 2760—2014 执行
镉（Cd）/(mg/kg)	≤0.1
总汞（以 Hg 计）/(mg/kg)	≤0.05

3. 卫生指标

卫生指标见表 6-3。

表 6-3　　卫生指标要求

项目	要求
砷（以 As 计）/(mg/kg)	≤0.05
铅（以 Pb 计）/(mg/kg)	≤0.5
黄曲霉毒素 B_1/(μg/kg)	≤5.0
大肠菌群/(MPN/100g)	≤30
其他致病菌（沙门氏菌、志贺氏菌、金黄色葡萄球菌）	不得检出

六、结果与分析

1. 实验结果

将实验结果记录于表 6-4、表 6-5、表 6-6 和表 6-7 中。

表 6-4　　2kGy 辐照处理的鸡肉在保存过程中品质的变化

保存日期/d	2kGy 的辐照剂量		
	各感官指标	各理化指标	各微生物指标
15			
30			
45			
60			
75			
90			

表 6-5　　4kGy 辐照处理的鸡肉在保存过程中品质的变化

保存日期/d	4kGy 的辐照剂量		
	各感官指标	各理化指标	各微生物指标
15			
30			
45			
60			
75			
90			

表 6-6　　6kGy 辐照处理的鸡肉在保存过程中品质的变化

保存日期/d	6kGy 的辐照剂量		
	各感官指标	各理化指标	各微生物指标
15			
30			
45			
60			
75			
90			

表 6-7　　8kGy 辐照处理的鸡肉在保存过程中品质的变化

保存日期/d	8kGy 的辐照剂量		
	各感官指标	各理化指标	各微生物指标
15			
30			
45			
60			
75			
90			

2. 结果分析

要求实事求是地对本人实验结果进行清晰的叙述，实验失败必须详细分析可能的原因。

七、 思考题

1. 影响辐射杀菌的因素有哪些？
2. 辐射杀菌的安全性如何？

实验二　辐照含脂食品中 2-十二烷基环丁酮测定——气相色谱-质谱法

一、 实验目的

掌握含脂食品中 2-十二烷基环丁酮测定的原理；了解气相色谱-质谱仪的结构和操作方法。

二、 实验原理

2-十二烷基环丁酮是含脂食品中棕榈酸甘油酯经辐照后，酰氧键发生断裂产生的，羧基在2号环位上，且与棕榈酸有相同数量的碳原子。2-十二烷基环丁酮可用正己烷随同脂肪一起索氏提取出来。提取物经过冷冻离心过滤、过柱净化等处理，进行气相色谱-质谱分析。

三、 实验材料与仪器设备

1. 实验材料

经辐照剂量2kGy辐照的花生、正己烷（重蒸馏）、乙醚、2-十二烷基环丁酮标准样品（纯度≥99%）、无水硫酸钠、弗罗里硅土吸附剂（60~100目）。

2. 实验设备

气相色谱-质谱仪、索氏提取器、冷冻离心机（5000~10000r/min）、层析柱（硅镁吸附剂）、粉碎机（或均质机）、精密天平（精确至0.0001g）、旋转蒸发器。

四、 实验内容

1. 工艺流程

花生粉碎制样 → 脂肪含量测定 → 脂肪提取 → 脂肪提取液浓缩 → 浓缩液冷冻离心 → 过层析柱净化 → 气相色谱-质谱定性、定量分析

2. 操作要点

（1）制样　取经辐照的花生粒于粉碎机（或均质机）中粉碎均匀。

（2）脂肪测定　按照GB 5009.6—2016《食品安全国家标准　食品中脂肪的测定》进行脂肪含量测定。

（3）脂肪提取　称取500 mg花生粉末样品置于提取器中，用正己烷在80℃条件下索氏提取约5h。

（4）减压浓缩　索氏提取液经旋转蒸发仪浓缩至5mL左右。

（5）冷冻离心　浓缩液转至离心管，冷冻离心（转速5000~10000r/min）30min，温度-5℃。

（6）过层析柱净化

①装填层析柱：层析柱直径为1.5cm，先装脱脂棉少许，柱两头装1cm高无水硫酸钠，中间装3g硅镁吸附剂。

②活化层析柱：先用20mL的乙醚：正己烷（1∶99）淋洗层析柱活化。

③过柱净化：取离心后上清液上柱分离。用50mL的乙醚：正己烷淋洗层析柱，流速控制在2~3mL/min。将洗出液浓缩定容至2mL，进样前将待测液过0.45μm有机系过滤膜净化。

（7）气相色谱-质谱定性、定量分析

①仪器分析条件：色谱柱DB-5MS（30m×0.25mm×0.25μm）；色谱程序升温：80℃保持1min，然后以每分钟15℃升温至150℃，每分钟8℃升温至200℃，每分钟20℃升温至260℃保持2min；进样口温度260℃；离子源温度200℃；接口温度280℃；离子

源：EI 源，70eV；载气：氦气（99.999%），流速 1.0mL/min；进样方式：恒流，无分流进样；进样量 1μm。

②定性分析：采用选择检测离子扫描方式（SIM）监测，样品峰与标准峰出峰时间一致，选定的定性离子（m/z）：98、112、55 都出现，即可确定样品中含有 2-十二烷基环丁酮。

③定量分析：配置浓度分别为 0.01，0.02，0.05，0.1，0.2，0.5μg/mL 的 2-十二烷基环丁酮标准使用溶液，测定其峰面积，根据浓度和峰面积绘制标准曲线。同时测定样品溶液，依据标准曲线进行定量分析。

④结果计算：2-十二烷基环丁酮含量计算式：

$$X = \frac{c \times V \times R \times 1000}{m \times w \times 1000} \tag{6-1}$$

式中 X——脂肪中 2-十二烷基环丁酮的含量，mg/kg；

c——测定液中 2-十二烷基环丁酮的浓度，μg/mL；

V——测定液体积，mL；

R——稀释倍数；

m——试样质量，g；

w——试样脂肪含量，%。

五、 结果与分析

1. 实验结果

参考图 6-1、图 6-2、图 6-3，将实验结果记录于表 6-8 中并在图 6-4 中绘制标准曲线。

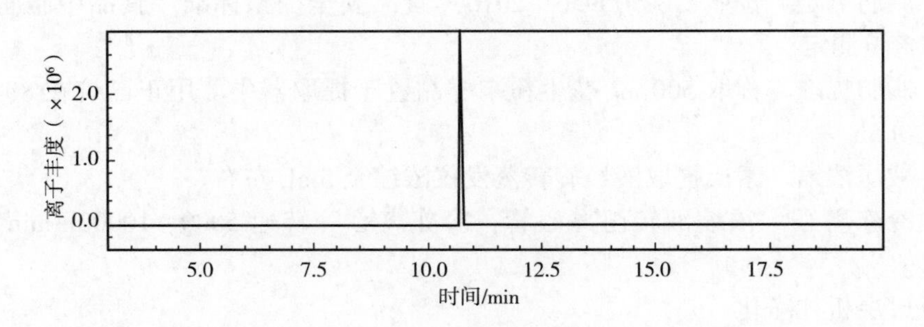

图 6-1 2-十二烷基环丁酮的总离子流图

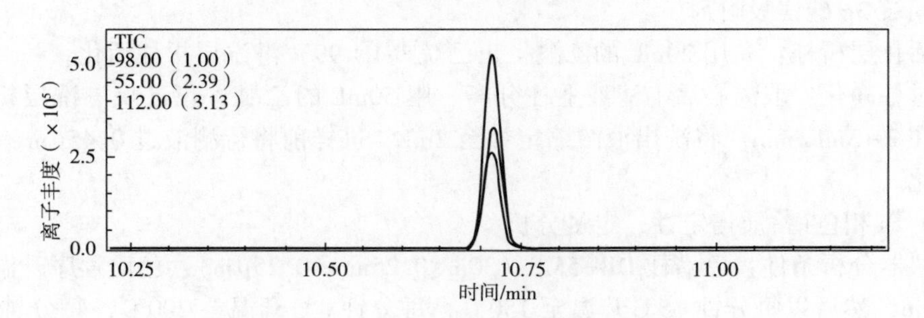

图 6-2 2-十二烷基环丁酮选择离子图

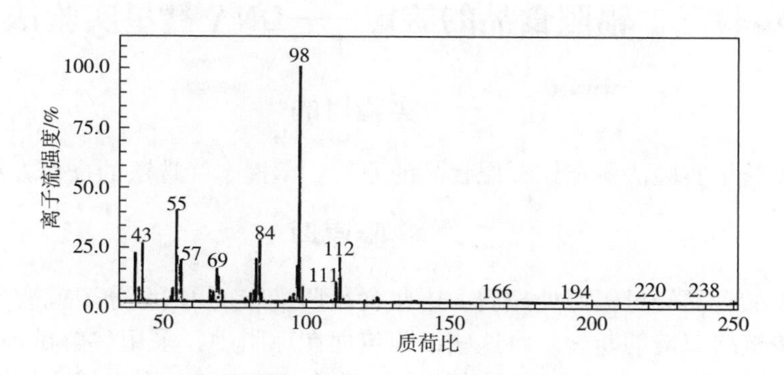

图 6-3　2-十二烷基环丁酮质谱图

表 6-8　　2-十二烷基环丁酮的标准曲线表

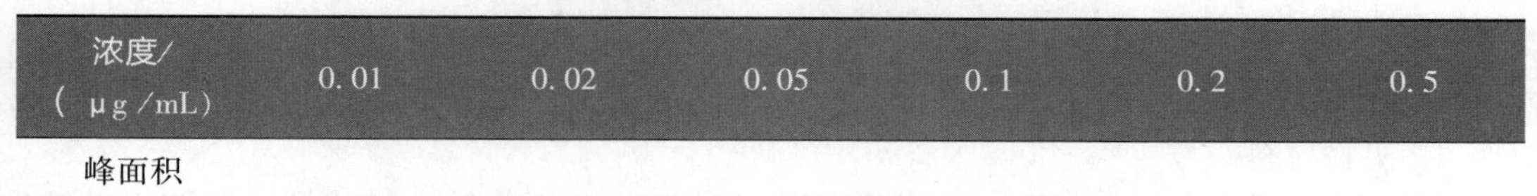

浓度/(μg/mL)	0.01	0.02	0.05	0.1	0.2	0.5
峰面积						

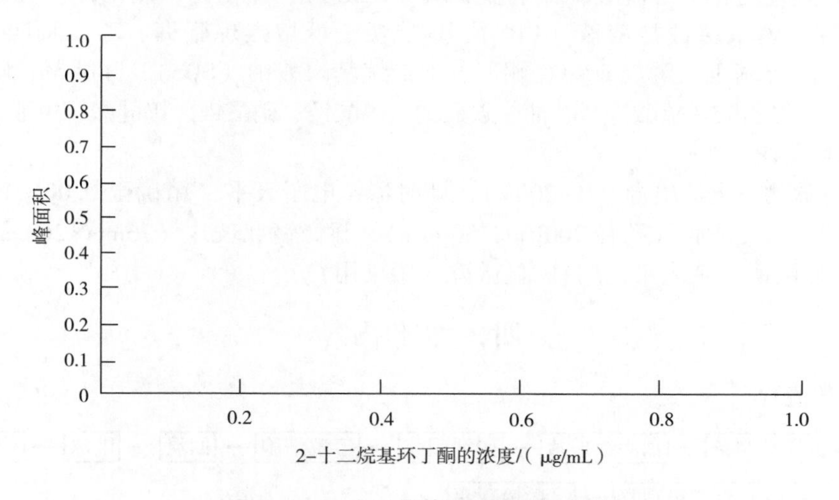

图 6-4　2-十二烷基环丁酮标准曲线

2. 结果分析

要求实事求是地对本人实验结果进行清晰的叙述，实验失败必须详细分析可能的原因。

六、思考题

1. 用气相色谱-质谱法对 2-十二烷基环丁酮进行定性分析的方法是什么？
2. 本实验中过柱净化是如何操作的？

实验三　辐照食品的鉴定——DNA 彗星实验法

一、实验目的

了解 DNA 彗星实验法鉴定经辐照食品的原理；掌握本筛选法的操作方法。

二、实验原理

含有 DNA 的食品经过辐照处理后，这些食品所携带的 DNA 分子就会发生变化，包括发生 DNA 单链或双链的断裂。将这些细胞包埋在琼脂中，采用裂解试剂溶解细胞膜，然后在一定的电压下进行电泳。DNA 片段会被拉长、移动，并在电场中按电极的方向形成尾状分布，那些已经发生 DNA 受损的细胞就会呈现出彗星状的电泳图谱。未受辐照的细胞图谱接近圆形或轻微拖尾。

三、实验材料与仪器设备

1. 实验材料

经辐照处理的花生、盐酸、二甲基亚砜（DMSO）、氯化钠、氯化钾、磷酸氢二钠、磷酸二氢钾、磷酸缓冲盐溶液（PBS）、琼脂糖、低熔点琼脂糖、乙二胺四乙酸二钠（$EDTANa_2$）、氨基丁三醇（Tris）、硼酸、十二烷基磺酸钠（SDS）、吖啶橙、磺化吡啶、溴化乙锭、三氯乙酸、硫酸锌、甘油、碳酸钠、硝酸铵、硝酸银、钨硅酸、甲醛、冰醋酸。

2. 实验设备

水平电泳槽、电泳电源（0~200V）、计时器、电子天平（精确至 0.001g）、电加热磁力搅拌器、微孔滤膜（孔径 200μm，500μm）、显微镜载玻片（76mm×26mm，带磨砂边）、荧光显微镜（荧光染色用）、显微镜（银染用）。

四、实验内容

1. 工艺流程

花生组织样品制备 → 预涂载玻片 → 包埋凝胶 → 溶解细胞 → 回温 → 电泳 → 荧光染色 → 硝酸银染色 → 荧光显微镜观察 → 显微镜观察

2. 操作要点

（1）花生组织样品制备

①PBS 缓冲液（pH7.4）制备：称取 8.0g 氯化钠，0.2g 氯化钾，2.94g 磷酸氢二钠，0.24g 磷酸二氢钾，溶于 900mL 水中，混合均匀，用 1mol/L 的盐酸调至 pH 7.4，然后定容到 1000mL，高压灭菌后备用。

②花生组织制备：取 0.25g 经辐照剂量 2kGy 处理的花生米，置于小烧杯中，加入 3mL 冰预冷的 PBS。将该小烧杯置于另一个较大的装有碎冰的烧杯中预冷，500r/min 搅拌 5min，依次用 500μm 和 200μm 的微孔滤膜过滤，冰上放置 15~60min，取上清液进一步分析。

（2）预制载玻片

①制备涂层琼脂糖溶液（0.5%）：10mL 蒸馏水中加入 50mg 琼脂糖，加热或微波煮

沸，45℃水浴待用。

②预涂载玻片：涂布前，载玻片应用甲醇浸泡过夜以除去表面的油脂，风干。预涂载玻片一定保证干净无尘，滴一滴（约 50μL）涂层琼脂糖溶液于载玻片上，立即取另一个载玻片盖在滴有琼脂糖的载玻片上，使琼脂糖溶液散开，取下上层载玻片，风干 30min，也可直接将载玻片浸入到琼脂糖溶液中，然后用纸巾擦掉一面琼脂糖。预涂载玻片可置于干净无尘环境中保存一周。

（3）包埋凝胶

①制备包埋凝胶溶液（0.8%）：10mL PBS（pH 7.4）中加入 80mg 低熔点琼脂糖，加热或微波煮沸，45℃水溶待用。

②包埋凝胶：取 100μL 细胞悬液于 1mL 包埋凝胶溶液混匀，取 100μL 该混合液用枪头轻轻地涂布在预涂载玻片上，立即盖上盖玻片，注意防止气泡产生。然后将载玻片置于冰上 5min，用解剖刀将盖玻片移开，慢慢地从琼脂糖上剥落下来。（琼脂糖凝胶中的细胞应分布均匀，不能重叠，如果细胞数量太少，应增加组织量，反之亦然。）

（4）溶解细胞

①配制裂解缓冲液：称取 25g 十二烷基磺酸钠（SDS），用缓冲液溶解稀释定容至 1000mL，混匀后备用。

②溶解细胞：将载玻片放进染缸，完全浸入裂解缓冲液中（至少 30min），使细胞溶解，整个过程不要碰到琼脂糖。

（5）回温

①制备 EDTA 贮存液（0.5mol/L）：称取乙二胺四乙酸二钠溶于 300mL 蒸馏水中，混合均匀，用 40%的氢氧化钠溶液调至 pH 8.0，然后稀释至 500mL，高压灭菌后备用。

②制备 TBE 贮存液：称取 54g Tris 和 27.5g 硼酸溶于 20mL EDTA 贮存液，用蒸馏水稀释至 1000mL，该 TBE 贮存液置于玻璃瓶中，室温保存。使用时若有沉淀，应重新配制。

③配制电泳缓冲液：准确量取 10mL TBE 贮存液和 90mL 水，调至 pH 8.4，混匀后备用。

④回温：将细胞已溶解的载玻片浸入电泳缓冲液 5min。

（6）电泳　将载玻片排放入水平电泳槽，剩余的空间和磨砂边缘朝向阴极。电泳槽中加入电泳缓冲液，直至没过载玻片 2~4mm（其间不要移动载玻片）。室温下，调节电压至 2V/cm，电泳 20min。关掉电源后，将载玻片从电泳槽中取出放入水中 5min，取出于室温下风干约 1h。

（7）染色

①吖啶橙染色：将载玻片浸入吖啶橙染色液（称取 100mg 吖啶橙溶于 100mL 水中，再取该溶液 0.5mL，用 pH 7.4 的 PBS 缓冲液稀释至 100mL 即得染色液）3~5min，然后浸入水中清洗 0.5~1min。荧光显微镜观察前，擦干载玻片下多余的水分（荧光染料易猝灭，观察前染色应迅速；观察要迅速，因为载玻片干燥后会减弱细胞的观察视野；染色液具有一定的毒性，实验结束后，应对废液进行净化处理再行弃置，以避免污染环境和危害人体健康。）

②碘化吡啶染色：将载玻片浸入碘化吡啶染色液（称取 100mg 碘化吡啶溶于 100mL

水中，再取 1~5mL 的该溶液用 pH 7.4 的 PBS 缓冲液稀释至 100mL 即得染色液）5~10min，然后浸入水中清洗 0.5~1min。

③溴化乙锭染色：将载玻片浸入溴化乙锭染色液（称取 1g 溴化乙锭溶于 100mL 水中，转至棕色瓶或铝箔包裹的容器中，室温避光保存，再量取该溶液 2mL，稀释至 100mL，即得溴化乙锭染色液）5~10min，然后浸入水中清洗 0.5~1min。

④硝酸银染色：将载玻片浸入混合液 A（准确称取 150g 三氯乙酸，50g 硫酸锌，50g 甘油用水溶解冰稀释到 1000mL）10min，然后水洗 1min，40~50℃烘箱干燥 1h 或室温风干（可过夜）。然后将载玻片浸入混合液 D（准确称取 12.5 g 碳酸钠用水定容至 250mL，称为染色液 B；再准确称取 100mg 硝酸铵、100mg 硝酸银、500mg 硅钨酸溶于水，加入 250μL 37%甲醛，并用水稀释至 500mL，称为染色液 C；准确量取 68mL 染色液 C 加入到 32mL 染色液 B 中，同时要不断用力搅拌混合液，即制得混合液 D）10~20min，重复该步骤 1~2 次，染色时间 5~10min，直至载玻片呈现棕色。水洗 1min，用停止液（准确量取 10mL 冰醋酸，加水稀释至 1000mL）浸泡 5min 停止染色反应，再用水洗 1min。然后把载玻片室温放置，自然风干。染色后的载玻片不会褪色，可长期保存观察。

（8）观察鉴别

①荧光染色：吖啶橙染色后的载玻片使用荧光显微镜（450~485nm，蓝光激发）观察，染色 DNA（双链）发出绿色荧光，背景和碎片呈现枯黄色；碘化吡啶或溴化乙锭染色后的载玻片使用荧光显微镜（515~560nm，绿光激发）配合使用 590nm 滤光片观察，染色 DNA（双链）发出红色荧光。

②硝酸银染色：硝酸盐染色的载玻片可使用普通显微镜观察。

③显微镜观察：辐照能引起 DNA 断裂，因此辐照过的食品可看到大量的 DNA 碎片，辐照样品几乎没有完整细胞，全都是彗星图像（图 6-5）。未受损的细胞有完整的细胞核，不拖尾或轻微拖尾（图 6-6）。彗星图像和载玻片细胞的散布情况可在低倍镜下（100 倍）看到全貌，高倍镜下可观察细节。

五、 结果与分析

1. 实验结果

实验结果参考图 6-5、图 6-6。

图 6-5 辐照植物组织单细胞凝胶电泳图

（辐照剂量 5kGy，溴化乙锭染色，放大 200 倍）

图 6-6　未辐照植物组织单细胞凝胶电泳图

（辐照剂量 0kGy，溴化乙锭染色，放大 200 倍）

2. 结果分析

要求实事求是地对本人实验结果进行清晰的叙述，实验失败必须详细分析可能的原因。

六、 思考题

1. 辐照食品鉴定的 DNA 彗星实验法的工作原理是什么？
2. 在该筛选法中，有几种染色方法？它们有何差异？

第二部分

综合设计实验及实例

第七章

CHAPTER 7

畜产食品加工综合设计实验及实例

实验一　肉制品加工工艺优化及产品开发实验及实例

一、 实验目的

培养创新意识和创新精神，提高分析问题和解决问题的综合能力。

二、 项目选择

肉制品加工综合设计性实验可选项目：

（1）肉的颜色和大理石花纹评定。

（2）肉的保水性评定。

（3）肉的嫩度评定。

（4）肉的多汁性和感官评定。

（5）原料肉的感官检验。

（6）原料肉中挥发性盐基氮（TVB-N）的测定。

（7）干制肉制品加工及品质分析。

（8）灌肠肉制品加工及品质分析。

（9）调理肉制品加工及品质分析。

（10）腌腊肉制品加工及品质分析。

（11）熏烧烤肉制品加工及品质分析。

（12）酱卤肉制品加工及品质分析。

根据自己的兴趣、爱好和知识水平，对以上实验项目进行筛选，确定主攻方向；在查找资料并充分准备之后，选择其中一个或多个项目进行设计。

三、 实验方案

在选定设计性实验项目后，根据项目任务充分查阅相关资料，自行推证有关理论，确定实验方法，选择配套仪器设备，设计好实验步骤和数据处理方法。然后用实验报告专用纸把以上的过程用书面形式表达清楚。

四、 实验实施方案论证

采取集中讨论的方式进行。

1. 陈述方案

每组派一名代表陈述本组的实验方案，注意突出自己方案的优势和创新点。

2. 讨论

大家对该组的实验方案进行分组讨论，指出该方案存在的问题和实施中可能遇到的困难，并尽可能提出自己的解决办法。

3. 总结

指导老师对陈述的方案和讨论的情况进行总结并提出方案的修改意见。

4. 修改

每小组根据讨论中存在的问题，修改自己的方案，经指导老师同意后，最终确定自己的实验方案。

五、 实施方案

根据自己设计的实验方案，在实验室进行具体的实验操作，注意仪器设备的正确使用以及人员的合理分工。

六、 撰写实验报告

完成设计性实验操作后，要在设计性实验方案后补充数据处理部分内容及相应的讨论，形成一份完整的设计性实验报告，并于规定的时间内上交报告。

以下实例可供参考。

实例一 鸭肉松加工工艺优化及产品开发实验

一、 实验目的

了解并掌握肉松制作的基本原理及方法，学习运用正交试验分析试验结果，掌握工艺学制作实验的基本操作技能。

二、 实验原理

肉松是将畜禽肉煮烂，再经过炒制、揉搓而成的一种营养丰富、易消化、使用方便、易于贮藏的脱水肉制品。除猪肉外还可用牛肉、兔肉、鱼肉生产各种肉松。我国著名的传统肉松产品有太仓肉松和福建肉松。当前市场上主要出售鸡肉松、猪肉松、牛肉松等传统肉松，却鲜有鸭肉松见于市面。本实验将鸭肉作为原料制作鸭肉松，为鸭肉的深加工新途径提供依据。

三、 实验材料及仪器

1. 实验材料

白条鸭、生姜、料酒。

2. 实验仪器

电磁炉、搅拌机、手动不锈钢压汁机、单浆混合机、红外干燥箱等。

四、 工艺流程及操作要点

1. 工艺流程

原料鸭→白条鸭→初煮→剔精肉→撕肉线→复煮→压松去水→烘烤→打松→烘烤→成品

（鲜姜肉汤过滤→复煮）

2. 操作要点

（1）初煮　按半片鸭：水=1：3的比例向蒸煮锅中加水，用电磁炉进行加热，初煮时间控制在2.5h左右。

（2）剔精肉　将初煮后的鸭肉进行脱皮、去骨和剔精肉。

（3）撕肉线　将剔下的精肉撕成粗肉。

（4）复煮　将粗肉放于过滤后的肉汤中进行复煮，复煮时间控制在2.5h。

（5）压松去水　将所得到的鸭粗肉进行10kg机械挤压去水。

（6）烘烤　经机械挤压去水后，鸭肉放入温度为80℃的远红外干燥箱中进行110min烘烤干燥。

（7）打松　经烘烤后的鸭肉置于单浆混合机中，用十字形搅拌刀片于转速11000r/min的条件下搅拌10s。

（8）烘烤　打松后的鸭肉松置于烘烤温度为80℃的远红外干燥箱中烘烤5min。

五、 实验设计

本实验将初煮时间、复煮时间、烘烤温度、烘烤时间作为4因素，每因素设立3水平的配方组合，见表7-1所示；采用$L_9(3^4)$正交试验，以半成品鸭肉松半成品物性（咀嚼性）和感官得分（表7-2）为评价指标，对半成品鸭肉松制备工艺进行正交试验优化。

表7-1　半成品鸭肉松制备工艺条件正交试验因素水平表

水平	因素			
	初煮时间（A）/h	复煮时间（B）/h	烘烤温度（C）/℃	烘烤时间（D）/min
1	2.0	2.0	70	110
2	2.5	2.5	80	120
3	3.0	3.0	90	130

表7-2　鸭肉松产品综合评分标准

项目	满分（共25分）	评分标准
组织形态	5	形态好，絮状松散，5分；形态良好，有少量结头，3~4分；形态较差，有结头、焦头、糖块，1~2分

续表

项目	满分（共 25 分）	评分标准
色泽	5	色泽好带金黄色，5 分；色泽良好微黄色中夹杂黑色，3~4 分；色泽较差，呈暗黑色，1~2 分
滋味和气味	5	味鲜美，香味纯正，甜咸适中，无不良气味，5 分；味良好，较甜或较咸，香味稍欠佳，3~4 分；味较差，香味差，1~2 分
杂质	5	无杂质，5 分；切碎松少，杂质少，3~4 分；切碎松多，杂质多，1~2 分
柔软度	5	纤维长度适中，很柔软，5 分；纤维长度较长或较短，较柔软，3~4 分；成粉末状，硬度较大，1~2 分

六、结果与分析

半成品鸭肉松正交试验结果见表 7-3 所示。从表可以看出，影响鸭肉松咀嚼性因素主次顺序为 C＞A＞B＞D，即烘烤温度＞初煮时间＞复煮时间＞烘烤时间，决定鸭肉松的咀嚼性的最佳制备工艺为 $A_3B_2C_2D_3$；而影响鸭肉松品质的因素主次顺序为 C＞B＞A＞D，即烘烤温度＞复煮时间＞初煮时间＞烘烤时间，而影响鸭肉松品质的最佳制备工艺为 $A_2B_2C_2D_3$或 $A_3B_2C_2D_3$。综合表 7-3 数据分析，能使鸭肉松保持较好咀嚼性和良好品质的最佳制备工艺为 $A_3B_2C_2D_3$，即初煮时间 3.0h、复煮时间 2.5h、烘烤温度 80℃、烘烤时间 130min；并在此基础上，对鸭肉松半成品最佳制备工艺进行了验证实验，得到验证实验结果：咀嚼性为（38.972±3.108）g·s，感官得分为 20.2±0.3。

表 7-3　$L_9(3^4)$ 正交试验表

实验号	因素				咀嚼性/（g·s）	感官评分
	初煮时间（A）/h	复煮时间（B）/h	烘烤温度（C）/℃	烘烤时间（D）/min		
1	2.0	2.0	70	110	28.827	13.5
2	2.0	2.5	80	120	34.336	19.0
3	2.0	3.0	90	130	34.207	17.5
4	2.5	2.0	80	130	35.564	19.0
5	2.5	2.5	90	110	36.789	20.0
6	2.5	3.0	70	120	31.276	16.5
7	3.0	2.0	90	120	34.792	17.0
8	3.0	2.5	70	130	34.477	18.5
9	3.0	3.0	80	110	38.311	20.0

续表

实验号		因素				咀嚼性/（g·s）	感官评分
		初煮时间（A）/h	复煮时间（B）/h	烘烤温度（C）/℃	烘烤时间（D）/min		
咀嚼性/（g·s）	k_1	32.457	33.016	31.527	34.645		
	k_2	34.564	35.204	36.070	33.468		
	k_3	35.860	34.598	35.366	34.749		
	极差 R	3.403	2.143	4.543	1.281		
	因素主→次	$C>A>B>D$					
	优化后工艺	$A_3B_2C_2D_3$					
感官得分	k_1	16.667	16.500	16.167	17.833		
	k_2	18.500	19.167	19.333	17.500		
	k_3	18.500	18.000	18.167	18.333		
	极差 R	1.833	2.667	3.166	0.833		
	因素主→次	$C>B>A>D$					
	优化后工艺	$A_2B_2C_2D_3$或$A_3B_2C_2D_3$					

七、思考题

1. 影响鸭肉松质量的因素有哪些？
2. 正交试验对工艺参数优化有什么方便性？

实例二　脆皮鸡柳加工工艺优化及产品开发实验

一、实验目的

了解并掌握脆皮鸡柳制作的基本原理及方法；掌握脆皮鸡柳的制作工艺；学习运用正交试验分析实验结果；掌握工艺学制作实验的基本操作技能。

二、实验原理

脆皮鸡柳是一种采用鲜鸡胸肉为原料，经过腌渍、裹屑、油炸和速冻的调理肉制品。制作过程中搅拌时间、油炸温度和油炸时间等工艺参数对脆皮鸡柳质量有较大的影响，本实验利用正交试验，优化脆皮鸡柳的生产工艺参数。

三、实验材料及仪器

1. 实验材料

冻鸡胸脯肉、高筋小麦粉、玉米淀粉、泡打粉、裹粉、鸡蛋、食盐、白砂糖、味精、料酒等。

2. 实验仪器

油浴锅、色差计、电子天平、多功能搅拌机。

四、 工艺流程及操作要点

1. 工艺流程

鸡大胸肉（冻品）→解冻→切条→（加入配料，鸡蛋）搅拌腌渍→上浆→裹屑→油炸→成品

2. 操作要点

（1）解冻 将检验合格的鸡大胸肉，拆去外包装纸箱及内包装塑料袋，放在解冻室不锈钢案板上自然解冻至肉中心温度-2℃即可。

（2）切条 将鸡胸肉沿肌纤维方向切割成条状，每条质量在7~9g。

（3）搅拌腌渍 将鸡肉条、食盐、鸡蛋等放在搅拌机中搅拌一段时间（腌制配方：鸡胸肉500g，食盐7.5g，白砂糖10g，料酒15g，味精5g，鸡蛋50g）。搅拌后鸡肉条放在0~4℃的冷藏间腌制12h。

（4）上浆 将腌制好的鸡肉条放入盛有浆液的不锈钢盆进行上浆（脆皮糊配方：高筋小麦粉60g，玉米淀粉15g，泡打粉2g，清水85g，食用油20g），确保浆液黏度均匀。

（5）裹屑 在不锈钢盘中，先放入适量的裹屑，再将上浆后的胸肉条放入裹粉中，用手工对上浆后的鸡肉条均匀地上屑后轻轻按压，裹屑均匀，最后放入塑料网筐中，轻轻抖动，抖去表面的附屑。

（6）油炸 首先对油炸机进行预热到185℃，使裹好的鸡肉块依次通过油层，采用起酥油或棕榈油，油炸时间25s。

五、 实验设计

本实验将搅拌时间、油炸时间和油炸温度作为影响因素，每个影响因素设立3水平的配方组合，见表7-4所示；采用$L_9(3^4)$正交试验，以脆皮鸡柳成品感官得分表7-5为评价指标，对脆皮鸡柳制备工艺进行正交试验优化。

表7-4 脆皮鸡柳制备工艺条件正交试验因素水平表

水平	因素		
	搅拌时间（A）/min	油炸时间（B）/min	油炸温度（C）/℃
1	40	1.5	170
2	50	2.0	180
3	60	2.5	190

表7-5 脆皮鸡柳评分标准

项目/等级	一级	二级	三级
外观色泽（3分）	金黄色（2~3分）	淡黄色（1~2分）	褐黄色（0~1分）
香味（3分）	浓郁香味（2~3分）	香味较浓（1~2分）	香味较淡（0~1分）

续表

项目/等级	一级	二级	三级
口感（4 分）	酥脆爽口，肉质细腻（3~4 分）	较酥脆，口感较细腻（2~3 分）	不酥脆，肉质不细腻（0~2 分）

六、 结果与分析

正交试验结果与方差分析结果填入表 7-6、表 7-7 中。分析各实验因素的主次因素顺序、最优组合、方差分析、验证实验等。

表 7-6　　　　L_9（3^4）正交试验表

实验号	因素				感官评分
	搅拌时间（*A*）/min	油炸时间（*B*）/min	油炸温度（*C*）/℃	空白（*D*）	
1					
2					
3					
4					
5					
6					
7					
8					
9					
k_1					
k_2					
k_3					
R					
K_{1j}^2					
K_{2j}^2					
K_{3j}^2					
S_j					

表 7-7　　　　方差分析表

变异来源	平方和	自由度	均方差	*F* 值	显著水平
A					
B					
C					
误差 *e*					

注：$F_{1-0.01}$（2，2）；$F_{1-0.05}$（2，2）。

七、 思考题

1. 脆皮鸡柳的生产工序有哪些?
2. 通过正交试验表明哪些因素对脆皮鸡柳感官品质有极显著影响?
3. 正交试验结果极差分析有什么不足?

实例三 马铃薯猪肉丸子加工工艺优化及产品开发实验

一、 实验目的

了解并掌握制作马铃薯猪肉丸子的基本原理及方法，掌握马铃薯猪肉丸子的制作工艺，学习运用正交和响应曲面设计方法进行实验设计并分析实验结果，掌握工艺学制作实验的基本操作技能。

二、 实验原理

马铃薯中赖氨酸和色氨酸含量较多，有助于预防高血压、高胆固醇、冠心病、消化道溃疡，并且马铃薯所含的脂肪含量相当低，不会造成过多的脂肪摄入。本实验以马铃薯全粉、猪肉为原料，通过正交试验优化马铃薯肉丸的配方和生产工艺，开发肉香浓郁、营养健康的马铃薯猪肉丸子，加工成符合人们膳食理念的肉丸，以提高人们的饮食丰富性和营养价值。

三、 实验材料及仪器

1. 实验材料

猪肉、葱、姜、酱油、食用油、黄酒、玉米淀粉、小麦淀粉、红薯淀粉、马铃薯全粉、食盐等。

2. 实验仪器

绞肉机、油温枪、打浆机、电子天平等。

四、 工艺流程及操作要点

1. 制作方法

猪肉肥瘦分离，分别用绞肉机绞成肉馅，加入淀粉、葱末、姜末、黄酒、酱油、盐和适量的水等混合并制成猪肉丸，入油锅炸制成成品。

2. 操作要点

(1) 选择肥瘦分明的肉，将肥肉和瘦肉分开，分别用绞肉机绞成馅状。

(2) 选择新鲜的葱去皮洗净，切成末备用。

(3) 选择新鲜的姜去皮洗净，切成末备用。

(4) 用测温枪等同距离地测油的温度，当油温升到一定程度的时候将肉丸下油锅炸制，炸制的过程中要保持温度的一致。

(5) 将每个丸子的质量都控制在 15g。

五、 实验设计

1. 淀粉复配单因素实验设计

以100g猪瘦肉的质量为基准，肥肉为10g、马铃薯全粉添加量为15g、水添加量为30g、油炸温度150℃、油炸时间为3min、葱末为5g、姜末为2g、盐为1g、酱油为10g、黄酒为5g。分别考察红薯淀粉添加量（10g、20g、30g、40g、50g）、玉米淀粉添加量（20g、30g、40g、50g、60g）、小麦淀粉添加量（10g、30g、50g、70g、90g）对马铃薯猪肉丸子感官品质的影响。马铃薯肉丸子感官评价标准见表7-8所示。

表7-8 马铃薯猪肉丸的感官评价

项目	评分标准	分值	总分
香气	肉香浓郁	9~10	10
	有油味，肉香一般	5~8	
	有些许的肉腥味	1~4	
滋味	咸淡可口，鲜香	11~15	15
	偏咸或偏淡	6~10	
	有异味	1~5	
形态	圆形，表面光滑	11~15	15
	圆形，表面有毛刺或者坍塌	6~10	
	形状不规则	1~5	
黏性	爽口，不黏牙	11~15	15
	爽口，有些许黏牙感	6~10	
	黏牙感较强	1~5	
硬度	软硬适中	11~15	15
	较软或较硬	6~10	
	过于软或过于硬	1~5	
口感	香嫩可口，紧实有嚼劲	11~15	15
	较紧实，无嚼劲	6~10	
	入口松散，无嚼劲	1~5	
色泽	色泽均匀，诱人	11~15	15
	色泽较深，偏暗	6~10	
	色泽不均匀	1~5	
总分			100

2. 淀粉复配的正交试验设计

在单因素的基础上设计$L_9(3^4)$正交试验（表7-9），优化马铃薯猪肉丸子淀粉复配配方。

表 7-9　淀粉复配正交试验因素水平表

水平	因素		
	红薯淀粉添加量（A）/g	小麦淀粉添加量（B）/g	玉米淀粉添加量（C）/g
1	25	40	35
2	30	50	40
3	35	60	45

3. 马铃薯猪肉丸子加工工艺优化单因素实验设计

在确定淀粉复配的基础上，以马铃薯全粉添加量（0g、10g、20g、30g、40g）、水添加量（20g、30g、40g、50g、60g）、油炸温度（140℃、150℃、160℃、170℃、180℃）、油炸时间（2min、4min、6min、8min、10min）为考察因素进行单因素实验。

4. 马铃薯猪肉丸子加工工艺优化正交试验设计

在单因素的基础上设计了 $L_9(3^4)$ 正交试验（表 7-10），优化马铃薯猪肉丸子加工工艺。

表 7-10　马铃薯猪肉丸子加工工艺优化正交试验因素水平表

水平	因素			
	油炸温度（A）/℃	水添加量（B）/g	油炸时间（C）/min	马铃薯全粉添加量（D）/g
1	155	25	3	15
2	160	30	4	20
3	165	35	5	25

六、结果与分析

1. 淀粉复配正交试验

选择红薯淀粉、小麦淀粉、玉米淀粉的添加量作为正交试验因素进行考察，结果填入表 7-11 中。分析各因素对猪肉丸子感官评价的影响顺序、最佳添加量、感官评分最高分。

表 7-11　淀粉复配的正交试验结果

实验号	因素				感官评分
	红薯淀粉添加量（A）/g	小麦淀粉添加量（B）/g	玉米淀粉添加量（C）/g	空白（D）	
1					
2					
3					

续表

实验号	因素				感官评分
	红薯淀粉添加量（*A*）/g	小麦淀粉添加量（*B*）/g	玉米淀粉添加量（*C*）/g	空白（*D*）	
4					
5					
6					
7					
8					
9					
k_1					
k_2					
k_3					
R					

2. 加工工艺正交试验

选取油炸温度（*A*）、水添加量（*B*）、油炸时间（*C*）、马铃薯全粉添加量（*D*）进行正交试验。正交试验结果由10个感官评价员对9组马铃薯猪肉丸成品按色泽、香气、口感、滋味、硬度、黏度等进行逐一评价，正交试验结果填入表7-12中。分析影响马铃薯猪肉丸子品质因素的主次顺序、最佳加工工艺、感官评分最高分、验证实验、做出的产品感官性状等。

表7-12　马铃薯猪肉丸正交试验结果

实验号	因素				感官评分
	油炸温度（*A*）/℃	水添加量（*B*）/g	油炸时间（*C*）/min	马铃薯全粉添加量（*D*）/%	
1					
2					
3					
4					
5					
6					
7					
8					
9					
k_1					
k_2					
k_3					
R					

七、 思考题

1. 马铃薯猪肉丸的感官质量从哪几个方面进行评价？
2. 对马铃薯肉丸感官质量影响的因素中哪个因素影响最大？

实例四 复合蔬菜香肠加工工艺研究实验

一、 实验目的

了解并掌握复合蔬菜香肠加工的基本原理及方法；掌握复合蔬菜香肠的制作工艺；学习运用正交和响应曲面试验方法进行实验设计并分析实验结果；掌握工艺学制作实验的基本操作技能。

二、 实验原理

在传统灌肠中加入复合果蔬浆，使植物蛋白与肉类动物蛋白复合后可以弥补各自的限制性氨基酸含量，从而达到蛋白质互补，大大提高香肠的营养价值。本实验以猪肉和复合蔬菜浆（芹菜、胡萝卜、冬瓜）为原料，添加淀粉和香辛料，经过腌制、斩拌、制馅、灌装等主要工艺，制成一种具有特殊复合蔬菜风味的营养保健香肠。

三、 实验材料及仪器

1. 实验材料

新鲜猪肉、羊肠衣、芹菜、胡萝卜、冬瓜、香辛料、淀粉、食盐、味精、碳酸钠、卡拉胶、亚硝酸钠、硝酸钠、异抗坏血酸钠、柠檬酸、磷酸盐等。

2. 实验仪器

绞肉机、斩拌机、灌肠机、烘烤炉、多功能果蔬机、电磁炉、温度计、刀、案板、台秤、不锈钢容器等。

四、 工艺流程及操作要点

1. 工艺流程

复合蔬菜
↓
原料肉→预处理→切块→腌制→绞碎→混合制馅→灌制→捆扎洗涤→灌制、扎眼排气→烘烤→煮制→冷却→检验→成品（评价）

①胡萝卜浆：胡萝卜→预处理→蒸煮→冷却→打浆→胡萝卜浆

②芹菜浆：芹菜→挑选→清洗→烫漂→护绿→沥水→打浆→芹菜浆

③冬瓜浆：冬瓜→挑选→清洗→去籽去皮→蒸煮→打浆→冬瓜浆

2. 操作要点

（1）原料肉的选择和处理 选用卫生检验合格，无骨、无筋腱、无瘀血，品质优良的新鲜猪肉为原料。洗净后将瘦肉去掉筋和膜，切成长宽各为 2～3cm 的肉块，脂肪切成 5~7cm 宽的条备用。

（2）腌制　将瘦肉和肥肉分别腌制，瘦肉加入肉质量 2%的食盐、0.01%的亚硝酸钠、葡萄糖 1%，维生素 C 0.05%，水 4%~10%，进行充分的搅拌后，置于 2~4℃的环境中腌制 18~24h。腌制的终点以瘦肉呈鲜红色，富有弹性，肥膘肉呈乳白色，手按有紧实感为适。

（3）混合蔬菜浆的处理　选择新鲜、颜色青绿的芹菜分拣、去杂、清洗、切断后，放入配好的 1%碳酸钠溶液中浸泡 10min，再将芹菜放入 95℃护色液中烫漂 1.5min 后，取出用冷水急速冷却进行打浆备用；胡萝卜清洗、去皮切片后进行蒸煮打浆后备用；将冬瓜用水洗净后，去籽、去皮用蒸笼蒸至完全变软，打浆后备用。将果蔬浆按照一定的比例混合后，分别加入果浆质量 0.2%的异抗坏血酸钠、0.2%的柠檬酸混合物进行护色备用。

（4）绞肉、斩拌和拌馅　将腌好的瘦肉、肥膘分别送入绞肉机中绞碎，再加入一定量的淀粉、卡拉胶、复合蔬菜浆和其他辅料继续斩拌 2min，拌匀即可。注意在整个斩拌过程中，馅料的中心温度要在 10℃以下。

（5）灌制　把制好的肉馅放入灌肠机内进行灌制。灌肠时要紧松适中，每灌制 18~20cm 进行结扎。灌好的肠用清水冲去表面的油污，要用小针扎若干个小孔。

（6）烘烤、煮制　灌装好的灌肠送烘烤炉内进行烘烤，调温度至 80℃，烘烤 1h 左右。肠衣半透明，即可出炉。然后在常压下用煮锅煮制，煮制时水温为 80~90℃时下锅，待肠中心温度达 70℃，煮制时间 30~60min，肠体硬挺，弹力充足，即可出锅。

（7）冷却　煮制结束后，使香肠的中心温度降至 2~5℃。

五、实验设计

1. 复合蔬菜浆配方优化

本实验以芹菜浆添加量、胡萝卜浆添加量和冬瓜浆添加量作为影响因素，每个影响因素设 3 水平的配方组合，见表 7-13 所示；采用 L_9（3^4）正交试验，以复合果蔬浆感官得分（表 7-14）为评价指标，对复合蔬菜浆配方进行正交试验优化。

表 7-13　复合蔬菜浆配方正交试验因素水平表

水平	因素		
	芹菜浆添加量（*A*）/%	胡萝卜浆添加量（*B*）/%	冬瓜浆添加量（*C*）/%
1	10	10	10
2	20	20	20
3	30	30	30

表 7-14　复合蔬菜浆感官评分标准

感官指标	评分要求	得分
组织状态（30 分）	无分层现象，质地均匀，无肉眼可见的杂质	1~30
颜色（20 分）	颜色均匀适中，悦目	1~20

续表

感官指标	评分要求	得分
口感（30分）	口感适中，细腻	1~30
风味（20分）	具有芹菜、胡萝卜、冬瓜香气，无其他异味	1~20

2. 复合蔬菜香肠配方优化

本实验将猪肉的肥瘦比固定、香辛料和食品添加剂固定，将复合蔬菜浆的添加量、淀粉添加量和卡拉胶的添加量这三个因素作为影响复合蔬菜香肠感官考察因素，感官评分标准见表7-15所示。通过三个因素的单因素实验，从而确定蔬菜浆的添加量、淀粉添加量和卡拉胶的添加量，为下一步响应面优化实验打下基础。

表7-15　复合蔬菜香肠感官评分标准

感官指标	Ⅰ级	Ⅱ级	Ⅲ级
组织状态（20分）	硬，切面光滑（15~20分）	软，切面较好（10~14分）	松软，切面粗糙（<10分）
色泽（20分）	肉质粉红色，色泽均匀（15~20分）	肉质灰褐色，色泽均匀（10~14分）	肉质具有其他杂色，色泽不均匀（<10分）
口感及滋、气味（30分）	口感筋道，有肉感，细腻，具有肉本身鲜味，清香柔和，咸淡适中、无异味（25~30分）	较实，不够筋道，肉感较差，较硬，肉味正常，香气不足，无异味（20~24分）	松软无嚼劲（或过硬），黏牙，肉味淡，稍粗糙，香味寡淡或过咸，有其他异味（<19分）
切片及弹性（30分）	切面致密均匀；富有弹性，指压不裂，按压肠体迅速恢复原状（25~30分）	切面较均匀；弹性一般，指压不易裂，按压肠体较快恢复原状（20~24分）	切面粗糙；弹性差，指压易裂（<19分）

以单因素实验结果参考，固定猪肉的肥瘦比、香辛料和食品添加剂添加量，利用响应面建立二次多项式数学模型。实验以Design Expert 8.0.6软件进行响应面分析，以获得复合蔬菜营养保健香肠最佳制作工艺条件。响应面实验设计因素与水平如表7-16所示。

表7-16　复合蔬菜香肠配方响应面实验设计

因素		编码及水平		
		-1	0	1
复合蔬菜浆添加量/%	X_1	10	11	12
卡拉胶/%	X_2	0.3	0.4	0.5
淀粉添加量/%	X_3	7	8	9

六、结果与分析

1. 复合蔬菜浆配方

复合蔬菜浆正交试验结果填入表 7-17 中，分析三个因素中的 R 值大小顺序、复合果蔬浆最佳参数等。

表 7-17 复合蔬菜浆正交试验表

实验号	因素				感官评分
	芹菜浆添加量（A）/%	胡萝卜浆添加量（B）/%	冬瓜浆添加量（C）/%	空白（D）	
1					
2					
3					
4					
5					
6					
7					
8					
9					
K_1					
K_2					
K_3					
k_1					
k_2					
k_3					
R					

2. 复合蔬菜香肠配方

选用复合蔬菜浆添加量（X_1）、卡拉胶添加量（X_2）、淀粉添加量（X_3）三个因素为自变量，感官评价分值作为因变量 Y，利用响应面对复合蔬菜保健香肠工艺参数进行优化，响应面设计及结果见表 7-18。

表 7-18 复合蔬菜香肠配方响应曲面实验结果

实验号	复合蔬菜浆添加量/%（X_1）	卡拉胶添加量/%（X_2）	淀粉添加量/%（X_3）	感官评分（Y）
1	1	1	0	85
2	0	0	0	91

续表

实验号	复合蔬菜浆添加量/%（X_1）	卡拉胶添加量/%（X_2）	淀粉添加量/%（X_3）	感官评分（Y）
3	0	0	0	92
4	0	0	0	92
5	1	0	1	84
6	0	-1	-1	86
7	1	-1	0	88
8	-1	0	-1	82
9	1	0	-1	86
10	0	1	1	86
11	-1	0	1	81
12	-1	1	0	84
13	0	0	0	91
14	-1	-1	0	79
15	0	1	-1	87
16	0	-1	1	83
17	0	0	0	91

复合蔬菜香肠配方回归模型方差分析结果见表 7-19 所示，三个因素 F 值由大到小为复合蔬菜浆添加量＞淀粉添加量＞卡拉胶添加量，因此可以判断对复合蔬菜香肠的感官评分的影响程度大小顺序为：复合蔬菜浆添加量＞淀粉添加量＞卡拉胶添加量，以香肠的感官评价分值 Y 为响应值，利用 Design Expert8.0.6 软件进行二元回归拟合，得到香肠的感官评分对编码自变量复合果蔬浆添加量（X_1）、卡拉胶添加量（X_2）、淀粉添加量（X_3）的二次回归方程为：$Y=91.40+2.13X_1+0.75X_2-0.87X_3-2.00X_1X_2-0.25X_1X_3+0.50X_2X_3-4.83X_1^2-2.58X_2^2-3.32X_3^2$。

方差分析中模型 $P<0.0001$，方程达到极显著水平；失拟项 $P=0.2643$，大于 0.05，模型失拟项不显著，表明模型选择合适，本实验所建立的模型有意义。回归系数 $R^2=0.9886>0.9$，说明模型的相关性很好，可以用于响应值的变化分析。调整确定系数 $R^2_{Adj}=0.9739$，说明可解释 97.39% 响应值的变化。

表 7-19 中的一次项 X_1 及二次项 X_1^2、X_2^2、X_3^2 的 P 值均小于 0.001，感官评分的影响达到极为显著水平，说明它们对响应值影响极大，且考察的因素对响应值的影响不是简单的线性关系；一次项 X_3、交互项 X_1X_2 的 P 值小于 0.01，感官评分的影响达到很显著水平，说明它们对响应值影响很大；一次项 X_2 的 P 值小于 0.05，感官评分的影响达到显著水平。根据 F 值大小可知，影响因素的主次顺序是：$X_1>X_3>X_2$。

表 7-19　　复合蔬菜香肠配方回归模型方差分析

变异源	平方和	自由度	均方差	F 值	P 值	显著性
模型	254.93	9	28.33	67.21	<0.0001	***
X_1	36.13	1	36.13	85.72	<0.0001	***
X_2	4.5	1	4.5	10.68	0.0137	*
X_3	6.13	1	6.13	14.53	0.0066	**
X_1X_2	16	1	16	37.97	0.0005	**
X_1X_3	0.25	1	0.25	0.59	0.4664	
X_2X_3	1	1	1	2.37	0.1674	
X_1^2	98.02	1	98.02	232.6	<0.0001	***
X_2^2	27.92	1	27.92	66.25	<0.0001	***
X_3^2	46.55	1	46.55	110.46	<0.0001	***
残差	2.95	7	0.42			
失拟项	1.75	3	0.58	1.94	0.2643	N
纯误差	1.2	4	0.3			
总变异	257.88	16				
相关系数 R^2：0.9886			调整相关系数 R^2_{Adj}：0.9739			

由模型预测复合蔬菜香肠的最佳工艺条件为：复合蔬菜浆添加量 11.2%，卡拉胶添加量为 0.4%，淀粉添加量 7.86%，在此条件下，复合蔬菜浆保健香肠的感官评分 91.70，通过 3 组验证实验发现，所得平均感官评分为 91.28，接近预测值，可以得出拟合二次多项式方程和实验结果拟合较好，香肠制作工艺参数准确可信。

七、思考题

1. 香肠中添加复合蔬菜会对香肠产生什么样的影响？

2. 复合蔬菜香肠配方响应曲面设计结果表明对蔬菜香肠感官影响极显著的因素有哪些？

实验二　水产品加工工艺优化及产品开发实验及实例

一、实验目的

培养创新意识和创新精神，提高分析问题和解决问题的综合能力。

二、项目选择

水产品加工综合设计性实验可选项目：

（1）水产品新鲜度的感官检测。
（2）鱼类鲜度（*K* 值）的测定。
（3）鱼肉松的加工。
（4）鱼肉脯的加工。
（5）鱼糕的加工。
（6）熏鱼罐头的加工。
（7）鱼丸的加工。
（8）鱼糜脆片的加工。

根据自己的兴趣、爱好和知识水平，对实验项目进行筛选，确定主攻方向；在查找资料并充分酝酿之后，选择其中一个或多个项目进行设计。

三、实验方案

在选定设计性实验项目后，根据项目任务充分查阅相关资料，自行推证有关理论，确定实验方法，选择配套仪器设备，设计好实验步骤和数据处理方法。用实验报告专用纸把以上的过程用书面形式表达清楚。

四、实验实施方案论证

采取集中讨论的方式进行：

1. 陈述方案

每组派一名代表陈述本组的实验方案，注意突出自己方案的优势和创新点。

2. 讨论

大家对该组的实验方案进行分组讨论，指出该方案存在的问题和实施中可能遇到的困难，并尽可能提出自己的解决办法。

3. 总结

指导老师对陈述的方案和讨论的情况进行总结，并提出方案的修改意见。

4. 修改

每小组根据讨论中存在的问题，修改自己的方案，并经指导老师同意后，最终确定自己的实验方案。

五、实施方案

根据自己设计的实验方案，在实验室进行具体的实验操作，注意仪器设备的正确使用以及人员的合理分工。

六、撰写实验报告

完成设计性实验操作后，要在设计性实验方案后补充数据处理部分内容及相应的讨论，形成一份完整的设计性实验报告，并于规定的时间内上交报告。

以下实例可供参考。

实例一　即食鱿鱼须加工工艺优化及产品开发实验

一、 实验目的

了解并掌握即食鱿鱼须加工的基本原理及方法，掌握即食鱿鱼须的制作工艺，学习运用正交试验设计方法进行实验设计并分析实验结果，掌握工艺学制作实验的基本操作技能，提高鱿鱼的利用率。

二、 实验原理

即食鱿鱼须是以鱿鱼的副产物——鱿鱼须为原料，采用蒸煮、卤制等传统的酱卤工艺加工而成的一种休闲即食水产品。通过酱卤工艺可以解决鱿鱼须加工中因其足部有较多的吸盘、脱皮处理有难度、口感稍硬等问题，同时可以提高鱿鱼的利用率。

三、 实验材料及仪器

1. 实验材料

鱿鱼须、食盐、白砂糖、味精、酱油、料酒、桂皮粉、干姜粉、香叶粉、八角粉、肉蔻粉、白蔻粉等。

2. 实验仪器

电炸炉、不锈钢压力蒸汽灭菌锅、真空充气包装机、电磁炉、电子秤、温度计、烧杯、玻璃棒、锥形瓶等。

四、工艺流程及操作要点

1. 工艺流程

原料选择→解冻→清洗切段→蒸煮→卤制→油炸→二次调味→真空包装→杀菌→冷却→成品

2. 操作要点

（1）原料的选择与解冻　选用北太鱿鱼须，要求鲜度良好，无异味，符合 GB 2733—2015《食品安全国家标准　鲜、冻动物性水产品》的规定。解冻可根据季节采用自然空气解冻或自来水解冻至半解冻状态。总体要求为：解冻速度要快，介质温度要低，注意避免原料在解冻过程中造成品质下降。

（2）原料预处理　半解冻后将原料进行清洗除杂，将鱿鱼须切成 3cm 左右的小段后沥水备用。

（3）蒸煮　将经过预处理的鱿鱼须小段放入水温为 90~100℃的水中进行蒸煮，时间为 2min，要求鱿鱼须煮的程度以刚熟为宜。

（4）卤制　在卤制之前先要完成卤水制作，卤水的配方为：食盐 2%、白砂糖 5%、味精 2%、酱油 5%、料酒 2%、桂皮粉 0.2%、干姜粉 0.1%、香叶粉 0.05%、八角粉 0.05%、肉蔻粉 0.04%、白蔻粉 0.04%。将称量好的香辛料放入煮开的清水中，中火炖煮 40min 后过滤，备用。称取一定量蒸煮好的鱿鱼须放入预先制好并且控制在一定温度下的卤水中卤制一定时间，要求鱿鱼须完全浸没在卤水中，卤制完成后取出沥水晾凉备用。

（5）油炸　将卤制完成的鱿鱼须放入达到设定温度的电炸锅中进行油炸，油炸完毕后取出晾凉备用。

（6）二次调味　经过油炸的鱿鱼须香辛料的风味会损失较多，因此为增强产品的风味需要对鱿鱼须加入按比例称量好的白砂糖、食盐、香辛料等进行二次调味，调味时间为 3min。

（7）真空包装　预先调试好真空封口机，使真空度达到表压 0.090~0.095MPa，称取经过二次调味的鱿鱼须 4~6g 装入真空包装袋，使用真空封口机封口。

（8）杀菌　采用蒸汽杀菌，杀菌公式为：30min—15min—30min /115℃。

（9）冷却　完成杀菌后的产品需放入冷水槽中降温并擦洗包装袋表面污渍，并在 37℃±2℃的保温间保温 5d。

五、实验设计

1. 单因素实验

利用单因素实验分别考察卤制时间（1min、5min、10min、15min、20min），卤制温度（60℃、70℃、80℃、90℃、100℃），油炸时间（30s、1min、2min、3min、3.5min）、油炸温度（140℃、160℃、180℃、200℃、220℃）和二次调味食盐添加量（0.2%、0.5%、1%、1.5%、2%）对即食鱿鱼须感官品质的影响，感官评价标准见表 7-20。

表 7-20　即食鱿鱼须感官评分标准

评价指标	评分标准		得分
色泽	色泽均匀，呈暗红色，有光泽	好	1~2
	颜色偏深或者浅，无明显光泽，感官一般	一般	0
	颜色不均匀，无光泽，干燥	差	-2~-1
组织形态	组织形态完整，无可见杂质	好	1~2
	产品大小不一，杂质较少	一般	0
	变形，破损较多，有可见杂质	差	-2~-1
滋味	咸淡适中，回味足，无苦味、腥味、金属味	好	1~2
	咸淡适中，回味不足，略带苦味、腥味、金属味	一般	0
	基本味道过重或过淡，有明显苦味、腥味、金属味	差	-2~-1
气味	卤香味足，无不良气味	好	1~2
	略带卤香，无不良气味	一般	0
	有明显的不良气味	差	-2~-1
整体口感	富有嚼劲，口感好	好	1~2
	口感一般，嚼劲略差	一般	0
	口感过嫩或过老，口感差	差	-2~-1

2. 卤制和油炸工艺优化正交试验

为了进一步优化卤制以及油炸的工艺参数，在完成上述单因素实验后确定关键因素的水平范围后进行正交试验，采用 $L_9(3^4)$ 的正交试验表对油炸时间、油炸温度、卤制时间以及卤制温度四个因素之间进行优化，以感官评定得分为评价指标，因素水平表见表 7-21 所示。

表 7-21 卤制工艺和油炸工艺优化的影响因素水平表

水平/因素	卤制时间（A）/min	卤制温度（B）/℃	油炸时间（C）/min	油炸温度（D）/℃
1	5	80	1	160
2	10	90	2	180
3	15	100	3	200

六、结果与分析

1. 单因素实验结果

结果表明：卤制时间在 15min 时得分最高，选择得分较高的 5min、10min、15min 作为卤制时间的三个水平；卤制温度 80℃以上鱿鱼丝的感官得分都在 7 以上，选择 80℃、90℃、100℃作为卤制温度的三个水平；油炸时间为 2min 时，鱿鱼须的感官评分最高，选择 1min、2min、3min 作为油炸时间的三个水平；油炸温度在 180℃时风味最好，感官评分最高，因此选择 160℃、180℃、200℃作为油炸温度的三个水平；当二次调味的食盐添加量为 1%时，产品的感官得分最高，将二次调味食盐的添加量确定为 1%。

2. 正交试验结果

选取卤制时间、卤制温度、油炸时间和油炸温度四个考察因素，进行正交试验，结果填入表 7-22 中。分析各影响因素的主次排序、最佳的工艺优化水平、验证实验等。

表 7-22 卤制工艺和油炸工艺优化正交试验结果

实验号	因素				感官评分
	卤制时间（A）/min	卤制温度（B）/℃	油炸时间（C）/min	油炸温度（D）/℃	
1					
2					
3					
4					
5					
6					
7					

续表

实验号	因素				感官评分
	卤制时间（A）/min	卤制温度（B）/℃	油炸时间（C）/min	油炸温度（D）/℃	
8					
9					
k_1					
k_2					
k_3					
R					
主次排序					
最优水平					

七、思考题

1. 即食鱿鱼须对鱿鱼深加工的意义是什么？
2. 影响即食鱿鱼须感官品质的因素有哪些？哪个因素影响最大？

实例二　胡萝卜鱼糜脆片加工工艺优化及产品开发实验

一、实验目的

了解并掌握胡萝卜鱼糜脆片加工的基本原理及方法，掌握胡萝卜鱼糜脆片的制作工艺，学习运用正交试验设计方法进行实验设计并分析实验结果，掌握工艺学制作实验的基本操作技能。

二、实验原理

胡萝卜鱼糜脆片以胡萝卜与鲢鱼糜为主要原料，添加玉米淀粉、植物油等辅料，经过擂溃、熟化、成形、切片和膨化等主要工序加工而成的新型膨化食品。该产品解决了传统油炸类果蔬脆片油脂和碳水化合物含量高的缺点，是含有丰富的蛋白质及不饱和脂肪酸，营养价值较高的非油炸新型膨化食品。

三、实验材料及仪器

1. 实验材料
鲢鱼糜、玉米淀粉、胡萝卜、小苏打、植物油、食盐、白砂糖等。
2. 实验仪器
烤箱、蒸煮锅、电子秤、切片机、微波炉、质构仪等。

四、 工艺流程及操作要点

1. 工艺流程

玉米淀粉、胡萝卜泥、植物油、调味液
↓
冷冻鲢鱼糜→解冻→称量→擂溃→拌料→成形→热气熟化→冷却→切片→膨化→冷却包装→成品

2. 操作要点

(1) 解冻　将冷冻鱼糜置于4℃冰箱中解冻。

(2) 擂溃　按需称取解冻后的鱼糜，用擀面杖手工擂溃 5~10min，使其具有一定黏性。

(3) 拌料　先将胡萝卜去除头部、尾端和皮，洗净切成小块，蒸熟后捣烂成泥；然后用少量水溶解小苏打、食盐和白砂糖获得调味液；再将预先准备好的玉米淀粉、胡萝卜泥、植物油、调味液依次加入到擂溃过的鱼糜中，搅拌 10~15min 至形成有黏弹性的混料。

(4) 成形　对拌料后的混料进行反复揉搓，保证内部空气排尽，无大孔洞后再揉搓成直径为 3cm 的圆条。

(5) 热气熟化　将成形好的圆条置于 100℃蒸煮锅中热气熟化 5min，在此过程中要注意圆条的翻动，避免造成单面硬化，生熟不均。

(6) 冷却　圆条熟化后，置于室温下冷却 1h，使糊化的淀粉与变性蛋白形成的凝胶体硬化定形，不软塌，易于切片。

(7) 切片　将冷却定形的圆条切成厚度均一的圆片，厚度依实验方案而定。

(8) 膨化　采用 3 种膨化工艺进行膨化，具体参数为：烘烤工艺，100℃烘烤 4h；微波工艺，800W 微波 50s；微波-烘烤膨化工艺，800W 微波 35s 后 100℃烘烤 30min。通过感官评定以及质构测定分析，确定最佳膨化工艺为微波-烘烤膨化工艺进行，后续实验均采用此膨化工艺进行操作。

(9) 冷却包装　产品于室温下冷却后利用透明磨砂自封袋进行包装。

3. 胡萝卜鱼糜脆片基础配方

以鱼糜质量为基准添加玉米淀粉 30%、胡萝卜泥 60%、小苏打 0.6%、植物油 5%；以鱼糜、玉米淀粉和胡萝卜泥总质量为基准添加食盐 1%、白砂糖 1%。

五、 实验设计

1. 单因素实验

固定鱼糜质量，利用单因素实验分别考察玉米淀粉添加量（10%、20%、30%、40%、50%）、胡萝卜泥添加量（15%、30%、45%、60%、75%）、小苏打添加量（0%、0.2%、0.4%、0.6%、0.8%、1%）、植物油添加量（1%、2.5%、5%、7.5%、10%）和切片厚度（1mm、2mm、3mm、4mm、5mm）对产品感官品质以及质构特性的影响。感官评定方法采用 100 分制，由 10 人组成品评小组（男女各 5 人），从外观形态、口感、色泽及风味方面对产品进行感官审评，评分结果取平均值，保留一位小数，评定标准见表 7-23 所示。质构特性采用质构仪对产品的硬度和脆度 2 个指标进行测定分析。

表 7-23　胡萝卜鱼糜脆片感官评分标准

项目	评分标准
外观形态（30 分）	外形大体平整，无破损，无大气泡，大小、厚薄基本一致（26~30 分） 片形较平整，无破损，略有大气泡，大小、厚薄较一致（20~25 分） 片形不平整，有部分破损，较多大气泡，大小、厚薄较一致（15~19 分）
色泽（20 分）	橙黄色，颜色均匀一致，有光泽，无白粉（16~20 分） 浅黄色，颜色较均匀，略有光泽，无白粉（10~15 分） 黄褐色，颜色不均，无光泽，稍许白粉（5~9 分）
口感（30 分）	硬度适中，酥松质脆，口感细腻无残渣，无硬心，无硬块（26~30 分） 硬度稍大，较酥松质脆，嚼后略有残渣，稍有硬心或硬块（20~25 分） 硬度大或软韧无脆感，嚼后残渣多，较多硬心或硬块（15~19 分）
风味（20 分）	鱼和胡萝卜风味协调，无鱼腥味，无不良异味（16~20 分） 鱼和胡萝卜风味较协调，略有鱼腥味，无不良异味（10~15 分） 鱼和胡萝卜风味不协调，鱼腥味明显，有不良异味（5~9 分）

2. 胡萝卜鱼糜脆片正交试验

根据单因素实验结果，选取对产品品质影响较大的因素（玉米淀粉添加量、胡萝卜泥添加量、小苏打添加量和植物油添加量）进行正交试验，通过感官评定以及质构特性分析，对产品配方进行优化。正交因素及水平见表 7-24 所示。

表 7-24　胡萝卜鱼糜脆片正交试验因素水平表

水平	因素			
	玉米淀粉添加量（*A*）/%	胡萝卜泥添加量（*B*）/%	小苏打添加量（*C*）/%	植物油添加量（*D*）/%
1	25	38	0. 5	1. 5
2	30	45	0. 6	2. 5
3	35	52	0. 7	3. 5

六、 结果与分析

1. 单因素实验结果

结果表明：玉米淀粉添加量 30%、胡萝卜泥 45%、小苏打 0. 6%、植物油 2. 5%、切片厚度 3mm 时胡萝卜鱼糜脆片的质构及感官评分较好，此结果作为正交试验水平的依据。

2. 正交试验结果

确定玉米淀粉添加量、胡萝卜泥添加量、小苏打添加量和植物油添加量为影响胡萝卜鱼糜脆片产品质量的主要因素。各因素均选取三个水平，采用 $L_9(3^4)$ 正交试验设计，以感官评定和质构特性（硬度和脆度）为指标进行最佳工艺条件的确定，实验结果参考表7-25。分析各因素对胡萝卜鱼糜脆片影响的极差 R 值、产品最佳的工艺配方、验证实验等。

表 7-25　　胡萝卜鱼糜脆片正交试验结果

实验号		因素：玉米淀粉添加量（A）/%	胡萝卜泥添加量（B）/%	小苏打添加量（C）/%	植物油添加量（D）/%	感官得分	硬度/g	脆度/g
1		25	38	0.5	1.5	77.8	6155.54	6032.70
2		25	45	0.6	2.5	80.3	5232.19	4685.46
3		25	52	0.7	3.5	70.7	10955.48	10629.27
4		30	38	0.6	3.5	80.9	6540.07	6648.64
5		30	45	0.7	1.5	73.1	3073.62	3151.24
6		30	52	0.5	2.5	74.0	7008.56	6813.88
7		35	38	0.7	2.5	85.9	6683.40	6701.54
8		35	45	0.5	3.5	78.5	8081.84	8246.10
9		35	52	0.6	1.5	79.7	7143.45	7141.24
感观品质	k_1	76.27	81.53	76.77	76.87			
	k_2	76.0	77.3	80.3	80.07			
	k_3	81.37	74.8	76.57	76.7			
	R	5.37	6.73	3.43	3.37			
硬度	k_1	7747.74	6549.67	7081.99	5457.54			
	k_2	5540.75	5462.55	6305.24	6308.05			
	k_3	7302.90	8369.16	6904.17	8525.80			
	R	1706.99	2906.61	776.75	3068.26			
脆度	k_1	7115.81	6460.96	7073.89	5441.73			
	k_2	5537.92	5360.93	6158.45	6099.96			
	k_3	7362.96	8194.80	6827.35	8508.00			
	R	1825.04	2833.87	872.44	3066.27			
最佳水平		A_3	B_1	C_2	D_2			

七、思考题

1. 胡萝卜鱼糜脆片的加工工艺是什么？
2. 胡萝卜鱼糜脆片的感官质量从哪几个方面进行评价？如何进行评价？

实例三　抹茶鱼松加工工艺优化及产品开发实验

一、　实验目的

了解并掌握抹茶鱼松加工的基本原理及方法；掌握抹茶鱼松的制作工艺；学习运用响应曲面实验设计方法进行实验设计并分析实验结果；掌握工艺学制作实验的基本操作技能。

二、　实验原理

抹茶鱼松是以鱼肉为主要原料，添加抹茶粉辅料，经过熟化、捣碎、炒松、擦松、拣松等工艺制作而成的营养丰富、易于消化吸收、老少皆宜的新口味鱼肉松，它有效地克服了鱼类腥味顽固、剔刺困难等问题，受到了消费者的青睐。

三、　实验材料及仪器

1. 实验材料

鲫鱼、抹茶粉、生姜粉、八角、小茴香、花椒、桂皮、丁香、食醋、料酒、NaCl、Na_2CO_3、β-环糊精等。

2. 实验仪器

电子天平、电烤箱、恒温水浴锅、不锈钢蒸锅、平底炒锅、不锈钢刀具、不锈钢盆等。

四、　工艺流程及操作要点

1. 工艺流程

原料选择 → 原料处理 → 盐溶去腥 → β-环糊精除腥 → 蒸煮 → 去皮、骨刺 → 脱水 → 炒松 → 过筛 → 包装 → 成品

2. 香辛料浓缩液的配制

取 2g 生姜粉、3g 八角、5g 小茴香、2g 花椒、0.5g 桂皮、0.5g 丁香，充分混合、捣碎，加水 1000mL，加热煮沸，熬煮浓缩至汤汁约 100mL，过滤，制得去腥香料浓缩液。

3. 操作要点

（1）原料选择　原料活鱼要求品质新鲜，个体较大，鱼肉纤维较长的鱼。本研究选取新鲜活鲫鱼为原料。

（2）原料处理　选用新鲜鲫鱼，剔除腐败变质鱼。将原料鱼去头，方法是沿鳃盖骨切下并剁掉鱼尾，剖腹除去内脏，并刮去黑膜、瘀血，在流水中洗净，然后切成鱼块。处理过程中，不要弄破鱼的苦胆，否则影响风味。

（3）盐溶去腥　将鱼片放入 6%的 NaCl 溶液中，浸泡 10min，用流水漂洗 3min，再用 0.3%的 Na_2CO_3溶液浸泡 5min，用流水漂洗 3min（全程水温要小于 10℃）。

（4）β-环糊精除腥　将鱼放到 1.5% β-环糊精溶液中，70℃下浸泡 5min，β-环糊

精可以较好地除去腥味。

（5）蒸煮　将处理后的鱼肉加入 8%香料浓缩液，5%食醋，5%料酒充分混匀，放入蒸锅内用蒸汽蒸 15~20min。

（6）去皮、骨刺　从蒸锅内取出鱼后要趁热去除鱼皮，冷却后剔除鱼骨、刺，然后将鱼肉顺肌纤维拆碎。

（7）脱水　取拆碎的鱼肉放入烤箱中，200℃烘烤 10min。

（8）炒松　取脱水后的鱼肉，放入炒锅中，用中小火炒至鱼肉半干，发出香味时加入香精、抹茶粉和食盐，加完后继续反复翻炒，直至起松。

（9）过筛　用筛网筛除未除尽的鱼刺及结成的小团，保证产品的均匀外观及食用时的安全性。

（10）包装　进行真空包装，有效延长鱼肉松的保藏期。

五、实验设计

1. 单因素实验设计

利用单因素实验分别考察炒松时间（10min、15min、20min、25min、30min），烘烤时间（1min、2min、3min、4min、5min）和抹茶添加量（2g、4g、6g、8g、10g）对抹茶鱼松感官品质的影响，感官评价标准见表 7-26 所示。

表 7-26　抹茶鱼松感官评分标准

项目	评分标准
组织形态（2.5 分）	絮状疏松，无结头，无焦头，2.1 ~2.5 分 絮状不疏松，有结头，无焦头，1.0 ~2.0 分 块状不疏松，有结头，有焦头，0~0.9 分
色泽（2.5 分）	有光泽，有抹茶肉松特有的颜色，2.1 ~2.5 分 色泽良好，特有的颜色夹带，1.0 ~2.0 分 色泽较差，呈暗黑色，0~0.9 分
滋味和气味（2.5 分）	味道鲜美无异味，咸度适口，有特有茶香味，2.1 ~2.5 分 味道良好，偏咸适口，香味缺，1.0 ~2.0 分 味道差，偏咸不适口，香味差，0~0.9 分
杂质（2.5 分）	无杂质，2.1 ~2.5 分 切碎松较多，有少量杂质，1.0 ~2.0 分 切碎松多，有较多杂质，0~0.9 分

2. 响应曲面实验设计

根据单因素实验结果，采用 Box-Behnken 设计和响应面分析法，以抹茶添加量、炒松时间和烘烤时间为考察因素，优化抹茶鱼松的制作工艺。因素水平编码见表 7-27 所示。其中，基本配方为（按成品 1000g 计）：鱼肉 1200g，香辛料浓缩液 100mL。

表 7-27　　抹茶鱼松工艺优化响应面实验设计因素水平表

水平	实验因素		
	抹茶添加量（*A*）/g	炒松时间（*B*）/min	烘烤时间（*C*）/min
-1	5	15	1
0	6	20	2
1	7	25	3

六、结果与分析

1. 单因素实验结果

结果表明：当抹茶添加量为 6g，炒松时间为 15~20min，烘烤时间为 2~3min 时，产品的各项感官品质指标较高，产品质量较好。综合单因素实验结果，确定响应曲面设计的因素水平为抹茶添加量（5g、6g 和 7g），炒松时间（15min、20min 和 25min），烘烤时间（1min、2min 和 3min）。

2. 响应面优化实验结果

响应曲面实验结果填入表 7-28 和表 7-29 中，以抹茶鱼肉松品质总分为响应值对实验结果进行回归分析，得出各因子对响应值影响的回归方程，对模型进行方差分析，用模型对抹茶鱼肉松品质分数进行分析和预测，探讨 3 个因素对抹茶鱼肉松品质的影响。根据软件分析得出抹茶鱼松的最佳工艺参数，最后通过验证性试验评价模型的有效性。

表 7-28　　抹茶鱼松响应曲面设计结果

实验号	抹茶添加量（*A*）/g	炒松时间（*B*）/min	烘烤时间（*C*）/min	感官评分
1				
2				
3				
4				
5				
6				
7				
8				
9				
10				
11				
12				
13				

续表

实验号	抹茶添加量（*A*）/g	炒松时间（*B*）/min	烘烤时间（*C*）/min	感官评分
14				
15				
16				
17				

表 7-29　　　　方差分析表

变异来源	平方和	自由度	均方差	*F* 值	*P* 值	显著性
模型						
抹茶添加量（*A*）						
炒松时间（*B*）						
烘烤时间（*C*）						
AB						
AC						
BC						
A^2						
B^2						
C^2						
残差						
失拟项						
纯误差						
总变异						

七、思考题

1. 鱼松的加工工艺是什么？
2. 抹茶鱼松的感官质量从哪几个方面进行评价？如何进行评价？

实例四　蔬菜鱼丸加工工艺优化及产品开发实验

一、实验目的

了解并掌握蔬菜鱼丸加工的基本原理及方法，掌握蔬菜鱼丸的制作工艺，学习运用正交试验方法进行实验设计并分析实验结果，掌握工艺学制作实验的基本操作技能。

二、 实验原理

蔬菜鱼丸是以鲜鱼肉为原料，同时添加芹菜、香菜和慈姑等辅料，经过斩拌、水煮成形等工序加工而成的富含维生素和膳食纤维的鱼丸。该产品可以弥补传统鱼丸口味单一、品种较少、营养成分多以蛋白为主的不足。

三、 实验材料及仪器

1. 实验材料

新鲜白鲢鱼、芹菜、香菜、慈姑、鸡蛋、猪肥膘肉、香辛料、味精、胡椒粉、玉米淀粉，食盐、白砂糖等。

2. 实验仪器

榨汁机、斩拌机、绞肉机、离心机、电蒸煮锅等。

四、 工艺流程及操作要点

1. 工艺流程

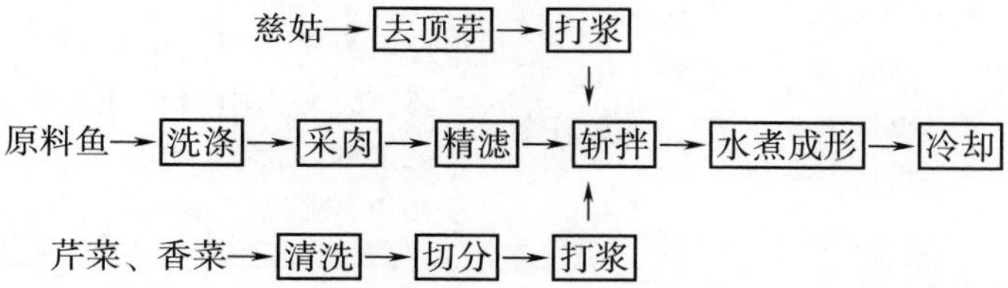

慈姑→去顶芽→打浆↓

原料鱼→洗涤→采肉→精滤→斩拌→水煮成形→冷却

芹菜、香菜→清洗→切分→打浆↑

2. 操作要点

（1）蔬菜泥制备　选择新鲜芹菜和香菜，清洗干净，再用纯净水进行冲洗。清洗后除去菜根保留芹菜叶，切成碎块，按比例打成浆液，备用。将慈姑清洗干净，去皮，去顶芽，切片，打成浆液，备用。

（2）鱼丸制作

①原料鱼处理：将活鲜原料鱼洗净，去头，去鳞，去内脏，用流动水洗净腹腔内血污、黑膜和白筋等。

②采肉：用机械方法，剔去脊骨和胸刺，把鱼肉分离出来。用清水漂洗，漂洗时鱼肉与水的比例为 1∶5，水温≤10℃，漂洗 15min，重复 3 次。第 3 次用 0.15%食盐溶液漂洗。然后将漂洗过的白鲢鱼肉置于离心机中，3000r/min 离心 2min。

③斩拌：将脱水后的鱼肉与猪肥膘肉一起斩拌，斩拌速度 1200r/min，斩拌时加适量冰水。斩拌 5min 后加入食盐，继续斩拌 5min。再将蔬菜泥、鸡蛋清、白糖、味精、料酒、姜汁等放入斩拌机，斩拌 5min。

④水煮成形：将斩拌好的鱼糜置于成形机中成形，成形后放入热锅中水煮加热。

⑤冷却：将水煮后的鱼丸置于散热间冷却。

（3）鱼丸基本配方：鸡蛋清 5%、猪肥膘 3%、玉米淀粉 4%、食盐 2%、白糖 1%、味精 1%、料酒 1%、姜汁 0.5%。

五、 实验设计

1. 单因素实验

利用单因素实验分别考察慈姑添加量（4%、6%、8%、10%、12%）、玉米淀粉添加量（2%、4%、6%、8%、10%）、芹菜和香菜比例（90∶10、80∶20、70∶30、60∶40、50∶50）和芹菜香菜泥总添加量（6%、8%、10%、12%、14%）对蔬菜鱼丸感官品质的影响，感官评价标准见表7-30所示。

表7-30 蔬菜鱼丸感官评分标准

色泽	鲜味及滋、气味	组织状态	弹性	得分
星点绿色	具有鱼肉特有的鲜味，有鲜味，有芹菜、香菜和慈姑独特的味道，余味浓郁	断面密实，无大气孔，有许多微小且均匀的小气孔，绿蔬菜碎末分布均匀	中指稍压鱼丸，明显凹陷而不破裂，放手则恢复原状，在桌上30~35cm处落下，鱼丸会弹跳两次而不破裂	5
略带绿色	具有鱼肉鲜味，有芹菜、香菜独特的味道	断面密实，无大气孔，有少量的小气孔，绿蔬菜碎末分布均匀	中指用力压鱼丸，凹陷而不破裂，放手则恢复原状，在桌上30~35cm处落下，鱼丸会弹跳两次而不破裂	4
较绿	鱼肉鲜味较淡，略有轻微的芹菜、香菜的味道	断面基本密实，无大气孔，有少量的小孔，绿蔬菜碎末分布较均匀	中指用力压鱼丸，凹陷而不破裂，放手不能完全恢复原状，在桌上30~35cm处落下，鱼丸跳跃一次而不破裂	3
灰绿色	几乎无鱼肉鲜味，稍有腥味，无蔬菜味道	切面较松软，有少量不均匀小孔，绿蔬菜碎末分布不均匀	中指用力压鱼丸即破裂，在桌上30~35cm处落下，不能跳起	2
灰暗色	无蔬菜味道，鱼腥味较浓	切面呈浆状，松软无密实感，绿蔬菜碎末分布不均匀	中指用力压鱼丸即破裂，组织松散	1

2. 蔬菜鱼丸配方优化正交试验设计

根据单因素实验结果，选取慈姑添加量、玉米淀粉添加量、芹菜与香菜比例及芹菜香菜泥总添加量4个因子，各取3个水平，采用$L_9(3^4)$的正交表进行正交试验，因素水平表见表7-31所示。

表 7-31　　蔬菜鱼丸配方正交试验因素水平表

水平/因素	慈姑添加量（A）/%	玉米淀粉添加量（B）/%	芹菜与香菜比例（C）	芹菜与香菜总添加量（D）/%
1	6	4	90：10	8
2	8	6	80：20	10
3	10	8	70：30	12

六、　结果与分析

1. 单因素实验结果

结果表明：当慈姑添加量为 6%~10%，玉米淀粉添加量为 4%~8%，芹菜和香菜的比例为 90：10、80：20、70：30，芹菜与香菜总添加量为 8%~12%。

2. 正交试验结果

正交试验结果填入表 7-32 中，分析各因素对蔬菜鱼丸品质的影响、最优组合、验证实验等。

表 7-32　　蔬菜鱼丸正交试验结果

实验号	因素				感官评分
	慈姑添加量（A）/%	玉米淀粉添加量（B）/%	芹菜与香菜比例（C）	芹菜与香菜总添加量（D）/%	
1					
2					
3					
4					
5					
6					
7					
8					
9					
K_1					
K_2					
K_3					
k_1					
k_2					
k_3					
R					

七、思考题

1. 鱼丸中添加蔬菜对鱼丸的营养价值有什么影响？
2. 蔬菜鱼丸的感官质量从哪几个方面进行评价？如何进行评价？

实验三　乳品加工工艺优化及产品开发实验及实例

一、实验目的

本实验旨在培养创新意识和创新精神；提高分析问题和解决问题的综合能力。

二、项目选择

乳品加工综合设计性实验可选项目：

(1) 乳的采样和样品预处理。

(2) 乳与乳制品的感官评定。

(3) 乳与乳制品的理化检验。

(4) 乳与乳制品的微生物检验。

(5) 巴氏杀菌乳的加工。

(6) 酸奶的加工。

(7) 花色乳饮料的加工。

(8) 冰淇淋的加工。

(9) 干酪的加工。

(10) 乳粉的加工。

根据自己的兴趣、爱好和知识水平，对实验项目进行筛选，确定主攻方向；在查找资料并充分酝酿之后，选择其中一个或多个项目进行设计。

三、实验方案

在选定设计性实验项目后，要求根据项目任务充分查阅相关资料，自行推证有关理论，确定实验方法，选择配套仪器设备，设计好实验步骤和数据处理方法。然后，用实验报告专用纸把以上的过程用书面形式表达清楚。

四、实验实施方案论证

采取集中讨论的方式进行：

1. 陈述方案

每组派一名代表陈述本组的实验方案，注意突出自己方案的优势和创新点。

2. 讨论

大家对该组的实验方案进行分组讨论，指出该方案存在的问题和实施中可能遇到的困难，并尽可能提出自己的解决办法。

3. 总结

指导老师对陈述的方案和讨论的情况进行总结，并提出方案的修改意见。

4. 修改

每小组根据讨论中存在的问题，修改自己的方案，并经指导老师同意后，最终确定自己的实验方案。

五、 实施方案

根据自己设计的实验方案，在实验室进行具体的实验操作，注意仪器设备的正确使用以及人员的合理分工。

六、 撰写实验报告

完成设计性实验操作后，要在设计性实验方案后补充数据处理部分内容及相应的讨论，形成一份完整的设计性实验报告，并于规定的时间内上交报告。

以下实例可供参考。

实例一 苹果奶酪加工工艺优化及产品开发实验

一、 实验目的

了解并掌握苹果奶酪加工的基本原理及方法，掌握苹果奶酪的制作工艺，学习运用正交试验方法进行实验设计并分析实验结果，掌握工艺学制作实验的基本操作技能。

二、 实验原理

奶酪是指将牛乳、脱脂乳或部分脱脂乳，或以上乳的混合物凝乳并排出乳清后所得到的新鲜或成熟的乳制品，是一种营养丰富的新鲜或发酵乳制品，奶酪中含有非常丰富的脂肪、蛋白质、钙等营养成分。然而，由于口味及饮食习惯的差异，国人对奶酪制品的接受率偏低，导致干酪消费长期处于较低的水平，因此研究适合中国人口味的奶酪产品十分有意义。本实验将苹果与牛乳复合研制果味奶酪，其在满足口味需要的同时，也增加了产品的营养价值。

三、 实验材料及仪器

1. 实验材料

纯牛乳、红富士苹果、氯化钙、凝乳酶等。

2. 实验仪器

电热恒温培养箱、冰箱、均质机、电磁炉、电子天平、电热恒温水浴锅等。

四、 工艺流程及操作要点

1. 工艺流程

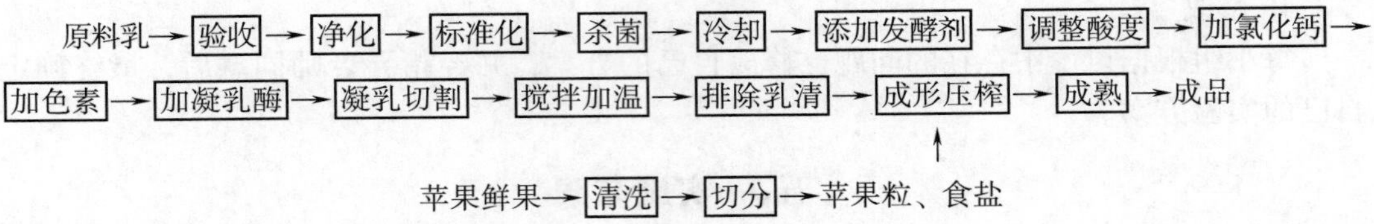

原料乳→验收→净化→标准化→杀菌→冷却→添加发酵剂→调整酸度→加氯化钙→加色素→加凝乳酶→凝乳切割→搅拌加温→排除乳清→成形压榨→成熟→成品

（成形压榨↑：苹果鲜果→清洗→切分→苹果粒、食盐）

2. 操作要点

（1）苹果预处理　选择新鲜、成熟度适中、香气怡人、色泽鲜红、汁多、饱满的红富士苹果，用清水洗去果实表面污物，去皮、核后切成 0.3～0.4cm^{3}的丁状，再置于20℃的含 0.2%抗坏血酸钠的清水中护色 30min。

（2）苹果奶酪的制作　新鲜优质牛乳水浴加热至 63℃杀菌 30min 之后，冷却至35℃添加 3%的发酵剂，在 30～32℃条件下发酵 30min 后，再用 1mol/L 的 HCl 调酸度至0.20%～0.22%。将 100g/L 的氯化钙溶液加入到混合乳中。然后加入 0.006%的凝乳酶（酶活力为 3×10^4 U）后于32℃的温度下静置40min 左右凝乳。当形成凝乳后，用干酪刀切成 0.7～1.0cm^{3}的丁状，再缓慢搅拌并升温排除乳清。排除乳清的干酪粒堆积于干酪槽的一端，以增加干酪粒的硬度。堆积后的干酪粒中加入一定量的苹果粒、2.0%的食盐搅拌均匀后，装入模具中，用压榨机压榨成形后，于 9～13℃、湿度 85%的条件下成熟 2个月即为成品。

五、 实验设计

1. 单因素实验

利用单因素实验分别考察氯化钙添加量（牛乳的质量分数）（0.018%、0.019%、0.020%、0.021%、0.022%），乳清 pH（6.0、5.9、5.8、5.7、5.6）、苹果粒添加量（奶酪粒的质量分数）（2%、3%、4%、5%、6%）和成熟温度（9℃、10℃、11℃、12℃、13℃）对苹果奶酪感官品质的影响，感官评价标准见表 7-33 所示。

表 7-33　苹果奶酪感官评分标准

项目	评分标准	得分
色泽（20 分）	色泽均匀一致，有光泽，呈淡黄色	16～20
	色泽较均一，略有光泽，稍带黄色	11～15
	色泽不均匀，无光泽	0～10
风味（30 分）	有浓郁的苹果清香及纯正的酸奶味，无任何异味	21～30
	苹果果味及乳香味不明显，无明显异味	11～20
	苹果果味平淡，乳香味极不明显，有不良味道	0～10
口感（20 分）	口感细腻柔和，黏度适中	16～20
	口感较细腻，黏度稍高或稍低	11～15
	口感较粗糙，黏度过高或过低	0～10

续表

项目	评分标准	得分
组织状态（30分）	质地均匀，组织细腻	21~30
	质地较均匀，组织较细腻	11~20
	质地不均匀，组织粗糙	0~10

2. 苹果奶酪正交试验

结合单因素实验结果，以氯化钙的添加量、苹果粒的添加量、乳清 pH、成熟温度为因素，通过 $L_9(3^4)$ 正交试验和感官评定，优化产品的最佳配方。试验因素水平表如 7-34 所示。

表 7-34　苹果奶酪正交试验因素水平表

水平	因素			
	氯化钙添加量（A）/%	苹果粒添加量（B）/%	乳清 pH（C）	成熟温度（D）/℃
1	0.019	3	5.8	10
2	0.020	4	5.9	11
3	0.021	5	6.0	12

六、结果与分析

1. 单因素实验结果

结果表明：当氯化钙添加量为 0.02%，排除乳清时的 pH 为 5.9，苹果粒添加量为 4%，成熟温度为 11℃时，产品的各项感官品质指标较高，产品质量较好。

2. 正交试验结果

正交试验结果填入表 7-35 中，分析影响苹果奶酪的主要因素、最佳组合、验证实验等。

表 7-35　苹果奶酪正交试验结果

实验号	因素				感官评分
	氯化钙添加量（A）/%	苹果粒添加量（B）/%	乳清 pH（C）	成熟温度（D）/℃	
1					
2					
3					
4					
5					
6					
7					

续表

实验号	因素				感官评分
	氯化钙添加量（*A*）/%	苹果粒添加量（*B*）/%	乳清 pH（*C*）	成熟温度（*D*）/℃	
8					
9					
K_1					
K_2					
K_3					
k_1					
k_2					
k_3					
R					

七、 思考题

1. 奶酪凝乳的原理是什么？
2. 影响苹果奶酪感官质量的因素有哪些？

实例二　凝固型核桃酸奶加工工艺优化及产品开发实验

一、 实验目的

了解并掌握凝固型核桃酸奶加工的基本原理及方法，掌握凝固型核桃酸奶的制作工艺；学习运用正交试验设计方法进行实验设计并分析实验结果，掌握工艺学制作实验的基本操作技能。

二、 实验原理

酸奶是以牛乳或复原乳为主要原料，添加或不添加辅料，使用含有保加利亚乳杆菌、嗜热链球菌的菌种发酵制成的乳制品。酸奶的营养成分更完善、更易消化吸收，且酸奶中还含有细胞壁外多糖、矿物质、芳香物质、呈味物质等，具有营养丰富、调节肠道微生态、促进人体健康等重要作用。本实验以核桃、牛乳、白砂糖为主要原料，经乳酸发酵制成一种营养丰富、风味独特、价格合适、饮用方便的凝固型核桃酸奶。通过发酵不但增加了核桃的营养价值，而且改善了核桃的风味与滋味，同时促进了营养素的消化、吸收、利用。

三、 实验材料及仪器

1. 实验材料

核桃、脱脂乳粉、保加利亚乳杆菌、嗜热链球菌、白砂糖、海藻酸钠、碳酸氢钠等。

2. 实验仪器

生化培养箱、超净工作台、冰箱、电子天平、恒温水浴锅、酸度计、高压杀菌锅。

四、 工艺流程及操作要点

1. 工艺流程

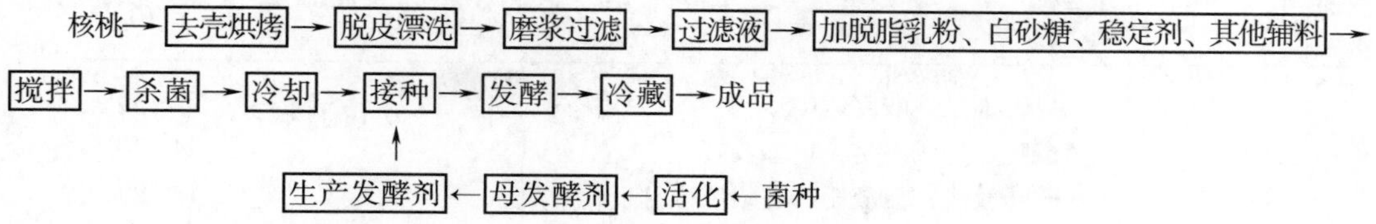

核桃→去壳烘烤→脱皮漂洗→磨浆过滤→过滤液→加脱脂乳粉、白砂糖、稳定剂、其他辅料→搅拌→杀菌→冷却→接种→发酵→冷藏→成品

↑

生产发酵剂←母发酵剂←活化←菌种

2. 操作要点

（1）核桃浆的制备　使用新鲜、干燥、无虫害、无夹杂物的核桃，将挑选好的核桃仁置于90℃的烘箱中烘烤30~50min使核桃呈现焦香气，核桃仁呈暗红色，去除生、异味核桃仁。将核桃仁置于7%的$NaHCO_3$溶液中，煮沸15min，除去核桃仁上的褐色皮层，用碾钵磨浆，加入3倍于核桃仁质量的水。浆液用200目的筛网过滤，得核桃浆。

（2）发酵剂的制备　将脱脂乳粉复原为12%的脱脂乳和核桃浆分别装在带棉塞的大试管中，108℃灭菌15min，冷却至40℃左右，分别接种保加利亚乳杆菌和嗜热链球菌，40℃培养1d，至凝固良好，制得试管菌种，再转接2次。最后分别转接至同种配方的三角瓶（250mL的三角瓶，108℃，15min灭菌）中。发酵至凝固良好，即制得发酵菌种。

（3）物料混合　白砂糖与稳定剂海藻酸钠混合后，加适量热水搅拌制成糖浆，将脱脂乳粉溶解到核桃浆中后加入已制成的糖浆中，将料液充分搅拌均匀，60℃均质。

（4）杀菌　将混合液置于90℃的恒温水浴箱中加热30min，杀死其中的微生物。

（5）接种　混合菌种组合为保加利亚乳杆菌：嗜热链球菌为1：1，混合均匀。灭菌后的混合液冷却至40℃，在超净工作台下按实验所需量接种生产发酵剂。

（6）培养　40℃培养发酵至出现凝块，酸度达到65°T终止培养。

（7）冷藏　将发酵凝固的酸奶置于4~10℃的冷库中保藏24h，得成品。

五、 实验设计

1. 单因素实验

利用单因素实验分别考察海藻酸钠添加量（0%、0.1%、0.2%、0.3%），白砂糖添加量（1%、3%、5%、7%、9%、11%、13%）对核桃酸奶感官品质的影响，感官评价标准见表7-36。

表7-36　核桃酸奶感官评分标准

项目	评分标准	得分
组织状态（30分）	乳白色或微黄的凝乳，质地均匀，无气泡，无分层	27~30
	浅黄色的凝乳，有少量的气泡	24~26
	色泽不均且较深	18~23
	无凝块，成糊状，颜色灰暗	<18

续表

项目	评分标准	得分
乳清析出情况（20 分）	无乳清析出	18~20
	乳清析出较少	15~17
	乳清析出较多且有分层	10~14
	浑浊分层	<10
口感（30 分）	口感细腻，酸度适中	27~30
	酸味过量或不足，口感较好	24~26
	酸味较浅，无酸奶特有的风味	18~23
	无酸味，口感粗糙	<18
风味（20 分）	有核桃清香和奶香味，无不良气味	18~20
	香味稍淡，无异味	15~17
	无核桃香味或奶香味	10~14
	有异味	<10

2. 正交试验

结合单因素实验结果，以接种量、白砂糖添加量、乳粉添加量、核桃浆含量为因素，通过 $L_9(3^4)$ 正交试验和感官评定，优化核桃酸奶的最佳配方。试验因素水平表如 7-37 所示。

表 7-37　核桃酸奶正交试验因素水平表

水平	因素			
	接种量（A）/%	白砂糖添加量（B）/%	乳粉添加量（C）/%	核桃浆含量（D）/%
1	3	6	5	3
2	5	7	7	5
3	7	8	9	7

六、结果与分析

1. 单因素实验结果

结果表明：当稳定剂为 0.2%，白砂糖为 7%时，产品感官品质指标较高，质量较好。

2. 正交试验结果

试验结果填入表 7-38 中。分析影响核桃酸奶的因素顺序、最佳工艺条件、验证实验等。

表 7-38　　核桃酸奶正交试验结果

实验号	因素				感官评分
	接种量（A）/%	白砂糖添加量（B）/%	奶粉添加量（C）/%	核桃浆含量（D）/%	
1					
2					
3					
4					
5					
6					
7					
8					
9					
k_1					
k_2					
k_3					
R					

七、思考题

1. 凝固型酸奶和搅拌型酸奶在工艺上有什么区别？
2. 核桃乳酸奶的感官质量从哪几个方面进行评价？如何进行评价？

实例三　柠檬蛋奶布丁加工工艺优化及产品开发实验

一、实验目的

了解并掌握柠檬蛋奶布丁的基本原理及方法；掌握柠檬蛋奶布丁的制作工艺；学习运用正交试验方法进行实验设计并分析实验结果；掌握工艺学制作实验的基本操作技能。

二、实验原理

布丁是由鲜奶油、牛乳、鸡蛋或面粉等原料加工而成，其组织状态类似于果冻，但营养价值较果冻高，其最大特点是柔软适口、香甜爽滑、嫩滑香浓，已经成为一种老少皆宜的日常甜点。随着人们生活水平的提高，人们对布丁品种的多样性也提出了更高的要求。本实验以柠檬等为原料开发一种新型的风味独特的柠檬蛋奶布丁。

三、 实验材料及仪器

1. 实验材料

新鲜鸡蛋、牛乳、炼乳、柠檬、黄原胶等。

2. 实验仪器

电子秤、电磁炉、烘烤炉、物性测定仪等。

四、 工艺流程及操作要点

1. 基础配方

120g 牛乳、35g 鸡蛋、15g 炼乳、1. 5g 柠檬汁、0. 15g 黄原胶。

2. 制作方法

牛乳加入黄原胶加热至沸而不滚，备用。鸡蛋打散，滴入柠檬汁，将备用的牛乳倒入鸡蛋中，搅拌均匀，即为布丁液。将制好的布丁液用滤网过滤至容器中，放入预热至165℃的烤箱中，烤制 1h 取出即可食用。

五、 实验设计

1. 单因素实验

在基础配方中，考察鸡蛋添加量（35g、50g、65g、80g、95g），炼乳添加量（10g、15g、20g、25g、30g），柠檬汁添加量（0. 5g、1. 5g、2. 5g、3. 5g、4. 5g）等因素对布丁品质的影响，柠檬蛋奶布丁感官评分标准见表 7-39。

表 7-39 柠檬蛋奶布丁感官评分标准

项目	评分标准	得分
口感（30 分）	口感嫩滑，香甜，无异味	21~30
	口感稍硬，有较淡涩味，稍有蛋腥味	11~20
	口感粗糙，甜味重或不足，涩味较重，蛋腥味明显	0~10
组织结构（20 分）	内部无气孔，组织细密	14~20
	内部有较少气孔	7~13
	内部气孔较多，组织结构粗糙	0~6
外观（30 分）	色泽金黄	21~30
	色泽嫩黄或淡黄	11~20
	色泽浅黄且发白	0~10
风味（20 分）	有丰富的乳香味，柠檬味适宜，无异味	14~20
	有轻微蛋腥味、有较好的乳香味和柠檬酸味	7~13
	蛋腥味明显，乳香味、柠檬酸不足或过重	0~6

2. 正交试验设计

结合单因素实验结果，以鸡蛋添加量、炼乳添加量和柠檬酸添加量为因素，通过 L_9（3^4）正交试验和感官评定，优化柠檬蛋奶布丁的配方。试验因素水平表见表 7-40 所示。

表 7-40　　柠檬蛋奶布丁正交试验因素水平表

水平	因素		
	鸡蛋添加量（A）/g	炼乳添加量（B）/g	柠檬汁添加量（C）/g
1	45	12	2.0
2	50	15	2.5
3	55	18	3.0

六、结果与分析

1. 单因素实验结果

结果表明：当鸡蛋添加量 50g，炼乳添加量 15g，产品的各项感官品质指标较高，产品质量较好。

2. 正交试验结果

正交试验结果填入表 7-41 中。分析影响柠檬蛋奶布丁感官品质的因素主次顺序、最优组合、验证实验等。

表 7-41　　柠檬蛋奶布丁正交试验结果

实验号	因素			感官评分
	鸡蛋添加量（A）/g	炼乳添加量（B）/g	柠檬汁添加量（C）/g	
1				
2				
3				
4				
5				
6				
7				
8				
9				
k_1				
k_2				
k_3				
R				

七、思考题

1. 简述蛋奶布丁的制作方法？
2. 柠檬蛋奶布丁的感官质量从哪几个方面进行评价？如何进行评价？

实验四　蛋制品加工工艺优化及产品开发实验及实例

一、 实验目的

本实验旨在培养创新意识和创新精神；提高分析问题和解决问题的综合能力。

二、 项目选择

蛋制品加工综合设计性实验可选项目：

（1）禽蛋的构造和物理性状测定。

（2）禽蛋的新鲜度和品质检验。

（3）无铅皮蛋加工及品质分析。

（4）腌制蛋制品加工及品质分析。

（5）再制蛋制品加工及品质分析。

根据自己的兴趣、爱好和知识水平，对实验项目进行筛选，确定主攻方向；在查找资料并充分酝酿之后，选择其中一个或多个项目进行设计。

三、 实验方案

在选定设计性实验项目后，要求根据项目任务充分查阅相关资料，自行推证有关理论，确定实验方法，选择配套仪器设备，设计好实验步骤和数据处理方法。然后，用实验报告专用纸把以上的过程用书面形式表达清楚。

四、 实验实施方案论证

采取集中讨论的方式进行：

1. 陈述方案

每组派一名代表陈述本组的实验方案，注意突出自己方案的优势和创新点。

2. 讨论

大家对该组的实验方案进行分组讨论，指出该方案存在的问题和实施中可能遇到的困难，并尽可能提出自己的解决办法。

3. 总结

指导老师对陈述的方案和讨论的情况进行总结，并提出方案的修改意见。

4. 修改

每小组根据讨论中存在的问题，修改自己的方案，并经指导老师同意后，最终确定自己的实验方案。

五、 实施方案

根据自己设计的实验方案，在实验室进行具体的实验操作，注意仪器设备的正确使用以及人员的合理分工。

六、 撰写实验报告

完成设计性实验操作后，要在设计性实验方案后补充数据处理部分内容及相应的讨论，形成一份完整的设计性实验报告，并于规定的时间内上交报告。

以下实例可供参考。

实例一　香卤蛋加工工艺优化及产品开发实验

一、 实验目的

了解并掌握香卤蛋加工的基本原理及方法，掌握香卤蛋的制作工艺，学习运用正交试验方法进行试验设计并分析试验结果，掌握工艺学制作实验的基本操作技能。

二、 实验原理

卤蛋是鸡蛋经预煮、卤制等工艺而制成的熟制蛋。卤蛋不仅基本保持了鸡蛋的营养价值，而且具有独特的酱卤香味，携带方便，食用快捷，是备受广大消费者青睐的休闲旅游食品。但传统的卤蛋加工多属于家庭作坊式生产，采用常压卤制，凭经验控制工艺指标和产品品质，存在卤制时间长、入味不充分、产品质量不稳定、产品货架期短等缺陷。

三、 实验材料及仪器

1. 实验材料

鲜鸡蛋、糖、食盐、酱油、桂皮、山柰、八角、生姜、白芷、陈皮、花椒、草果、小茴香等。

2. 实验仪器

电热恒温培养箱、冰箱、均质机、电磁炉、电子天平、电热恒温水浴锅等。

四、 工艺流程及操作要点

1. 工艺流程

各种香辛料→加水煮制→卤液

↓

鲜鸡蛋→挑选→清洗→预煮→冷却→去壳→卤制→浸渍（10~25℃）→捞出沥干→真空包装（0.095MPa）→杀菌→保藏→成品

2. 香辛料配方

40g 桂皮、40g 白芷、35g 八角、25g 山柰、15g 陈皮、15g 花椒、15g 草果、15g 小茴香、80g 生姜。

五、 实验设计

1. 单因素实验

鸡蛋在不同的温度下（65℃、75℃、85℃、95℃）预煮 10min；卤制方法采用常压卤制和真空卤制，卤制温度控制在 90±5℃，真空卤制时压力控制在 0.090~0.095MPa 下，分别卤制数小时（1h、2h、3h、4h），使鸡蛋达到最佳的香味即可。依照表 7-42 对香卤蛋进行感官评定。

表 7-42　　香卤蛋感官评分标准

项目	评分标准
颜色（10分）	一级（7~10分）蛋白表面红褐色，内部褐色分布均匀，蛋黄黄 二级（4~6分）蛋白表面褐色，内部褐色但分布不均，蛋黄黄色 三级（1~3分）蛋白表面及内部颜色分布不均或不明显，蛋黄黄色
香味（20分）	一级（16~20分）有熟蛋香气，并有明显的酱卤香气 二级（11~15分）有熟蛋香气，但酱卤香气不明显 三级（1~10分）有熟蛋香气，无酱香，或有其他异味
光泽（10分）	一级（7~10分）蛋白表面亮泽 二级（4~6分）蛋白表面亮度不明显 三级（1~3分）蛋白表面稍暗无光
滋味（30分）	一级（21~30分）味感厚重，持久，咸味分布均匀 二级（11~20分）稍感单薄，咸味分布均匀 三级（1~10分）厚重、持久性差，咸味分布不均
质地（30分）	一级（21~30分）蛋白表面光滑、完整，无凹凸有弹性，有咬劲 二级（11~20分）蛋白表面光滑、完整，弹性稍差 三级（1~10分）蛋白表面不完整，弹性差，过硬或过软

2. 正交试验

单因素实验确定了预煮温度范围和卤制方法。但卤蛋风味还受卤制时间、盐浓度、浸渍时间等其他几个重要因素的影响。为进一步优化卤蛋加工工艺指标，因此选择真空卤制时间、浸渍时间、盐度和预煮温度四个因素，设计了 $L_9(3^4)$ 正交试验。试验因素与水平见表 7-43 所示。

表 7-43　　香卤蛋加工工艺正交试验因素水平表

水平	因素			
	真空卤制时间（A）/h	浸渍时间（B）/h	盐度（C）/%	预煮温度（D）/℃
1	1	24	1.5	75
2	2	36	2.0	85
3	3	48	2.5	95

六、 结果与分析

1. 单因素实验结果

结果表明：85℃时预煮，蛋白完全凝固，蛋黄呈半流动状态，符合卤蛋加工需要。相同卤制时间下，抽真空卤制的鸡蛋感官品评得分明显高于常压煮制，选择真空卤制方法。

2. 正交试验结果

正交试验结果填入表7-44中，分析各因素对卤蛋的影响顺序、最优组合、验证实验等。

表7-44 香卤蛋加工工艺正交试验结果

实验号	因素				感官评分
	真空卤制时间（A）/h	浸渍时间（B）/h	盐度（C）/%	预煮温度（D）/℃	
1					
2					
3					
4					
5					
6					
7					
8					
9					
k_1					
k_2					
k_3					
R					

七、思考题

1. 真空卤制相对于常压卤制的优点是什么？
2. 香卤蛋的感官质量从哪几个方面进行评价？如何进行评价？

实例二 风味鹌鹑蛋加工工艺优化及产品开发实验

一、实验目的

了解并掌握风味鹌鹑蛋的基本原理及方法；掌握风味鹌鹑蛋的制作工艺；学习运用正交试验方法进行实验设计并分析实验结果；掌握工艺学制作实验的基本操作技能。

二、实验原理

鹌鹑蛋大多以直接烹调食用为主，目前仅有少量五香鹌鹑蛋罐头和鹌鹑皮蛋等产品，缺乏深度开发利用。风味鹌鹑蛋是经卤料煮制、烘干、真空包装、杀菌等工艺加工而成的。本实验在传统加工工艺的基础上，采用新的调味料，在一定条件下进行烘烤，研制具有琥珀色、光亮和浓郁烧烤香味的鹌鹑蛋新产品。

三、 实验材料及仪器

1. 实验材料

鹌鹑蛋、白糖、姜、焦糖色素、盐、八角、桂皮、丁香、花椒、茴香、香叶、草果、甘草、酱油、味精、黄酒、植物油等。

2. 实验仪器

热风干燥箱、微波干燥箱、蛋检验设备、蛋清洗设备、电磁炉等。

四、 工艺流程及操作要点

1. 工艺流程

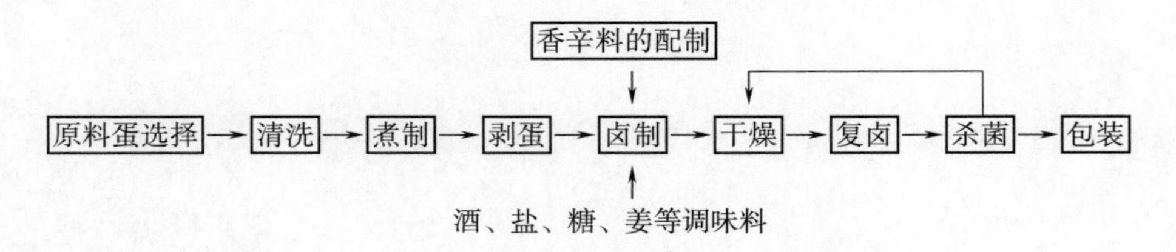

2. 固定调味包配方

八角 0.4%、桂皮 0.4%、丁香 0.2%、花椒 0.4%、茴香 0.3%、香叶 0.4%、草果 0.2%、甘草 0.3%、酱油 2.0%、味精 2.0%、黄酒 10%、油 5%。

五、 实验设计

1. 卤料配方正交试验

通过前期单因素实验得到较好的添加量为白糖 6%、姜 20%、焦糖色素 0.75%、盐 2%，在此基础上设计 $L_9(3^4)$ 正交试验，以风味鹌鹑卤蛋的感官综合评分（表 7-45）为考察结果，优化风味鹌鹑蛋卤料配方。因素水平表见表 7-46 所示。

表 7-45　　风味鹌鹑蛋感官评分标准

项目	评分标准	评分
滋味（30 分）	卤蛋特有的滋味，味感醇厚，持久，均匀，甜鲜适口	21~30
	滋味基本协调，味感较持久，均匀，甜鲜基本适口	11~20
	滋味不协调，味感严重不均匀，保留时间短，甜鲜严重偏离	0~10
质地（30 分）	蛋白均匀凝固，弹性好，有咬劲，滑爽，不黏，口感好	21~30
	蛋白均匀凝固，弹性好，有咬劲，滑爽，不黏，口感较好	11~20
	蛋白质凝固不均匀，无弹性，严重偏软或偏硬，蛋黄黏牙，口感差	0~10
香味（20 分）	卤香味浓郁，和谐，丰满，无刺激味	16~20
	卤香味基本和谐，丰满，无明显刺激味	9~15
	卤香味严重不和谐，刺激味重	0~8

续表

项目	评分标准	评分
颜色（10分）	蛋白表面，剖面皆呈棕褐色，均匀，蛋黄黄色自然	8~10
	蛋白表面，剖面皆呈棕褐色，不均匀，蛋黄黄色自然	5~7
	蛋白表面，剖面颜色皆过淡，不均匀，蛋黄黄色自然	0~4
光泽（10分）	蛋白表面及剖面光滑，亮泽，蛋黄油亮	8~10
	蛋白表面及剖面光滑，亮泽，蛋黄稍油亮	5~7
	蛋白表面及剖面灰暗，不亮泽，蛋黄不油亮	0~4

表 7-46　　风味鹌鹑蛋卤料配方试验因素水平表

水平	因素			
	白糖添加量（*A*）/%	姜添加量（*B*）/%	焦糖色素添加量（*C*）/%	盐添加量（*D*）/%
1	5	18	0.70	1.8
2	6	20	0.75	2.0
3	7	22	0.80	2.2

2. 卤制工艺正交试验

卤制次数对卤蛋色泽（蛋白和蛋黄色度值）、硬度等有影响，不同干燥条件对产品质构（失重率、硬度、弹性和咀嚼度）也有影响，因此以卤制次数、卤制时间、热风干燥时间和微波干燥时间为研究对象，设计 $L_9(3^4)$ 正交试验，以风味鹌鹑蛋的感官综合评分为考察结果确定最佳卤制工艺。因素水平表见表 7-47。

表 7-47　　风味鹌鹑蛋卤制工艺试验因素水平表

水平	因素			
	卤制次数（*A*）	卤制时间（*B*）/min	热风干燥时间（*C*）/min	微波干燥时间（*D*）/min
1	4	10	0	0
2	6	18	45	2
3	6	26	60	4

六、　结果与分析

卤料配方和卤制工艺正交试验结果填入表 7-48 和表 7-49 中，分析影响产品感官综合评分的因素主次顺序、最优组合以及验证实验结果。

表 7-48 风味鹌鹑蛋卤料配方正交试验结果

水平	因素				感官评分
	白糖添加量（A）/%	姜添加量（B）/%	焦糖色素添加量（C）/%	盐添加量（D）/%	
1					
2					
3					
4					
5					
6					
7					
8					
9					
k_1					
k_2					
k_3					
R					

表 7-49 风味鹌鹑蛋卤制工艺正交试验结果

试验号	因素				感官评分
	卤制次数（A）	卤制时间（B）/min	热风干燥时间（C）/min	微波干燥时间（D）/min	
1					
2					
3					
4					
5					
6					
7					
8					
9					
k_1					
k_2					
k_3					
R					

七、 思考题

1. 风味鹌鹑蛋的感官质量从哪几个方面进行评价？如何进行评价？
2. 比较烤鹌鹑蛋与烤鸡蛋的不同。

实例三　鸡皮蛋加工工艺优化及产品开发实验

一、 实验目的

了解并掌握鸡皮蛋加工的基本原理及方法；掌握风味鸡皮蛋的制作工艺；学习运用响应曲面实验设计方法进行实验设计并分析结果；掌握工艺学实验的基本操作技能。

二、 实验原理

皮蛋又称松花蛋，是采用禽蛋为原料，在碱性环境并搭配其他调味原料腌制加工而成的蛋制品。皮蛋因食法简单、清凉、耐贮藏而深受消费者喜爱。传统皮蛋主要以鸭蛋为原料进行加工，与鸭蛋相比，鸡蛋有体积较小、蛋壳相对较薄的特点，腌制中可以减少因周期过长而影响产品颜色的问题。本实验以鸡蛋为原料，NaOH 溶液为腌制液，采用“锌法”腌制技术，通过响应曲面实验法优化鸡皮蛋加工工艺。

三、 实验材料及仪器

1. 实验材料

鲜鸡蛋、肉豆蔻、八角、花椒、小茴香、桂皮、白芷、山柰、丁香、砂仁、食盐、氢氧化钠、七水合硫酸锌（$ZnSO_4 \cdot 7H_2O$）、硝酸银、铬酸钾、盐酸等。

2. 实验仪器

匀浆机、电磁炉、pH 计、恒温水浴锅等。

四、 工艺流程及操作要点

1. 工艺流程

原料检验与清洗→腌制液配制→恒温腌制→抽检→出缸及清洗

2. 操作要点

（1）原料检验与清洗　从市场购得新鲜鸡蛋，通过照蛋逐个灯检，剔出不宜加工的异形蛋、散黄蛋、陈腐异味蛋、破壳蛋以及裂纹蛋，挑选出优良鸡蛋作为本实验的原料，凉开水洗净，晾干待用。

（2）腌制液的配制　将适量香辛料（肉豆蔻、八角、花椒、小茴香、桂皮、白芷、山柰、丁香、砂仁）按配比加水煮沸约 30min，取料液冷却至室温，然后依次加入食盐、NaOH、0.03% $ZnSO_4 \cdot 7H_2O$ 搅拌溶解，冷却备用。

（3）腌制　将经过筛选的原料放入塑料缸内，加入料液并防止原料蛋上浮；将料液搅拌均匀，徐徐倒入塑料桶中，直至将蛋全部淹没，用塑料膜封住桶口，控制条件温度为（22±2）℃。

（4）抽检　浸泡后每隔 5d 以及出缸前对蛋的成熟进程和浸泡质量进行检查测定。

随机抽样，观察蛋黄、蛋白变化情况。

（5）出缸及清洗　腌制一段时间后出缸，用40℃左右的凉开水将皮蛋逐个洗净并置于室温下晾干备用。

五、 实验设计

1. 单因素实验设计

固定腌制时间 25d、食盐添加量 5.0%、$ZnSO_4 \cdot 7H_2O$ 添加量 0.03%、腌制温度 22℃的前提下，NaOH 添加量分别为 1.5%、2.5%、3.5%、4.5%、5.5%；在固定腌制时间 25d、NaOH 添加量 4.0%、$ZnSO_4 \cdot 7H_2O$ 添加量 0.03%、腌制温度 22℃的前提下，食盐添加量分别为 4.0%、5.0%、6.0%、7.0%、8.0%（以水计）；于腌制 20d 时分别测定产品中蛋白和蛋黄中的游离碱度和 NaCl 含量，并测定产品的感官评分。在固定食盐添加量 5.0%、NaOH 添加量 4.0%、$ZnSO_4 \cdot 7H_2O$ 添加量 0.03%、腌制温度 22℃的前提下，腌制时间分别为 15、20、25、30、35、40d 时，分别测定产品蛋白和蛋黄中的游离碱度和 NaCl 含量，并对产品进行感官评分。感官评分标准见表 7-50 所示。

表 7-50　鸡皮蛋感官评分标准

类别	评分标准	评分	类别	评分标准	评分
咸味	适宜、爽口	9~10	离壳	容易离壳，无黏壳现象	8~10
	偏咸或偏淡	6~8		只有少部分黏壳	5~7
	较淡或明显齁咸	3~5		较难离壳，大面积黏壳	2~4
	难以接受	0~2		黏壳现象严重	0~1
滋味	正常、无异味	17~20	质地	弹性、手感适中	8~10
	碱味较重	12~16		偏硬或偏软	5~7
	碱味严重，并有异味	6~11		弹性很大或松软无形	2~4
	异味较重、难以接受	0~5		干燥硬实或变质	0~1
气味	无刺鼻碱味、有香味	16~20	总体可接受度	品质很好	8~10
	略有刺鼻碱味	11~15		略有瑕疵、但可以接受	6~7
	碱味严重，影响风味	6~10		品质较差，难以食用	4~5
	有蛋变质等异味	0~5		不可接受	0~3
色泽	浅黄色透明	16~20	总分	综合咸味、滋味、气味、质地、离壳、色泽、总体可接受度得分	
	暗黄色半透明	1~15			
	暗红色不透明	6~10			
	黑色不透明	0~5			

2. 响应曲面实验设计

以腌制时间、食盐添加量和 NaOH 添加量为因素（以 A、B、C 表示），以皮蛋总体感官、蛋白和蛋黄中游离碱度和 NaCl 含量为响应值，设计响应曲面实验。实验因子水平设计见表 7-51 所示。

表 7-51 鸡皮蛋响应曲面设计因素水平编码表

自变量因素	编码及水平		
	-1	0	1
腌制时间（*A*）/d	18	25	32
食盐添加量（*B*）/%	4.0	5.5	7.0
NaOH 添加量（*C*）/%	2.8	3.5	4.2

六、 结果与分析

1. 单因素实验结果

综合在不同实验因素条件下产品的碱度、盐分和感官评定，各因素的取值范围分别为腌制时间 18~32d，食盐添加量 4.0%~7.0%，NaOH 添加量 2.8%~4.2%。

2. 响应曲面实验结果

响应曲面实验结果填入表 7-52 和表 7-53 中，分析各因素对皮蛋感官的影响，数据进行回归分析，建立感官评分的回归方程，并通过回归模型的失拟性、显著性以及决定系数和信噪比等综合评定回归模型。以皮蛋的总体感官指标最大值为响应值，以腌制时间、食盐添加量、NaOH 添加量为因素，利用软件优化回归模型，得出最佳腌制工艺。

表 7-52 响应面实验设计及结果

实验号	腌制时间（*A*）/d	食盐添加量（*B*）/%	NaOH 添加量（*C*）/min	感官评分
1				
2				
3				
4				
5				
6				
7				
8				
9				
10				
11				
12				
13				
14				
15				

表 7-53 方差分析表

来源	平方和	自由度	均方差	F 值	P 值	显著性
模型						
A						
B						
C						
AB						
AC						
BC						
A^2						
B^2						
C^2						
失拟项						
标准差						

七、 思考题

1. 用鸡蛋作为原料加工皮蛋相对于鸭蛋有什么特点？
2. 鸡皮蛋的感官质量从哪几个方面进行评价？如何进行评价？

第八章

CHAPTER 8

果蔬加工综合设计实验及实例

果蔬加工是以新鲜的果蔬为原料，经过一定的加工工艺处理，消灭或抑制果蔬中存在的有害微生物，钝化果蔬中的酶，保持或改进果蔬的食用品质，制成不同于新鲜果蔬的产品的过程。果蔬资源丰富、营养丰富、色泽艳丽，可以加工成不同种类的果蔬加工品。果蔬的种类不同，理化性质和加工特性不同。同一类果蔬，品种不同，理化性质和加工特性也有差异。因此，果蔬加工时，应根据果蔬原料的理化性质和加工特性，确定适合的加工种类。同时，也要根据不同种类加工品对原料的特殊要求，选择适合的加工原料。

实验一　水果加工工艺优化及产品开发实验及实例

一、实验目的

熟悉水果的理化性质和加工特性；掌握各类水果加工品的加工原理、制作工艺和操作要点；培养创新意识和创新精神；提高分析问题和解决问题的能力。

二、项目选择

水果加工综合设计实验可选项目：

（1）水果加工产品中二氧化硫含量测定。

（2）水果的变色和护色措施。

（3）果干的制作。

（4）水果罐头的制作。

（5）果脯的制作。

（6）果酱的制作。

（7）澄清型水果汁的制作。

（8）浑浊型水果汁的制作。

（9）水果果肉饮料的制作。

(10) 水果汁饮料的制作。

(11) 水果果醋的制作。

根据自己的兴趣、爱好和知识水平，从题目中选择，也可以自己拟定题目，征得指导教师同意，进行设计和实验。

三、实验方案

在选定设计性实验项目后，要求根据项目任务充分查阅相关文献资料，自行设计实验方案，包括技术路线、实验方法、实验步骤、数据处理方法和仪器设备选择。

四、 实验实施方案论证

采取集中讨论的方式进行：

1. 陈述方案

每组派一名代表陈述本组的实验方案，注意突出自己方案的优势和创新点。

2. 讨论

大家对该组的实验方案进行分组讨论，指出该方案存在的问题和实施中可能遇到的困难并尽可能提出自己的解决办法。

3. 总结

指导老师对学生陈述的方案和讨论的情况进行总结并提出方案的修改意见。

4. 修改

每组根据讨论中存在的问题和教师提出的修改意见，修改自己的实验方案并经指导老师同意后，最终确定自己的实验方案。

五、实施方案

根据自己设计的实验方案，在实验室进行具体的实验操作，注意仪器设备的正确使用以及人员的合理分工。

六、 撰写实验报告

完成设计性实验操作后，要在设计性实验方案后补充数据处理部分内容及相应的讨论，形成一份完整的设计性实验报告，并于规定的时间内上交报告。

以下实例可供参考。

实例一 含乳饮料加工工艺优化及产品开发实验

一、 实验目的

理解配制型含乳饮料的概念；了解并掌握配制型乳饮料配制的基本原材料与制作工艺；了解配方中各组分添加的目的及每一个工艺环节的意义；熟练掌握本实验中基本操作及产品检验的感官指标、物理指标、化学指标等；重点掌握影响配制型乳饮料质量的主要因素；学习运用正交试验方法进行实验设计；结合方差分析分析实验结果；掌握工艺学制作实验的基本操作技能。

二、 实验原理

乳饮料是以发酵或未发酵的鲜乳或乳粉、植物蛋白乳为原料，添加食品添加剂与辅料（果汁、茶、咖啡或植物提取液等）而制成的活性或者非活性饮料。配制型乳饮料与发酵型乳饮料统称为含乳饮料。配制型乳饮料不仅营养丰富，风味可口而且不需要发酵，生产工艺相对简单，在市场上很有竞争力。

由于乳饮料体系中的乳蛋白质与还原糖类会发生美拉德反应，所以加热、加糖会对乳品的营养、色泽、风味造成影响，还会产生有害的美拉德产物。乳品成分在加工中的变化往往会引起成品的质量问题，如蛋白质沉淀、脂肪上浮、味道的改变、变色及营养因子的损失等。在配制工艺中采取具体的措施可加以改善，如添加稳定剂、改变糖的种类；调整加热的温度和方式；调整均质时的压力、温度和次数等。本文以香蕉复合乳饮料为例。

三、 实验材料及仪器

1. 实验材料

香蕉、纯乳、白砂糖、山梨糖醇、卡拉胶、蔗糖脂肪酸脂、分子蒸馏单甘酯、果胶酶、抗坏血酸等。

2. 实验仪器

紫外-可见分光光度计、台式离心机、破碎机、电磁炉、电子天平、立式自动高压灭菌锅、高压均质机、杀菌锅、锟式破碎机、螺旋式压榨机、灌装机、电热夹层锅、不锈钢锅、200mL 刻度量筒等。

四、 工艺流程及操作要点

1. 香蕉复合乳饮料工艺流程

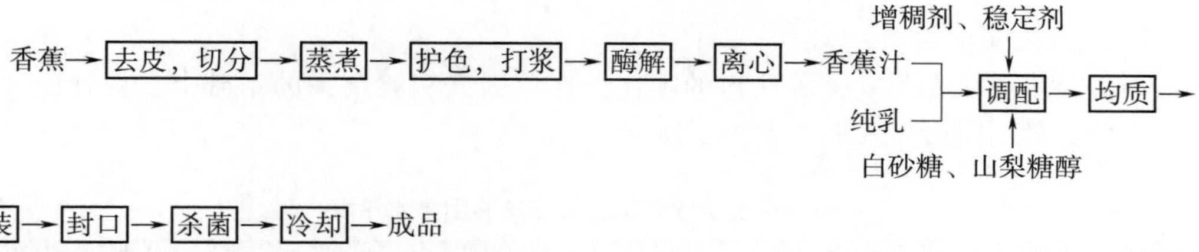

香蕉→去皮，切分→蒸煮→护色，打浆→酶解→离心→香蕉汁（与纯乳）→调配（加增稠剂、稳定剂；白砂糖、山梨糖醇）→均质→灌装→封口→杀菌→冷却→成品

2. 操作要点

（1）香蕉汁的制备　选择成熟度好、无腐烂的香蕉；去皮、迅速切成厚度 2cm 内的小块，100℃下蒸煮 10min，加入 0.05%抗坏血酸混合打浆，按果浆质量的 0.2%添加果胶酶，于 60℃下酶解 90min，4000r/min 离心 10min，取上清液。

（2）调配　首先取一定量的香蕉汁和纯乳进行混合，然后加入一定量的已经溶解好的白砂糖和山梨糖醇，再加入溶解好的复合稳定剂，搅拌使原辅料完全溶解，匀浆使原料充分混合。

（3）均质　将调配好的物料升温到 60℃，调节均质压力为 20MPa，对物料进行均质处理。

（4）罐装、灭菌　将均质好的物料趁热灌装到玻璃瓶中，封盖，在 90℃ 下灭菌 15min。灭菌完毕后经冷水浴冷却至 35℃ 以下即为成品。

五、实验设计

1. 单因素实验

通过单因素实验考察香蕉汁添加量（2%、4%、6%、8%、10%、12%），纯乳添加量（60%、65%、70%、75%、80%、85%），白砂糖添加量（2%、3%、4%、5%、6%、7%）和山梨糖醇添加量（1%、2%、3%、4%、5%、6%）等因素对香蕉复合乳饮料感官品质的影响，香蕉复合乳饮料感官评分标准见表 8-1 所示。

表 8-1　香蕉复合乳饮料感官评分标准

项目	评分标准	评分
口感（20 分）	口感醇和、细腻、柔和，甜度适中	15~20
	醇厚感偏弱，较细腻，甜度一般	8~14
	口感单薄或过重，过甜或过淡	0~7
色泽（20 分）	呈浅黄色，色泽均匀、协调	15~20
	颜色略暗，色泽较均匀、协调	8~14
	色泽暗淡，颜色不均匀、不协调	0~7
风味（30 分）	滋味协调兼具香蕉和纯乳味，风味均衡	21~30
	香蕉或纯乳味略浓或略淡，风味较均衡	11~20
	香蕉和纯乳味不足，风味不够均衡	0~10
组织状态（30 分）	质地均匀，不分层，无悬浮物	21~30
	质地均匀，略有分层、沉淀或悬浮物	11~20
	质地浑浊，有较明显的分层、沉淀、悬浮物	0~10

2. 配方正交试验

为进一步优化香蕉复合乳饮料的配比，在单因素实验结果的基础上，设计 $L_9(3^4)$ 正交试验。试验因素与水平见表 8-2 所示。

表 8-2　香蕉复合乳饮料配方正交试验因素水平表

水平	因素			
	香蕉汁添加量（*A*）/%	纯乳添加量（*B*）/%	白砂糖添加量（*C*）/%	山梨糖醇添加量（*D*）/%
1	7	70	3	3
2	8	75	4	4
3	9	80	5	5

3. 复配稳定性剂正交试验

香蕉乳饮料中蛋白质、脂肪、碳水化合物含量都比较高，在贮藏的过程中容易出现脂肪上浮、蛋白沉淀等现象，在饮料中适当添加一些稳定剂可以改善产品的品质。乳化剂及增稠剂具有协同效应，在饮料加工工艺中，复配稳定剂的效果往往要好于单一稳定剂。本实验选取对香蕉复合乳饮料稳定及乳化效果较优的卡拉胶、分子蒸馏单甘酯、蔗糖脂肪酸脂进行复配实验，以离心沉淀率作为评价指标，通过正交试验优化香蕉复合乳饮料的最佳稳定剂配比。试验因素与水平见表 8-3 所示。

表 8-3　复配稳定剂正交试验因素水平表

水平	因素		
	卡拉胶添加量（*A*）/%	分子蒸馏单甘酯添加量（*B*）/%	蔗糖脂肪酸脂添加量（*C*）/%
1	0. 03	0. 04	0. 05
2	0. 04	0. 07	0. 10
3	0. 05	0. 10	0. 15

六、 结果与分析

1. 单因素实验结果

单因素实验结果表明：香蕉汁添加量 8%、纯乳添加量 75%、白砂糖添加量 4%、山梨糖醇添加量 4%时，产品的各项感官品质指标较高，产品质量较好。

2. 正交试验结果

配方正交试验结果填入表 8-4 中，方差分析结果填入表 8-5 中。分析最佳配方、各因素对产品影响的主次顺序、各因素对产品成品的综合评分影响、验证实验以及最优配方产品特点。

表 8-4　香蕉复合乳饮料配方正交试验结果

试验号	因素				感官评分
	香蕉汁添加量（*A*）/%	纯乳添加量（*B*）/%	白砂糖添加量（*C*）/%	山梨糖醇添加量（*D*）/%	
1					
2					
3					
4					
5					
6					
7					
8					
9					

续表

试验号	因素 香蕉汁添加量（*A*）/%	 纯乳添加量（*B*）/%	 白砂糖添加量（*C*）/%	 山梨糖醇添加量（*D*）/%	感官评分
k_1					
k_2					
k_3					
R					

表 8-5　　方差分析结果表

因素	偏差平方和	自由度	*F* 比	*F* 临界值	显著性
A					
B					
C					
D					
误差					

复配稳定剂正交试验结果填入表 8-6 中，方差分析结果填入表 8-7 中。分析最佳配方、各因素对产品影响的主次顺序、各因素对产品成品的综合评分影响、验证实验及最优配方产品特点。

表 8-6　　复配稳定剂正交试验结果

试验号	因素 卡拉胶添加量（*A*）/%	 分子蒸馏单甘酯添加量（*B*）/%	 蔗糖脂肪酸脂添加量（*C*）/%	离心沉淀率/%
1				
2				
3				
4				
5				
6				
7				
8				
9				
k_1				

续表

试验号	因素			离心沉淀率/%
	卡拉胶添加量（*A*）/%	分子蒸馏单甘酯添加量（*B*）/%	蔗糖脂肪酸脂添加量（*C*）/%	
k_2				
k_3				
R				

表 8-7 方差分析

因素	偏差平方和	自由度	*F* 比	*F* 临界值	显著性
A					
B					
C					
误差					

七、 思考题

1. 乳饮料生产过程中如何保持乳饮料的稳定性？
2. 香蕉复合乳饮料的感官质量从哪几个方面进行评价？如何进行评价？

实例二 橄榄鱼糕加工工艺优化及产品开发实验

一、 实验目的

了解并掌握橄榄鱼糕加工的基本原理及方法；掌握橄榄鱼糕的制作工艺；学习运用正交试验方法进行实验设计并分析实验结果；掌握工艺学制作实验的基本操作技能。

二、 实验原理

鱼糕是鱼糜制品中的一种，是水产品加工的重要产品之一。鱼糕是以鱼为原料，经采肉、漂洗、脱水、绞肉、搅拌、调味、蒸制、冷却等工序制成的产品。鱼糕不仅味道鲜美，肉质细嫩且富有弹性，具有鲜鱼的芳香而无腥味。本实验将橄榄果肉添加到鱼糕产品中，制得一种新型的橄榄鱼糕，不仅改善了鱼糕的风味，而且强化了鱼糕的营养成分。

三、 实验材料及仪器

1. 实验材料

马鲛鱼、惠圆橄榄、复配水分保持剂、地瓜粉、肥肉、食盐、白砂糖、味精、异抗坏血酸钠、蛋清、白胡椒粉、芝麻油等。

2. 实验仪器

斩拌机、弹性仪、蒸锅、电子秤、切片机、真空包装机、急冻库等。

四、 工艺流程及操作要点

1. 工艺流程

马鲛鱼肉→漂洗→脱水→打浆（橄榄浆、辅料添加）→装盘→蒸煮→冷却→切分→速冻→真空包装→装箱→入库→成品

2. 橄榄鱼糕基础配方

100g 鱼肉、15g 橄榄浆、8g 地瓜粉、8g 肥肉、3.2g 蛋清、2.5g 白砂糖、3g 食盐、0.7g 味精、0.3g 芝麻油、0.2g 白胡椒粉、0.15g 复配水分保持剂。

3. 橄榄浆制备方法

橄榄清洗后去核，用破碎机破碎后，再用榨汁机榨成浆糊状态即可。在榨汁过程中，橄榄肉：水=1：1.5 进行榨汁并且添加 0.04%的异抗坏血酸钠护色。

五、 实验设计

1. 橄榄鱼糕单因素实验设计

在其他因素固定的条件下，以感官评定（表 8-8）和橄榄鱼糕的弹性为评价指标，研究不同辅料（橄榄浆、地瓜粉、蛋清）适宜添加范围和斩拌终温对橄榄鱼糕品质的影响。橄榄鱼糕中添加 5%、8%、11%、14%、17%的橄榄浆，在鱼糕中分别添加 3%、5%、7%、9%、11%的地瓜粉，在鱼糕中添加 3%、4%、5%、6%、7%的蛋清，制斩拌终温分别为 4℃、8℃、12℃、16℃、20℃。

表 8-8 橄榄鱼糕感官评分标准

评价指标	评分标准	评分
色泽	色泽良好，光泽感明显	17~25
	色泽稍差，光泽感暗淡	9~16
	色泽差，无光泽感	0~8
外观	切面细腻光滑无孔洞	17~25
	切面较光滑，只有少量孔洞	9~16
	切面不光滑，孔洞较多	0~8
滋、气味	较为浓郁的橄榄清香，无鱼腥味	17~25
	淡淡的橄榄清香，略有鱼腥味	9~16
	无橄榄清香，鱼腥味较重	0~8
弹性	弹性好，压后迅速恢复原样	17~25
	弹性一般，压后不能很快恢复原样	9~16
	弹性较差，压后基本不能恢复原样	0~8
总分		100

2. 橄榄鱼糕加工工艺优化正交试验

采用四因素三水平正交试验设计，研究橄榄浆添加量、地瓜粉添加量、蛋清添加量及斩拌终温四个因素对提高鱼糕品质的影响。正交试验设计因素与水平见表 8-9 所示。

表 8-9　　橄榄鱼糕加工工艺优化正交试验因素水平表

水平	因素			
	橄榄浆添加量（A）/%	地瓜粉添加量（B）/%	蛋清添加量（C）/%	斩拌终温（D）/℃
1	8	5	3	10
2	11	7	4	12
3	14	9	5	14

六、 结果与分析

1. 单因素实验结果

结果表明，橄榄浆添加量 8%~11%，地瓜粉添加量 5%~9%，蛋清添加量 3%~5%，斩拌终温在 8~12℃，橄榄鱼糕弹性和感官品质最好。此结果作为正交试验的依据。

2. 正交试验结果

确定橄榄浆添加量、地瓜粉添加量、蛋清添加量和斩拌终温为影响橄榄鱼糕产品质量的主要因素。采用 $L_9(3^4)$ 正交试验设计，以弹性和感官评分为指标进行最佳工艺条件的确定。试验方案与结果填入表 8-10 中。分析影响橄榄鱼糕弹性和感官品质的主次因素、最优组合、方差分析、验证实验等。

表 8-10　　橄榄鱼糕工艺优化正交试验结果

项目		因素				弹性/（g·cm）	感官评分
		橄榄浆添加量（A）/%	地瓜粉添加量（B）/%	蛋清添加量（C）/%	斩拌终温（D）/℃		
实验号	1						
	2						
	3						
	4						
	5						
	6						
	7						
	8						

续表

项目		因素 橄榄浆添加量（A）/%	地瓜粉添加量（B）/%	蛋清添加量（C）/%	斩拌终温（D）/℃	弹性/（g·cm）	感官评分
	9						
弹性	k_1						
	k_2						
	k_3						
	R						
	因素主→次						
	最优组合条件						
感官品质	k_1						
	k_2						
	k_3						
	R						
	因素主→次						
	最优组合条件						

七、 思考题

1. 橄榄鱼糕的加工工艺是什么？
2. 橄榄鱼糕的感官质量从哪几个方面进行评价？如何进行评价？

实验二 蔬菜加工综合设计实验及实例

一、 实验目的

熟悉蔬菜的理化性质和加工特性；掌握各类蔬菜加工品的加工原理、制作工艺和操作要点；培养创新意识和创新精神；提高分析问题和解决问题的能力。

二、 项目选择

蔬菜加工综合设计实验可选项目：

（1）脱水蔬菜的制作。

（2）蔬菜罐头的制作。

（3）蔬菜脯的制作。

（4）蔬菜酱的制作。

（5）澄清型蔬菜汁的制作。

（6）浑浊型蔬菜汁的制作。

（7）蔬菜果肉饮料的制作。

（8）蔬菜汁饮料的制作。

（9）泡菜的制作。

（10）榨菜的制作。

根据自己的兴趣、爱好和知识水平，从提供的题目中选择，也可以自己拟定题目，征得指导教师同意，进行设计。

三、实验方案

在确定实验项目后，要求根据项目任务充分查阅相关文献资料，自行设计实验方案，包括技术路线、实验方法、实验步骤、数据处理方法和仪器设备选择。

四、实验实施方案论证

采取集中讨论的方式进行。

1. 陈述方案

每组派一名代表陈述本组的实验方案，注意突出自己方案的优势和创新点。

2. 讨论

对各组的实验方案进行分组讨论，指出该方案存在的问题和实施中可能遇到的困难，并尽可能提出自己的解决办法。

3. 总结

指导教师对方案和讨论的情况进行总结并提出方案的修改意见。

4. 修改

各组根据讨论中存在的问题和教师的修改意见，修改自己的实验方案，并经指导教师同意后，确定自己的实验方案。

五、实施方案

根据自己设计的实验方案，在实验室进行具体的实验操作，注意仪器设备的正确使用以及人员的合理分工。

六、撰写实验报告

完成设计性实验操作后，要在设计性实验方案后补充数据处理部分内容及相应的讨论，形成一份完整的设计性实验报告，并于规定的时间内上交报告。

以下实例可供参考。

实例一　菠菜鸡蛋干加工工艺优化及产品开发实验

一、实验目的

了解并掌握菠菜鸡蛋干加工的基本原理及方法；掌握菠菜鸡蛋干的制作工艺；学习

运用响应曲面实验设计方法进行实验设计并分析实验结果；掌握工艺学制作实验的基本操作技能。

二、 实验原理

鸡蛋干是以传统食品工艺与现代化设备加工而成的一种方便食品，外观和口感与传统豆干相似，由于食用携带方便、口感弹滑细腻、货架期长、产品新奇、营养价值高，受到消费者青睐。现在市面上大多数是卤制鸡蛋干，蔬菜鸡蛋干是以鸡蛋全蛋液为主料，添加蔬菜、调味料、食用胶及复合磷酸盐，通过蒸煮、烘干、真空包装及高压灭菌制得。本实验研究优化蔬菜鸡蛋干加工工艺，以基本实验流程为前提，通过改变配方和工艺中的单个影响因素，筛选外观和口感较优的加工条件，在响应面实验综合优化分析下，得到最佳工艺条件。

三、 实验材料及仪器

1. 实验材料

鸡蛋、菠菜、白砂糖、低钠盐、味精、鸡精、卡拉胶、焦磷酸钠、三聚磷酸钠、六偏磷酸钠、羧甲基纤维素钠等。

2. 实验仪器

高压灭菌锅、恒温鼓风干燥箱、净化工作台、电磁炉、电子天平等。

四、 工艺流程及操作要点

1. 工艺流程

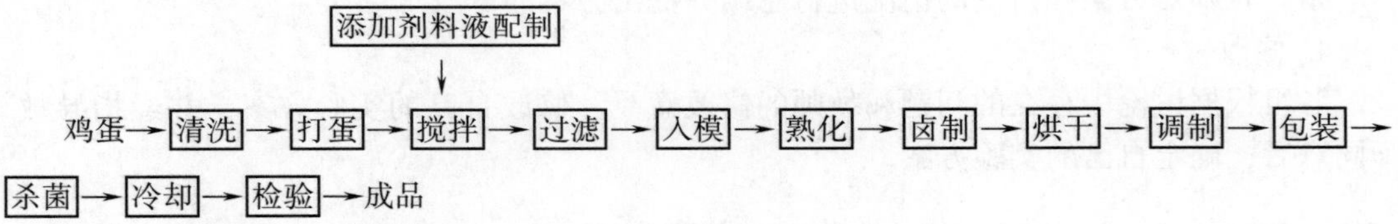

添加剂料液配制
↓
鸡蛋→清洗→打蛋→搅拌→过滤→入模→熟化→卤制→烘干→调制→包装→杀菌→冷却→检验→成品

2. 操作要点

（1）原料选择　新鲜鸡蛋用清水清洗，除去表面污染物，必要时配制 0.05%高锰酸钾溶液清洗，之后用流动净水洗净，沥干。

（2）打蛋、搅拌　破蛋后用打蛋器搅拌，控制速度中等，不宜形成大量气泡，时间为 4min，即将结束时加入复合磷酸盐添加剂继续搅拌 1min，蛋液备用。

（3）入模、熟化　对过滤后料液进行浇模，控制容量适当。随即装入 60℃烘箱熟化、定形。

（4）卤制　配制卤料，入水 1h，制得卤液。加入定形鸡蛋干，采取沸水煮 1h，放置 1h，再行煮制 1h 的间断方法入味。

（5）烘干、调制　出锅后摊入恒温箱内进行风干，出箱时趁热倒入容器内，喷入菠菜浓缩汁，翻动使之均匀，密闭 1h。

（6）包装、杀菌　真空包装，要求热封平整，无褶皱，无破袋、无漏气。产品置于高压杀菌锅内进行反压杀菌。杀菌式：15min—15min—15min/121℃。

（7）检验、成品　杀菌产品进行保温检验合格，符合标准后即为成品。

五、实验设计

1. 单因素实验

通过单因素实验考察菠菜汁浓度（20%、30%、40%、50%、60%），食盐添加量（0.4%、0.5%、0.6%、0.7%、0.8%），白砂糖添加量（0.7%、0.8%、0.9%、1.0%、1.1%）和蒸煮方式与时间（蒸 10min、蒸 10min 焖 5min、蒸 15min、蒸 15min 焖 5min、蒸 20min、蒸 20min 焖 5min）等因素对菠菜鸡蛋干感官品质的影响，菠菜鸡蛋干感官评分标准见表 8-11 所示。

表 8-11　菠菜鸡蛋干感官评分标准

指标	较差	一般	较好	好
气味（20 分）	有强烈蛋腥气味（1~5 分）	稍有蛋腥气味（6~10 分）	无蛋腥味，有菠菜鲜香味（11~15 分）	蛋香浓郁，菠菜鲜香独特（16~20 分）
色泽（20 分）	色泽极不均匀，杂色较多，无光泽（1~5 分）	色泽不均匀，略有光泽（6~10 分）	色泽较均匀，有光泽（11~15 分）	色泽均匀，表面油润有光泽（16~20 分）
口感（30 分）	基本味道过重或过轻，无特有味道（1~7 分）	甜味、咸味、鲜味较适中，特有味道不足（8~16 分）	甜味、咸味、鲜味适中，特有味道稍有不足（17~24 分）	咸甜适口，风味独特（25~30 分）
组织状态（30 分）	不能成形，表面粗糙，底部有气泡，不能脱模（1~7 分）	成形较差，底部有少量气泡较难脱模（8~16 分）	成形较好，表面较光滑，底部无气泡，较易脱模（17~24 分）	成形好，表面、底部平整光滑，容易脱模（25~30 分）

2. 响应面优化实验

根据 Box-Behnken 中心组合实验设计原理，综合单因素实验结果，选取对鸡蛋干弹性和硬度有较显著影响的 3 个因素，即食盐添加量、白砂糖添加量、蛋液蒸煮时间，在单因素实验的基础上，设计三因素三水平的响应面分析实验方案，因素及水平见表 8-12 所示。

表 8-12　响应曲面实验因素水平与编码表

水平	因素		
	食盐添加量（A）/%	白砂糖添加量（B）/%	蛋液蒸煮时间（C）/min
-1	0.4	0.7	10+5
0	0.6	0.9	15
1	0.8	1.1	15+5

六、结果与分析

1. 单因素实验结果

结果表明：菠菜浓度 8%、食盐添加量 0.6%、白砂糖添加量 0.9%、蒸煮时间 15min

时，产品的各项感官品质指标较高，质构较好。

2. 响应曲面实验结果

根据单因素实验数据及TPA质构测定数据，采用三因素三水平的响应面实验，实验结果填入表8-13和表8-14中。响应面分析后，得出最佳配方、各因素影响的次序、最佳工艺。

表8-13　菠菜鸡蛋干加工工艺优化响应面实验设计及结果

实验号	食盐添加量（A）/%	白砂糖添加量（B）/%	蒸煮时间（C）/min	硬度/（g·s）	弹性
1					
2					
3					
4					
5					
6					
7					
8					
9					
10					
11					
12					
13					
14					
15					
16					
17					

表8-14　菠菜鸡蛋干硬度的全模型方差分析表

变异来源	平方和	自由度	均方差	F值	P值	显著性
模拟项						
A						
A^2						
B						
B^2						
C						

续表

变异来源	平方和	自由度	均方差	F 值	P 值	显著性
C^2						
AB						
AC						
BC						
残差						
失拟项						
误差						
总和						

七、思考题

1. 鸡蛋干生产的工艺流程是什么？
2. 菠菜鸡蛋干的感官质量从哪几个方面进行评价？如何进行评价？

实例二　酸黄瓜罐头的生产

一、实验目的

掌握蔬菜罐头的加工原理；熟悉蔬菜罐头的制作工艺；掌握蔬菜罐头加工的操作要点。

二、实验原理

酸黄瓜罐头是将新鲜黄瓜经过挑选、分级、清洗、切分后，与处理好的小芹菜叶、蒜片、干辣椒段装入罐内，灌注醋酸盐水，经排气、密封、杀菌等措施制得的蔬菜罐头。排气、密封和杀菌是酸黄瓜罐头加工的关键措施。

蔬菜罐头的灌注液一般为盐水。由于大多数蔬菜的含酸量低，制作的罐头 pH＞4.5，属于低酸性罐头食品，罐头食品工业上，通常采用能产生毒素的肉毒梭状芽孢杆菌的孢子作为杀菌对象，由于芽孢的耐热性强，需要采用 100℃ 以上的高温杀菌（115~121℃），又称加压杀菌。而酸黄瓜罐头由于在灌注液中加入冰醋酸，其 pH＜4.5，为酸性罐头食品，因而可以采用常压杀菌。

三、实验材料及仪器

1. 实验材料

黄瓜、干辣椒、小西芹菜叶、大蒜、白砂糖、食盐、冰醋酸。

2. 仪器设备

切片机、杀菌锅、不锈钢锅/铝锅（带盖和篦子）、不锈钢刀、案板、不锈钢盆、电磁炉、温度计、托盘台秤、电子天平、玻璃罐头瓶和罐盖。

四、 工艺流程及操作要点

1. 工艺流程

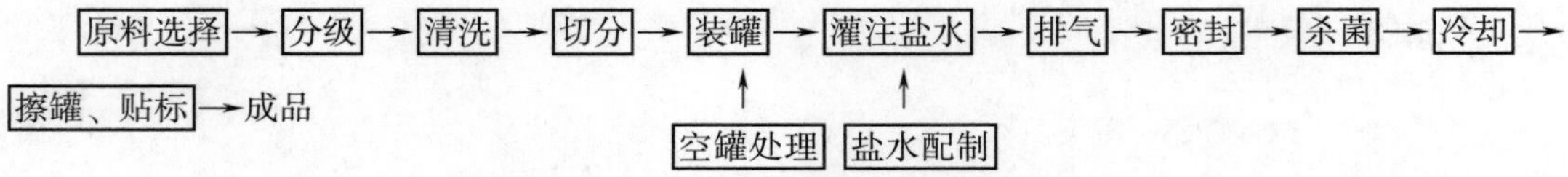

原料选择→分级→清洗→切分→装罐（←空罐处理）→灌注盐水（←盐水配制）→排气→密封→杀菌→冷却→擦罐、贴标→成品

2. 操作要点

（1）原料选择　选择无刺或少刺，瓜条幼嫩，直径在 3~4cm，粗细均匀，无病虫害，无腐烂以及色泽均一的新鲜黄瓜。

（2）分级　按直径大小进行分级。

（3）切分　新鲜黄瓜清洗，去头尾，横切成段，长度约为罐头瓶身高的一半。

（4）辅料准备

①蒜片：蒜去皮后切成 2~3mm 厚的薄片。

②干辣椒段：干辣椒去籽后切成 1cm 长的小段。

③小西芹叶：小西芹洗净后摘取叶片。

（5）灌注液制备　称取黄瓜重量 2/5 的自来水，按水的质量加入 6%的白砂糖、5%的盐、2%的冰醋酸，搅拌溶解，加热至沸腾后用 200 目滤布过滤，趁热灌注。

（6）装罐　将蒜 5 片、干辣椒 5 段、芹菜 5 片先装入罐头瓶内，再将切好的黄瓜段分两层装入罐头瓶内，装罐要整齐密实，然后趁热灌入灌注液，灌注汁液时应留有 5~8mm 的顶隙。

（7）排气　用带有篦子的带盖铝锅/不锈钢锅进行排气，锅内加入适量自来水，将水烧开，将装好黄瓜和汤汁的罐头瓶放在篦子上，并将罐头瓶盖虚盖在罐头瓶上（不要旋），盖上锅盖，继续加热，待罐内中心温度达到 85℃（用温度计测量）后停止加热，并立即取出旋紧瓶盖。

（8）杀菌、冷却　将上述排气旋盖后的罐头瓶立刻放入杀菌锅中杀菌。杀菌锅内事先注入适量水，待杀菌锅内的水沸腾时，将装满罐头的杀菌篮放入杀菌锅内，罐头要全部淹没在水中，继续加热，等锅内的水再次沸腾时，开始计算杀菌时间，保持 10min，停止加热。杀菌结束后立即取出罐头进行分段冷却，防止炸罐。即先用 80℃左右的热水冷却 3~5min 后，再用 60℃左右的热水冷却 3~5min，最后用流动自来水冷却至适温（即 38~40℃）即可。

五、 产品评定

成品酸黄瓜罐头进行感官鉴评，评分标准如表 8-15 所示。

表 8-15　　酸黄瓜罐头感官评分表

指标	评分标准	评分
色泽	果块黄绿色或黄褐色，色泽一致	10
组织形态	果块大小均匀，排列整齐	10

续表

指标	评分标准	评分
汁液澄清度	汁液澄清透明，果屑极少	10
滋味、气味	具有黄瓜香气，蒜香味，无异味	20
口感	咸酸适口，果块硬度适中，不软绵	40
杂质	无肉眼可见外来杂质	10

六、结果与分析

将实验结果记录于表 8-16、表 8-17、表 8-18 和表 8-19 中。

表 8-16　酸黄瓜罐头制作关键数据记录表

项目	排气条件	杀菌条件	灌注液制备条件
数据			

表 8-17　酸黄瓜罐头制作原料消耗记录表

项目	黄瓜/kg	蒜/kg	干辣椒/kg	小芹菜/kg	白砂糖/kg	食盐/kg	冰醋酸/kg
数据							

表 8-18　酸黄瓜罐头制作产品记录表

项目	黄瓜质量/kg	每罐净重/kg	每罐果块装入量/kg	每罐灌注液装入量/kg	装罐总数/罐	装罐果块总质量/kg	产品出品率/%
数据							

表 8-19　酸黄瓜罐头产品感官鉴评和理化指标测定结果记录表

项目	产品感官特性描述	产品感官鉴评得分	固形物含量/%
记录			

七、思考题

1. 罐头工业的杀菌和微生物学的灭菌有何区别？
2. 一般的蔬菜罐头和水果罐头的杀菌方式有何区别？为什么？
3. 酸黄瓜罐头杀菌后为什么黄瓜的颜色变为黄褐色？

实例三　番茄酱加工工艺优化及产品开发实验

一、实验目的

掌握番茄酱的加工原理；熟悉番茄酱的制作工艺；掌握番茄酱加工的操作要点。

二、实验原理

番茄酱是由成熟红番茄经破碎、打浆、去除皮和籽等粗硬物质后，加入洋葱、蒜、白砂糖、盐、大料、白醋等调味料后，经浓缩、装罐、杀菌而成的一种果酱制品。

根据果胶分子中半乳糖醛酸分子中羧基被酯化的程度将果胶分为高甲氧基果胶（含甲氧基7%以上）和低甲氧基果胶（含甲氧基7%以下），水果中的果胶为高甲氧基果胶，而大多数蔬菜中的果胶为低甲氧基果胶。甲氧基含量不同，果酱胶凝的原理和胶凝方式不同，高甲氧基果胶的胶凝方式为果胶-糖-酸的氢键结合型凝胶。低甲氧基果胶的胶凝方式为果胶和二价钙、镁离子的离子结合型凝胶。

三、实验材料与仪器

1. 实验材料

番茄、红辣椒、洋葱、蒜、白砂糖、盐、姜粉、胡椒粉、八角粉。

2. 仪器设备

不锈钢锅、不锈钢勺、不锈钢漏勺、不锈钢刀、案板、天平、温度计、打浆机、搅拌式电加热可倾式夹层锅、pH 计、手持糖度计、电磁炉、杀菌锅、玻璃罐和罐盖。

四、工艺流程及操作要点

1. 工艺流程

原料选择 → 挑选 → 清洗、去蒂 → 清洗 → 去皮 → 切分 → 打浆 → 浓缩 → 装罐 → 密封 → 杀菌 → 冷却 → 成品

2. 操作要点

（1）原料选择　选择红色、成熟度高、无病虫害、无腐烂、无机械损伤的新鲜番茄。我国适合做番茄酱的品种有玛瑙红 140、简易支架 18、浙江 478、杂红 16、扬州红、玛瑙红 144、红杂 25、罗城 1 号、佳丽矮红、穗圆、满丝和鉴 18 等。

（2）挑选　按加工专用品种的要求，不得混入黄色、粉红或浅色的品种，剔除带有绿肩、污斑、裂果、损伤、脐腐和成熟度不足的果实。“乌心果”及着色不匀且果实相对密度较轻者，在洗果时浮选除去。

（3）清洗、去蒂　清洗采用先浸洗、再喷淋的洗涤方法，务求干净。番茄果柄与萼片呈绿色且有异味，影响色泽与风味，务必去除干净，去蒂时将绿肩和斑疤修去，拣去不适合加工的番茄。

（4）去皮　采用热烫法去皮。将去蒂清洗后的番茄放入沸水中，待表皮开裂即可捞出，冷却后用手剥去番茄皮。热烫去皮不仅可以除去番茄皮，还可以抑制果胶脂酶和半乳糖醛酸酶的活性，避免果胶物质降解变性，降低酱体的黏稠度和涂布性。

（5）调味料准备及用量　番茄酱是由打浆后的原浆加调味料浓缩而成的产品，本实验选用的调味料有白砂糖、食盐、洋葱、蒜、红辣椒、姜粉、胡椒粉、大料粉。

①鲜红辣椒：去蒂、清洗、称重、切段，放入沸水中热烫 2～3min。

②蒜片：大蒜去皮后称重（番茄重量的 0.5%）、切片，放入沸水中热烫 2～3min。

③洋葱片：洋葱去皮后称重（番茄重量的1.5%）、切片，放入沸水中热烫2~3min。

④混合调味料汁制备：将姜粉、胡椒粉和大料粉按1∶1∶1的比例装入布袋中加入适量水煎煮30min即可制成混合调味料汁。

调味料辣椒、白砂糖、食盐和混合调味料的用量以番茄酱的感官评分为考察指标，采用$L_9(3^4)$正交试验确定，正交试验因素水平设置如表8-20所示。

表8-20　番茄酱调味料正交试验因素水平设置表

水平	因素			
	辣椒/%	白砂糖/%	食盐/%	混合调味料/%
1	1	3	1.00	0.06
2	2	4	1.25	0.08
3	3	5	1.50	0.10

注：表中调味料的用量均为番茄质量的百分比。

（6）打浆　将去皮切分后的番茄、热烫后的辣椒段、蒜片和洋葱片混匀，用打浆机打浆。

（7）浓缩　将打好的番茄浆倒入可倾式夹层锅进行浓缩，当可溶性固形物的含量达到15%时（用手持糖度计测），加入白砂糖和食盐，继续浓缩，待可溶性固形物的含量达到20%时，加入制备好的调料汁，继续浓缩至可溶性固形物的含量达到25%时即可趁热装罐。

（8）装罐密封　浓缩结束后，趁热罐装并立即密封，注意将黏在瓶口的番茄酱用干净抹布擦净，以防封口不严。

（9）杀菌　将上述热装密封好的番茄酱罐头立即置于杀菌锅中杀菌。杀菌锅内事先注入适量水，待杀菌锅内的水沸腾时，将装满罐头的杀菌篮放入杀菌锅内，罐头要全部淹没在水中，继续加热，等锅内的水再次沸腾时，开始计算杀菌时间，保持10min，停止加热，结束杀菌。

（10）冷却　杀菌好的番茄酱采取分段冷却的方法进行冷却，以防玻璃罐炸裂。即先用80℃左右的热水冷却3~5min后，再用60℃左右的热水冷却3~5min，最后用流动自来水冷却至适温（即38~40℃）即可。

五、产品评定

成品番茄酱进行感官鉴评，评分标准如表8-21所示。

表8-21　番茄酱感官评分表

指标	评分标准	评分
色泽	酱体呈深红色或红色，色泽一致，允许酱体表面有轻微褐色	10
组织形态	酱体细腻均匀，黏稠适度，允许有少量析水	10
滋味、气味	具有番茄香气，无异味	10

续表

指标	评分标准	评分
口感	酸、辣、甜、咸适中，口味纯正	60
杂质	无肉眼可见外来杂质，但允许少量番茄皮籽存在	10

六、结果与分析

番茄酱调味料用量实验结果以番茄酱的感官评分为考察指标，采用正交试验进行优化。将正交试验结果填入表8-22中，用数据处理软件进行数据处理。

表8-22　　番茄酱调味料用量正交试验结果表

试验号	辣椒/%	白砂糖/%	食盐/%	混合调味料/%	感官评分
1	1	1	1	1	
2	1	2	2	2	
3	1	3	3	3	
4	2	1	2	3	
5	2	2	3	1	
6	2	3	1	2	
7	3	1	3	2	
8	3	2	1	3	
9	3	3	2	1	
K_1					
K_2					
K_3					
R					
最优组合					

将实验数据记录于表8-23、表8-24、表8-25和表8-26中。

表8-23　　番茄酱制作关键数据记录表

项目	热烫去皮条件	浓缩时间/min	浓缩结束时可溶性固形物浓度/%	杀菌条件
数据				

表8-24　　番茄酱制作原料消耗记录表

项目	番茄/kg	辣椒/kg	蒜/kg	洋葱/kg	白砂糖/kg	食盐/kg	八角粉/kg	姜粉/kg	胡椒粉/kg
数据									

表 8-25 番茄酱制作产品记录表

项目	番茄质量/kg	每罐净重/kg	装罐总数/罐	装罐总质量/kg	产品出品率/%
数据					

表 8-26 番茄酱产品感官鉴评结果记录表

项目	产品感官特性描述	产品感官评分
记录		

七、思考题

1. 低甲氧基果胶的胶凝原理是什么？
2. 热烫去皮的原理是什么？
3. 果酱类产品分为哪几类？

第九章

饮料加工综合设计实验及实例

实验一　软饮料加工综合设计实验及实例

一、实验目的

本实验旨在通过软饮料加工工艺综合性和设计性实验及实例，培养创新意识和创新精神，提高分析问题和解决问题的综合能力。

二、项目选择

软饮料加工综合设计性实验可选项目如下：

（1）红茶饮料的制作。

（2）橙汁饮料的制作。

（3）混合果蔬汁饮料的制作。

（4）玉米浆饮料的制作。

（5）配制型含乳饮料的制作。

（6）运动饮料的制作。

根据自己的兴趣、爱好和知识水平，对实验项目进行筛选，确定主攻方向。在查找资料、实地考察实验条件、掌握原材料情况的基础上充分酝酿，选择其中一个或多个项目，自由组合分组进行设计。

三、实验方案

选定设计性实验项目后，根据项目任务充分查阅相关资料，自行推证有关理论，确定实验方法，选择配套仪器设备，设计好实验步骤和数据处理方法。然后，用实验报告专用纸把以上的过程用书面形式表达清楚。

四、实验实施方案论证

实验实施方案论证采取集中讨论的方式进行。

1. 方案陈述

每组派一名代表陈述本组的实验方案，注意突出自己方案的确定依据、优势和创新点。

2. 讨论

同学们对该组的实验方案进行分组讨论，指出该方案存在的问题和实施中可能遇到的困难并尽可能提出自己的解决办法。

3. 总结

指导教师对陈述的方案和讨论的情况进行总结并提出方案的修改意见。

4. 修改

每组根据讨论中存在的问题，修改自己的方案，经指导教师同意后，最终确定各组的实验方案。

五、 方案实施

根据论证后的实验方案，准备实验原材料和试剂，在实验室进行具体的实验操作，注意仪器设备的正确使用以及人员的合理分工。

六、 撰写实验报告

完成设计性实验操作后，要在设计性实验方案后补充数据处理部分内容及相应的讨论，形成一份完整的设计性实验报告，并于规定的时间内上交报告。

以下实例可供参考。

实例一　红茶饮料制品的生产

一、 实验目的

了解红茶加工制作方法及其主要成分的功能特性；掌握红茶饮料的生产工艺及操作要点。

二、 实验原理

茶饮料是指以茶叶的萃取液、茶粉、浓缩液为主要原料加工而成的一类含有天然茶多酚、咖啡因等功能成分的软饮料。茶饮料因风味独特，兼有营养、保健功效，是清凉解渴的多功能饮料。红茶是以茶树的芽叶为原料，经过萎凋、揉捻、发酵、干燥等典型工艺过程精制而成，被广泛应用于茶饮料。红茶在加工过程中发生了以茶多酚酶促氧化为主的化学反应，鲜叶中的化学成分变化较大，茶多酚减少 90%以上，产生了茶黄素、茶红素等新成分，刺激性减小，香气物质明显增加。茶叶作为茶饮料的主要原料，其品质的优劣直接影响茶饮料成品的色泽、风味和香气等品质特征。

三、 实验材料与仪器

1. 实验材料

红茶、L-抗坏血酸钠、蔗糖、盐、乙基麦芽酚、红茶香精、柠檬黄、苋菜红、水等。

2. 实验设备

电子天平、筛网（100~200 目）、灭菌机、过滤机、均质机、封盖机、高压灭菌锅等。

四、 工艺流程及操作要点

1. 工艺流程

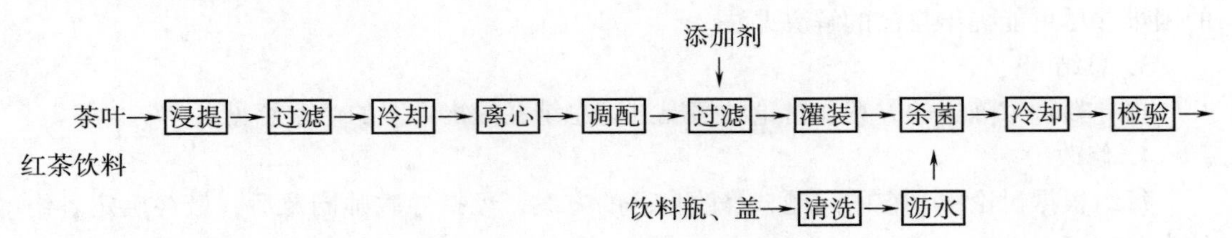

2. 操作要点

（1）主要原料

①红茶：选取三四级红茶为主要原料。

②水：采用去离子水或蒸馏水。

（2）浸提　茶叶浸提是指将茶叶加入热水中使可溶性有效成分溶出的过程，其得到的水溶液称为茶汤。茶汤的品质是茶饮料生产中最重要的因素。茶汤的品质直接与茶叶颗粒大小、浸提温度与时间、水的 pH、搅拌方式及外源酶的添加量有关。茶叶粒度一般粉碎到6~10目，可增大与溶剂接触面，提高可溶性成分的浸出率；浸提用水的 pH 对红茶汤色泽有一定影响，茶汤在 pH≤5 时色泽变化不大，pH＞5 色泽相对增加。故红茶浸提时水的 pH 以 4.5~5.0 为宜。在不锈钢容器或陶制容器中用 90~95℃的去离子水（纯净水）浸提 2~3min 并间歇搅拌。

（3）过滤　茶汤除含茶多酚、咖啡碱、氨基酸和维生素等主要生化成分，还含有一些淀粉、果胶等大分子和肉眼可见的茶叶颗粒、茶梗等茶渣残留物，因此必须对茶汁进行过滤。先用不锈钢茶滤器或 200 目不锈钢筛网过滤，去除茶渣；再用 5μm 滤膜或硅藻土过滤，除去茶汤中的微粒、杂质、浮浊物，过滤完成后立即加入茶汤质量 0.02%左右的 L-抗坏血酸钠，防止茶汤氧化变质。

（4）冷却　茶汤中的单宁等多酚类物质与咖啡因及可溶性蛋白质往往在冷却后络合形成大分子白色浑浊物或沉淀物，这称为茶浊现象，俗称冷后浑。因此，可以在茶浊形成前，用物理或化学的方法除去部分多酚和咖啡碱，以遏制茶浊现象的产生。将过滤后的茶汤经过换热器迅速冷却到常温，通过骤冷使其形成茶浊，再通过过滤或离心将之去除，得到澄清透明的茶汤。

（5）离心　将迅速冷却的茶汤经转速为 4000r/min 的离心机澄清，可将形成茶浊的物质及一些不溶性杂质去除，得到澄清透明的茶汤，经调配后的茶汤在流通过程中不会因温度变化而产生浑浊或沉淀。

（6）调配　将茶汤称重，按讨论确定的配方依次加入辅料并搅拌均匀，固体辅料需先溶解并过滤后再加入。

参考添加量：蔗糖 2.0%、盐 0.01%、乙基麦芽酚 0.01‰、红茶香精 0.04‰、柠檬黄 0.01%、苋菜红 0.15%。

（7）过滤　对调配好的茶饮料半成品，必须进行微滤膜过滤，除掉其他辅料所含有的各种杂质和茶汁与辅料之间生成的大分子物质或不溶物，保证调配液的澄清透明，防止辅料引入的杂质产生沉淀或浑浊，影响产品质量。

（8）装罐杀菌 先将饮料瓶和瓶盖洗净、沥水、消毒（100℃烘干）；将调配好的半成品饮料通过换热器迅速加热到85~90℃并趁热灌装，顶部留隙1cm左右，立即封盖；为了保持茶汤原有的风味，防止氧化变质，顶隙越小越好，最好充入一定量的氮气。

（9）杀菌 由于茶饮料的pH大于4.5，接近中性，属于低酸性食品，必须高温杀菌贮存。将灌装好的红茶饮料置于115~121℃高压灭菌锅中灭菌15~20min。

（10）冷却 杀菌后依次于80℃、50℃和20℃自来水中分阶段冷却至室温，避免茶饮料长时间受热而变色变味。然后经检验、贴标，即得成品红茶饮料。

（11）检验 经灌装后的茶饮料产品，根据红茶饮料产品标准对其进行严格的感官指标、理化指标及微生物指标的检验。

五、产品评定

1. 感官要求

感官要求见表9-1所示。

表9-1 红茶饮料感官要求

项目	要求
色泽	具有红茶应有的色泽，呈棕红色
香气与滋味	具有该茶种应有的香气和滋味，略带苦涩味
组织形态	清澈透明，允许稍有沉淀
杂质	无肉眼可见的外来杂质

2. 理化指标

理化指标见表9-2所示。

表9-2 红茶饮料理化指标要求

项目	要求
茶多酚/(mg/kg)	≥300
咖啡因/(mg/kg)	≥40
可溶性固形物含量/%	≥0.5
pH	4.5~5.0

3. 卫生指标

卫生指标见表9-3所示。

表9-3 红茶饮料卫生指标要求

项目	要求
砷（以As计）/(mg/kg)	≤0.2
铅（以Pb计）/(mg/kg)	≤0.3

续表

项目	要求
铜（以 Cu 计）/(mg/kg)	≤5.0
食品添加剂含量	按 GB 2760—2014 规定
大肠菌群/(MPN/100mL)	≤10
菌落总数/(CFU/mL)	≤3
其他致病菌（沙门氏菌、志贺氏菌、金黄色葡萄球菌）	不得检出

六、 结果与分析

从红茶饮料的感官、理化性质及卫生标准等方面综合评价红茶饮料质量。要求详细清晰地叙述实验结果，不管是实验成功还是实验失败必须分析其原因并总结收获。

七、 思考题

1. 在红茶饮料中，红茶作为主要的原材料在品质方面需要满足什么条件？

2. 在红茶饮料的生产过程中，经常发现有浑浊物出现，这是什么原因引起的？如何避免这一现象？

3. 红茶与绿茶的区别主要有哪些？

实例二　橙汁饮料制品的生产

一、 实验目的

了解柑橘类水果的榨汁方法和柑橘类苦味物质的来源及避免将其引入果汁的方法；掌握橙汁饮料的生产工艺及控制橙汁饮料成品质量的措施。

二、 实验原理

以新鲜或冷藏水果为原料，经过清洗挑选后，利用物理方法，如压榨、浸提或离心的方法得到鲜果汁。将果汁进行过滤，去除果肉组织中的膳食纤维、果胶和少量的蛋白质，得到澄清的果汁液，最后加入糖、酸、香精和色素加工形成果汁饮料。果汁饮料营养成分丰富，热量不高；果汁中的糖类大部分为果糖和葡萄糖，容易被吸收，有利于新陈代谢。

三、 实验材料及仪器

1. 实验材料

甜橙、果胶酶制剂、抗坏血酸钠、蔗糖、蛋白糖、柠檬酸、甜橙香精、羧甲基纤维素（CMC）等。

2. 实验仪器

电子天平、破碎机、榨汁机、滤网（100~200 目）、均质机、灭菌机、过滤机、脱气机、封盖机等。

四、工艺流程及操作要点

1. 工艺流程

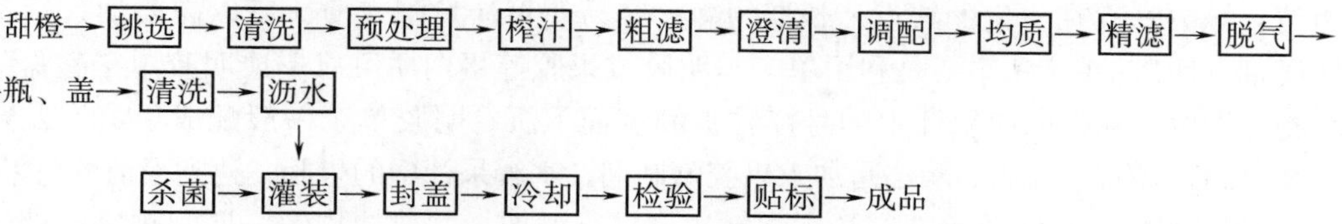

甜橙→挑选→清洗→预处理→榨汁→粗滤→澄清→调配→均质→精滤→脱气→

饮料瓶、盖→清洗→沥水

↓

杀菌→灌装→封盖→冷却→检验→贴标→成品

2. 参考主、配料

橙汁主、配料参考表 9-4。

表 9-4　橙汁主、配料参考

主、配料	原汁	水	蔗糖	蛋白糖	柠檬酸	甜橙香精	色素	抗坏血酸钠	果胶酶制剂
含量/%	≥10	86	3	0.03	0.15	少量	少量	0.03	0.3

3. 操作要点

（1）原料选择　甜橙是世界广泛栽培的柑橘品种，风味较好，除鲜食外，普遍用作果汁加工。甜橙中含量丰富的维生素 C，能增加机体抵抗力，增加毛细血管的弹性，降低血中胆固醇。高血脂症、高血压、动脉硬化者常食甜橙有益。甜橙所含纤维素和果胶物质可促进肠道蠕动，有利于清肠通便，排除体内有害物质。橙汁对原料的总体选择主要有以下几点：①原料新鲜，无腐烂病害；②自然成熟，成熟度高，苦味轻；③糖、酸含量适中；④出汁率高。在主料中甜橙的添加量需≥10%。

（2）挑选、清洗　挑选新鲜无霉烂、无病虫害、无冻伤及严重机械伤的水果，剔除病虫果、未熟果、碰伤果、破裂果和腐烂果等不合格果实及枝、叶、草等杂物，然后放入加有洗涤剂的水中，清除原料表面的泥沙、尘土、虫卵、农药残留，减少微生物污染。洗涤效果取决于清洗时间、温度、作用方式、洗液性质及清洗设备类型。常用清洗设备有鼓泡式清洗机、水果浮选机、刷洗机、滚筒式清洗机、振动式喷洗机等，可根据果蔬品种、产量选用。

（3）预处理　橙子的构造比较复杂，是榨汁较为困难的一种水果。橙子外果皮和种子中含有黄酮类化合物和类柠檬苦素等苦味物质，使得部分橙汁在加热时出现苦味。为防止混入苦味，可剥去甜橙的外果皮、白皮层，然后进行破碎。采用加热和添加果胶酶制剂的方法降低物料黏度，提高橙汁的出汁率。热处理条件一般在 60～70℃ 下加热 15～20min。果胶酶的添加量一般在 0.2%～0.3%，40℃浸泡 30min。

（4）榨汁　出汁率一般要求在 40%～60%，榨汁后测定果汁的糖、酸含量及 pH 等理化指标。可适量混入果浆，使果汁呈现应有的色调。

（5）粗滤　新鲜粗榨汁中含有悬浮的大果肉颗粒、果皮碎屑、纤维素及其他杂质，不但影响果汁的外观形态和风味，也会使果汁很快变质。因此，要对果汁进行粗滤处理。粗滤的方法一般选用筛滤法。筛网孔径一般选用 40～100 目，也可以用滤布进行粗过滤。粗滤可进一步调整果汁中的含浆量。果汁中的少量微细果浆使果汁产生较好的色泽和一定的浊度，但果浆过量则会使果汁黏稠化，一般果汁中果浆的含量在3%~5%较为适宜。

（6）澄清　为防止橙汁贮存过程中产生明显沉降物，要对粗滤后橙汁液进行澄清。一般采取自然澄清法、明胶-单宁法和酶法。自然澄清法即在室温下进行长时间的静置澄清，该方法存在一定的缺点，长期的静置容易使果汁发酵变质，所以需要加入适量的防腐剂。明胶-单宁法主要是利用单宁与明胶或果胶等蛋白质可以形成明胶单宁酸盐的络合物而发生沉降，也使果汁中的悬浮物被缠绕而下沉。明胶单宁一般配成1%的混合液，在8~10℃下静置6~8h。酶法是加入果胶酶制剂，水解果汁中的果胶，达到澄清的效果。

（7）调配　按实验组选定的主配料比例进行添加，并搅拌均匀。调配顺序：糖的溶解与过滤→加果蔬汁→调整糖酸比→加稳定剂、增稠剂→加色素→加香精→搅拌、均质。

参考配比：甜橙原汁15%，抗坏血酸钠0.02%，蔗糖8%~10%，蛋白糖0.02%，柠檬酸0.15%~0.25%，琼脂0.06%，酸性CMC 0.08%，黄原胶0.05%，甜橙香精0.02%，橘子香精0.01%，柠檬黄0.04%，日落黄0.02%，剩余部分用纯净水补足。

（8）均质　果汁中含有一定的果浆，进行均质目的是使含有不同大小浆粒的果汁悬浮液中的浆粒进一步微细化，改变其颗粒大小和粒径分布，使果肉汁完全乳化混合，使果汁保持一定的浑浊度，使获得的果汁饮料不易分离和沉淀。均质一般用高压均质机，均质压力15~25MPa；也可用胶体磨代替，研磨粒径2~10μm。

（9）精滤　采用微孔过滤，微孔孔径0.5~1.0μm，可滤除大于孔径的果蔬微粒、蛋白质、胶体物质等。也可采用筛网（200目）筛滤2~3次。

（10）脱气　脱气的主要目的是脱去果汁饮料中的氧。果汁本身含有氧，在进行加工工艺的过程中会二次混入氧，再加上水中还含有部分氧气，氧的存在会影响果汁的品质，破坏维生素C，导致各种氧化反应、影响饮料的口感和色泽，并且容易滋生好氧微生物。常用的脱气法为真空脱气法。一般真空度为0.08~0.09MPa，脱气时间20~60s，可去除果汁中95%的空气。

（11）杀菌　采用高温瞬时杀菌或者超高温瞬时杀菌的方法，可杀死酵母、霉菌、醋酸菌和乳酸菌等微生物并且破坏饮料中酶的活性，防止发生褐变或其他反应。高温瞬时杀菌的温度条件为95℃，高温杀菌15~30s。特殊情况也可采用超高温瞬时杀菌的方法，温度一般在120℃以上，杀菌时间为3~10s。

（12）灌装、封盖　橙汁饮料大多采用热灌装，纸容器包装采用冷灌装和无菌灌装。杀菌后的果汁温度一般在90℃左右，玻璃瓶要进行预热，灌装封盖后将瓶翻转保温对瓶盖杀菌。

（13）冷却　设置3~4级温差冷却器将灌装好的果汁饮料冷却至40℃。

（14）检验与品评　将冷却后的产品置于37℃恒温箱中保温1周，对其糖度、酸度和pH等理化指标和微生物指标进行测定。若无变质和败坏现象，则该产品的保质期可达一年。对产品进行感官品评，按评分标准（表9-5）进行评判。

表9-5　橙汁饮料品质评分标准（参考）

项目	满分标准
浑浊度	无沉淀、不分层、混合均匀、汁液清亮

续表

项目	满分标准
色泽	接近加工原料的色泽
口感	酸甜爽口
气味	具有果实应有的芳香风味，无异味

五、结果与分析

（1）对其糖度、酸度和 pH 等理化指标和微生物指标进行评价分析。

（2）从橙汁饮料的风味、色泽、口感、浑浊度等感官指标进行质量的评价。

六、思考题

1. 简述果汁加工中常出现的质量问题及解决办法。
2. 柑橘类果汁中呈苦味的成分是什么？在生产加工中如何控制苦味物质的产生？
3. 均质在橙汁生产中的主要作用是什么？
4. 影响橙汁风味的主要因素有哪些？

实例三　玉米浆饮料制品的生产

一、实验目的

了解并掌握玉米浆饮料的制作原理和工艺、注意事项；掌握玉米浆饮料制作实验的基本操作，学习运用正交试验分析实验结果，培养学生通过感官评价判定玉米浆饮料的品质；了解玉米浆饮料的营养价值及主要质量指标。

二、实验原理

饮料工业是目前国内食品工业中发展最快的行业之一，继碳酸、水、茶、果汁饮料之后，粗粮饮料因营养丰富、绿色健康，正在抢占饮料市场的相关份额。玉米籽粒中含有 70%~75%的淀粉、10%左右的蛋白质、4%~5%的脂肪，营养素种类丰富。此外，玉米含有的黄体素、玉米黄质有利于延缓眼睛老化。更重要的是玉米作为一种粗粮食品富含膳食纤维，是其他精细化主粮食品所不具备的。因此，玉米具有良好的食品加工利用价值。玉米浆饮料是以新鲜玉米籽粒或冷冻保鲜玉米籽粒为原料经预煮、磨浆、调配、均质等工序生产的玉米香气浓郁、独具特色的粗粮饮料。

三、实验材料及仪器

1. 实验材料

玉米、白砂糖、柠檬酸、β-环糊精、黄原胶、纯净水等。

2. 实验仪器

打浆机、高压均质机、胶体磨、pH 计、离心机、高压灭菌锅、电子天平等。

四、实验内容

1. 工艺流程

新鲜玉米→预处理→预煮→磨浆→过滤→调配→均质→脱气→灌装→杀菌→冷却→成品

2. 操作要点

(1) 新鲜玉米预处理　选择新鲜、颗粒饱满、无病虫害和霉烂变质的新鲜熟玉米，经人工或机器脱粒后用流动水冲洗干净，筛选出黑粒、杂粒、虫蛀粒以及其他杂物。用手揉搓脱去玉米皮，清水漂洗去除皮屑。

(2) 预煮　将预处理好的玉米籽粒置于添加 1.5%β-环糊精的水中 85℃下预煮 15min，以防止玉米氧化变色，同时也可软化玉米粒便于磨浆。

(3) 磨浆　将玉米籽和 80℃水按 1∶1（质量比）的比例混合，在打浆机中磨浆 5min，重复 2 次。

(4) 过滤　浆液过 40 目筛去除滤渣，备用。

(5) 调配　按照一定的顺序向过滤后的浆液中加入一定量的白砂糖、柠檬酸和黄原胶，混匀。

(6) 胶磨、均质　将调配好的浆料液经胶磨后，用高压均质机均质 2 次，第一次均质压力 25MPa，第二次均质压力 15MPa。

(7) 灌装　将均质、脱气后的浆料液加热至中心温度 80℃，趁热灌装后密封、排气、封口。

(8) 杀菌　由于玉米浆饮料的 pH 需控制在 5.5~6.5，当杀菌温度和时间不合适时，容易出现加热褐变和“汤熟”味的现象，影响成品的品质，因此采用 90℃杀菌 20min 进行杀菌处理。

(9) 冷却、成品　杀菌后将成品迅速冷却至室温，完成玉米浆饮料的制作。

3. 调配工艺实验优化

确定玉米原料、白砂糖和柠檬酸的添加量，选取玉米原料、白砂糖和柠檬酸三个因素，每个因素设立三个水平，见表 9-6 所示；采用 $L_9(3^3)$ 正交试验，以感官评分为指标，得出这三种物质最佳的添加量。

表 9-6　调配工艺正交试验因素水平表

水平	因素		
	玉米原料添加量（A）/%	白砂糖添加量（B）/%	柠檬酸添加量（C）/%
1	15	6.5	0.08
2	20	7.0	0.1
3	25	7.5	0.12

五、 产品评定

1. 感官评价

对制得的玉米浆饮料进行感官评价，感官评分表可参照表 9-7 所示。

表 9-7　　玉米浆饮料的感官品质评分标准

项目	评分标准	评分
色泽	黄色或乳黄色	15~20
	黄色稍带橘红	10~15
	灰褐色	0~10
风味	具有玉米应有的清香和滋味，甜度适口，无异味	30~45
	具有玉米应有的香味，但香味偏淡，滋味一般，无异味	20~30
	无玉米应有的清香和滋味，口感差	0~20
组织	组织均匀，无大颗粒物质存在	25~35
	组织均匀，无大颗粒物质存在，轻微分层	20~25
	组织不均匀，有大颗粒物质存在，严重分层	0~20

2. 稳定性评价

以离心沉淀量为稳定性评价指标。离心沉淀量的测定方法如下：量取 20mL 左右静置 24h 的玉米浆饮料，称取其质量记为 m_0，置于离心管中，在转速 3500r/min 的条件下离心 15min，立即倒出上清液，称取离心管底部的沉淀物质量 m_1，每个样品重复操作 3 次，取其平均值。离心沉淀量计算公式为：

$$离心沉淀量 = \frac{m_1}{m_0} \times 100\% \tag{9-1}$$

六、 结果与分析

（1）通过感官评价确定玉米浆饮料的配方并进行评价分析。

（2）根据稳定性结果对玉米浆饮料稳定剂用量进行分析确定。

七、 思考题

1. 稳定剂在玉米浆饮料中发挥的作用有哪些？
2. 影响玉米浆饮料稳定性的因素主要在哪些方面？
3. 如何保持玉米浆饮料的风味？

实例四　运动多肽饮料加工工艺优化及产品开发实验

运动饮料是一种基于科学研究基础，针对运动时人体的能量消耗、机体内环境和细胞功能改变而研制的，并能在运动前、中、后为人体迅速补充水分、电解质和能量，维持和促进体液平衡以及机体功能快速恢复的饮品。GB 15266—2009《运动饮料》中将运动饮料定义为：营养素及其含量能适应运动或体力活动人群的生理特点，能为机体补充水分、电解质和能量，可被迅速吸收的饮料。与其他饮料产品一样，运动饮料非常注重风味特性和营养。运动饮料的主要成分有水分、维生素、糖类、无机盐、氨基酸及其他物质等。运动饮料按产品性状可分为充气运动饮料和不充气运动饮料，其中不充气运动饮料又可分为不充气液体运动饮料和不充气固体运动饮料。

一、 实验目的

学习并了解运动饮料的营养特殊性原则；掌握大豆多肽运动饮料生产工艺及制作原理。

二、 实验原理

大豆多肽是大豆蛋白质经过水解、分离等过程获得的一种寡肽混合物。大豆多肽是平均肽链长度为2~10 的短肽混合物，其中又以2~3 个氨基酸组成的低分子肽为主，相对分子质量一般在500~1200。大豆多肽的氨基酸组成与大豆蛋白几乎完全相同，必需氨基酸含量丰富且平衡良好，同时相对于大豆蛋白而言，大豆多肽具有良好的溶解性、低黏度和抗凝胶形成性，易于消化，具有增强人体机能，调节血糖浓度，抗疲劳，促进脂肪代谢和矿物质吸收，降血压，降血脂，降胆固醇和抗氧化等功效。需要指出的是：大豆多肽的相对分子质量大小、肽链长短以及各种理化性质等取决于工艺所选用的蛋白酶类、水解条件和分离方法等。本实验根据运动饮料国家标准和营养学原理，以大豆多肽为主料，并加入适量辅料，通过单因素实验及正交试验确定大豆多肽运动饮料的最佳工艺配方，制备出具有较高营养价值的运动饮料，以更好地满足运动后人体的营养需求。

三、 实验材料及设备

1. 材料与试剂

大豆多肽、浓缩西柚汁、蔗糖、蜂蜜、酸味剂（抗坏血酸、苹果酸、柠檬酸）、增稠剂（羧甲基纤维素）、食盐等。

2. 仪器与设备

电子天平、配料罐、pH 计、糖度计、均质机、200 目不锈钢筛、恒温水浴槽、胶体磨、杀菌器、灌装机、饮料罐等。

四、 实验内容

1. 工艺流程

大豆多肽液、辅料→调配→过滤→均质→脱气→杀菌→冷却→灌装→保温→冷却→检查→成品

2. 基本配方

大豆多肽 0.5%~1.5%、浓缩西柚汁 1.0%、蔗糖 2.0%~10.0%、蜂蜜 2.0%、酸味剂（$m_{抗坏血酸}:m_{苹果酸}:m_{柠檬酸}=1:1:1$）2.0%~3.0%，增稠剂（羧甲基纤维素）0.05%~0.15%、食盐 0.8%。

注：上述配方只是建议性的基本配方，学生可以根据自己的兴趣设计其他风味的大豆多肽运动饮料。比如，以浓缩苹果汁、葡萄汁、香蕉汁等替代浓缩西柚汁。

3. 确定最适配方

试验因素和水平的安排如表 9-8 所示，利用 $L_9(3^4)$ 正交试验表（表 9-9）确定大豆多肽、酸味剂、增稠剂及蔗糖的最佳配比。

表 9-8　运动饮料研制试验因素和水平

水平	因素			
	大豆多肽用量/%	糖分/%	增稠剂用量/%	酸味剂用量/%
1	0.5	4.0	0.05	2.0
2	1.0	7.0	0.10	2.5
3	1.5	10.0	0.15	3.0

表 9-9　正交试验表设计及结果

试验号	因素				口感评价
	大豆多肽用量/%	糖分/%	增稠剂用量/%	酸味剂用量/%	
1	0.5	4.0	0.05	2.0	
2	0.5	7.0	0.10	2.5	
3	0.5	10.0	0.15	3.0	
4	1.0	4.0	0.10	3.0	
5	1.0	7.0	0.15	2.0	
6	1.0	10.0	0.05	2.5	
7	1.5	4.0	0.15	2.5	
8	1.5	7.0	0.05	3.0	
9	1.5	10.0	0.10	2.0	

4. 操作要点

（1）调配　按实验设计的配方比例精准配料，置于 50℃的温水中使物料全部溶解。

（2）过滤　将溶解好的料液通过 200 目的不锈钢滤网过滤，滤除物料中的渣滓。

（3）均质、脱气　将调配好的混合液进行均质，压力控制在 25MPa 左右，温度控制在 55~60℃，并在 0.09MPa 真空度下进行连续脱气。

（4）杀菌、冷却　将物料先预热到 60℃后装入杀菌器中，121℃杀菌时间 20min 或 135℃杀菌时间 5s，然后冷却至 80℃。

（5）灌装、保湿、冷却　杀菌后的物料立即进行热灌装，并于 75℃保温 10min，冷却至室温。

五、产品评定

1. 理化指标

理化指标见表 9-10 所示。

表 9-10　运动饮料的理化指标

项目	指标
可溶性固形物（20℃时折光计法）含量/%	3.0~8.0
钠含量/(mg/L)	50~1200
钾含量/(mg/L)	50~250

注：①食品添加剂和食品营养强化剂应符合 GB 2760—2014 和 GB 14880—2012 的规定；

②抗坏血酸、硫胺素及其衍生物、核黄素及其衍生物为（或可）添加成分，在直接饮用产品中，抗坏血酸不超过 120mg/L；硫胺素及其衍生物为 3~5mg/L；核黄素及其衍生物为 2~4mg/L。

2. 感官指标

感官指标见表 9-11 所示。

表 9-11　成品感官描述指标（参考）

指标	描述
色泽	色泽纯正，通体透明
气味	有特征香味（比如西柚芳香），无豆腥味，气味协调自然
状态	组织细腻，流动性好，无沉淀
口感	口感清爽柔和，酸甜适口，无苦味，无异味

六、结果与分析

1. 实验结果

将实验结果记录于表 9-12，表 9-13 中。

表 9-12　关键数据记录表内容

项目	内容	项目	内容
配料比例		罐装条件	
饮料 pH		成品感官描述	
均质脱气条件		可溶性固形物含量	
杀菌条件		总糖	

表 9-13　成品感官评分表

指标	分值	评分标准	评分
色泽	20	色泽纯正，通体透明	
气味	20	有特征香味（比如西柚芳香），无豆腥味，气味协调自然	
状态	20	组织细腻，流动性好，无沉淀	
口感	40	口感清爽柔和，酸甜适口，无苦味，无异味	

2. 结果分析

从运动饮料的色泽、气味、状态、口感等方面综合评价运动饮料的品质。要求实事求是地对本人/本组实验结果进行清晰的叙述，如果实验结果不理想，仔细分析实验过程中可能存在的问题，并查阅资料提出相应的改进方法。

七、 思考题

1. 如何掩盖大豆多肽的苦味？
2. 影响大豆多肽运动饮料风味的因素有哪些？各影响因素的强弱次序是什么？
3. 如果你不喜欢该配方运动饮料，请指出不足之处，并思考如何改进？

实验二　果酒及低度酿造酒加工综合设计实验及实例

一、 实验目的

通过果酒和我国传统低度酿造酒加工工艺综合性和设计性实验及实例，掌握发酵果酒、酿造低度酒的生产原理和基本技能；培养创新意识和创新精神；提高分析问题和解决问题的综合能力。

二、 项目选择

果酒及低度酿造酒加工综合设计性实验可选项目如下：

（1）干红葡萄酒的制作。

（2）苹果酒的制作。

（3）黄酒的制作。

（4）米酒的制作。

根据自己的兴趣爱好和知识水平，对实验项目进行筛选，确定实验方向；在查找资料、实地考察实验条件、了解原材料情况等方面可行性的基础上充分酝酿，选择其中一个或多个项目，自愿组成设计小组进行设计。

三、 实验方案

选定实验项目后，根据项目任务充分查阅相关资料，熟悉有关理论，确定实验方法，选择配套仪器设备，设计好实验步骤和数据处理方法。然后将以上内容完整清楚地书写在实验报告专用纸上。

四、 实验实施方案论证

实验实施方案论证采取集中讨论的方式进行。

1. 方案陈述

每组由一名代表陈述本组的实验方案，其他组员及时补充，注意突出本组方案的确定依据、优势和创新点。

2. 讨论

同学们对该组的实验方案进行分组讨论，指出该方案存在的问题和实施中可能遇到的困难，并尽可能提出自己的解决办法。

3. 总结

指导教师对陈述的方案和讨论情况进行总结，并提出方案的修改建议。

4. 修改

每组根据讨论中存在的问题，修改自己的方案，并经指导教师同意后，最终确定各组的实验方案。

五、 方案实施

根据论证后的实验方案，准备实验原材料和试剂，在相关专业实验室进行具体的实验操作，注意仪器设备的正确使用以及人员的合理分工。

六、 撰写实验报告

完成设计性实验操作后，要在设计性实验方案后补充数据处理部分内容及相应的讨论，形成一份完整的设计性实验报告，并于规定的时间内上交报告。

以下实例可供参考。

实例一 干红葡萄酒制品的生产

一、 实验目的

了解并熟悉干红葡萄酒制作的基本原理及工艺流程；掌握葡萄酒的基本生产工艺及控制成品质量的措施。

二、 实验原理

葡萄酒的酿制是以新鲜的葡萄为原料，利用原始存在于浆果表面或人为添加的酵母菌来分解果汁中的糖分，通过酒精发酵、苹果酸-乳酸发酵、酯化反应和氧化-还原反应等一系列复杂的生化反应，产生醇、醛、酸等风味物质及其他副产物，从而赋予果酒以独特风味及色泽。干红葡萄酒是指葡萄酒在酿造后，酿酒原料（葡萄汁）中的糖分完全转化成酒精，残糖量小于或等于 4.0g/L 的红葡萄酒。

三、 实验材料及仪器

1. 实验材料

红葡萄、果胶酶、葡萄酒用酵母、二氧化硫、蔗糖、乳酸菌等。

2. 实验仪器、设备

温度计、密度计、小天平、破碎除梗机、压榨机、过滤机、发酵桶、陈酿桶、不锈钢桶或大玻璃罐等。

四、实验内容

1. 干红葡萄酒的一般工艺流程

干红葡萄酒的一般工艺流程见图 9-1 所示。

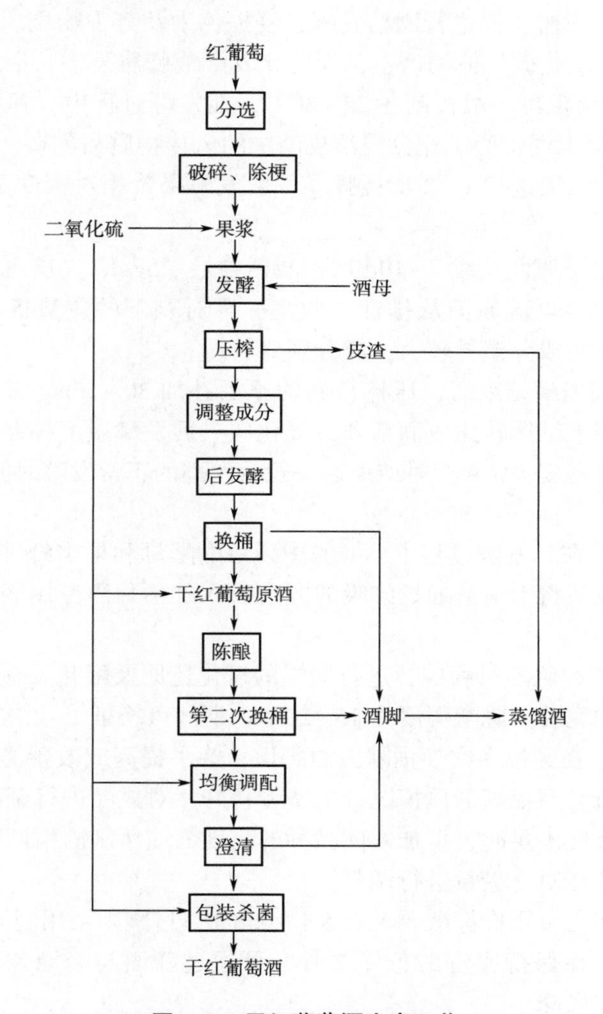

图 9-1　干红葡萄酒生产工艺

2. 操作要点

（1）纯种酒酵母的扩大培养　将菌种先在试管中进行固体斜面培养，然后转接于葡萄汁（此过程中培养菌种用的葡萄汁皆为无菌葡萄汁）试管中培养 3d，温度为 25~28℃（下同）。将培养好的葡萄汁倒入装有 100mL 葡萄汁的锥形瓶中培养 3d，将培养好的葡萄汁倒进装有葡萄汁的玻璃瓶中，接种量为培养液的 3%~5%，培养 2d 后，再进一步扩大培养，培养 2d。酵母繁殖旺盛后即可重复使用或再扩大培养用。

（2）原料分选　一般选择无青果、无霉烂果、糖度在 18°Bx 以上的新鲜红葡萄。

（3）除梗破碎　将果实从枝梗上取下，通过挤压机或滚筒式破碎机将果实挤压破碎，破碎的同时可酌情加入 50mg/L 的二氧化硫，能有效防止葡萄破碎以后在输送、分离、压榨及发酵前的氧化。将含有果肉、果汁、果皮及葡萄籽的果浆立即倒入无菌发酵罐，加入3%~5%扩大培养的菌种，并根据情况加入20~50mg/L的果胶酶来提高出汁率。通过添加蔗糖将含糖量调整至15%~20%，并采用50%的酒石酸将含酸量调整至0.8%~1.2%。

（4）前发酵　前发酵主要进行酒精发酵，浸提色素及芳香物质。在发酵过程中，由于醪液温度升高和二氧化碳气体的产生，为防止发酵液膨胀外溢，因此容器的充满系数应为60%~80%。发酵温度一般控制在25~30℃，在发酵过程中，葡萄皮渣（又称“酒盖”或“皮盖”）会上浮，为了充分浸渍皮渣中的风味物质和色素，应将皮渣浸没在醪液中。在发酵过程中每天进行1~2次搅拌。一般发酵果浆相对密度下降到1.00左右时结束前发酵。

（5）压榨　前发酵时间持续7~10d后，残糖含量＜5g/L，“皮盖”下沉，并且有明显的酒香。此时，先将自流原酒从排汁口收集，再对剩下的皮渣进行压榨，得到压榨酒。自流原酒与压榨酒成分差异较大，应分别盛装。

（6）后发酵　前发酵结束后，压榨得到的原酒补加30~50mg/L的二氧化硫，剩余的糖分在酵母的作用下继续转化成酒精和二氧化碳。后发酵温度控制在18~25℃，进行隔氧发酵，醪液相对密度＜0.993时结束。一般后发酵的正常发酵时间为3~5d，也可持续更长。

（7）澄清换桶　在后发酵过程中，原酒中残留的酵母和果肉纤维会逐渐沉降，使酒逐步澄清。发酵完成后将上清液通过虹吸的方法装入红葡萄酒专用酒桶中，静置封存进行陈酿。

（8）陈酿　新酒在陈酿过程中，进行缓慢的氧化还原及酯化反应，使酒的口味变得柔和，风味上也更加完善。陈酿温度为15~20℃，期间可换桶1~2次。

（9）成品调配　在经过多次换桶除去酒脚后，为了提高或改善酒质，通常对酒进行品尝及化学成分分析，并根据酒质情况及消费者喜好，对成品进行调配。

①酒精度：酒精度不足时，可加入同品种的高度酒或精制酒精调配至12%~16%。

②糖分：使用蔗糖对含糖量进行调整。

③酸度：酸度不足可用柠檬酸调至0.5%~0.8%，过酸则可用酒石酸钾中和。

④色泽、香味：在保持原有的色泽之外，可通过新酒与老酒勾兑，或加入食用香精，来增加酒的特有风味。

（10）澄清　均衡调配后的葡萄酒经过过滤以除去酵母菌等使葡萄酒更加澄清。

（11）装瓶、杀菌　装瓶时为了防止酒体的氧化，尽可能快速完成，每瓶尽量装满，并且每装好一瓶就压上软木塞。灌装前可进行巴氏杀菌，罐装后进行水浴杀菌，杀菌条件为70~75℃、20min。

五、产品评定

1. 品评条件

（1）品酒杯　杯壁无色透明、均匀且薄、高脚、容量大且杯口较小的国际标准玻璃杯。酒的量应在品酒杯的1/3处，以便更好地浓集香味。

（2）品酒室　总体上应满足GB/T 13868—2009《感官分析　建立感官分析实验室

的一般导则》及其他相关标准的要求，具体如下：

①气氛平淡、令人愉快。

②相对湿度控制在60%~70%，温度控制在20~22℃，保持稳定和均匀。

③隔音效果好，空气洁净，无外来异味。

④室内应用暖色调的无光泽漆装饰，无反射光，采光方式为均匀漫反射。

2. 品酒要求

（1）品酒时间　一般在上午10：00~12：00午饭前最好，此时感觉最敏感。

（2）酒温　对干红葡萄酒进行品评时酒温在16~18℃为宜。

（3）嗅　头部略下低，将酒杯放于鼻下，酒中香气自入鼻中。

（4）味　啜一口葡萄酒，使酒在舌前后流转，产生均匀的刺激。品一个样品后漱口，稍作休息后再品第二个。

3. 感官评价

表9-14为百分制的葡萄酒感官评分表，按照每一栏中要求评定的项目根据实际情况进行评分。评分不能充分表达感受时，可以在评语栏进行文字说明。评语可以用到前文所列的术语。

表9-14　　葡萄酒感官检验评分表

品评地点　　参加品评单位　　姓名　　年　月　日

编号	检测标准	色		香		味					典型性	总分	评语
		色泽	清浊	果香	酒香	酒精度	甜度	酸度	涩度	余味			
	分值	5	5	15	15	10	5	10	10	10	15	100	

以上评分与评语，仅代表一位品酒员的意见，为了追求更全面客观的评价，需要综合多位品酒员的总分。先将总分进行平均，对酒的等级进行划分，分别为优（＞90分）、好（＞80分）、合格（＞60分）及不合格（＜60分）。也可以对以上四个分组分别计算平均分数和汇总评语来获得一种酒的优点和缺点。

感官评定是评价某一产品优劣的第一项指标，因此相关各项指标也应尽可能地表述出来，以使人们对一个品种的风味有较为全面、正确的认识。

4. 理化指标

参照GB/T 15037—2006《葡萄酒》对制得的干红葡萄酒理化指标进行检测（表9-15）。

表9-15　　理化指标

项目	指标	项目	指标
酒精度（20℃）（体积分数）/%	≥7.0	铁/(mg/L)	≤8.0
总糖（以葡萄糖计）/(g/L)	≤4.0	铜/(mg/L)	≤1.0
挥发酸（以乙酸计）/(g/L)	≤1.2	甲醇/(mg/L)	≤400
柠檬酸/(g/L)	≤1.0		

六、 结果与分析

（1）从干红葡萄酒的色、香、味等感官指标进行质量评价。

（2）对干红葡萄酒的理化指标进行评价分析。

七、 思考题

1. 前发酵和后发酵有什么不同？
2. 葡萄酒依靠什么防止微生物腐败？
3. 二氧化硫在葡萄酒生产中的主要作用是什么？
4. 葡萄果皮含有哪些主要成分？对葡萄酒品质有哪些影响？

实例二　苹果酒制品的生产

一、 实验目的

了解并熟悉果酒发酵的基本原理和工艺流程；掌握苹果酒酿制技术及品质控制措施。

二、 实验原理

苹果酒是一种低度型饮料酒，以鲜榨苹果汁或添加其他果汁为原料经过酒精发酵、苹果酸-乳酸发酵酿制而成。发酵过程中，随着糖分的减少，生成了各种有机营养物，如苹果酸、琥珀酸和醇酯等。因其含有丰富的营养物质，还有如多酚、甾醇等功效成分，使得苹果酒具有一定的保健功能。

三、 实验材料及仪器

1. 实验材料

红富士苹果、二氧化硫、果胶酶、酿酒用酵母、维生素 C、柠檬酸、苹果酸、澄清剂等。

2. 实验仪器、设备

毛刷清洗剂、破碎机、压榨机、发酵罐、澄清罐、手持糖度计、酸度计等。

四、 实验内容

1. 苹果酒酿造的一般工艺流程

苹果酒生产工艺见图 9-2 所示。

2. 操作要点

（1）液体酵母的制备　将保存的菌种先进行扩大培养。先将一环斜面上的酿酒酵母无菌接种到 5mL 无菌苹果汁中。25℃下培养 1~2d 后观察到果汁开始变浑浊，表面出现泡沫，轻轻摇晃则有二氧化碳释放出来，随后酵母细胞形成棕色悬浮物并沉降到底部。将此培养物转接到 50 倍体积的无菌苹果汁中，以此类推，直到培养物的量能够满足发酵需求。

（2）原料分选　尽量选用充分成熟、健康、无腐烂、晚摘、含糖量高及风味、色泽

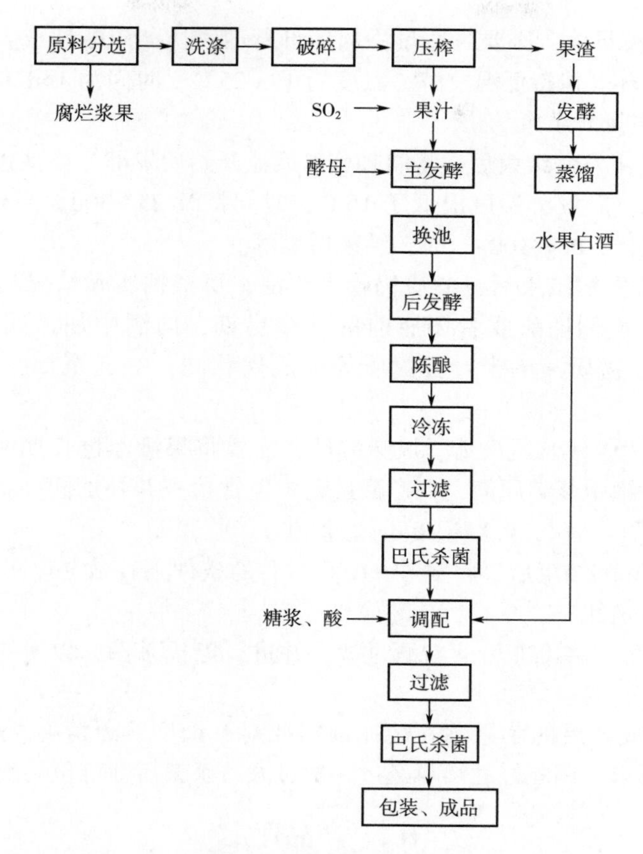

图 9-2 苹果酒生产工艺

优良的果实，剔除腐烂、破损和干瘪的苹果。因为干瘪的苹果会带来苦味，腐烂果及破损的果实则会导致杂菌繁殖，影响发酵的正常进行。用来酿造苹果酒的苹果通常是一些非常传统的品种，选用小果实酿酒出酒多，并且果香芬芳。分选可以采用人工分选或机械分选。

（3）洗涤　清洗一方面可以减少果实表面的微生物，另一方面也可以洗去附着在表面的农药。洗涤方法有流槽式清洗、刷洗、喷淋等，一般采用多种方法综合使用。若是苹果表面农药较多时，应先用 0.5%~1%的稀盐酸浸泡，然后清洗、晾干。

（4）破碎　由于苹果硬度较浆果类高，因此在榨汁前将洗净的苹果用破碎机破碎成 0.15~0.2cm 大小的块状，以提高苹果的出汁率，但不宜破碎过细，以防止苹果籽破损。破碎时一定要加入维生素 C、柠檬酸等护色剂，以防止褐变反应的发生。

（5）压榨　破碎后的果肉立即送去压榨机压榨。压榨一般分为两次进行，一次压榨完后将苹果渣收集，添加压榨量 10%的含有护色剂的水混匀，然后进行二次压榨。二次压榨能够提高出汁率，但果香和风味有所损失，可以根据情况选择压榨次数。

（6）静置澄清　将榨出的苹果汁送入澄清罐中静置。可以在罐中加入 60~100mg/kg 的 SO_2、果胶酶和淀粉酶（酌情添加），并将果汁的 pH 用苹果酸调至 3.8 以下，温度调低至 10~15℃，以加速果汁澄清。

（7）主发酵　将澄清后的果汁转入发酵罐中，充满系数为 85%左右。苹果汁入罐后，加入4%~5%酵母液，必要时适量添加酵母营养物质如硫酸铵或者磷酸二铵。发酵过程注意果汁的循环，保持低温发酵，温度为18~25℃，时间为15d左右，待糖分降至0.5g/100mL时，主发酵结束。

（8）后发酵　主发酵结束后，将酒脚分离换池开始后发酵。换池过程中可充入二氧化碳保持绝氧状态。后发酵温度应低于16℃，时间持续25~30d。当残糖量低于0.2g/100mL、挥发酸低于0.06g/100mL时，结束后发酵。

（9）下胶　若发酵结束后，酒质仍较为浑浊，可根据实际情况具体分析引起浑浊的原因，并在第二次倒桶前或者装瓶前的几个星期，向酒中加入明胶、硅胶或膨润土，使其与不溶性物质、单宁、蛋白质等形成絮状物，一起沉淀，从而达到澄清的目的。

（10）陈酿　为了使酒质澄清、风味醇厚，需要将果酒经过长期的贮藏陈酿。在陈酿过程中，应保持罐中装满原酒，在贮藏过程中经常检查并补加同一批酒或同品种的陈酒。注意每年换桶1~3次，贮藏温度不超过20℃。

（11）冷冻　陈酿结束后，将酒在-10℃左右的条件下存放7d，以加速原酒澄清并提高其透明度和稳定性。

（12）巴氏杀菌　将冷冻后的新酒过滤，并进行巴氏杀菌，以避免新酒中的杂菌对酒的品质造成不良影响。

（13）调配　成熟后的苹果酒在装瓶前需要对其糖度、酒精度、酸度等进行调配，以满足成品酒的要求。调配好的酒再经过一次过滤、杀菌后即可包装出厂。

五、 产品评定

根据GB/T 15038—2006《葡萄酒、果酒通用分析方法》制定苹果酒的感官评分标准（表9-16）。由多人组成品评小组从色、香、味和典型性进行综合评定。

表9-16　　干型苹果酒感官评定标准

项目	标准	评分
色泽（20）	金黄色、澄清透明、协调、有光泽	20
	金黄色、较澄清透明、无明显悬浮物	15~19
	微浑、无光泽	＜15
香气（30）	果香、酒香浓郁、优雅、协调	30
	果香、酒香良好、较协调	25~29
	有果香、酒香，有异味	20~24
	有令人厌恶的异味	＜20
口味（40）	酒体丰满，醇厚协调、爽口、口味延绵	40
	酒质柔顺、柔和爽口、酸甜适度	35~39
	酒体协调、纯正、稍酸涩	30~34
	酒体寡淡，不够协调、较酸涩	25~29
	酸、涩、苦、平淡、异味	＜25

续表

项目	标准	评分
典型性（10）	典型完美、风味独特、优雅	10
	典型、明确、风格良好	7~9
	有典型性、但不够优雅	4~6
	典型性不明显	<4

六、 结果与分析

（1）从苹果酒的色、香、味、典型性等感官指标进行质量评价。

（2）分析苹果酒酿造各环节对酒品质的影响及主要注意事项。

七、 思考题

1. 在苹果酒的生产过程中，二氧化硫的添加具有什么作用？
2. 苹果酒与葡萄酒酿造工艺有什么区别？
3. 苹果酒有哪些保健功能？

实例三 黄酒制品的生产

一、 实验目的

了解并掌握黄酒的制作原理和流程；掌握黄酒制作实验的基本操作技能；培养通过感官品评技术评价酒的质量。

二、 实验原理

黄酒是用大米、黍米、粟等谷物作为原料，用酒曲作为糖化发酵剂制成的酿造酒。黄酒是中国最古老的酒类之一，其香气浓郁，味道醇厚，且酒中含有多种营养物质，例如氨基酸、低聚糖、无机盐、维生素以及微量元素等，可直接用于日常饮用或者用于调味。黄酒的发酵不是单一的，在酿造的过程中，糖化和发酵同时进行（双边发酵）。酵母在发酵的过程中不能直接利用淀粉，糖化的目的就是将原料中的淀粉等大分子物质在各种水解酶的作用下分解为小分子物质供酵母菌利用。发酵过程中不仅仅有酵母菌，同时存在其他微生物的作用，因此，黄酒发酵后得到的是酒精以及各种风味物质。传统黄酒的制作主要有淋饭法、喂饭法和摊饭法。淋饭法是将蒸熟的米饭用冷水淋凉，然后拌入酒曲粉末，搭窝，糖化，最后加水发酵成酒。有的生产中使用淋饭酒作为下一步酿造的酒母。喂饭法是将酿酒原料分成批次，第一批采用淋饭法先做成酒母，在培养成熟阶段，陆续分批加入新原料，扩大培养，使发酵持续进行的一种酿酒方法。摊饭法是将蒸熟的米饭摊在竹篦上，使米饭在空气中冷却，然后再加入酒曲、酒母（淋饭酒母）、浸米浆水等，混合后直接进行发酵制得黄酒。本实验采用最基本的淋饭法。

三、实验材料及仪器

1. 实验材料

大米：酿造黄酒可以用糯米、粳米或籼米。大米经过基本的筛选除杂，实验过程中可以分别以三种米为原料酿造黄酒。

酒曲：主要包含酿酒酵母，干燥贮藏，使用时研磨成粉末状。

水：水是黄酒的主要成分之一，且占很大比例，水质直接影响成品酒质量。实验中可选用纯净水或去离子水。

2. 实验仪器

发酵缸、小型发酵罐、压滤机、巴氏杀菌机、蒸馏装置、酒精计等。

四、实验内容

1. 工艺流程

洗米→浸米→蒸煮→淋水冷却→落缸加曲→糖化、加曲冲缸→发酵→后熟→过滤→灭菌→成品

2. 酒母制备操作要点

(1) 洗米　通过洗米除去大米中的米糠、尘土等杂质。洗米的过程要求水清，无其他杂质。

(2) 浸米　洗米完之后加入一定量的水浸泡，水面高出大米表面约10cm，保证淀粉充分吸水，易于糊化。浸泡时间根据气温不同控制在24~48h，温度高适当缩短浸泡时间。

(3) 蒸煮　将浸泡后的大米捞出入屉，常压蒸15min左右。要保证大米蒸熟，要求外硬内软，疏松透水，但是不能过烂，烂饭会使曲料无法拌匀，致使根霉及酵母菌的生长和代谢受到抑制，同时由于高温细菌大量繁殖、产酸过多而会造成出酒率低；此外，在饭料下层，烂饭因过于紧密、不疏松使根霉及酵母缺氧而难以繁殖，某些厌氧菌则大量繁殖而产生异杂气味。

(4) 淋水　淋水开始使用冷水，待透过蒸熟的大米后，再用50℃左右的水进行回淋，最后控制大米的温度在30℃左右，冷却时间越短越好。

(5) 落缸　将大米移入洁净并且杀过菌的缸中，在米中拌入酒曲粉末并充分混合，大米要保持松而不散，在米中间掏锥形到底，大口在上的“窝”，增加米和空气的接触，并便于观察。

(6) 糖化、加曲冲缸　保持缸内温度，此时处于好氧发酵阶段，一般经过2~3d米粒软化，窝水微甜有浓郁酒气，当还原糖含量在15%~25%，酒精含量在3%以上时，加入一定比例的水和酒曲进行冲缸，充分搅拌，发酵由半固体状态转为液体状态，浓度得以稀释，补充溶氧后糖化和发酵作用得到加强。

(7) 发酵　发酵开始后米粒和部分曲漂浮在醪液表面形成泡盖，应及时用木耙进行搅拌，称为开耙。开耙可排除二氧化碳，给予新鲜空气，促进后续发酵，开耙每天2~3次，根据温度变化来进行。发酵温度保持在25~30℃。

（8）后熟　发酵 8～10d 后，将发酵醪灌入酒坛，坛装八成满，封口后在低温下（10～25℃）进行后发酵，经过 20～30d，乙醇含量达到 15%以上，发酵完成，此时醪液也可做酒母使用。低温长期发酵效果较好。

（9）过滤　将发酵液进行压榨过滤，澄清 2～3d。

（10）灭菌　将黄酒原液倒入到巴氏杀菌机内，杀菌的温度控制在 85℃左右，时间 2～3min。

（11）成品酒　采用传统酒坛包装，将成品酒贮藏一定时间进行陈酿有利于酒质提升。

五、产品评定

1. 感官品评

参考表 9-17 对酿制黄酒的品质进行感官评价。对照 GB/T 13662—2008《黄酒》，确定其品质等级。

表 9-17　　黄酒感官品评标准表

项目	满分值	评分标准	评分
色泽	25	棕黄色、澄清	+25
		浅色	-10
		其他杂色	-20
香气	25	浓郁	+25
		味浅	-10
		不愉快的气味	-20
滋味	25	醇厚	+25
		味淡	-10
		酸味	-20
风格	25	产品特有	+25
		偏格	-10
		错格	-20
总分			

注：“+”代表加分；“-”代表减分。

2. 酒精度数据

对不同原料所酿成品酒的酒精度按照国标方法进行取样测定，记入表 9-18 中。

表 9-18　　黄酒酒精度数据记录表

项目	糯米	粳米	籼米
溶液温度/℃			
酒精计示值			
酒精度（体积分数）/%			

六、 结果分析

（1）对三种不同原料制备黄酒的感官指标进行对比评价分析。
（2）测定不同成品的酒精度并分析酒精度差异的原因。

七、 思考题

1. 菌种在黄酒中发挥的作用有哪些？
2. 不同酿酒原料的差异主要在哪方面？
3. 黄酒工业化生产应该采用哪些主要设备？

实例四　米酒制品的生产

一、 实验目的

了解米酒的营养成分；掌握米酒的酿造原理及工艺；掌握米酒生产的基本操作技能；培养学生通过感官品评技术评价米酒的质量。

二、 实验原理

米酒，俗称酒酿，甜酒。旧时叫“醴”。用糯米酿制，是中国传统的特产酒。糯米具有补中益气、健脾养胃等功效，对食欲不佳、腹胀腹泻有一定缓解作用，其热值高，酒精度数低，风味独特。米酒是用蒸熟的糯米（江米）拌上酒曲发酵而成的一种甜米酒。糯米中的淀粉含量较高，但是发酵过程中，酵母菌不能直接利用淀粉，因此需先在根霉菌、毛霉及米曲霉等的作用下，经过糖化作用之后，酵母菌利用葡萄糖进行部分糖酵解生成乙醇，从而赋予米酒特有的香气和风味。

三、 实验材料及仪器

1. 实验材料
糯米、市售甜酒曲、水。
2. 实验仪器
恒温培养箱、蒸锅、发酵缸、蒸馏装置、酒精计等。

四、 实验内容

1. 工艺流程

洗米、浸米→蒸煮→冷却→加曲→落缸→发酵→后熟→成品

2. 操作要点

（1）洗米、浸米　选上等糯米，反复淘洗几次，直至淘米水成清水，然后加入一定量的水浸泡，加水的量约没过糯米表面 15cm（糯米易吸水），浸泡完全，过程中若水不够，需添加水以保证完全泡发，浸泡约 20h。

（2）蒸煮　将浸泡好的糯米上蒸锅蒸 20min 左右，要求蒸后的饭粒熟而不烂，米粒

完整。

(3) 冷却 将蒸煮好的糯米摊开至松散状态自然冷却。不宜用水淋冷却，若用水只能用少量，最后控制温度在35~40℃。

(4) 加曲 将酒曲研磨成粉末状，撒在冷却后的熟糯米上，翻动米饭，使其混合均匀。混合过程中可以撒上少量温水，摊饭、拌曲操作时间越短越好，让优势菌尽快定殖繁殖，并降低污染。

(5) 落缸 将搅拌好的熟糯米转移到发酵缸中，转移过程中不要有其他触碰，将米分散均匀，在米的中央挖一个锥形“窝”直至发酵缸底部，大口在上，便于空气流通和后面观察发酵状况。

(6) 发酵 用保鲜膜或杀菌后的旧报纸将发酵缸半密封，然后保温发酵，发酵温度控制在30℃左右，发酵1~2d后出现液体，2~3d后出现大量酒香浓郁的酒液，可添加适量凉开水调节浓度。

(7) 后熟 发酵后甜米酒已初步成熟，但口味不佳，在5~10℃较低温度下放置2~3d进行后发酵，可以减少酸味，使口感更柔和酒香更浓郁。酿好的米酒不经灭菌可以冷藏10~15d。

五、产品评定

1. 感官品评

米酒感官品评指标见表9-19所示。

表9-19 米酒感官品评标准表

项目	要求
形态	具有相当含量固形物（米糟等）的固液混合体
色泽	呈乳白微黄色
香气	具有独特的米酒清香，无异味
滋味和口感	味感柔和，香甜可口
杂质	无肉眼可见的外来异物，允许成品中有少许的稻谷粒或异色米粒

2. 理化指标

理化指标见表9-20所示。

表9-20 米酒理化指标

项目	要求
固形物/(g/100g)	≥48.0
总糖（以蔗糖计）/(g/100g)	≥15.0
还原糖（以葡萄糖计）/(g/100g)	≥13.0
蛋白质/(g/100g)	≥1.50
总酸（以乳酸计）/(g/100g)	≤1.00
酒精度（体积分数）(20℃)/%	≥0.80

六、结果与分析

（1）从米酒的色、香、味等感官指标进行质量评价。

（2）对米酒的理化指标进行评价分析。

七、思考题

1. 菌种在米酒中发挥的作用有哪些？
2. 米酒与黄酒生产工艺有哪些异同点？
3. 工业化生产米酒需要哪些设备？

实例五　蓝莓果酒制品的生产

一、实验目的和原理

果酒是水果本身的糖分被酵母菌发酵成为酒精的酒，含有水果的风味。本实验选用蓝莓为原料对其进行酒精发酵，蓝莓中含有丰富的营养成分，除了糖、酸、维生素 C 外，还含有大量的维生素 A、维生素 E、超氧化物歧化酶（SOD）、微量元素等成分，果实中所含的花青素也是位于常见的水果之首。将其酿造成果酒，既可解决蓝莓旺季不易保存而过剩的问题，又可大大提高蓝莓的附加值，全面开发蓝莓资源。

二、实验材料与仪器

1. 材料与试剂

蓝莓、酵母、白砂糖、柠檬酸、亚硫酸盐等。

2. 设备仪器

榨汁机、过滤器、离心分离机、自动控温发酵罐、无菌贮罐、配料罐、手持折光仪等。

三、实验内容

1. 工艺流程

果胶酶、亚硫酸（加入破碎）　白砂糖、柠檬酸（加入调整成分）

蓝莓果分选→清洗→破碎→果浆→调整成分→接种→主发酵→渣液分离→后发酵→陈酿→澄清处理→蓝莓原酒→均衡调配→杀菌→灌装→成品

2. 操作要点

（1）蓝莓果的分选　选择果形完整，充分成熟，无霉烂变质的蓝莓作为原料。

（2）取汁　将蓝莓果进行清洗除去表面泥沙后，经榨汁机进行榨汁破碎，在此期间加入果胶酶和亚硫酸。果胶酶用量为 0.25%，亚硫酸添加量为 50mg/L。

（3）调整成分　蓝莓果汁中的含糖量偏低，不利于酒精发酵，需另外添加白砂糖使其含糖量提高到 18°Bx。

（4）接种　在蓝莓汁中加入 2%～4%的活性酵母液。活性酵母液可用 2%的蔗糖溶液在35℃下加入10%干酵母，复水活化30min。

（5）主发酵 接种后的蓝莓汁于25℃下进行发酵，持续7d左右，主发酵结束后进行渣液分离。

（6）后发酵 主发酵完的蓝莓汁于20℃下继续发酵14d，发酵结束后即时换桶，进行陈酿。

（7）陈酿 新发酵完的果酒口感不醇和，需要进行后续的陈酿使其品质进一步提高。一般温度控制在15~18℃，时间3个月，陈酿时酒罐要贮满，防止酒的氧化。

（8）澄清调配 通过明胶单宁法进行澄清处理，明胶加量为20~100mg/L，之后进行过滤处理，即得蓝莓原酒，测定原酒的酒精度、酸度，并根据原酒的色、香、味和监测数据进行调配。

（9）杀菌灌装 采用瞬时杀菌法进行杀菌处理，无菌灌装后即得成品。

四、产品评定

对成品酒进行感官、理化指标等评定，记录于表9-21：

表9-21 成品果酒的品质鉴定

项目	产品情况
色泽	
外观	
气味和滋味	
酒精含量	
总酸含量	

五、思考题

1. 该实验所研制的果酒有什么特色？
2. 果酒研制过程中出现什么问题？如何解决？

第十章

粮油加工综合设计实验及实例

实验一　大米加工综合设计实验

一、实验目的

掌握大米检验和加工的基本原理和操作技能，通过自主实验设计培养创新意识和创新精神，提高分析问题和解决问题的综合能力。

二、项目选择

大米加工综合设计性实验可选项目如下：

（1）大米锅巴制品的生产。

（2）膨化糯米米饼加工工艺优化及产品开发实验。

根据自己的兴趣爱好和知识水平，对大米检验、加工实验项目进行筛选，确定选题方向。在查找资料、实地考察实验条件的基础上充分论证，选择其中一个或多个项目，自由组合分组进行设计。

三、实验方案

选定实验项目后，根据项目任务充分查阅实验资料，掌握实验有关理论，组内讨论确定实验方法，选择配套仪器设备，设计好具体实验步骤和数据处理方法。然后，将以上的过程用书面形式表达清楚。

四、实验实施方案论证

实验实施方案论证采取集中讨论的方式进行。

1. 方案陈述

每组派一名代表陈述本组的实验方案，其他组员可进行补充。注意突出自己方案的确定依据、优势和创新点。

2. 讨论

同学们对该组的实验方案进行分组讨论，指出该方案存在的问题和实施中可能遇到的困难，并尽可能提出自己的解决办法。

3. 总结

指导教师对陈述的方案和讨论的情况进行总结，并提出方案的修改意见。

4. 修改

每组根据讨论中存在的问题，修改自己的方案，并经指导教师同意后，最终确定各组的实验方案。

五、 方案实施

根据论证后的实验方案，准备实验原材料和试剂，在实验室进行具体的实验操作，注意仪器设备的正确使用以及人员的合理分工。

六、 撰写实验报告

完成设计性实验操作后，要在设计性实验方案后补充数据处理部分内容及相应的讨论，形成一份完整的设计性实验报告，并于规定的时间内上交报告。

以下实例可供参考。

实例一 大米锅巴制品的生产

一、 实验目的

了解并掌握大米锅巴的制作原理和工艺方法、注意事项；掌握大米锅巴制作的基本操作要点，学习运用正交试验分析实验结果。

二、 实验原理

锅巴是我国的一种传统风味小吃。以大米为原料制成的锅巴营养丰富、风味独特，富含碳水化合物、蛋白质以及多种维生素和矿物质，具有色泽金黄、口感松脆、味道香馥等特点，既有作为零食的休闲解馋作用，又兼主、副食的充饥、配菜功能，深受儿童、青少年甚至中老年人的喜爱。

三、 实验材料及仪器

1. 实验材料

大米、小麦淀粉、植物油、膨松剂、白砂糖、食盐、味精、调味料等。

2. 实验仪器

蒸锅、压面机、油炸锅、搅拌机、成形机、烘烤箱、自动包装机、电子天平等。

四、 实验内容

1. 工艺流程

原料选择→预处理→蒸煮→冷却→调配→轧片→切片→油炸→沥油→调味→包装→成品

2. 操作要点

(1) 原料选择　由于籼米和粳米中直链淀粉和支链淀粉含量不同，从口感和操作的难易程度考虑，选用粳米做原料制作锅巴优于籼米。

(2) 预处理　将大米洗净，除去表面的米糠及其他杂质，进行浸泡。浸泡可使大米充分吸水，有利于蒸煮时大米充分糊化。浸泡至米粒呈饱满状态、水分含量达 30%左右。浸泡时间通常为 30~45min。

(3) 蒸煮　蒸煮是使大米中淀粉糊化的过程。采用常压或加压蒸煮，上汽后蒸煮 30~40min，煮到大米熟透、硬度适当、米粒不糊、水分含量达 50%~60%为止。如果蒸煮时间短，则米粒不熟，没有黏结性，不易成形，容易散，且做成锅巴后有生硬感，口味不佳；蒸煮时间过长，则米粒煮得太烂，容易黏结，并且水分含量过高，油炸后的锅巴脆度不够，影响产品质量。

(4) 冷却　将蒸煮后的米饭进行自然冷却，使水汽散发。目的是使米饭松散，不进一步变软，不黏结成团，不粘连轧片器具，既便于操作，又保证产品质量。

(5) 调配　加入适量的小麦淀粉、膨松剂于冷却的米饭中混匀。

(6) 轧片、切片　在案板上涂少许食用油，将搅拌后的混合物压成薄片。接着经特制锅巴压片机压制，将米片压成 2~3cm 见方的小块。一般需重复压制 4 次左右，形成薄片，以保证油炸后酥脆的口感。

(7) 油炸、沥油　将切好的薄片放在植物油中油炸，油温 190~200℃，油炸时间 1min，炸至微黄色捞出，沥除多余的油脂后静置。

(8) 调味　将静置后的锅巴趁热涂撒适量的调味料，外加少许的盐和味精，可依据不同的口味调料，要求调料均匀地涂撒在锅巴上。

(9) 包装、成品　待加入调料的锅巴晾凉后即用铝塑薄膜包装封口，完成大米锅巴的制作。冷却后立即包装是为了防止干燥后变硬，影响口感。

3. 调配工艺实验

本实验主要是确定小麦淀粉、白砂糖和膨松剂的添加量，选取小麦淀粉、白砂糖和膨松剂作为三因素，每个因素设立三个水平，见表 10-1；采用 $L_9(3^4)$ 正交试验，以锅巴的感官评分为指标，得到这三种物质最佳的添加量（添加量均为相对于大米的质量百分比）。

表 10-1　调配工艺正交试验因素水平表

水平	小麦淀粉添加量 (A) /%	白砂糖添加量 (B) /%	膨松剂添加量 (C) /%
1	35	10	0.6
2	40	15	0.8
3	45	20	1.0

五、 产品评定

感官评分标准见表 10-2 所示。

表 10-2 大米锅巴的感官品质评分标准（100 分）

项目	评分标准	评分
形态	外形完整，厚薄均匀，很有食欲感	16~20 分
	外形基本整齐，食欲感一般	10~15 分
	外形不齐，厚薄不均，凹凸不平，食欲感较差	0~9 分
色泽	色泽亮丽，呈金黄色	16~20 分
	色泽一般	10~15 分
	色泽差，过深或过浅，有焦糊现象	0~9 分
风味	香味纯正，无异味，无油腻感	21~30 分
	风味一般，有油腻感	11~20 分
	风味较差，油腻感明显	0~10 分
口感	口感酥脆，硬度与嚼劲恰到好处	21~30 分
	有酥脆感，硬度与嚼劲一般	11~20 分
	软延无力，硬度不佳，嚼劲很差	0~10 分

六、 结果与分析

（1）通过正交试验确定大米锅巴调配的最佳配方，并对各影响因素进行分析。

（2）对大米锅巴进行感官评价，并分析影响锅巴品质的主要因素。

七、 思考题

1. 原料预处理过程浸米的目的是什么？
2. 蒸煮时间过长或过短会对大米锅巴的品质造成哪些影响？
3. 不同原料锅巴感官和营养品质有哪些区别？

实例二 膨化糯米米饼加工工艺优化及产品开发实验

一、 实验目的

掌握膨化糯米米饼的制作原理和工艺、注意事项；了解膨化糯米米饼的原料组成及主要质量指标，掌握通过感官评价判定膨化糯米米饼的品质。

二、 实验原理

糯米是制造黏性小吃，如粽子、八宝粥、米饼、各式甜品的主要原料，它含有蛋白质、糖类、钙、磷、铁、维生素 B_1、维生素 B_2、烟酸等，营养丰富，为温补强壮食品，具有补中益气，健脾养胃等功效，对食欲不佳、腹胀腹泻有一定缓解作用。

膨化米饼是将大米粉碎后在有限水分下蒸煮糊化，使其形成凝胶，凝胶体冷却干燥后在高温下烘烤膨化而制成的松脆食品。目前常用的膨化方法有螺杆挤压膨化、油炸膨化、烘烤膨化和微波膨化等，其中以米饼的生产工艺最为复杂，对工艺参数和原料选择的要求较高，工业化生产难度较大。本实验主要以糯米为主要原料制作膨化糯米米饼。

三、 实验材料及仪器

1. 实验材料

糯米粉、小麦粉、白砂糖、食盐、味精、黄油等。

2. 实验仪器

粉碎机、蒸锅、电炉、恒温干燥箱、电子天平、筛网等。

四、 实验内容

1. 工艺流程

小麦粉↓

糯米→清洗→浸泡→粉碎→调粉→蒸煮→冷却→成形→静置→第一次干燥→静置→第二次干燥→膨化→冷却→膨化米饼

2. 操作要点

（1）原料预处理　选择新鲜、颗粒饱满的优质糯米，用自来水淘洗干净，剔除杂粒、虫蛀粒以及其他异物。

（2）浸泡　洗净的糯米在10～20℃下，浸泡20～30min，让其充分吸水，以便于粉碎。糯米浸泡后的含水量在30%左右为宜。

（3）粉碎　将浸泡好的糯米沥水约1h，使米粒内水分分布均匀，粉碎后的粉粒粒度分布更加集中。沥水后的糯米与小麦粉一起用粉碎机粉碎，过100目筛，备用。

（4）调粉　将白砂糖、食盐和味精（0.3%）溶解于水，加入混合粉中进行调粉，搅拌均匀，加水量以手捏成团、手松即散为佳（原料的含水量25%～30%）。如果水分含量过高，干燥时容易导致饼坯中有小硬块，膨化不均匀；水分过低，米粉中所含的淀粉由于糊化效果不好导致膨胀性差。

（5）蒸煮　将混合面团常压蒸煮0.5h，使其中的淀粉充分糊化，得到淀粉凝胶。

（6）冷却　采用自然通风冷却，冷却后放置1～2d，使其硬化。因为蒸制使淀粉α-化，米粉团很黏，难以进行成形操作，放置一段时间后，使淀粉适当回生，便于成形。

（7）成形　成形前，粉团需经反复揉搓，使粉团中无硬块，质地均匀，有一定透明度，然后制成直径约30mm、厚约4mm的圆形饼坯。

（8）干燥　如果直接烘烤水分偏高的米饼，会使其表面结成硬皮，而内部过软。应采用二段干燥工艺，第一阶段温度为40℃，时间为3h，第二阶段温度为60℃，时间为3h，控制水分在16%～18%。每一次干燥后饼坯静置4h，使其水分均匀分布。

（9）膨化　将干燥好的米坯置于电炉上方250～260℃温度区翻动烘烤20～25s，使其预热软化；然后将其置于300～320℃温度区翻动烘烤5s，使其急剧膨化；再置于250～260℃温度区烘烤10s，逸出残余水分，使产品最终含水量在6%～8%左右。

3. 配方工艺实验

本实验影响米饼品质的原料因素主要是小麦粉与糯米粉的比例、白砂糖、食盐的添加量。因此，以此三者为考察因素，设计 $L_9(3^4)$ 正交试验，因素水平见表 10-3 所示，以感官评分为指标，得出这三种物料的最佳添加量。

表 10-3 配方正交试验因素水平表

水平	因素		
	小麦粉：糯米粉（*A*）	白砂糖添加量（*B*）/%	食盐添加量（*C*）/%
1	30：70	2	2
2	40：60	4	3.5
3	50：50	6	5

五、产品评定

膨化糯米米饼感官评分标准可参考表 10-4。

表 10-4 膨化糯米米饼的感官品质评分标准（80 分）

项目	评分标准	评分
色泽	黄色或乳黄色	16~20 分
	黄色稍带橘红	10~15 分
	灰褐色	0~9 分
风味	有明显的米香味，无异味，滋味适中	16~20 分
	有米香味，但香味偏淡，滋味一般，稍有异味	10~15 分
	无米香味，滋味差，有异味	0~9 分
组织	组织完整，空隙均匀，表面平整	16~20 分
	组织较完整，空隙较均匀，有个别气泡	10~15 分
	组织不完整，饼内有分层现象，表面不平整	0~9 分
口感	口感酥脆，细腻	16~20 分
	口感较酥脆，较细腻	10~15 分
	口感不酥脆，粗糙	0~9 分

六、结果与分析

（1）通过正交试验确定糯米米饼原料调配的最佳配方，并对各影响因素进行分析。
（2）对糯米米饼进行感官评价，并分析影响米饼品质的主要因素。

七、思考题

1. 制作膨化糯米米饼时为什么要采用两次干燥？
2. 米面团蒸煮后为什么要冷却静置？
3. 膨化米饼的膨化工艺为什么要变温？

实验二 小麦加工综合设计实验及实例

一、实验目的

通过自主实验设计和结果分析，掌握小麦粉检验和加工的基本原理和操作技能；培养创新意识和创新精神；提高分析问题和解决问题的综合能力。

二、项目选择

小麦加工综合设计性实验可选项目如下：

(1) 主食面包制品的生产。

(2) 蛋糕制品的生产。

(3) 广式五仁月饼制品的生产。

(4) 红平菇面包加工工艺优化及产品开发实验。

根据自己的兴趣爱好和知识水平，对小麦粉检验、加工实验项目进行筛选，确定选题方向。在查找资料、考察实验条件的基础上充分论证，选择其中一个或多个项目，自由组合分组进行设计。

三、实验方案

选定实验项目后，根据项目任务充分查阅实验资料，掌握小麦粉检验、加工实验有关理论，组内讨论确定实验方法，选择配套仪器设备，设计好具体实验步骤和数据处理方法。然后，将以上的过程用书面形式表达清楚。

四、实验实施方案论证

实验实施方案论证采取集中讨论的方式进行。

1. 方案陈述

每组派一名代表陈述本组的实验方案，其他组员可进行补充。注意突出自己方案的确定依据、优势和创新点。

2. 讨论

同学们对该组的实验方案进行分组讨论，指出该方案存在的问题和实施中可能遇到的困难，并尽可能提出自己的解决办法。

3. 总结

指导教师对陈述的方案和讨论的情况进行总结，并提出方案的修改意见。

4. 修改

每组根据讨论中存在的问题，修改自己的方案，并经指导教师同意后，最终确定各组的实验方案。

五、方案实施

根据论证后的实验方案，准备实验原材料和试剂，在实验室进行具体的实验操作，注意仪器设备的正确使用以及人员的合理分工。

六、 撰写实验报告

完成设计性实验操作后，要在设计性实验方案后补充数据处理部分内容及相应的讨论，形成一份完整的设计性实验报告，并于规定的时间内上交报告。

以下实例可供参考。

实例一　主食面包制品的生产

一、 实验目的

了解面包生产的基本原理，熟悉面包生产中各配料使用限量及其作用；重点掌握面包制作的工艺流程和操作要点以及主食面包的质量评价。

二、 实验原理

主食面包是西方社会用作主食的面包，是经搅拌、发酵、整形、醒发、烘烤等工序而制成的组织松软的焙烤食品。这类面包用料比较简单，主要有面粉、酵母、水和盐。为适应不同需要，主食面包中也可以适量添加奶油或糖等辅料。不同地区或风味的面包，其配料和制作工艺略有不同。

各种原辅料的不同配比可以制作特色多样的主食面包，其味微咸或咸甜适口，形状多样，有半球形、长方形、棍子形和橄榄形等。主食面包按其质构特性不同又可分为四类：硬质型、软质型、半软质型和脆皮型。

三、 实验材料与仪器

1. 原辅材料

高筋粉、燕麦、蜂蜜、水、酵母、食盐、乳化剂、乳粉、植物油。

2. 实验仪器

醒发柜、烤炉、面盆、不锈钢切刀、烤模、烤盘、电炉、烘箱。

四、 实验内容

1. 工艺流程

原辅料预处理→和面→发酵→分割、搓圆→中间醒发→烘烤→冷却→成品

2. 配方

（1）美式主食面包　100g 高筋粉、63g 水、0.5g 乳化剂、1.8g 食盐、4g 酵母、2g 植物油。

（2）英式主食面包　100g 高筋粉、55g 水、10g 蜂蜜、3g 乳粉、2g 食盐、2g 酵母、4g 白砂糖、5g 植物油。

（3）燕麦面包　100g 高筋粉、10g 燕麦、3g 乳粉、2g 食盐、5g 酵母、60g 水、1g 乳化剂。

3. 操作要点

（1）原辅料预处理　高质量的面包制作需要采用优质高筋粉并在制作过程中加入酵

母发酵以形成疏松膨胀的结构。制作面包用水建议采用中等程度的硬水，即 CaO 120~150mg/L。因为酵母发酵时，除了需要糖类来提供能源、氮素来提供蛋白质外，还需要少量的矿物质来组成营养结构。因此，水中应含有适量的矿物质，一方面供作酵母营养，另一方面可增进面筋强度（韧性）。

（2）酵母菌活化　在碗内加入少量糖水，温度保持在 30℃左右，加入酵母，搅拌均匀。酵母菌用糖作为底物，迅速繁殖，将糖转化成二氧化碳和水。水温不能太高，防止酵母失活。

（3）和面　将高筋粉放入调粉机，倒入活化酵母，将糖、添加剂和水一起充分搅拌，分散均匀后倒入调粉机进行搅拌，低速 3min，高速 3min。加入油脂，低速搅拌 3min，高速 3min。加入食盐，继续高速搅拌 3~5min。面团温度保持在 25~30℃，调制过程中注意面团状态，正确判定调粉终点。

（4）发酵　调制好的面团在温度为 30℃，相对湿度为 70%的条件下发酵 30min 左右。

（5）面团分割与搓圆　将发酵好的面团分割，并立即搓圆。

（6）中间醒发、整形　静置 10~15min 后将松弛的面团根据需要做出各种形状，放入模具或置于烤盘中。

（7）烘烤　入炉前向炉内喷入蒸汽，温度 180℃左右，烘烤 30~40min。烘烤中注意上下火调节及面包体积和颜色变化，掌握好烘烤时间。

五、 产品评定

对制作好的面包进行感官评价，评价标准可参考表 10-5 所示。

表 10-5　　主食面包感官评价评分标准

评价指标	满分	评价标准	评分
比容	20	面包体积与质量比>10	11~20
		5<面包体积与质量比<10	6~10
		面包体积与质量比<5	1~5
表皮、内部色泽	20	表皮呈黄色，内部呈现白色，且颜色分布均匀	11~20
		表皮呈暗黄色，内部颜色灰白，颜色分布均匀	6~10
		表皮、内部颜色发黑，颜色分布不均匀	1~5
口感、味道	20	产品口感协调，甜度适宜，无苦涩	11~20
		产品口感较硬，稍有苦涩味	6~10
		产品口感很硬，带有苦涩味或苦涩味较重	1~5
气味	20	浓郁的面包的香味	11~20
		稍有面包香	6~10
		气味异常，伴有焦糊味	1~5
状态结构	20	质地柔软，形状稳定，纹理结构清晰、均匀	11~20
		质地较软，形状稳定，纹理不清晰	6~10
		质地较硬，形状塌扁，无清晰纹理	1~5

六、结果与分析

1. 感官评价

将不同种类面包的感官评价结果记入表10-6中，并对比分析影响面包感官品质的主要因素。

表10-6 面包感官评价评分表

种类	评分					
	比容	色泽	味道	气味	结构	总分
美式主食面包						
英式主食面包						
燕麦面包						

2. 总结分析

总结分析面包制作过程中应注意的关键操作。

七、思考题

1. 面包体积过大或者过小的原因及其解决措施是什么？
2. 面包的色、香、味道分别取决于哪些因素？
3. 面包坯在烘烤过程中发生哪些变化？原因是什么？

实例二 蛋糕制品的生产

一、实验目的

了解蛋糕的制作过程，学会使用加工设备；掌握蛋糕的制作方法；熟悉蛋糕成品感官品评的方法。

二、实验原理

蛋糕是一种最有代表性的西点，具有西点的主要典型特征，脂肪、蛋白质含量较高，味道香甜而不腻口，且式样美观。蛋糕是通过面粉、鸡蛋、糖、油、发酵物等为主要原料，按一定的配比调制成面糊，注入模具后，经过一定时间的焙烤得到的一种组织结构膨松的成品。蛋糕在西式糕点中占主要地位，按面糊特点可分为面糊类蛋糕、乳沫类蛋糕和戚风蛋糕。

三、实验材料及仪器

1. 实验材料

面粉、发酵粉、鸡蛋、糖、盐、乳粉、植物油、蛋糕油、牛乳。

2. 实验仪器

打蛋机、电子秤、和面机、烤箱、烤盘、烤模、垫纸、油刷、面粉筛。

四、实验内容

1. 工艺流程

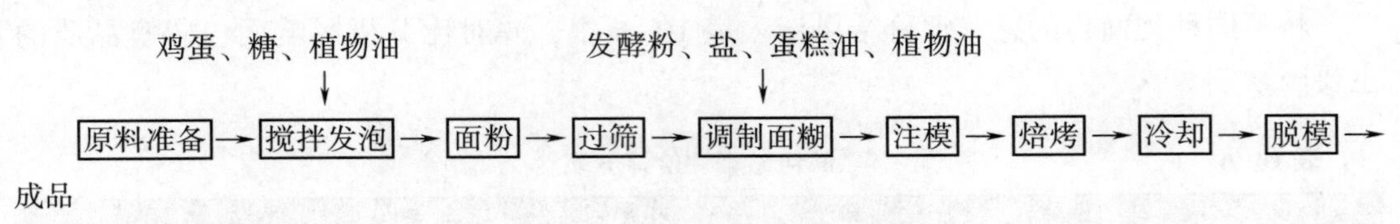

成品

2. 蛋糕配方

1000g 鸡蛋、800g 低筋面粉、800g 糖、30g 水、200g 色拉油、40g 蛋糕油。

3. 操作要点

（1）原料准备　制作蛋糕用的面粉选择筋度低的，避免制作过程中面粉的结块，使成品中存在面粉夹生，或者可以选择特二粉与小麦淀粉按 2∶1 混合。鸡蛋要选用新鲜的鸡蛋，时间较长的鸡蛋，蛋黄与蛋清难分离，容易干性发泡，导致发泡不均匀。蛋糕油又称蛋糕乳化剂或蛋糕起泡剂，在面糊搅拌过程中加入蛋糕油能大大缩短搅拌的时间，加入蛋糕油，蛋糕油可吸附在空气-液体界面上，能使界面张力降低，液体和气体的接触面积增大，液膜的机械强度增加，有利于浆料的发泡和泡沫的稳定，使面糊的相对密度降低，使蛋糕成品的体积增加；同时还能够使面糊中的气泡分布均匀，大气泡减少，使成品的组织结构变得更加细腻、均匀。在蛋糕制作过程中加入糖，一方面是为了增加成品的甜味，以及在焙烤过程中通过美拉德反应使蛋糕表面有金黄色或褐色并有香味，另一方面，在蛋糕内起填充作用，使面糊光滑细腻，最后产品柔软。

（2）搅拌发泡　蛋糕制作时，首先将蛋、糖放入，打蛋机中搅打起发，搅拌速度稍快，但保证原料不会溅出，搅拌过程尽量多的与空气接触，搅入足够多的空气。搅拌过程中将水、植物油加入。搅拌时间根据鸡蛋液的发泡程度控制（搅拌至气泡多、均匀稳定，体积膨胀约增加 2~3 倍），若时间太长，蛋浆黏稠性会降低，发泡过度。

（3）面粉过筛　用面粉筛对面粉进行过筛处理，避免结块面粉在最后的蛋糕成品中存在，导致夹生面粉的情况。

（4）面糊调制　调制面糊之前，将过筛后的面粉和蛋糕油混合均匀。将面粉混合物分三次加入到鸡蛋液中，过程持续搅拌，防止面粉局部聚集，混合均匀。搅拌时上下翻动搅拌，以免消泡。

（5）蛋糕注模　先在蛋糕模具中铺上一层垫纸，用油刷刷上一层色拉油，防止蛋糕成品粘在模具上。将混合好的面糊注入模具中，保持高度一致，面糊的量约加到模具 2/3的高度，然后将面糊中存在的大气泡震出，使蛋糕最后成形均匀。

（6）蛋糕焙烤　焙烤之前烤箱先预热 30min，保证注模后能立刻放入。为了最后蛋糕的上色，蛋糕的焙烤过程中上下温度一般不一致，底火的温度应低于面火的温度。可设置底火温度为 180℃，面火的温度为 200℃。注意烤箱的升温速度和范围也会影响成品质量。烤箱的温度不够或升温太慢时，包裹在蛋浆中的气体不能及时充分受热膨胀；烤箱温度太高或升温太快，蛋糕浆会在气体未充分受热膨胀时已受热成形而不能达到所要求的体积，因此需要严格把控焙烤温度。焙烤过程控制在 15~20min，通过观察蛋糕的颜色以及是否松软来判断蛋糕是否焙烤完成。

（7）冷却脱模　蛋糕成熟后，从烤箱中取出自然冷却。冷却到大约 40℃ 时即可脱模，最后将成品冷却至室温。不能完全冷却后脱模，以免粘底。

五、感官品评

对制作好的蛋糕进行感官评价，评价标准可参考表 10-7 所示。

表 10-7　蛋糕感官品评得分表

项目	评分标准	评分
形态（25 分）	外形完整，表面蓬松，无塌陷	20~25 分
	外形较完整，存在局部收缩	15~19 分
	块形不完整，有塌陷，粘连	1~14 分
色泽（25 分）	外表金黄，色泽均匀，无焦斑；	20~25 分
	外表略显棕色，颜色较均匀，少许斑点	10~19 分
	颜色呈现棕色至糊色，有大面积焦斑	1~9 分
组织（25 分）	松软有弹性，剖面气孔均匀，蜂窝状	20~25 分
	结构较松软，剖面小面积不均匀	10~19 分
	结构较硬，剖面气孔零乱、很少	1~9 分
香味、口感（25 分）	蛋香味，甜度适中	20~25 分
	香味较淡，带有甜味	10~19 分
	存在异味	1~9 分

六、结果与分析

（1）记录蛋糕的感官评价结果并对比分析影响蛋糕感官品质的主要因素。

（2）总结分析蛋糕制作过程中应注意的关键操作。

七、思考题

1. 面糊的制备过程中搅拌方式会造成什么影响？
2. 蛋糕焙烤过程为什么要控制底火与面火的温度不一致？
3. 确定蛋糕烘焙完成的具体依据？

实例三　广式五仁月饼制品的生产

一、实验目的

加深了解并掌握月饼制作的基本原理；掌握月饼制作的基本工艺流程和操作要点；掌握广式五仁月饼质量评价方法。

二、实验原理

月饼是使用小麦粉等谷物粉或植物粉、油、糖（或不加糖）等为主要原料制成饼皮，包裹各种馅料，经加工而成，在中秋节食用为主的传统节日食品。我国月饼种类繁多，按照加工工艺，可分为热加工类（包括烘烤类、油炸类和其他类）和冷加工类（包括熟粉类和其他类）两类；按照地方派式分类，可分为广式、京式、苏式、潮式、滇式、晋式、琼式、台式、哈式和其他类月饼。其中广式月饼按馅料和饼皮可分为蓉沙类（莲蓉类、豆沙类、栗蓉类、杂蓉类）、果仁类、果蔬类（枣蓉类、水果类、蔬菜类）、肉与肉制品类、水产制品类、蛋黄类、水晶皮类、冰皮类和奶酥皮类等。京式月饼按产品特点和加工工艺分为提浆、自来白、自来红和大酥皮（翻毛）类等。潮式月饼按产品特点和加工工艺可分为酥皮类、水晶皮类和奶油皮类等。滇式月饼按产品特点和加工工艺可分为云腿和云腿果蔬食用花卉类等。晋式月饼按产品特点和加工工艺不同分为蛋月烧类、郭杜林类、夯、提浆类等。

广式五仁月饼是以小麦粉等谷物粉或植物粉、糖浆、食用植物油等为原料制成饼皮，以核桃仁、杏仁、橄榄仁、瓜子仁和芝麻仁为主要馅料，经包馅、成形、刷蛋、烘烤等工艺加工制成的口感柔软的月饼。

三、 实验材料与仪器

1. 实验材料

面粉、转化糖浆、花生油、橄榄仁、杏仁、瓜子仁、核桃仁、芝麻仁、糖冬瓜、白糖、橘饼、玫瑰糖、水、柠檬酸等。

2. 实验设备

烤箱、不锈钢锅、月饼模具、电炉（或电磁炉）、烧杯、过滤筛、不锈钢盘或搪瓷盘、不锈钢刀（水果刀等）、天平或台秤、毛刷、温度计（250℃）等。

四、 实验内容

1. 工艺流程

称量→调粉→调馅→包馅与成形→烘烤→冷却包装→成品

2. 配方

（1）皮料　5kg 面粉，4. 25kg 转化糖浆，1. 25kg 花生油，0. 1kg 碱水。

（2）馅料　1. 5kg 橄榄仁，1. 5kg 杏仁，1. 0kg 瓜子仁，0. 75kg 核桃仁，0. 75kg 芝麻仁，0. 95kg 糖冬瓜，1. 0kg 白糖，0. 4kg 橘饼，0. 4kg 玫瑰糖，1. 55kg 潮州粉，0. 4kg 花生油，0. 8kg 水。

3. 操作要点

（1）转化糖浆的制备　5kg 白糖加 1kg 红糖倒进锅里加入 750mL 水，大火烧至沸腾，加 2g 柠檬酸改用小火加热，一边加热一边分几次将 750mL 水加入糖浆中。从沸腾开始计时，小火加热 1h，可出锅放在容器中存放。

（2）调粉　将转化糖浆、花生油、水搅拌均匀后分次加入面粉，调制成软硬适宜的面团。

（3）调馅　将糖、油及各种小料一起投入和面机内，搅拌均匀后加入潮州粉，继续搅拌即可成馅。

（4）成形　以 3∶2 的比例称取皮和馅，将皮压扁，包好馅，放入模具内，用手按压平实，使月饼花纹清晰，再磕出模具，码入烤盘。

（5）烘烤 月饼坯刷水或喷水后放入烤箱，用210℃炉温烤至饼皮呈金黄色取出，刷蛋液两次，再进炉，烤至熟透，冷却、包装。不同烤箱，功率不同，烘烤设定的温度也存在一定的差异，烤箱的温度和烤制时间需根据实际情况进行调整。

五、产品评定

1. 感官要求

感官要求见表10-8所示。

表10-8 广式五仁月饼的感官质量要求

项目	要求
形态	外形饱满，轮廓分明，花纹清晰，不坍塌，无跑糖及露馅现象
色泽	具有该品种应有色泽
组织	饼皮厚薄均匀，果仁颗粒大小适宜，拌和均匀，无夹生
滋味与口感	饼皮绵软，具有该品种应有的风味，无异味
杂质	正常视力无可见杂质

2. 理化指标

理化指标见表10-9所示。

表10-9 广式五仁月饼理化指标要求

项目	指标	项目	指标
干燥失重/(g/100g)	≤28	总糖/（g/100g）	≤50
蛋白质/(g/100g)	≥5	馅料含量/（g/100g）	≥65
脂肪/(g/100g)	≤35		

3. 卫生指标

卫生指标见表10-10和表10-11所示。

表10-10 广式五仁月饼致病菌及微生物限量

项目	采样方案及限量（若非限定，均以CFU/g表示）				检验方法
	n	c	m	M	
沙门氏菌	5	0	0	—	GB 4789.4—2016
金黄色葡萄球菌	5	1	100	100	GB 4789.10—2016
菌落总数	5	2	10^4	10^5	GB 4789.2—2016
大肠菌群	5	2	10	10^2	GB 4789.3—2016

表 10-11　　广式五仁月饼其他卫生指标

项目	指标
铅（以 Pb 计）/(mg/kg)	≤0.5
食品添加剂含量	符合 GB 2760—2014 规定
食品强化剂含量	符合 GB 14880—2012 规定

六、结果与分析

将实验样品的感官评价结果计入表 10-12 中，并与广式五仁月饼感官要求相对照，说明食品的感官品质；分析实验过程的成功与失败之处及其原因。

表 10-12　　广式五仁月饼感官评价结果

实验日期	产品种类	形态	色泽	组织	滋味与口感	杂质

七、思考题

1. 广式月饼有哪些特点？
2. 广式五仁月饼的品质评定包括哪几个方面？
3. 根据你制作的广式五仁月饼质量，总结实验成功与失败的原因是什么？
4. 糖浆熬制过程中加入柠檬酸的作用是什么？
5. 碱水在整个月饼制作过程的作用是什么？

实例四　红平菇面包加工工艺优化及产品开发实验

一、实验目的

了解并掌握特色面包制作的基本原理及方法；学习运用正交试验分析实验结果；掌握工艺学制作实验的基本操作技能。

二、实验原理

红平菇面包以红平菇粉、面粉为主料，添加酵母、水和盐、奶油或糖等辅料，经搅拌、发酵、整形、醒发、烘烤等工序而制成的营养丰富，风味独特，组织松软的焙烤食品以适应不同人群的需求。

三、实验材料及仪器

1. 实验材料

红平菇粉（经选育培养的子实体，经过烘干后粉碎，40 目过筛，于 70℃ 干燥后待用）、面包专用粉（用 80 目筛子过筛）、高活性干酵母、面包改良剂、色拉油、鸡蛋、白砂糖、食盐、奶油、乳粉等。

2. 实验仪器

和面机、电烤箱、醒发箱、立式三速和面机、电子天平等。

四、实验内容

1. 工艺流程

制粉→过筛→调粉→揉面→发酵→整形→摆盘、醒发→烘烤→冷却→包装→成品

2. 操作要点

（1）活化　将高活性干酵母用30℃温水约100mL浸泡30min后搅匀使用。

（2）调粉　按配料比例，将面粉、红平菇粉、面粉改良剂、白砂糖、食盐、乳粉等混合后过50目筛，使其充分混匀。

（3）揉面　将高活性干酵母与步骤（2）的混合粉剂、水、奶油等调和，反复揉制成光洁的面团。

（4）发酵　温度控制在30℃，时间控制在1h左右，用手指轻压面团判断发酵成熟与否，如果手指放开后，四周不塌陷，也不立即反弹跳回原处，则表示面团已经成熟。然后分块、整形、摆盘。

（5）醒发　醒发箱温度控制在35℃，醒发时间控制在90min左右，一般体积约膨胀至原来的2倍。

（6）烘烤　烘烤温度控制在220℃，烘烤时间控制在10min左右，为了使面包表面看起来光亮，并防止出现干裂现象，在烤成熟的面包表面刷一层色拉油。

五、红平菇面包的生产工艺优选

1. 配方筛选

本实验主要是确定红平菇粉、蔗糖和酵母3种配方的比例关系，将红平菇粉、蔗糖和酵母作为三因素，每因素设立三水平的配方组合，见表10-13所示；采用$L_9(3^4)$正交试验，从而得出最佳配方比例，其余物料量见以下基本配方。

基本配方：100g面粉；0.5g食盐；1.5g色拉油；1.0g面粉改良剂；2.5g奶油；1.5g乳粉；水适量。

表10-13　主要辅料配比正交试验因素水平表

水平	面粉/g	红平菇粉（A）/g	蔗糖（B）/g	即发活性干酵母（C）/g
1	100	2	10	0.7
2	100	4	15	1.0
3	100	6	20	1.3

2. 生产工艺参数的优选

利用红平菇面包的最佳配方比例进行以下实验，以确定其最佳的发酵、醒发、烘烤过程工艺参数。

（1）发酵工艺参数的筛选　对不同发酵工艺参数下的红平菇面包进行品质评分，得出最佳的发酵工艺参数，实验参数见表10-14所示。

表10-14　发酵工艺参数水平表

实验号	1	2	3	4	5	6	7	8	9
发酵温度/℃	26	26	26	28	28	28	30	30	30
发酵时间/min	60	90	120	60	90	120	60	90	120

（2）醒发工艺参数的筛选　对不同醒发工艺参数下的红平菇面包进行品质评分，得出最佳的醒发工艺参数实验条件，见表10-15所示。

表10-15　醒发工艺参数水平表

实验号	1	2	3	4	5	6	7	8	9
醒发温度/℃	35	35	35	40	40	40	45	45	45
醒发时间/min	60	90	120	60	90	120	60	90	120

（3）烘烤工艺参数的筛选　熟练掌握烘烤面包生坯的火候是制作面包的最后一个关键环节。通过对不同烘烤工艺参数下的红平菇面包进行品质评分，确定最佳的烘烤工艺参数，见表10-16所示。

表10-16　烘烤工艺参数水平表

实验号	1	2	3	4	5	6	7	8	9
面火温度/℃	180	180	180	190	190	190	200	200	200
底火温度/℃	190	190	190	200	200	200	210	210	210
烘烤时间/min	8	10	12	8	10	12	8	10	12

六、产品评定

1. 感官评分

感官评分标准见表10-17所示。

表10-17　面包品质评分标准（100分）

项目		满分标准	满分
外观	外形	饱满，光泽度好，外形均整	5
	皮质	薄而匀	10
	皮色	应呈均匀的金黄色，没有片状条纹	10
	触感	手感柔软，有适度的弹性	5
	体积	以比容评定	10

续表

	项目	满分标准	满分
内质	内部组织	蜂窝大小一致，蜂窝壁厚薄一致，壁薄光亮者为好	10
	面包瓤颜色	以颜色浅，有光亮者好	10
	触感	手感柔软，有弹性	10
	口感	柔软适口，不酸，不黏	10
	气味	有正常面包的香味和酵母味，无异味	5
	口味	无异味，有小麦粉特殊的香味	15

2. 配方的确定

将不同配方红平菇面包正交试验结果填入表 10-18 中。分析各因素对面包成品的质量影响主次关系、最优组合、方差分析、验证实验等。

表 10-18　　主要辅料配比正交试验表

试验号	红平菇粉用量（A）/g	蔗糖用量（B）/g	酵母用量（C）/g	感官评分
1				
2				
3				
4				
5				
6				
7				
8				
9				
K_1				
K_2				
K_3				
k_1				
k_2				
k_3				
R				

3. 发酵工艺参数的确定

红平菇面包不同发酵工艺参数的正交结果填入表 10-19。分析最优组合以及该工艺条件下发酵面团的特征以及红平菇面包质量。

表 10-19　　不同发酵工艺参数质量评分

实验号	发酵温度/℃	发酵时间/min	外观评分	内质评分	感官评分
1					
2					
3					
4					
5					
6					
7					
8					
9					

4. 醒发工艺参数的确定

醒发工艺参数的数据填入表 10-20 中。得出红平菇面包的总分最高、外观质量和内在质量最佳的醒发工艺条件。

表 10-20　　不同醒发工艺参数质量评分

实验号	醒发温度/℃	醒发时间/min	外观评分	内质评分	感官评分
1					
2					
3					
4					
5					
6					
7					
8					
9					

5. 烘烤工艺参数的确定

烘烤工艺参数的数据填入表 10-21 中。得出烘烤最佳工艺参数以及该工艺条件下面包的质量。

表 10-21　　不同烘烤工艺参数质量评分

实验号	面火温度/℃	底火温度/℃	烘烤时间/min	外观评分	内质评分	感官评分
1						
2						

续表

实验号	面火温度/℃	底火温度/℃	烘烤时间/min	外观评分	内质评分	感官评分
3						
4						
5						
6						
7						
8						
9						

七、思考题

1. 添加红平菇粉后对面包品质的影响有哪些？
2. 正交试验对工艺参数优化有什么方便性？

实验三　杂粮加工综合设计性实验及实例

一、实验目的

通过自主实验设计和结果分析，掌握杂粮品质检验和加工的基本原理和操作技能；培养创新意识和创新精神；提高分析问题和解决问题的综合能力。

二、项目选择

杂粮加工综合设计性实验可选项目如下：

（1）小米绿豆速溶复合粉加工工艺。

（2）小米杂粮酥性饼干的加工。

（3）红豆紫米复合谷物饮料的加工。

（4）杂粮锅巴的加工。

（5）燕麦甜醅的研制。

根据自己的兴趣爱好和知识水平，对杂粮粉检验、加工实验项目进行筛选，确定选题方向；在查找资料、考察实验条件的基础上充分论证，选择其中一个或多个项目，自由组合分组进行设计。

三、实验方案

选定实验项目后，根据项目任务充分查阅实验资料，掌握杂粮品质检验、加工实验有关理论，组内讨论确定实验方法，选择配套仪器设备，设计好具体实验步骤和数据处理方法。然后，将以上的过程用书面形式表达清楚。

四、实验实施方案论证

实验实施方案论证采取集中讨论的方式进行。

1. 方案陈述

每组派一名代表陈述本组的实验方案，其他组员可进行补充。注意突出自己方案的确定依据、优势和创新点。

2. 讨论

同学们对该组的实验方案进行分组讨论，指出该方案存在的问题和实施中可能遇到的困难并尽可能提出自己的解决办法。

3. 总结

指导教师对陈述的方案和讨论的情况进行总结并提出方案的修改意见。

4. 修改

每组根据讨论中存在的问题，修改自己的方案，经指导教师同意后，最终确定各组的实验方案。

五、 方案实施

根据论证后的实验方案，准备实验原材料和试剂，在实验室进行具体的实验操作，注意仪器设备的正确使用以及人员的合理分工。

六、 撰写实验报告

完成设计性实验操作后，要在设计性实验方案后补充数据处理部分内容及相应的讨论，形成一份完整的设计性实验报告。并于规定的时间内上交报告。

以下实例可供参考。

实例一　小米绿豆速溶复合粉加工工艺优化实验

一、 实验目的

以小米绿豆复合速溶粉产品设计为目标，研究速溶粉工艺控制因素；掌握喷雾干燥法制备杂粮速溶粉的工艺过程和方法。

二、 实验原理

小米绿豆复合速溶粉兼具小米和绿豆的营养成分及特点，两者搭配能起到蛋白质互补的作用，基本满足人体所需的营养成分。食品原料经喷雾干燥法制备速溶粉具有生物活性物质损失保留率高、干燥周期短、产品颗粒均匀、水溶性好等优点。

三、 实验材料及仪器

1. 实验材料

小米、绿豆、白砂糖、麦芽糊精、碳酸氢钠。

2. 实验仪器

高压均质机、鼓风干燥箱、喷雾干燥机、高温灭菌锅、多功能搅拌机、电子天平等。

四、实验内容

1. 工艺流程

小米→挑选除杂→浸泡↓

绿豆→挑选除杂→浸泡→热烫去腥→混合磨浆→浆渣分离→冷却↓

成品←包装←喷雾干燥←均质

2. 操作要点

（1）原料选择　选用无虫害的新鲜小米，放入清水中浸泡，使其表皮大部分脱落，沥干水分；选择蛋白质含量高，粒大皮薄，整齐饱满，皮色青绿，无虫蛀，无霉变的绿豆为原料，经筛选后水洗，清除灰尘杂质。

（2）热烫去腥　在绿豆浸泡过程中，加入一定量的 $NaHCO_3$，不仅可缩短绿豆的浸泡时间，提高蛋白质溶解率，而且还可去除豆腥味和绿豆中的色素。绿豆浸泡到手指轻掐豆瓣即断为止，捞出迅速投入沸水中热烫以钝化脂肪氧化酶、脲酶的活性，消除绿豆中的豆腥味和苦涩味，然后捞出清洗，去皮。

（3）混合磨浆　处理过的小米与绿豆按一定的比例与冷水配比，均匀倒入搅拌机中，使其磨碎到 15μm 左右的细度，避免由于温度升高造成蛋白质变性。

（4）配料　将白砂糖、麦芽糊精等按不同比例加入复合汁液中调节口感。

（5）灭菌　复合汁液中的微生物繁殖易造成蛋白液发生自然醇沉及酸败。因此，应快速采用中温巴氏杀菌（85℃，15s）灭菌。

（6）均质　将杀菌后的料液加入均质机，经 25MPa 二次均质使物料中油脂和蛋白颗粒进一步混合细化，使产品的质量和口感进一步得到提高。

（7）喷雾干燥　乳液进入喷雾干燥机，进行喷雾干燥，进风温度控制在 155℃左右，排风温度 80℃左右，有利于生产大颗粒溶解度、高冲调性的小米绿豆复合粉。

3. 脱腥工艺的研究

在相同浸泡时间内，研究 0.1%、0.2%及 0.3% $NaHCO_3$溶液对绿豆脱腥效果的影响。

4. 小米和绿豆混合比例对磨浆的影响

小米和绿豆总量为 60g，二者按不同的比例混合，加水量为 1000mL 进行磨浆，研究小米和绿豆不同比例混合磨浆对小米绿豆粉品质的影响。

5. 产品配方的优化

选择影响小米绿豆复合粉品质的主要因素：小米和绿豆的混合比例、白砂糖添加量和麦芽糊精添加量，采用 $L_9(3^4)$ 正交试验优化生产配方，因素水平表见表 10-22 所示。

表 10-22　正交试验因素水平表

水平	因素		
	小米：绿豆（A）	白砂糖用量（B）/%	麦芽糊精用量（C）/%
1	1：3	4	0

续表

水平	因素		
	小米：绿豆（*A*）	白砂糖用量（*B*）/%	麦芽糊精用量（*C*）/%
2	3:1	6	5
3	1:1	8	10

五、 产品评定

参考 GB/T 18738—2006《速溶豆粉和豆奶粉》，对小米绿豆复合速溶粉产品从口感风味、冲调性、色泽和外观 3 个方面进行品评，小米绿豆复合速溶粉感官评分标准见表 10-23 所示。

表 10-23　　小米绿豆速溶复合粉感官评分标准

项目	评分标准（10 分）	评分
口感风味	有很浓的豆香小米香融合的综合风味，口感纯正柔和，无腥味，甜度适中	4~5 分
	只有淡淡的豆香味，口感一般，稍甜或稍淡，略带腥味	2~3 分
	小米味过重或风味不协调，口感较差，腥味较浓	0~1 分
冲调性	润湿后下沉快，冲调后容易溶解，有极少量的团块	3 分
	润湿后下沉快，冲调后溶解较慢，有少量的团块	2 分
	润湿后下沉慢，冲调后不易溶解，有较多团块	0~1 分
色泽和外观	色泽偏白略带微黄；粉状无结块，无正常视力可见外来杂质	2 分
	色泽发白或发褐黄；粉状稍有结块，无正常视力可见外来杂质	0~1 分

六、 结果与分析

1. 脱腥工艺的确定

脱腥工艺的结果填入表 10-24 中。对比不同碱用量对绿豆豆腥味的影响，并筛选出效果较好的处理组。

表 10-24　　$NaHCO_3$对绿豆脱腥的影响

$NaHCO_3$/%	绿豆品质
0.1	
0.2	
0.3	

2. 小米和绿豆混合比例的确定

混合比例的结果填入表 10-25 中。对比不同小米与绿豆比例制得产品特点的变化。

表 10-25　小米和绿豆的混合比例对复合汁液的影响

指标	小米和绿豆混合比例				
	1∶3	1∶2	1∶1	2∶1	3∶1
口感					
风味					

3. 产品配方的确定

原辅料配比正交试验结果填入表 10-26 中，分析影响小米绿豆复合速溶粉品质的主次因素、最佳工艺、方差分析、验证实验等。

表 10-26　小米绿豆复合粉生产条件的正交试验结果

试验号	因素				感官评分
	小米∶绿豆（*A*）	白砂糖用量（*B*）/%	麦芽糊精用量（*C*）/%	空列	
1					
2					
3					
4					
5					
6					
7					
8					
9					
K_1					
K_2					
K_3					
k_1					
k_2					
k_3					
R					

七、思考题

1. 制备速溶粉时加入麦芽糊精的目的是什么？

2. 如何提高速溶粉的溶解率？

实例二　小米杂粮酥性饼干加工工艺优化及产品开发实验

一、 实验目的

了解并掌握杂粮酥性饼干生产的工艺过程；加强学生对饼干生产以及杂粮产品深加工的全面认识。

二、 实验原理

结合现代食品工艺与营养理念，对传统酥性饼干食品进行适宜改良，采用小米、糜子、麦麸、燕麦为添加物，研究复合杂粮饼干的配方及质量评价。

三、 实验材料及仪器

1. 实验材料

麦麸、小米、玉米油、白砂糖、鸡蛋、燕麦、糜子粉、食盐、泡打粉、小苏打等。

2. 实验仪器

红外烤箱、电子天平、食品料理机、打蛋器、鼓风干燥箱、样品筛等。

四、 实验内容

1. 工艺流程

原料→预处理→配料→调粉→生胚成形→焙烤→冷却→成品

2. 操作要点

（1）原料预处理

①麦麸预处理：麦麸经除杂、清洗后置于40℃烘箱恒温干燥4h。干燥后采用95℃烘烤20min，改善成品口感；处理后的样品通过料理机打碎，过80目筛。

②小米、燕麦预处理：小米、糜子和燕麦经除杂、粉碎，过100目筛，分别获得小米粉、糜子粉和燕麦粉，并经120℃烘烤10min。

（2）配料　以传统酥性饼干制作配方为基础，具体配料如下：粉类物料（不包含添加剂）共100g、40g玉米油、30g白砂糖、20g全蛋液、2g泡打粉、1g小苏打、0.5g食盐。

（3）调粉　新鲜鸡蛋用打蛋器搅打，加入部分白砂糖糖化，当搅拌至混合物均匀、颜色变浅时，分次加入玉米油混匀，再加入剩余白砂糖及食盐，搅拌至混合液体颜色显著变浅、体积膨大时，加入预先混匀的粉状物料和泡打粉、小苏打，用刮刀搅拌均匀，并揉制成面团。

（4）生坯成形　将揉制成团的面团平铺在案板上，擀制成厚度约为0.5cm的生坯，最后用模具压制成形（或切割成形），转移至烤盘，表面刷一层全蛋液，以增加焙烤后饼干的色泽。

（5）焙烤　采用底火面火差值10℃的焙烤温度进行一定时间的烘焙。烤箱预热至既定温度，将饼干放入烤箱内，焙烤过程中，饼干表面呈现微黄色、体积不再膨胀时，将烤盘调换方向，继续烘烤至表皮颜色焦黄、均匀，使饼干在烤制过程中受热均匀。

（6）冷却　烘焙结束后，不要立即移动饼干，应将烤盘放置温度较低处，快速、自然冷却至室温，即可进行感官评定。

3. 原料配比的优化

对杂粮酥性饼干的四种粉料添加比例进行正交试验，实验因素与水平设计见表 10-27 所示。

表 10-27　原料配比正交试验因素水平表

水平	因素			
	小米粉（A）/%	燕麦粉（B）/%	糜子粉（C）/%	麦麸（D）/%
1	20	10	2	2
2	30	20	5	5
3	40	30	8	8

4. 焙烤工艺的研究

掌握饼干生坯的焙烤温度及时间是制作饼干的一个关键环节。通过对不同烘烤工艺参数下的小米杂粮饼干进行品质评分，确定最佳的焙烤工艺参数，见表 10-28 所示。

表 10-28　烘烤工艺优化实验设计表

实验号	1	2	3	4	5	6	7	8	9
面火温度/℃	180	180	180	190	190	190	200	200	200
底火温度/℃	190	190	190	200	200	200	210	210	210
烘烤时间/min	10	15	20	10	15	20	10	15	20

五、产品评定

对产品的色泽、形状、酥松度、组织、黏牙度和口感 6 项指标进行评价，并得到相应的综合评分，具体评价标准见表 10-29 所示。

表 10-29　小米酥性饼干感官评价表

项目	评价标准	评分（180 分）
色泽	饼干表面、边缘及底部色泽均匀，由浅黄色到金黄色，无阴影和焦边，有油润感	优质（25~30 分）
	色泽不均匀，表面有阴影，有焦边，无油润感，颜色正常	良好（20~24 分）
	色泽不均匀，表面有阴影，有薄面，稍有异常颜色	一般（15~19 分）
	表面色重，底部色重，发花	较差（10~14 分）

续表

项目	评价标准	评分（180分）
形态外观	块形（片形）齐整，薄厚一致，花纹清晰，不缺角，不变形，不扭曲	优质（25~30分）
	薄厚不一致，花纹不清晰，表面起泡，缺角、黏边、但都不严重	良好（20~24分）
	花纹不清晰，表面起泡，缺角、黏边、收缩、变形	一般（15~19分）
	起泡、破碎都相当严重	较差（10~14分）
酥松度	口感酥脆，适口性好	优质（25~30分）
	口感酥松，适口性较好	良好（20~24分）
	口感松软，适口性一般	一般（15~19分）
	口感松软，适口性差	较差（10~14分）
组织结构	组织细腻，有细密而均匀的小气孔，用手掰易折断，无杂质	优质（25~30分）
	组织均匀，气孔细密大体一致，无杂质	良好（20~24分）
	组织粗糙，稍有污点	一般（15~19分）
	有杂质，发霉	较差（10~14分）
黏牙度	酥脆，无黏附性	优质（25~30分）
	酥脆，有黏附性	良好（20~24分）
	黏附性明显，可接受	一般（15~19分）
	黏附性较大，难以接受	较差（10~14分）
口感	有小米特殊香味，甜味纯正，酥松香脆	优质（25~30分）
	有小米香味，甜度适宜，酥脆度不高	良好（20~24分）
	口感紧实发艮，无酥脆感	一般（15~19分）
	无酥脆感，有油脂酸败的哈喇味	较差（10~14分）

六、结果与分析

1. 原料配比的确定

正交试验结果填入表10-30中。分析影响小米酥性饼干的主要因素，确定小米酥性饼干的最佳配方、方差分析、验证试验等。

表10-30　原料配比 $L_9(3^4)$ 正交试验表

试验号	因素				感官评分
	小米粉（A）/%	燕麦粉（B）/%	糜子粉（C）/%	麦麸（D）/%	
1					

续表

试验号	因素				感官评分
	小米粉（A）/%	燕麦粉（B）/%	糜子粉（C）/%	麦麸（D）/%	
2					
3					
4					
5					
6					
7					
8					
9					
K_1					
K_2					
K_3					
k_1					
k_2					
k_3					
R					

2. 焙烤工艺的确定

焙烤工艺参数的确定见表 10-31 所示。分析不同烘烤最佳工艺参数饼干色泽和适口性的变化。

表 10-31　不同焙烤工艺参数产品质量评价结果

焙烤温度/℃	焙烤时间/min	色泽和适口性描述
面火 180、底火 190	10	色泽不均匀，表面有阴影，有油润感；口感松软，适口性差
	15	色泽不均匀，表面有阴影，有油润感；口感松软，适口性一般
	20	色泽均匀，呈浅黄色；口感酥松，适口性较好
面火 190、底火 200	10	色泽不均匀，表面有阴影；口感松软，适口性一般
	15	色泽不均匀，表面有阴影；口感松软，适口性一般
	20	金黄色，无阴影；口感酥松，适口性较好
面火 200、底火 210	10	色泽不均匀，表面有阴影；口感酥松，适口性较好
	15	金黄色，无阴影，无焦边；口感酥脆，适口性好
	20	表面色重，有焦边；口感酥脆，适口性好

六、思考题

1. 为什么白砂糖要分两次添加?
2. 正交试验对工艺参数优化有什么方便性?

实例三　红豆紫米复合谷物饮料加工工艺优化及产品开发实验

一、实验目的

了解并掌握复合谷物饮料生产的工艺过程；加强对饮料生产工艺以及淀粉类谷物原料糖化处理工序的认识。

二、实验原理

谷物饮料作为饮料行业的新宠，既符合中国人传统的饮食习惯，也满足了当前人们的营养补给需求，并具有代餐功能。本实验将红豆与紫米科学配伍，研制一种新型复合谷物杂粮饮料。

三、实验材料及仪器

1. 实验材料

红豆、紫米、白砂糖、α-淀粉酶、变性淀粉、蔗糖脂肪酸酯、单硬脂酸甘油酯、碘、碘化钾。

2. 实验仪器

万能粉碎机、水浴锅、均质机、蒸汽灭菌锅、分光光度计、电子天平、样品筛。

四、实验内容

1. 工艺流程

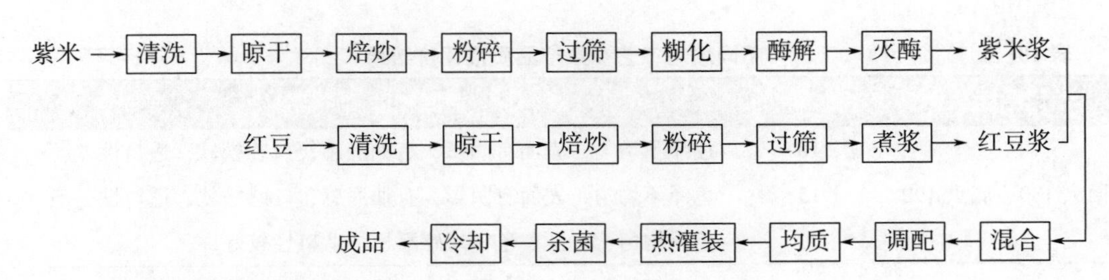

2. 操作要点

（1）紫米粉的制备　紫米清洗干净后浸泡 40~60min，沥水并摊晾至表面微干，于 160~180℃焙炒 15~30min，炒至表皮有裂口，且有焦香气。焙炒后的紫米经粉碎，过 100 目筛，得到紫米粉。

（2）紫米粉糊化　米粉与水以 1∶10 混匀，加热糊化。糊化过程中，定时充分搅拌，防止结团。

（3）紫米浆酶解　糊化后的紫米糊冷却至 60℃左右，加入 0.5%的 α-淀粉酶，60℃酶解至加碘液不变蓝色为止（约需 100min）。将酶解液加热沸腾并保持微沸 5min 灭酶，之后过 120 目滤布，制备紫米浆。

（4）红豆粉的制备　红豆清洗干净后浸泡 1~2h，沥水并摊晾至表面微干，140~160℃焙炒 15~30min，炒至红豆表皮有裂口，有浓郁的豆香味。焙炒后的红豆经粉碎，过 100 目筛，得到红豆粉。

（5）煮浆　红豆粉与水按 1∶8 料液比混匀，加热煮沸 15min，冷却到室温，120 目滤布过滤，制备红豆浆。

（6）调配　将一定比例的紫米浆、红豆浆、白砂糖、饮用水和复合稳定剂充分混匀。

（7）均质　将调配好的混合料液加热至 60~70℃，在 25MPa 压力下均质两次。

（8）热杀菌　均质后的浆液加热至 80℃左右热灌装，灌装后立即在 121℃灭菌 15~20 min，灭菌后快速冷却至室温，即为成品。

3. 糊化温度和时间确定

（1）糊化温度　设定糊化时间 25min，考察糊化温度 60℃、70℃、80℃、90℃和 100℃条件下，糊化温度对紫米糊化度的影响。

（2）糊化时间　设定糊化温度 90℃，考察糊化时间 10min、15min、20min、25min、30min 条件下，糊化时间对紫米糊化度的影响。

4. 原料配比的确定

配制复合谷物饮料的基液。考察红豆浆添加量、紫米浆添加量、白砂糖添加量对饮料品质的影响，因素水平设置见表 10-32 所示。在单因素实验基础上进行正交试验设计。

表 10-32　原料配比正交试验因素水平表

水平	因素		
	红豆浆（*A*）/%	紫米浆（*B*）/%	白砂糖（*C*）/%
1	6	8	4
2	8	10	6
3	10	12	8

5. 乳化稳定剂对饮料品质的影响

选取变性淀粉、蔗糖脂肪酸酯、单硬脂酸甘油酯复配乳化稳定剂，按照不同比例配比，以产品感官评分为考察指标，确定复合谷物饮料最佳复合稳定剂配比组合，见表 10-33 所示。

表 10-33　乳化稳定剂组合及配比正交试验因素水平表

水平	因素		
	变性淀粉（*A*）/%	蔗糖脂肪酸酯（*B*）/%	单硬脂酸甘油酯（*C*）/%
1	0. 03	0. 05	0. 05
2	0. 06	0. 10	0. 10
3	0. 10	0. 15	0. 15

五、 产品评定

1. 糊化度的测定

取样品 0.2g 悬浮于 98mL 蒸馏水中，加 2mL 10mol/L 的 KOH 溶液，磁力搅拌 5min 后，4500r/min 离心 10min。取 0.2mL 上清液，加 0.2mL 0.2mol/L HCl 溶液，再加入 15mL 蒸馏水，最后加入 0.2mL 碘溶液（1g 碘和 4g 碘化钾用蒸馏水溶解并定容至 100mL），在 600nm 测定吸光值 A_1。另取 0.2g 样品悬浮于 95mL 蒸馏水中，加 5mL 10mol/L 的 KOH 溶液，磁力搅拌 5min，4500r/min 离心 10min。取 0.2mL 上清液，加 0.2mL 0.2mol/L HCl 溶液，再加入 15mL 蒸馏水，最后加入 0.2mL 碘溶液，在 600nm 测定吸光值 A_2。

$$\text{糊化度} = \frac{A_1}{A_2} \times 100\% \tag{10-1}$$

2. 感官评价

采用感官评分对饮料进行评定，其中滋味及口感 30 分、组织状态 30 分、色泽 20 分、风味 20 分。感官评分标准见表 10-34 所示。

表 10-34　　饮料感官评分标准

项目	评分标准	评分
色泽（20 分）	色泽均匀，呈紫红色	16~20
	色泽基本均匀，呈紫红色	11~15
	色泽欠均匀，呈暗红或淡红色	1~10
风味（20 分）	具有浓郁的黑米和红豆香气，无异味	16~20
	气味平淡，微有异味	11~15
	气味欠协调，香气不纯，有其他不良气味	1~10
滋味及口感（30 分）	米乳、豆乳味道协调，味佳而纯正，口感细腻、爽滑	21~30
	米乳、豆乳味道较协调，滋味平淡，略有粗糙感	11~20
	米乳、豆乳味道欠协调，有豆腥味或其他不良味道，粗糙感明显	1~10
组织状态（30 分）	均匀的乳状液体，无沉淀，无分层	21~30
	乳状液体，稍有絮状，基本不分层	11~20
	质地不均一，有脂肪上浮及沉淀现象，分层	1~10

六、 结果与分析

1. 糊化工艺的确定

（1）糊化温度的确定　不同温度下加热 25min，紫米的糊化度见表 10-35 所示。

表 10-35　　温度对糊化度的影响

温度/℃	60	70	80	90	100
糊化度/%	67	72	77	89	82

（2）糊化时间的确定　90℃条件下加热不同时间，紫米的糊化度见表 10-36 所示。

表 10-36　时间对糊化度的影响

时间/min	10	15	20	25	30
糊化度/%	66	78	83	89	75

2. 配方的确定

正交试验及感官评分结果填入表 10-37 中。分析对复合谷物饮料品质影响的主次因素、最优组合、方差分析、验证实验等。

表 10-37　原料配比 $L_9(3^4)$ 正交试验表

试验号	因素			感官评分
	红豆浆（A）/%	紫米浆（B）/%	白砂糖（C）/%	
1				
2				
3				
4				
5				
6				
7				
8				
9				
K_1				
K_2				
K_3				
k_1				
k_2				
k_3				
R				

3. 稳定剂参数的确定

正交试验及感官评分结果填入表 10-38 中。分析稳定剂复配对复合谷物饮料稳定性影响的主次因素、最优组合、方差分析、验证实验等。

表 10-38　稳定剂复配 $L_9(3^4)$ 正交试验因素水平表

试验号	因素			感官评分
	变性淀粉（A）/%	蔗糖脂肪酸酯（B）/%	单硬脂酸甘油酯（C）/%	
1				
2				
3				
4				
5				
6				
7				
8				
9				
K_1				
K_2				
K_3				
k_1				
k_2				
k_3				
R				

七、思考题

1. 为什么要对紫米粉进行糊化处理？
2. 如何选择乳化稳定剂？

实例四　杂粮锅巴加工工艺优化及产品开发实验

一、实验目的

了解并掌握杂粮锅巴生产的工艺过程；加强对锅巴生产工艺的全面认识。

二、实验原理

锅巴质地松脆、食用方便、营养丰富、易于消化，是一种深受广大消费者喜爱的休闲食品。传统锅巴是以大米为原料制作的产品，本实验使用杂粮代替大米，开发出风味独特、消化性更好的新型锅巴制品。

三、 实验材料及仪器

1. 实验材料

荞麦、黄豆、玉米、燕麦、大豆油、辣椒粉、五香粉、胡椒粉、味精、食盐等。

2. 实验仪器

蒸煮锅、和面机、压面机、油炸锅、电子天平等。

四、 实验内容

1. 工艺流程

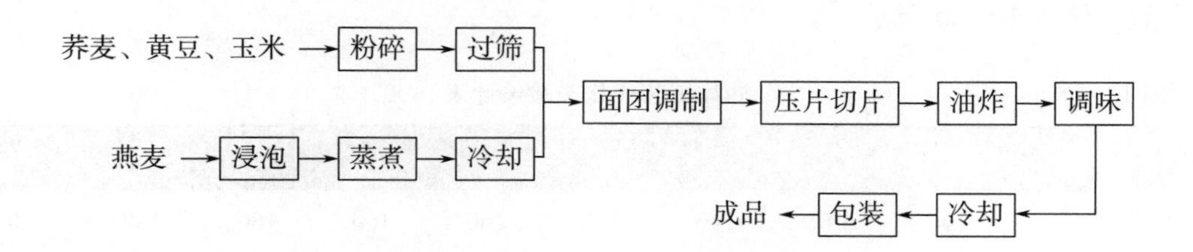

2. 操作要点

(1) 粉碎　将荞麦、黄豆、玉米粉碎过 80 目筛，备用。

(2) 浸泡　将燕麦米用 3 倍的水浸泡 40min 左右，使燕麦充分吸水，利于蒸煮时充分糊化。浸米至米粒呈饱满状态，水分含量 30%左右。

(3) 蒸煮　使用蒸煮锅对燕麦米进行处理。将原料蒸到七分熟，至米粒熟透而不糊，水分含量 50%~60%。

(4) 冷却　将燕麦米粒倒入托盘，冷却至 30~40℃，不黏手即可。

(5) 面团调制　将荞麦粉、黄豆粉、玉米粉及燕麦米混合均匀，调成面团。将面团用 2 层纱布盖好，在室温下放置 20min。

(6) 压片切片　用压面机将其压成 2mm 厚的薄片，然后切成 4cm×2cm 的薄片。如无压面机，也可在木质案板上铺上保鲜膜，涂少许食用油，将搅拌后的混合物揉捏后在案板上用擀面杖将其擀成 2mm 厚的薄片，然后将原料片切成长 4cm ×2cm 的薄片。

(7) 油炸　将植物油加热至充分脱臭，放入切好的半成品。下锅后将料打散，油炸成浅黄色便可出锅，沥去多余的油。

(8) 调味　趁热在油炸好的锅巴上均匀地撒上调味料。调味料占锅巴质量的 1. 5%~2%。使用时可根据实际情况和口味嗜好调整调味料。

麻辣味调料配方：辣椒粉 30%，食盐 50%，胡椒粉 4%，味精 3%，五香粉 13%。

(9) 冷却　油炸完成的产品在室温下冷却至 30~40℃。

(10) 包装　冷却后的产品及时装入包装袋内，并密封。

3. 原料配方优化

以荞麦粉为基准原料，将黄豆粉、玉米粉和燕麦米作为 3 因素，每个因素设立 3 水平的配方组合，见表 10-39 所示；采用 $L_9(3^4)$ 正交试验，得出最佳配方比例。

表 10-39　　主要原料配比正交试验因素水平表

水平	因素			
	荞麦粉/g	黄豆粉（A）/g	玉米粉（B）/g	燕麦米（C）/g
1	100	20	50	60
2	100	40	60	80
3	100	60	70	100

4. 油炸工艺的优化

利用杂粮锅巴的最佳配方比例进行以下实验，通过感官评价以确定其最佳的油炸工艺参数，见表 10-40 所示。

表 10-40　　油炸工艺优化实验设计表

实验号	1	2	3	4	5	6	7	8	9
油温/℃	140	140	140	160	160	160	180	180	180
油炸时间/min	6	7	8	4	5	6	3	4	5

五、产品评定

对产品的形态、色泽、风味和口感 4 项指标进行评价，感官评分标准见表 10-41 所示。

表 10-41　　杂粮锅巴的评分标准

项目	评分标准	评分
形态（20 分）	外形完整，厚薄均匀，有很强的食欲感	16~20 分
	外形基本整齐，食欲感一般	10~15 分
	外形不齐，厚薄不均，有起泡，食欲感较差	<10 分
色泽（20 分）	色泽亮丽，呈金黄色	16~20 分
	色泽一般	10~15 分
	色泽差，过深或过浅，有焦糊现象	<10 分
风味（30 分）	香味纯正，无异味，无油腻感	21~30 分
	风味一般，有油腻感	11~20 分
	风味较差，油腻感强	<11 分
口感（30 分）	口感酥脆，硬度与嚼劲均恰到好处	21~30 分
	有酥脆感，硬度与嚼劲一般	11~20 分
	软延无力，嚼劲很差，硬度不佳	<11 分

六、结果与分析

1. 原料配方的确定

正交试验感官评分结果填入表 10-42 中。分析各原料对锅巴品质影响的大小顺序、杂粮锅巴最佳配方、方差分析、验证实验等。

表 10-42　原料配比正交试验表

试验号	因素			感官评分
	黄豆粉（A）/g	玉米粉（B）/g	燕麦米（C）/g	
1				
2				
3				
4				
5				
6				
7				
8				
9				
K_1				
K_2				
K_3				
k_1				
k_2				
k_3				
R				

2. 油炸工艺参数的确定

不同油炸工艺参数质量评分参考表 10-43，确定锅巴感官品质最好的油炸参数。

表 10-43　不同油炸工艺参数产品质量评价结果

实验号	油炸温度/℃	油炸时间/min	感官评分
1	140	6	78.0 分
2	140	7	84.0 分
3	140	8	85.0 分
4	160	4	83.0 分
5	160	5	87.0 分

续表

实验号	油炸温度/℃	油炸时间/min	感官评分
6	160	6	88.0分
7	180	3	82.0分
8	180	4	86.0分
9	180	5	78.0分

七、思考题

1. 为什么燕麦不是添加燕麦粉而是添加苦荞米？
2. 糊化的目的是什么？

实例五　燕麦甜醅加工工艺优化实验

一、实验目的

了解并掌握杂粮原料制备甜醅的工艺过程；加强对曲霉固态发酵食品生产的全面认识。

二、实验原理

相比于其他谷物，燕麦具有更加独特的营养特性，蛋白质含量高，氨基酸组成均衡，富含维生素、蒽酰胺和酚类等营养物质。甜醅是以燕麦为原料，借助甜酒曲经固态发酵工艺制作而成，醅粒饱满如果肉，醅汁甘甜似糖水，是我国地方传统特色饮食之一。

三、实验材料与仪器

1. 实验材料

燕麦、甜酒曲。

2. 实验仪器

电饭锅、发酵罐、电子天平、恒温培养箱。

四、实验内容

1. 工艺流程

原料→清洗→浸泡→蒸煮→冷却→接种→发酵→成品

2. 操作要点

（1）原料预处理　选择整齐饱满，无霉变的燕麦为原料，经清洗去除灰尘杂质后，用清水浸泡4h。

（2）蒸煮、冷却　将预处理后的燕麦米置于电饭锅中蒸煮50min，出锅，并降温至室温。

（3）接种　在燕麦米中接种甜酒曲并混匀，装入容器并密封。

（4）发酵　将物料在适宜温度下发酵一段时间，即得到成品。

3. 发酵工艺的确定

选择影响发酵工艺的发酵温度、加曲量、发酵时间做正交试验分析，试验因素水平见表 10-44 所示。

表 10-44　　发酵工艺正交试验因素水平表

水平	因素		
	发酵时间（*A*）/h	发酵温度（*B*）/℃	加曲量（*C*）/（g/kg）
1	36	25	0.5
2	48	28	2.75
3	60	31	5

五、产品评定

对甜醅产品从外观、香气、口感、质地 4 个方面进行品评，感官评分标准见表 10-45 所示。

表 10-45　　燕麦甜醅的评分标准

项目	内容	评分标准	评分
外观（20 分）	典型燕麦色，固形物均匀、颗粒饱满，无黑色孢子产生	色泽	1~5
		固形物均一性	1~5
		颗粒饱满性	1~5
		黑色斑点	1~5
香气（30 分）	自然燕麦香味，具有发酵纯正香味	香味是否明显	5~10
		香味是否纯正	5~10
		是否有异味	5~10
口感（40 分）	香甜可口，无明显酸味；无苦涩味，无明显酒味	酸味是否过重	5~10
		甜味是否过腻或过淡	5~10
		是否有苦涩感	5~10
		酒味是否过重	5~10
质地（10 分）	麦粒均匀完整，软硬适当	麦粒是否大小不一	1~4
		麦粒是否不完整，有碎粒	1~3
		是否混合不均匀或有结块	1~3

六、 结果与分析

将发酵工艺影响的正交试验及感官评分结果填入表10-46中。分析各参数对燕麦甜醅感官品质影响的大小顺序、燕麦甜醅最佳发酵工艺、方差分析、验证实验等。

表10-46　　发酵工艺正交试验表

试验号	因素			感官评分
	发酵时间（A）/h	发酵温度（B）/℃	加曲量（C）/（g/kg）	
1				
2				
3				
4				
5				
6				
7				
8				
9				
K_1				
K_2				
K_3				
k_1				
k_2				
k_3				
R				

七、 思考题

1. 甜曲的主要成分是什么？
2. 甜曲在甜醅发酵过程中起什么作用？

参考文献

[1] 蔡朝霞，马美湖，余劼. 蛋品加工新技术 [M]. 北京：中国农业出版社，2013.

[2] 迟玉杰. 蛋制品加工技术 [M]. 北京：中国轻工业出版社，2018.

[3] 陈仪男. 冻干香蕉共晶点和共熔点的研究 [J]. 华南热带农业大学学报，2007，35（01）：42-45.

[4] 陈冠如. 蛋黄酱和全蛋粉的加工工艺 [J]. 中国禽业导刊，2007，24（02）：39-41.

[5] 段续. 新型食品干燥技术及应用 [M]. 北京：化学工业出版社，2018.

[6] 董玉京. 禽肉和蛋的加工新技术 [M]. 北京：海洋出版社，1992.

[7] 高福成，王海鸥，郑建仙，等. 现代食品工程高新技术 [M]. 北京：中国轻工业出版社，1997.

[8] 郝修振，申晓琳. 畜产品工艺学 [M]. 北京：中国农业大学出版社，2015.

[9] 胡羽翔，钟思琼，赵凤敏，等. 不同马铃薯品种的加工产品适宜性评价 [J]. 农业工程学报，2015，31（20）：301-308.

[10] 胡羽翔，钟思琼，邵晋辉，等. 正交试验优化高抗性淀粉速冻马铃薯薯条工艺 [J]. 食品科学，2013，34（14）：86-90.

[11] 蒋爱民，南庆贤. 畜产食品工艺学 [M]. 北京：中国农业出版社，2000.

[12] 马腾飞，谢志云，吴先辉. 草鱼肉松的加工工艺研究 [J]. 中国调味品，2016，41（09）：111-114.

[13] 金昌海. 畜产品加工 [M]. 北京：中国轻工业出版社，2018.

[14] 蔺毅峰. 食品工艺学实验与检测技术 [M]. 北京：中国轻工业出版社，2005.

[15] 李新华，董海洲. 粮油加工学 [M]. 北京：中国农业大学出版社，2017.

[16] 李新华，董海洲. 粮油加工学 [M]：第 2 版. 北京：中国农业大学出版社，2009.

[17] 李正涛. 食品加工技术实训 [M]. 北京：北京理工大学出版社，2014.

[18] 李新华，董海洲. 粮油加工学 [M]：第 3 版. 北京：中国农业大学出版社，2016.

[19] 李星科，李开雄，王令建. 猪肉脯制作工艺的改进 [J]. 现代食品科技，2006，22（01）：58-60+63.

[20] 李灿鹏，吴子健. 蛋品科学与技术 [M]. 北京：中国质检出版社，2013.

[21] 刘晓毅. 国内外乳品微生物控制要求 [J]. 中国乳品工业，2012，40（04）：39-41+44.

[22] 刘希良. 肉品工艺学 [M]. 昆明：云南科技出版社，1997.

[23] 吕玲. 蛋粉的加工工艺及其应用研究 [J]. 中国家禽，2010，32（24）：38.

[24] 马道荣，杨雪飞，余顺火. 食品工艺学实验与工程实践 [M]. 合肥：合肥工业大学出版社，2016.

[25] 孟宪军，乔旭光. 果蔬加工工艺学 [M]. 北京：中国轻工业出版社，2016.

[26] 潘和平，杨具田，臧荣鑫，等. 白牦牛肉干的研制 [J]. 食品与发酵工业，2005，31（02）：148-149.

[27] 潘道东. 畜产食品工艺学 [M]. 北京：科学出版社，2012.

[28] 任大喜，陈有亮. 畜产品加工实验指导 [M]. 杭州：浙江大学出版社，2017.

[29] 宋宏新，马英东，马冬. 国内外乳粉微生物指标的比较研究 [J]. 食品与机械，2010，26

(03)：1-4.

[30] 生庆海. 乳与乳制品感官品评 [M]. 北京：中国轻工业出版社，2009.

[31] 王鸿飞. 果蔬贮运加工学 [M]. 北京：科学出版社，2014.

[32] 王晓静，叶芳，林彦. HACCP 在冷冻干燥蘑菇中的应用初探 [J]. 福建热作科技，1996，21 (3)：23-24.

[33] 魏益民，杜双奎，赵学伟. 食品挤压理论与技术（上卷）[M]. 北京：中国轻工业出版社，2009.

[34] 吴广臣. 食品质量检测 [M]. 北京：中国计量出版社，2006.

[35] 徐飞，钮福祥，张爱君，等. 真空油炸果蔬脆片常见质量缺陷分析 [J]. 安徽农业科学，2006，34 (10)：2249- 2251.

[36] 严佩峰，邢淑婕. 畜产品加工 [M]. 重庆：重庆大学出版社，2007.

[37] 袁玉超. 肉制品加工技术 [M]. 北京：中国轻工业出版社，2015.

[38] 燕艳，季志会，杜伟，等. 真空低温油炸香菇脆片的中试生产工艺探讨 [J]. 东北农业大学学报，2010，41 (03)：117-119.

[39] 章斌，李远志，肖南，等. 香蕉片真空冷冻干燥工艺研究 [J]. 食品研究与开发，2009，166 (3)：142-152.

[40] 章斌，李远志，徐莉珍，等. 液氮速冻与真空冷冻干燥香蕉片的工艺研究 [J]. 昆明理工大学学报，2007，32 (6A)：2-55.

[41] 郑晓杰，陈显群. 食品加工实训 [M]. 北京：北京师范大学出版社，2013.

[42] 周光宏. 肉品加工学 [M]. 北京：中国农业出版社，2008.

[43] 周光宏，南庆贤. 畜产品加工学 [M]. 北京：中国农业出版社，2011.

[44] 周光宏. 畜产品加工学 [M]. 北京：中国农业出版社，2002.

[45] 张钟，立宪保，杨胜远. 食品工艺学实验 [M]. 郑州：郑州大学出版社，2012.

[46] 张志胜，李灿鹏. 乳与乳制品工艺学 [M]. 北京：中国质检出版社，2014.

[47] 张翠华，卞科. 控制油炸食品吸油率方法的研究 [J]. 食品科技，2009，34 (05)：160-163.

[48] 张敏，陈超，雷尊国，等. 速冻工艺和真空负压对油炸薯条品质的影响 [J]. 安徽农业科技，2008，36 (30)：13381-13383.

[49] 张容鹄，窦志浩，万祝宁，等. 油炸木薯片工艺研究 [J]. 安徽农业科学，2010，38 (27)：15084-15086+15091.

[50] 曾洁. 粮油加工实验技术 [M]. 北京：中国农业大学出版社，2009.

[51] 曾丽萍，周红，徐银坤. 儿童强化营养保健蛋粉的研制 [J]. 食品工业科技，2005，26 (11)：115-118

[52] 蔺毅峰. 食品工艺实验与检验技术 [M]. 北京：中国轻工业出版社，2005.

[53] 尹明安. 果品蔬菜加工工艺学 [M]. 北京：化学工业出版社，2009.

[54] 钟瑞敏，翟迪升，朱定和. 食品工艺学实验与生产实训指导 [M]. 北京：中国纺织出版社，2015.

[55] 白鸽. 切达干酪快速成熟技术的研究 [D]. 吉林大学学报，2012.

[56] 卞猛，周广田. 藜麦啤酒糖化工艺研究 [J]. 中国酿造，2017，36 (11)：180-184.

[57] 陈兰，孟建青，郝梅梅. 大枣低糖果丹皮的研制 [J]. 中国果菜，2014，34 (08)：18-21.

[58] 陈凤莲，李鑫铭，石彦国，等. 快速发酵法大米面包的制备研究 [J]. 哈尔滨商业大学学报（自然科学版），2019，35 (01)：49-55.

[59] 陈岑，韩艳丽，曹正，等. 不同直投式酸奶发酵剂发酵性能的比较研究 [J]. 中国酿造，2017，36 (01)：126-130.

[60] 陈野，刘会平. 食品工艺学 [M]. 北京：中国轻工业出版社，2014.

[61] 戴瑞彤. 腌腊制品生产 [M]. 北京：化学工业出版社，2008.

[62] 杜依桐. 浅谈纳豆固态发酵工艺的优化 [J]. 科技经济导刊，2018，26 (30)：91.

[63] 耿娜. 酱油多菌种混合发酵工艺探究 [D]. 湖南农业大学学报，2016.

[64] 郝利平. 园艺产品贮藏加工学 [M]. 北京：中国农业出版社，2008.

[65] 何美. 即食咸蛋的加工技术研究 [D]. 湖南农业大学学报，2017.

[66] 韩荣伟，于忠娜，刘璐，等. 响应面法优化直投式酸奶发酵剂的工艺研究 [J]. 食品研究与开发，2017，38 (07)：73-78.

[67] 韩治磊，张文杰，张晓勇，等. 比利时风味小麦啤酒工艺研究 [J]. 食品工业，2017，38 (03)：137-140.

[68] 胡明丽，陈晓霞，曹红艳. 面包快速发酵法醒发温度的探讨 [J]. 郑州粮食学院学报，2000，21 (03)：70-71+74.

[69] 何余堂，吕艳芳，刘雪飞，等. 二次发酵生产玉米花粉面包的研究 [J]. 食品工业科技，2005，26 (08)：120-121.

[70] 黄婷. 纳豆固态发酵及纳豆激酶分离纯化应用研究 [D]. 武汉轻工大学学报，2016.

[71] 黄婷，刘良忠，曹宇翔，等. 纳豆固态发酵工艺优化 [J]. 中国酿造，2016，35 (01)：141-144.

[72] 蒋爱民，南庆贤. 畜产食品工艺学 [M]：第 2 版. 北京：中国农业出版社，2008.

[73] 江贤君，周林萍. 干红葡萄酒主发酵速率影响因素及中试研究 [J]. 武汉轻工大学学报，2018，37 (06)：92-95+114.

[74] 孔保华，于海龙. 畜产品加工 [M]. 北京：中国农业科学技术出版社，2008.

[75] 林亲录，秦丹，孙庆杰. 食品工艺学 [M]. 长沙：中南大学出版社，2014.

[76] 李明元，杨洁，焦云，等. 干白葡萄酒生产工艺研究 [J]. 西南师范大学学报 (自然科学版)，2008，33 (05)：137-140.

[77] 李欢. 富含乳酸苹果原醋酿造工艺的研究 [D]. 江南大学学报，2017.

[78] 李应华. 熏煮香肠的科学制作工艺 [J]. 漯河职业技术学院学报，2008，17 (02)：85-86.

[79] 李桂琴，马同锁，仇之文，等. 食用果脯加工工艺 [M]. 北京：中国农业出版社，2003.

[80] 李基洪，陈奇. 果脯蜜饯生产工艺与配方 [M]. 北京：中国轻工业出版社，2001.

[81] 李景文，李建伟. 腌制家常小菜 [M]. 郑州：中原农民出版社，1992.

[82] 李琳娜，宋飞科，王晓霞. 浸泡法制作无铅皮蛋 [J]. 畜禽业，2019，30 (02)：23-24.

[83] 李海. 响应面优化榛蘑酱油生产工艺研究 [J]. 食品工业，2016，37 (11)：97-99.

[84] 李静雯，李秋桐，母应春，等. 响应面法优化羊肉发酵香肠工艺 [J]. 肉类研究，2017，31 (11)：20-25.

[85] 李丹，张晓勇，董小雷. 茉莉花味精酿啤酒的工艺研究 [J]. 食品工业，2018，39 (02)：163-165.

[86] 廖明星，朱定和. 咸蛋加工过程的腌制成熟机理初探 [J]. 食品工业科技，2008，29 (04)：324-326.

[87] 刘恩岐，曾凡坤. 食品工艺学 [M]. 郑州：郑州大学出版社，2011.

[88] 刘艳芬. 纳豆激酶生产工艺的优化 [D]. 华中农业大学学报，2013.

[89] 萝拉. 天然又好吃的健康果酱 [M]. 重庆：重庆出版社，2011.

[90] 路飞，王坤，马涛，等. 大米面包的二次发酵法制作工艺研究 [J]. 沈阳师范大学学报（自然科学版），2014，32（04）：510-515.

[91] 马汉军，秦文. 食品工艺学实验技术 [M]. 北京：中国计量出版社，2009.

[92] 牟增荣，刘世雄. 果脯蜜饯加工工艺与配方 [M]. 北京：科学技术文献出版社，2001.

[93] 彭铭泉. 韩国泡菜 [M]. 成都：四川科学技术出版社，2006.

[94] 宋野. 鸡蛋松花蛋腌制工艺及颜色风味品质研究 [D]. 南京农业大学学报，2015.

[95] 隋明，岳文喜，张崇军，等. 小麦啤酒生产工艺关键控制点的研究 [J]. 粮食与食品工业，2018，25（06）：35-39.

[96] 隋明，岳文喜，李俊儒. 小麦啤酒的绿色低碳化生产工艺研究 [J]. 产业与科技论坛，2018，17（07）：57-58.

[97] 孙玮璇，岳卓雅，刘珍，等. 香柏木浸渍工艺酿造干红葡萄酒的感官质量分析 [J]. 中国食品学报，2017，17（06）：172-178.

[98] 孙宝国. 食用调香术 [M]：第2版. 北京：化学工业出版社，2010.

[99] 孙梦媛，张文豪，郑素玲，等. 鸡蛋松花蛋不同腌制工艺优化及其理化性质分析 [J]. 农产品加工，2018，468（22）：30-38.

[100] 孙静，皮劲松，潘爱銮，等. 无精鸭蛋与鲜鸭蛋制作咸蛋的效果比较 [J]. 湖北农业科学，2015，54（22）：5714-5718.

[101] 苏鹤，杨瑞金，赵伟，等. 低盐咸蛋的腌制工艺及其品质研究 [J]. 食品与机械，2015，31（01）：186-189.

[102] 夏兵兵，何宗民，蒙六妹，等. 影响凝固型酸奶产品品质稳定性的因素分析 [J]. 食品与发酵科技，2015，51（04）：44-48.

[103] 肖舒元. 寒富苹果食醋的酿造工艺研究 [D]. 沈阳农业大学. 2016.

[104] 尹宁宁，许引虎，李敏，等. 不同酵母多糖对蛇龙珠干红葡萄酒品质的影响 [J]. 食品与生物技术学报，2018，37（06）：646-654.

[105] 袁蓓蕾，郑志，徐添，等. 杂粮面包的制备工艺优化研究 [J]. 食品工业科技，2013，34（13）：235-240.

[106] 姚永明. 酱油制曲与发酵工艺的实验研究 [D]. 吉林大学学报，2006.

[107] 杨辉，薛媛媛. 苹果醋混合菌种发酵工艺研究 [J]. 陕西科技大学学报（自然科学版），2016，34（06）：135-140.

[108] 杨立苹. 激活酿造技术在酱油生产工艺中应用 [D]. 河北科技大学学报，2010.

[109] 杨波，杨光，杜国宁，等. 响应面法优化纳豆菌发酵豆粕的工艺研究 [J]. 食品与发酵科技，2016，52（06）：47-51.

[110] 袁亚娜，张平平，秦蕊，等. 红枣山楂果丹皮和果糕的制作及品质评价 [J]. 食品科技，2013，38（02）：107-111.

[111] 忻胜兵，陈忠军，屈媛，等. 橡木片浸泡发酵对赤霞珠干红葡萄酒品质的影响 [J]. 中国酿造，2018，37（05）：130-135.

[112] 王皓，王嘉琳，李丽慧，等. 糖蒜腌制过程中化学成分的变化研究 [J]. 中国调味品，2017，42（08）：10-14.

[113] 王晓晶，呼凤兰，刘静. 几种食品添加剂对山楂果丹皮品质的影响 [J]. 天津农业科学，2016，22（12）：106-110.

[114] 王景茹. 56道韩式泡菜 [M]. 长春：吉林科学技术出版社，2006.

[115] 王红妮，刘会平，刘平伟，等. 糟蛋减压加工过程中蛋黄蛋白质二级结构的变化研究 [J]. 现代食品科技，2013，29 (06)：1262-1265.

[116] 王卫，李俊霞，张佳敏，等. 传统板鸭产品特性及其加工改进研究 [J]. 成都大学学报（自然科学版），2016，35 (3)：229-233.

[117] 王昱敬，赵粉仙，潘新杰，等. 直投式酸奶发酵剂的研制 [J]. 食品工业，2017，38 (04)：43-47.

[118] 王俊. 活性乳酸菌饮料加工工艺及后酸化研究 [D]. 中南林业科技大学学报，2009.

[119] 王斌. 一种苹果醋生产的新工艺 [J]. 青岛科技大学学报（自然科学版），2018，39 (S1)：46-48.

[120] 王士杰，钟宝，赵岩，等. 纳豆菌固体发酵条件的优化研究 [J]. 黑龙江畜牧兽医，2015，(05)：118-121+230.

[121] 王雯. 家庭面包制作工艺 [J]. 现代食品，2016，(09)：122-124.

[122] 王洋，张兆丽. 响应面优化超声辅助大麦啤酒糖化工艺的研究 [J]. 食品工业，2015，36 (06)：180-183.

[123] 王超，金德强，翟乃明，等. 响应面法优化帝国世涛啤酒酿造工艺的研究 [J]. 中国酿造，2018，37 (03)：120-124.

[124] 汪建国，尤明泰. 糟蛋的加工技艺和特征 [J]. 中国酿造，2010，29 (9)：138-141.

[125] 吴映明，黄凯纯，李桂鸿，等. 低亚硝酸盐甘蓝泡菜的研制 [J]. 安徽农业科学，2019，47 (02)：153-155.

[126] 吴海燕，邵元健，李文婷. 紫薯南瓜凝固型酸奶发酵工艺研究 [J]. 食品研究与开发，2015，36 (23)：94-97.

[127] 夏文水. 食品工艺学 [M]. 北京：中国轻工业出版社，2007.

[128] 徐秋生，刘俊，厉晨皓，等. 凝胶渗透色谱-高效液相色谱法测定糟蛋中4种苏丹红的残留量 [J]. 食品安全质量检测学报，2016，7 (04)：1694-1699.

[129] 赵敏，窦冰然，骆海燕，等. 苹果醋发酵工艺及醋饮料的研究 [J]. 食品工业，2016，37 (04)：27-29.

[130] 张浩. 高酶活纳豆生产工艺优化的研究 [D]. 青岛科技大学学报，2017.

[131] 张长贵，王兴华，张耕. 方便型即食腌腊板鸭的工艺技术探讨 [J]. 中国调味品，2014，39 (8)：54-57.

[132] 张建强，李浩，王英，等. 切达干酪促熟复合酶制剂的筛选 [J]. 食品与机械，2013，29 (05)：45-50.

[133] 张建强，王英，冯丽荣，等. 快速成熟切达干酪复合发酵剂的筛选 [J]. 中国食品学报，2015，15 (09)：142-149.

[134] 张晓东. 发酵香肠菌种的筛选及对香肠理化性质的影响 [D]. 湖南农业大学学报，2017.

[135] 张杰，王娇，崔程斌，等. 北虫草特色酱油的发酵工艺 [J]. 安徽农业科学，2014，42 (21)：7184-7186.

[136] 张雁凌. 赤豆酱油生产工艺的研究 [J]. 食品工业科技，2011，32 (11)：342-344.

[137] 周其洋. 酱油生产菌菌种改良及其工艺的研究 [D]. 江南大学学报，2009.

[138] 祖国仁，孔繁东，刘阳，等. 纳豆菌固体发酵条件及产品成分分析 [J]. 食品工业科技，2006，27 (12)：122-124.

[139] 朱凤娇，陈叶福，王希彬，等. 上面发酵高粱啤酒的工艺研究 [J]. 现代食品科技，2017，33 (09)：210-216.

[140] 张宏康，冯建坤，陈晓华. 一种米粉面包的加工工艺研究 [J]. 食品科技，2014，39 (04)：146-150.

[141] 战吉宬，廖天生，李长龙，等. 柳州巨峰冬葡萄干红葡萄酒酿造工艺研究 [J]. 南方园艺，2013，24 (06)：48-51.

[142] 陈桂琴，李桂生，肖庚鹏. 凝胶渗透色谱净化-气质联用法同时测定方便面中的 BHA、BHT 和 TBHQ [J]. 中国卫生检验杂志，2015，25 (7)：972-974.

[143] 蔡发，段小娟，牟志春，等. 高效液相色谱法同时测定食品中的 12 种抗氧化剂 [J]. 食品科学，2010，31 (08)：207-211.

[144] 崔金娟，谢漫媛，赵丽冰. 紫外分光光度法测定酱油中苯甲酸含量的实验优化探究 [J]. 中国调味品，2017，42 (11)：110-114.

[145] 潘晓倩. 不同检测方法在抗菌肽抑菌效果评价的比较研究 [J]. 肉类研究，2014，28 (12)：17-20.

[146] 吕兆林. 竹叶挥发油中主要化合物的抑菌作用 [J]. 食品科学，2012，33 (17)：54-57.

[147] 吕兆林. 竹叶黄酮和挥发油的制备及生物活性的研究 [D]. 北京林业大学学报，2009.

[148] 姚永红，秦娇，张柏林，等. 毛竹叶挥发油抑菌活性研究 [J]. 食品工业科技，2010，31 (01)：71-73.

[149] 杨晓韬，李春，周晓宏. 七种食品防腐剂对肉制品污染微生物的抑菌效果比较研究 [J]. 食品科学，2012，33 (11)：12-16.

[150] 汪显阳，冯伟，胡岩岩，等. 两种吸收光度法同时测定果味饮料中苯甲酸钠和山梨酸钾含量的比较研究 [J]. 食品科学，2009，30 (24)：337-339.

[151] 韩玲军，任跃红，董金龙，等. 差示紫外分光光度法测定醋中的苯甲酸钠 [J]. 光谱实验室，2010，27 (04)：1594-1596.

[152] 钟云红，李龙. 饮料中山梨酸钾的测定研究 [J]. 四川化工，2013，16 (05)：30-32.

[153] 邱朝坤，范露，罗玉艳，等. 可见分光光度法测定食品中的山梨酸钾 [J]. 食品与机械，2013，29 (06)：85-88.

[154] 张建飞. α-生育酚在玉米油、大豆油和茶油中抗氧化效能研究 [D]. 南昌大学学报，2015.

[155] 刘慧敏. 不同植物油微量成分与抗氧化能力的相关性研究 [D]. 江南大学学报，2015.

[156] 李凤林，黄聪亮，余蕾. 食品添加剂 [M]. 北京：化学工业出版社，2008.

[157] 梁云. 几种天然抗氧化剂抗氧化性能比较研究 [D]. 江南大学学报，2008.

[158] 徐磊. 发芽对薏米营养组成、理化特性及生物活性的影响 [D]. 江南大学学报，2017.

[159] 李瑞，夏秋瑜，赵松林，等. 原生态椰子油体外抗氧化活性 [J]. 热带作物学报，2009，30 (09)：1369-1373.

[160] 范金波，蔡茜彤，冯叙桥，等. 咖啡酸体外抗氧化活性的研究 [J]. 中国食品学报，2015，15 (03)：65-73.

[161] 何晋浙. 食品分析综合实验指导 [M]. 北京：科学出版社，2014.

[162] 张秀芹，王敏，顾莹，等. HPLC 检测食品中 L-抗坏血酸、D-异抗坏血酸及抗坏血酸总量 [J]. 中国卫生检验杂志，2013，23 (09)：2056-2058+2061.

[163] 缪红，文君，王炼. 高效液相色谱法测定饮料中 VC [J]. 中国公共卫生，2003，19 (08)：934-934.

[164] 郭岚，谢明勇，鄢爱平，等. 气相色谱-质谱法同时测定食用植物油中三种抗氧化剂 [J]. 分析科学学报，2007，23 (02)：169-172.

[165] 郭平，金会会，李瑾瑾，等. 高效液相色谱法同时测定饮料中十种食用合成着色剂 [J]. 食品工业科技，2011，32 (08)：400-403.

[166] 冯楠，李淑娟，蔡会霞，等. 气相色谱-质谱法同时测定食品中 3 种脂溶性抗氧化剂 [J]. 中国卫生检验杂志，2008，18 (09)：1742-1743.

[167] 余颖. 气相色谱-质谱法测定水产加工制品中酚类抗氧化剂残留 [J]. 中国海洋大学学报 (自然科学版)，2016，46 (08)：64-71.

[168] 舒平，杨卫花，徐幸. 气相色谱-三重四极杆质谱联用法测定核桃油中酚类抗氧化剂的不确定度评估 [J]. 食品科学，2016，37 (06)：194-198.

[169] 马占玲，沙晓婷，李艳颖，等. 新分光光度法测定食品中亚硫酸盐含量 [J]. 中国食品学报，2013，13 (06)：215-219.

[170] 李艳霞，廖丽莎，林萍，等. 甲醛吸收-盐酸副玫瑰苯胺-分光光度法测定生粉中亚硫酸盐 [J]. 理化检验-化学分册，2015，51 (08)：1143-1144.

[171] 李晓芹，徐振东. 固相萃取-高效液相色谱法在食品中合成着色剂检测中的应用 [J]. 食品工业，2014，35 (06)：56-58.

[172] 郎涛. 无汞吸收-盐酸副玫瑰苯胺比色法测定食品中的亚硫酸盐 [J]. 食品工业科技，2009，30 (06)：348-350.

[173] 文君，缪红，王鲜俊. 高效液相色谱法同时测定饮料中 5 种人工合成着色剂 [J]. 食品研究与开发，2000，21 (03)：45-47.

[174] 程春梅，彭进，董刘敏. 高效液相色谱法同时检测果汁饮料中的六种合成着色剂 [J]. 食品科技，2011，36 (10)：301-304.

[175] 易声伟，朱永红，屠大伟，等. 高效液相色谱法同时测定饮料中十种着色剂 [J]. 食品与发酵科技，2013，49 (03)：68-71.

[176] 郑建飞，徐刚，吴明红，等. 辐照猪肉产生的 2-十二烷基环丁酮剂量检测及其微波加热影响 [J]. 核技术，2009，32 (05)：356-360.

[177] 郑秀艳，孟繁博，林茂，等. ^{60}Co-γ 辐照对花生杀菌效果及其品质影响研究 [J]. 现代食品科技，2018，34 (01)：1-6.

[178] 傅丽丽，林敏，高原，等. 电子束辐照对三文鱼品质的影响研究 [J]. 核农学报，2017，31 (08)：1521-1527.

[179] 黄现青，董飒爽，李传令，等. 冷却鸡胸肉脉冲强光杀菌参数试验优化 [J]. 农业机械学报，2019，50 (02)：333-339.

[180] 刘茜，韩丽，伊雄海，等. GC-QqQ-MS/MS 法检测油脂类功能食品中辐照标志物 2-十二烷基环丁酮和 2-十四烷基环丁酮 [J]. 质谱学报，2014，35 (05)：475-480.

[181] 刘茜，韩丽，张舒亚，等. 固相萃取-气相色谱-质谱法测定辐照鱼油中 2-烷基环丁酮 [J]. 理化检验 (化学分册)，2015，51 (05)：597-599.

[182] 刘绵学，伏毅，郑宇，等. 荧光定量 PCR 辐照食品鉴定技术的优化研究 [J]. 生物技术通报，2018，34 (12)：77-83.

[183] 许舒婷. 低敏花生品种筛选及电子束辐照对其免疫原性影响的研究 [D]. 中国农业科学院，2012.

[184] 魏会惠，罗小虎，王莉，等. 电子束辐照小麦粉的杀菌效果及对低菌小麦粉品质的影响

[J]. 现代食品科技，2017，33（02）：142-147.

[185] 叶藻，谢晶，高磊. 工厂实测冷鲜鸡冷却贮藏过程品质的变化 [J]. 食品工业科技，2015，36（19）：332-335.

[186] 张海伟，张雨露，费晨，等. 含脂食品辐照标志物 2-烷基环丁酮检测技术研究进展 [J]. 辐射研究与辐射工艺学报，2016，34（04）：11-18.

[187] 张海，哈益明，王锋，等. 辐解产物 2-十二烷基环丁酮的测定方法 [J]. 中国农业科学，2009，42（03）：989-995.

[188] 赵月亮. 含脂辐照食品检测鉴定的免疫分析技术研究 [D]. 中国农业科学院. 2013.

[189] 赵月亮，王锋，周洪杰，等. 直接溶剂萃取/气相色谱-质谱检测辐照牛肉中的 2-十二烷基环丁酮 [J]. 分析化学，2012，40（12）：1919-1923.

[190] 郑小乐，曾王敏. 鹅肉松的加工技术 [J]. 肉类研究，2006，20（01）：16-17.

[191] 高绍金，胡玥，赵家圆，等. 炼乳脆皮鸡柳上浆配方的研制及生产条件优化 [J]. 肉类工业，2018，9（08）：8-11.

[192] 耿保玉，范远景，王明和，等. 鸭肉松制备的关键工艺优化 [J]. 食品科学，2015，36（24）：77-82.

[193] 郭锡铎. 肉类产品概念设计 [M]. 北京：中国轻工业出版社，2008.

[194] 郭昱璇，张建. 高白鲑糯米鱼丸的开发与研究 [J]. 食品科技，2018，43（04）：141-146.

[195] 贺莹，冯彩平，李彩林. 猴头菇益生菌奶片的研制 [J]. 食品工业，2018，39（04）：150-154.

[196] 黄艳，黄晓菲，兰昌花，等. 胡萝卜鱼糜脆片的工艺优化及其货架期预测 [J]. 食品科技，2017，42（03）：128-134.

[197] 贾洪信，周喜华，刘素纯. 柠檬蛋奶布丁配方优化及保藏特性研究 [J]. 食品科技，2018，43（05）：127-131.

[198] 冷进松，孙国玉，由喆，等. Plackett- Burman 联用正交设计优选紫苏蛋白酸奶加工工艺 [J]. 食品研究与开发，2015，36（16）：111-114.

[199] 刘艳霞，付源. 苹果奶酪的工艺及成熟特性研究 [J]. 中国乳品工业，2016，44（02）：57-60.

[200] 李通，郝嘉敏，刘贺，等. 杏仁蛋奶布丁加工工艺及优化 [J]. 食品科技，2014，39（01）：107-110.

[201] 李庆玲，霍健聪，邓尚贵. 响应面法优化鮸鱼鱼松的加工工艺 [J]. 食品工业，2015，36（06）：101-104.

[202] 李芳，杨清香. 肉、制品加工技能综合实训 [M]. 北京：化学工业出版社，2009.

[203] 凌芝. 菠菜冬瓜汁复合饮料的研制 [J]. 试验报告与理论研究，2008，11（10）：4-6.

[204] 刘勤华，周光宏，余小领，等. 新型鹅肉松加工工艺研究 [J]. 食品科学，2008，29（11）：147-149.

[205] 罗春艳，汪振涛，傅鹏程，等. 响应面优化鱿鱼须酶法脱皮工艺及其质构特性 [J]. 食品科学，2015，36（06）：29-34.

[206] 罗春艳，吴杨阳，孙海燕，等. 响应面优化鱿鱼须脱皮液胶原肽酶解工艺及抗氧化活性 [J]. 食品科学，2016，37（21）：176-182.

[207] 马美湖，葛长荣，罗欣，等. 动物性食品加工学 [M]. 北京：中国轻工业出版社，2003.

[208] M 里切西尔（美）. 加工食品的营养价值手册 [M]. 北京：中国轻工业出版社，1989.

[209] 莎丽娜，贺银凤，白英，等. 新型肉松加工工艺的研究 [J]. 肉类研究，1999，13 (03)：40-43.

[210] 师文添，李西腾. 莲藕山药鲢鱼丸的工艺研究 [J]. 食品研究与开发，2016，37 (16)：58-60.

[211] 师文添. 速冻调理香菇木耳鱼丸的工艺研究 [J]. 食品工业，2016，37 (07)：129-132.

[212] 孙莹，苗榕芯，江连洲. 马铃薯猪肉丸子加工工艺研究 [J]. 食品研究与开发，2018，39 (14)：109-114.

[213] 宋华静，韩小院，赵功玲，等. 麻辣味鹌鹑蛋的腌制工艺研究 [J]. 食品研究与开发，2018，39 (14)：90-95.

[214] 宋野，马磊，章建浩，等. 响应曲面法优化鸡皮蛋加工工艺 [J]. 食品工业科技，2014，35 (21)：186-191.

[215] 沈虹力，邓尚贵，方国宏. 即食鱿鱼须加工工艺的研究 [J]. 肉品工业，2018，(03)：10-14.

[216] 沈秋霞，胡永正，王晓君. 微波膨化甘薯鱼糜脆片的加工工艺优化 [J]. 食品工业科技，2019，40 (05)：170-175.

[217] 孙静，皮劲松，潘爱銮，等. 风味韧皮鹌鹑蛋制作工艺研究 [J]. 食品研究与开发，2017，38 (22)：85-90.

[218] 唐世涛，付星，朱云飞，等. 分段碱调"无金属添加"水晶鸡皮蛋的控制技术 [J]. 食品工业科技，2018，39 (01)：189-196.

[219] 汤凤霞，乔长晨. 低温火腿肠工艺技术研究 [J]. 食品工业科技，2005，26 (04)：135-137.

[220] 王玮琼，熊光权，鉏晓艳. 响应面法优化鲈鱼鱼松加工工艺 [J]. 湖北农业科学，2017，56 (04)：716-721.

[221] 王玉田. 肉制品加工技术 [M]. 北京：中国环境科学出版社，2006.

[222] 王鹏，关乐颖，赵茂臻，等. 牛肉蜂蜜活力奶酪加工工艺及配方的研究 [J]. 食品工业科技，2017，38 (07)：207-211.

[223] 王贤斌，钱小燕，曾小群，等. 低乳糖脱脂鲜奶酪加工工艺 [J]. 中国食品学报，2015，15 (03)：58-64.

[224] 王瑞，李军，弓玉红，等. 咸鹌鹑蛋的加工工艺 [J]. 食品研究与开发，2016，37 (10)：105-109.

[225] 王茂增，王磊，赵兴杰. 食品级盐类清料法加工低钠鸡皮蛋的应用研究 [J]. 食品研究与开发，2012，33 (12)：62-66.

[226] 温艳霞，宋国庆. 红枣再制奶酪加工工艺研究 [J]. 安徽农业科学，2014，42 (23)：8000-8001+8003.

[227] 翁梁，戴立上. 蔬菜鱼丸加工工艺研究 [J]. 食品工业，2013，34 (02)：50-52.

[228] 谢善慈. 搅拌型海鲜菇酸奶生产工艺研究 [J]. 食品工业，2017，38 (07)：10-13.

[229] 杨宝进. 现代畜产食品加工学 [M]. 北京：中国农业大学出版社，2007.

[230] 于静，曾小群，潘道东，等. 含水苏糖的高活性益生菌酸奶的加工工艺 [J]. 中国食品学报，2017，17 (03)：105-111.

[231] 严佩峰，周枫. 香卤蛋加工工艺优化研究 [J]. 食品研究与开发，2014，35 (16)：74-76.

[232] 赵节昌，曹浩杰，张涵，等. 加工工艺对卤蛋品质的影响 [J]. 中国调味品，2019，44

(01): 108-111+116.

[233] 周凯，郦梅，沈馨. 响应面法优化米酒奶酪的发酵工艺 [J]. 食品工业，2017，38 (06): 144-147.

[234] 周家萍，张文涛，孟梦，等. 抹茶鱼松加工工艺及其挥发性成分的分析 [J]. 食品研究与开发，2015，36 (16): 101-106.

[235] 张振东. 凝固型核桃酸奶的研制 [J]. 安徽农业科学，2016，44 (27): 83-85.

[236] 张雁，张惠娜，魏振承，等. 新型胡萝卜奶片加工工艺研究 [J]. 广东农业科学，2006，(11): 64-65.

[237] 张乾能，熊善柏，张京，等. 鱼松加工工艺参数的研究 [J]. 食品与生物技术学报，2013，29 (06): 855-858.

[238] 朱维军，陈月英，焦镭. 香菇柄肉松加工工艺的研究 [J]. 中国农学通报，2009，25 (08): 75-78.

[239] 朱菲菲，熊善柏，李梦晖，等. 鱼松加工工艺的优化研究 [J]. 食品科技，2013，38 (12): 155-159.

[240] 晏小欣，廖菁，杨玉新. 调味番茄沙司制备工艺研究 [J]. 中国酿造，2013，32 (07): 144-147.

[241] 陈雪峰，张璐. 苹果汁饮料配方的设计 [J]. 饮料工业，1999，2 (01): 22-24.

[242] 陈卫明，陈丽娇，程文健，等. 混合正交法优化贻贝鱼糕的制作工艺 [J]. 食品科技，2016，41 (06): 142-149.

[243] 代昕冉，刘焱，赵晨，等. 菠菜鸡蛋干加工工艺的优化 [J]. 食品工业，2018，39 (12): 64-69.

[244] 胡跃. 果蔬风味鸡蛋干加工工艺研究 [J]. 贵州畜牧兽医，2014，38 (01): 55-57.

[245] 李鹏. 番茄沙司生产制造工艺 [J]. 食品工业科技，2001，22 (03): 40-41.

[246] 刘楠楠，孟祥敏，都凤华. 玉木耳红豆复合乳饮料的研制 [J]. 食品工业，2018，39 (10): 150-153.

[247] 刘冲，郑晓杰，米红波，等. 小黄鱼风味鱼糕的工艺优化及其品质研究 [J]. 食品科学，2011，32 (12): 45-48.

[248] 潘思轶. 食品工艺学实验 [M]. 北京：中国农业出版社，2015.

[249] 吴德智，郑强，李安，等. 百香果果粒悬浮乳饮料的研制 [J]. 中国乳品工业，2017，45 (08): 61-64.

[250] 韦璐，宁恩创，杨媚，等. 香蕉复合乳饮料的研制 [J]. 食品研究与开发，2018，39 (07): 86-90.

[251] 王鸿飞，邵兴锋. 果品蔬菜贮藏与加工实验指导 [M]. 北京：科学出版社，2012.

[252] 王瑞，朱芮榜，李嘉欣，等. 芹菜、胡萝卜、青椒复合蔬菜汁添加量对乳化肠食用品质的影响 [J]. 食品研究与开发，2018，39 (21): 146-149.

[253] 徐怀德，刘兴华，姜莉. 苹果汁澄清技术研究 [J]. 西北农业学报，1998，7 (01): 85-88.

[254] 叶兴乾. 果品蔬菜加工工艺学 [M]：第3版. 北京：中国农业出版社，2012.

[255] 于忠娜，王军，黄胜楠，等. 响应面法优化发酵型红豆薏米乳饮料的工艺 [J]. 中国乳品工业，2017，45 (11): 43-48.

[256] 张海生. 果品蔬菜加工学 [M]. 北京：科学出版社，2018.

[257] 曾佩琴，刘灵杰，龙肇谋，等. 黑芝麻螺旋藻复合营养乳饮料成型工艺优化 [J]. 食品研究与开发，2019，40 (3)：141-146.

[258] 陈明珠，廖素兰，赵彩秀. 猕猴桃-紫甘蓝-苹果复合果蔬汁饮料的研制 [J]. 饮料工业，2017，20 (05)：33-38.

[259] 陈卓. 玉米饮料加工工艺及稳定性研究 [D]. 吉林大学学报，2015.

[260] 陈金娥，丰慧君，张海容. 红茶、绿茶、乌龙茶活性成分抗氧化性研究 [J]. 食品科学，2009，30 (03)：62-66.

[261] 陈思睿，冯建文，池明月，等. 红树莓胡萝卜复合果蔬汁的研制 [J]. 食品与发酵工业，2018，44 (12)：208-215.

[262] 程媛，刘忠义，吴继军，等. 中性甜玉米饮料增稠剂的筛选及稳定性研究 [J]. 热带作物学报，2017，38 (08)：1553-1559.

[263] 都凤华，谢春阳. 软饮料工艺学 [M]. 郑州：郑州大学出版社，2011.

[264] 杜金华，金玉红. 果酒生产技术 [M]. 北京：化学工业出版社，2011.

[265] 方舒婷，李韵仪，黄佩珊，等. 南瓜木瓜复合饮料的研究 [J]. 食品科技，2018，43 (10)：141-148.

[266] 方修贵，郑益清，蔡爱勤，等. 粒粒橙汁饮料生产工艺 [J]. 食品工业科技，2000，21 (02)：37-38.

[267] 樊亚鸣，任莉，黄亚励. 天然红茶饮料的配制及其防沉淀性的研究 [J]. 食品科学，1994，15 (11)：28-30.

[268] 傅金泉. 黄酒生产技术 [M]. 北京：化学工业出版社，2005.

[269] 蒲彪，胡小松. 饮料工艺学 [M]. 北京：中国农业大学出版社，2009.

[270] 胡小松，蒲彪. 软饮料工艺学 [M]. 北京：中国农业大学出版社，2002.

[271] 蒋和体，吴永娴. 软饮料工艺学 [M]. 北京：中国农业科学技术出版社，2008.

[272] 李湘丽，胡贵勇. 浑浊型玉米浆玉米须复合饮料的研制 [J]. 食品与机械，2012，28 (03)：233-235+245.

[273] 李涛，雷雨，陈雪勤. 香蕉汁大豆多肽运动饮料的研制 [J]. 食品研究与开发，2016，37 (07)：92-96.

[274] 李莹，王世平. 自酿葡萄酒生产工艺及过程中的质量控制研究 [J]. 食品安全质量检测学报，2015，6 (09)：3713-3722.

[275] 刘媛，戚露月，顾伟光，等. 麦苗运动饮料抗疲劳功能研究 [J]. 江苏农业科学，2018，46 (19)：216-219.

[276] 刘娟，史晓媛，李雪娇，等. 果肉型甜玉米复合浆饮料配方及稳定性研究 [J]. 食品工业科技，2012，33 (11)：218-221+225.

[277] 鹿述云. 红葡萄酒酿造工艺 [J]. 山东林业科技，2003，2 (02)：26-26.

[278] 司合芸. 干红葡萄酒关键工艺研究 [D]. 江南大学学报，2006.

[279] 孙习军. 运动饮料对运动能力和健康的影响 [J]. 体育大视野，2018，8 (27)：203-204.

[280] 葛英亮，王继伟，吉亚力，等. 超声波技术在玉米浆饮料生产中的应用 [J]. 食品科学，2010，31 (20)：504-508.

[281] 潘晓军，王婷. 酸性配制型含乳饮料稳定性研究 [J]. 食品工业，2015，36 (12)：85-88.

[282] 宋亮. 牛磺酸多糖肽复合固体运动饮料的研制 [J]. 食品工业，2016，37 (07)：19-21.

[283] 王永志. 葛根黑米运动饮料工艺优化及其抗疲劳活性研究 [J]. 粮食与油脂，2018，31

(12): 35-39.

[284] 王思媤. 苹果酒酿造工艺研究 [D]. 陕西科技大学学报, 2015.

[285] 魏永义, 王富刚, 王晓宁, 等. 橙汁饮料感官评定研究 [J]. 饮料工业, 2014, 17 (05): 56-58.

[286] 吴秋雨, 程璐瑶, 陈雪. 秋葵猕猴桃复合果蔬饮品配方及其稳定性研究 [J]. 农产品加工, 2018, (12): 23-27.

[287] 吴雅红, 黎碧娜, 彭进平. 红茶饮料的提取工艺及其稳定性研究 [J]. 华南农业大学学报, 2004, 25 (02): 108-110.

[288] 许飞虎, 王经健. 山药-玉竹-红景天复合运动饮料研制及其抗疲劳功能研究 [J]. 粮食与油脂, 2018, 31 (11), 67-72.

[289] 谢广发. 黄酒酿造技术 [M]. 北京: 中国轻工业出版社, 2010.

[290] 杨经洲. 红酒生产工艺与技术 [M]. 北京: 化学工业出版社, 2014.

[291] 杨天英, 赵金海. 果酒生产技术 [M]. 北京: 科学出版社, 2010.

[292] 杨雷, 蔡宏宇, 王念, 等. 3 种类型含乳饮料滋味品质的评价 [J]. 食品研究与开发, 2016, 37 (20): 12-16.

[293] 尤玉如, 肖功年, 黄黍. 乳品与饮料工艺学 [M]. 北京: 中国轻工业出版社, 2014.

[294] 张艳娟. 果酒酿制的替代实验—米酒的酿制 [J]. 中学生物学, 2012, 28 (6): 37-38.

[295] 张强. 枸杞大豆多肽复配运动饮料的研制及其对大鼠抗疲劳功能的研究 [J]. 粮食与油脂, 2018, 31 (10): 40-44.

[296] 张秀玲, 谢凤英. 果酒加工工艺学 [M]. 北京: 化学工业出版社, 2015.

[297] 张新蓉. 影响配制型酸乳饮料风味的因素初探 [J]. 饮料工业, 2007, 10 (04): 24-26.

[298] 张敏. 感官分析技术在橙汁饮料质量控制中的应用 [D]. 西南大学学报, 2006.

[299] 赵丽芹. 果蔬加工工艺学 [M]. 北京: 中国轻工业出版社, 2007.

[300] 周民生, 张少飞, 杜蕾. 胡萝卜、番茄、草莓复合汁加工工艺研究 [J]. 饮料工业, 2018, 21 (03): 38-42.

[301] 曾洁, 郑华艳. 果酒米酒生产 [M]. 北京: 化学工业出版社, 2014.

[302] 曾顺德, 赵国华, 张超, 等. 糯玉米饮料专用稳定剂配方筛选 [J]. 食品工业科技, 2012, 33 (1): 321-325.

[303] 张红, 王春芳, 王谭. 小米杂粮酥性饼干的研制 [J]. 南方农机, 2019, (19): 29-32+39.

[304] 陈凤莲. 小米酥性饼干的配方研究 [J]. 食品研究与开发, 2009, 30 (06): 78-81.

[305] 陈能, 罗玉坤, 朱智伟, 等. 优质食用稻米品质的理化指标与食味的相关性研究 [J]. 中国水稻科学, 1997, 11 (02): 70-76.

[306] 郭桦, 郭加. 海绵蛋糕的制作技巧 [J]. 现代食品科技, 2002, 18 (02): 46-46.

[307] 何欢, 齐森, 吕美, 等. 树莓速溶粉的研制 [J]. 食品研究与开发, 2014, 35 (05): 63-65.

[308] 胡永源. 粮油加工技术 [M]. 北京: 化学工业出版社, 2006.

[309] 贺玉玺, 王文周, 曹维, 等. 浅谈粮食加工厂的日常技术管理 [J]. 粮食加工, 2000, 25 (05): 21-22.

[310] 惠丽娟. 冬瓜膨化米饼的研制 [J]. 粮油食品科技, 2008, 16 (06): 65-66.

[311] 刘兰英. 粮油检验 [M]. 北京: 中国财政经济出版社, 1998.

[312] 李响, 施洪飞, 韩雍, 等. 小米绿豆速溶复合粉加工工艺 [J]. 食品工业, 2016, 37

(02)：125-128.

[313] 李贞. 燕麦戚风蛋糕生产工艺优化的研究 [J]. 内蒙古农业大学学报（自然科学版），2015，36（05）：75-78.

[314] 李瑜. 农副产品加工增值技术之一 [M]. 郑州：河南科学技术出版社，2009.

[315] 李国平，姬玉梅. 粮油食品加工技术 [M]. 重庆：重庆大学出版社，2017.

[316] 陆启玉. 粮油食品加工工艺学 [M]. 北京：中国轻工业出版社，2007.

[317] 梁文珍. 杂粮锅巴的研制 [J]. 辽宁农业职业技术学院学报，2018，20（04）：1-2+5.

[318] 刘月英，韩红超，周薇. 紫薯馅料广式月饼的工艺优化 [J]. 农业工程，2015，5（06）：61-64.

[319] 刘世娟，范业文，刘崇万，等. 黑米红豆复合饮料的研制 [J]. 食品研究与开发，2018，39（01）：95-99.

[320] 马晓佩，张晖，王立. 黑米饮料工艺的研究 [J]. 食品工业科技，2008，29（09）：209-211.

[321] 马文惠. 酥性饼干的实验室制作和品质评价方法的研究 [D]. 河南工业大学学报，2012.

[322] 孟晶岩，刘森，安鸣. 五谷杂粮锅巴工艺技术研究 [J]. 食品工程，2014，32（03）：18-19，32.

[323] 彭凌，张婷，贺新生. 红平菇面包的加工工艺 [J]. 食品研究与开发，2010，31（08）：72-76.

[324] 沈鹏，罗秋香，金正勋. 稻米蛋白质与蒸煮食味品质关系研究 [J]. 东北农业大学学报，2003，34（04）：378-381.

[325] 沈泉，丁浩，蒋正中，等. 板栗糯米饼的微波膨化工艺和酥脆度改善方法的研究 [J]. 食品工业科技，2014，35（11）：225-229.

[326] 史晓萌，陈建国，党艳婷，等. 响应曲面法优化燕麦甜醅发酵工艺的研究 [J]. 食品工业，2018，39（04）：88- 92.

[327] 邵长富，赵晋府. 软饮料工艺学 [M]. 北京：中国轻工业出版社，1993.

[328] 沈建福. 焙烤食品工艺学 [M]. 杭州：浙江大学出版社，2001.

[329] 宋超洋. 小米速溶粉的制备及其性质研究 [D]. 江南大学，2016.

[330] 谈啸，李瑜，庞凌云，等. 南瓜大米锅巴的研制 [J]. 粮食加工，2013，38（04）：57-59.

[331] 王丽琼. 粮油加工技术 [M]. 北京：化学工业出版社，2007.

[332] 王雪竹. 枇杷叶速溶粉制备工艺优化及其性能研究 [J]. 食品与发酵科技，2018，54（06）：49-52.

[333] 王钦德，杨坚. 食品试验设计与统计分析 [M]. 北京：中国农业大学出版社，2003.

[334] 王旭，王鹏，王娜，等. 米糠营养速溶粉工艺优化 [J]. 食品与机械，2014，30（05）：247-252.

[335] 王甜，张正茂，曹双弟. 杂粮保健锅巴的制作工艺研究 [J]. 食品工业，2013，32（12）：101- 104.

[336] 文波，张名位，张雁. 广式月饼感官评分与 TPA 参数的相关性 [J]. 中国粮油学报，2012，27（01）：91-96.

[337] 邬海雄. 广式月饼的生产技术 [J]. 现代食品科技，2004，20（04）：92-94.

[338] 吴士云. 大豆马铃薯面包的研制 [J]. 安徽技术师范学院学报，2002，16（03）：50-52.

[339] 吴丽萍，朱妞. 红豆糙米复合谷物饮料的研制 [J]. 食品工业，2016，36（03）：149-152.

[340] 吴寒，肖愈，李伟，等. 燕麦甜醅发酵过程中生化成分的动态变化 [J]. 食品科学，2015，36 (13)：114-118.

[341] 杨联松，白一松，许传万，等. 水稻粒形与稻米品质间相关性研究进展 [J]. 安徽农业科学，2000，29 (03)：312-316.

[342] 袁利鹏. 紫薯冰皮月饼的皮料工艺研究 [J]. 安徽农业科学，2013，406 (09)：4096-4098.

[343] 张红，王春芳，王谭. 小米杂粮酥性饼干的研制 [J]. 南方农机，2017，48 (09)：29-32，39.

[344] 张猛. 复合杂粮面包工艺优化及品质改良研究 [D]. 吉林大学学报，2016.

[345] 张麦收，刘浩. 小米酥性饼干制作工艺的研究 [J]. 食品与发酵科技，2011，47 (06)：100-103.

[346] 翟爱华，王长远. 粮油及其制品检验 [M]. 北京：中国轻工业出版社，2014.

[347] 曾赟. 膨化板栗饼的加工工艺及品质特性研究 [D]. 华中农业大学学报，2011.

[348] 战旭梅，郑铁松，陶锦鸿. 质构仪在大米品质评价中的应用研究 [J]. 食品科学，2007，28 (09)：62-65.

[349] 钟芳，王璋，许时婴. 豆乳乳化条件的优化 [J]. 中国乳品工业，2003，31 (04)：17-20.

[350] 钟志惠. 西点工艺学 [M]. 成都：四川科学技术出版社，2005.

[351] 杨桂玲，吴红艳，郭成宇，等. 红豆花生饮料的研制 [J]. 食品研究与开发，2010，31 (01)：75-77.

[352] 陈少洲，林芳. 膜分离技术与食品加工 [M]. 北京：化学工业出版社，2005.

[353] 陈志. 乳品加工技术 [M]. 北京：化学工业出版社，2006.

[354] 丁武. 食品工艺学综合试验 [M]. 北京：中国林业出版社，2012.

[355] 邓立，朱明. 食品工业高新技术设备和工艺 [M]. 合肥：化学工业出版社，2006.

[356] 傅彪，乔旭光. 园艺产品加工工艺学 [M]. 北京：科学出版社，2012.

[357] 郭浩，黄钧，周荣清，等. 膜分离技术在水果加工中的研究进展 [J]. 生物加工过程，2019，17 (01)：83-93.

[358] 高丹丹，郭鹏辉，祁高展. 畜产品加工与检测综合试验指导 [M]. 北京：化学工业出版社，2015.

[359] 侯玉茹，牛琳，王宝刚. 鲜切苹果臭氧水杀菌工艺研究 [J]. 食品工业，2017，38 (02)：121-125.

[360] 黄玉玲，闫波. 乳品加工技术 [M]. 武汉：武汉理工大学出版社，2013.

[361] 金振宇，杨宏志. 中空纤维超滤膜澄清蓝莓果汁工艺研究 [J]. 食品与机械，2014，30 (05)：260-264.

[362] 贾敬亭，马海乐，葛义强，等. 食品物理加工技术与装备发展战略研究 [M]. 北京：科学出版社，2016.

[363] 马俪珍，刘金福. 食品工艺学实验 [M]. 北京：化学工业出版社，2011.

[364] 李秀娟. 食品加工技术 [M]. 北京：化学工业出版社，2018.

[365] 李勇. 现代软饮料生产技术 [M]. 北京：化学工业出版社，2005.

[366] 刘达玉，王卫. 食品保藏加工原理与技术 [M]. 北京：科学出版社，2014.

[367] 刘建学，纵伟. 食品保藏原理 [M]. 南京：东南大学出版社，2006.

[368] 芮汉明，钱庆银，张立彦. 微波加热对苹果罐头品质的影响 [J]. 2013，29 (07)：1645-1650.

[369] 任迪峰. 现代食品加工技术 [M]. 北京：中国农业科学技术出版社，2015.

[370] 王鸿飞，绍兴锋. 果品蔬菜贮藏与加工试验指导 [M]. 北京：科学出版社，2012.

[371] 王丽霞. 食品生产新技术 [M]. 北京：化学工业出版社，2016.

[372] 王绍林. 微波加热技术的应用——干燥和杀菌 [M]. 北京：机械工业出版社，2013.

[373] 翁长江，杨明爽. 肉兔饲养与兔肉加工 [M]. 北京：中国农业科学技术出版社，2005.

[374] 徐怀德，王云阳. 食品杀菌新技术 [M]. 北京：科学技术文献出版社，2005.

[375] 杨家蕾，董全. 臭氧杀菌技术在食品工业中的应用 [J]. 食品工业科技，2009，30 (05)：353-355+359.

[376] 余恺，陈文文，胡卓炎，等. 荔枝罐头微波杀菌的温度及其贮藏期质构和颜色的变化 [J]. 中国食品学报，2008，8 (03)：94-101.

[377] 张兰威. 乳与乳制品工艺学 [M]. 北京：中国农业出版社，2005.

[378] 钟瑞敏，谢韶峰. 即食卤猪肉软罐头的加工技术 [J]. 韶关大学学报，2000，21 (02)：54-56.

[379] 周雁，傅玉颖. 食品工程综合实验 [M]. 杭州：浙江工商大学出版社，2009.

[380] Charles A L, Sriroth K, Huang T C. Proximate composition, mineral contents, hydrogen cyanide and phytic acid of 5 cassava genotypes [J]. Food Chemistry, 2005, 92 (4): 615-620.

[381] Krokida M K, Oreopoulou V, Maroulis Z B. Water loss and oil uptake as a function of frying time [J]. Journal of Food Engineering, 2000, 44 (01): 39-46.

[382] Shyu S L, Hwang L S, Haw L B. Effect of vacuum frying on the oxidative stability of oils [J]. Journal of the American Oil Chemists Society, 1998, 75 (10): 1393-1398.

[383] Hitzel A, Margarete P, Fredi S, et al. Polycyclic aromatic hydrocarbons (PAH) and phenolic substances in meat products smoked with different types of wood and smoking spices [J]. Food Chemistry, 2013, 139 (1-4): 955-962.

[384] Altunay N, Gürkan R, Sertakan K. Indirect Determination of Free, Total, and Reversibly Bound Sulfite in Selected Beverages by Spectrophotometry Using Ultrasonic-Assisted Cloud Point Extraction as a Preconcentration Step [J]. Food Analytical Methods, 2015, 8 (08): 2094-2106.

[385] Altunay N, Ramazan Gürkan. A new simple UV-Vis spectrophotometric method for determination of sulfite species in vegetables and dried fruits using a preconcentration process [J]. Analytical Methods, 2015, 8 (02): 342-352.

[386] Ding M, Zou J. Rapid micropreparation procedure for the gas chromatographic-mass spectrometric determination of BHT, BHA and TBHQ in edible oils [J]. Food Chemistry, 2012, 131 (03): 1051-1055.

[387] Espina L, María S, Susana L, et al. Chemical composition of commercial citrus fruit essential oils and evaluation of their antimicrobial activity acting alone or in combined processes [J]. Food Control, 2011, 22 (06): 0-902.

[388] Feng F, Zhao Y, Wei Y, et al. Highly sensitive and accurate screening of 40 dyes in soft drinks by liquid chromatography-electrospray tandem mass spectrometry [J]. Journal of Chromatography B Analytical Technologies in the Biomedical & Life Sciences, 2011, 879 (20): 1813-1818.

[389] Özkan G, Sagdiç O, Baydar N G, et al. Antibacterial activities and total phenolic contents of grape pomace extracts [J]. Journal of the Science of Food & Agriculture, 2010, 84 (14): 1807-1811.

[390] Kvesitadze G I, Kalandiya A G, Papunidze S G, et al. Identification and Quantification of Ascorbic Acid in Kiwi Fruit by High-Performance Liquid Chromatography [J]. Applied Biochemistry and Microbiology,

2001, 37 (02): 215-218.

[391] Paulo L, Ferreira S, Gallardo E, et al. Antimicrobial activity and effects of resveratrol on human pathogenic bacteria [J]. World Journal of Microbiology & Biotechnology, 2010, 26 (08): 1533-1538.

[392] Sánchez-Mata M C, Cámara M, DíezMarqués C, et al. Comparison of high-performance liquid chromatography and spectrofluorimetry for vitamin C analysis of green beans (Phaseolus vulgaris L.) [J]. European Food Research & Technology, 2000, 210 (03): 220-225.

[393] Sun H, Sun N, Li H, et al. Development of Multiresidue Analysis for 21 Synthetic Colorants in Meat by Microwave-Assisted Extraction-Solid-Phase Extraction-Reversed-Phase Ultrahigh Performance Liquid Chromatography [J]. Food Analytical Methods, 2013, 6 (05): 1291-1299.

[394] Sebranek J, Sewalt V, Robbins K, et al. Comparison of a natural rosemary extract and BHA/BHT for relative antioxidant effectiveness in pork sausage [J]. Meat Science, 2005, 69 (02): 289-296.

[395] Thaipong K, Boonprakob U, Crosby K, et al. Comparison of ABTS, DPPH, FRAP, and ORAC assays for estimating antioxidant activity from guava fruit extracts [J]. Journal of Food Composition & Analysis, 2012, 19 (06): 669-675.

[396] Yu L, Sun J, Liu S, et al. Ultrasonic-Assisted Enzymolysis to Improve the Antioxidant Activities of Peanut (Arachin conarachinL.) Antioxidant Hydrolysate [J]. International Journal of Molecular Sciences, 2012, 13 (07): 9051-9068.

[397] Yi X, Zhu J, Wang L. Method for Determination of TBHQ in Foods with GC-MS [J]. Food Science, 2007, 28 (06): 262-265.

[398] Zhu M, Huang X, Li J, et al. Peroxidase-based spectrophotometric methods for the determination of ascorbic acid, norepinephrine, epinephrine, dopamine and levodopa [J]. Analytica Chimica Acta, 1997, 357 (03): 261-267.

[399] Breidbach A, Ulberth F. Comparative evaluation of methods for the detection of 2-alkylcyclobutanones as indicators for irradiation treatment of cashew nuts and nutmeg [J]. Food Chemistry, 2016, 201: 52-58.

[400] Jinshui W. Effect of the addition of different fibres on wheat dough performance and bread quality [J]. Food Chemistry, 2002, 79 (2): 221-226.